中华全国工商联石材业商会组编
全国石材专业教育“十二五”重点规划教材

石材应用与施工

孟小春　李怀亮　崔东方　编著

黄河水利出版社
·郑州·

内 容 提 要

本书是全国石材专业教育“十二五”重点规划教材，主要内容包括：石材工程图设计基础、石材技术文件基础知识、石材工艺设计基础、石材安装工程等4章，主要围绕石材工程的相关知识展开。石材工程图设计基础中包含现场测绘图、石材排版图、石材幕墙等设计技法，石材技术文件基础知识中包含石材工程预算、原材料采购计划与原材料规划、生产任务书等方面的知识，石材工艺设计基础中包含石材异形加工工艺、线条加工工艺、多种石材产品组合加工工艺、对花纹组合制作工艺等方面的工艺设计及加工知识等，石材安装工程中包含水泥砂浆铺装石材施工、钢结构石材幕墙施工工艺、石材幕墙工程计算等方面的知识。

本书旨在培养石材加工工艺和石材工程方面的设计人才和工程技术人才，可作为石材专业教学专用书，并可作为从事石材专业工程技术人员的参考用书，也可作为广大热爱石材从业人员的自学参考书。

图书在版编目(CIP)数据

石材应用与施工/孟小春，李怀亮，崔东方编著. —郑州：黄河水利出版社，2010.11 （2025.2 修订重印）
全国石材专业教育“十二五”重点规划教材
ISBN 978-7-80734-927-3

Ⅰ.①石… Ⅱ.①孟…②李…③崔… Ⅲ.①石料-加工-高等学校-教材 Ⅳ.①TU754.4

中国版本图书馆 CIP 数据核字(2010)第 212579 号

策划编辑：陶金志 电话：0371-66025273 E-mail：838739632@qq.com

责任编辑 郑佩佩　　责任校对 母建茹
封面设计 黄瑞宁　　责任监制 常红昕
出版发行 黄河水利出版社
地址：河南省郑州市顺河路 49 号 邮政编码：450003
网址：www.yrcp.com E-mail：hhslcbs@126.com
发行部电话：0371-66020550
承印单位 河南承创印务有限公司
开　　本 787 mm×1 092 mm 1/16
印　　张 18.75
字　　数 445 千字
版次印次 2010 年 11 月第 1 版　　2025 年 2 月第 2 次印刷
2025 年 2 月修订

定　　价 50.00 元

全国石材专业教育“十二五”重点规划教材编委会

序

石材既是人类历史上最古老的建筑材料，又是全球最具艺术价值和经济价值的建筑装饰材料。人类利用大理石、花岗石作建筑装饰材料的历史可谓源远流长：我国万里长城北京南口段的城楼、城墙是利用南口花岗石块砌成的，历经千百年的风雨侵蚀，至今仍巍然屹立；坐落在古罗马元老院门前的古罗马第一位国王——罗莫洛之墓，始建于公元前6世纪，该墓所用材料即为黛色大理石。古往今来，花岗岩、大理石等石材建筑装饰的各种建筑物遍及全球各地，以坚固朴实、雄伟壮丽的英姿载入了人类史册。以北京房山出产的汉白玉为例，数百年前曾用于故宫、圆明园、颐和园的建设，后来又用于建造人民英雄纪念碑、人民大会堂、毛主席纪念堂，均显示出庄严、肃穆、美观大方的不凡气象。

长期以来，由于石材产品量产困难，世界石材业发展缓慢。直到20世纪60年代，随着科学技术的进步，特别是金刚石工具在石材产业中的大量应用，世界石材产业迅速发展为国际化产业。近年来，国际社会对建筑材料出现追求环保和返璞归真的热潮，世界石材产品的需求迅猛增加，更加快了石材产业的发展。我国石材产业在改革开放后依靠资源丰富的优势获得了蓬勃发展，目前，全国石材企业近五万家，其中中型以上企业超过三千家。这些企业不仅利用国内石材资源，还从世界各地大量引进优质荒料和半成品加工成各种石材制品，供国内消费并部分销往国外。相关数据表明，我国石材产量、消费量、进出口贸易量均位于世界首位，已成为名副其实的石材工业大国。但是，客观地说，我国石材行业总体上仍处于粗放发展阶段，生产加工企业大多是在乡镇企业甚至是家庭作坊的基础上发展起来的，前店后厂式的企业在我国石材行业中占有相当大的比例。这些企业大多具有“小、土、散、乱”的特点，生产工艺和技术装备落后，缺乏核心竞争力，不利于形成规模优势和产业集群。企业技术创新能力不高，产品档次总体偏低，产品同质化现象严重，出口的产品往往是“好货贱卖”。总之，在成为石材大国之后，我国距离石材强国的道路还很漫长。

人才是兴业之本。当前，在制约我国石材行业进一步发展的多种因素中，专业技术人才的短缺已成为主要瓶颈。石材行业的员工大多靠师傅带徒弟的方式走上工作岗位，整体素质较低。截至2008年8月，我国还没有石材专业正规的学历教育和职业教育。为了改变这种局面，中华全国工商联石材业商会、河南省石材工业协会会同河南建筑职业技术学院，报经主管教育部门批准，于2008年在河南建筑职业技术学院设立装饰石材专业，开始了中专、大专层次的石材专业技术人才的正规学历教育。这是中国石材产业发展史上首次将石材专业纳入国家大专院校有计划培养的渠道，从此结束了全国石材产业没有专业教育的历史，成为中国石材产业进入新的历史发展阶段的重要标志，同时，也使广大石材界有识之士的共同心愿成为现实。

培养专门合格的人才，教材的编写出版是关键。为适应石材专业教学需求，全国工商联石材业商会组织邀请相关大专院校、科研院所、行业管理部门的专家学者以及著名企业家组成了“全国石材专业教育重点规划教材编委会”，编写并完成了具有职业教育特征的石材专业教育系列教材：《石材地质学基础》《石材矿山开采技术及设备》《石材加工设备及工艺基础》《石材应用与施工》《石材养护》《石材装饰 CAD 基础》《人造石与复合板》《石材商贸物流与专业英语》等。本套教材在编写过程中做了大量的调查研究和收集整理工作，系统介绍了国内外石材工业的最新科技成果，反映了当代石材工业的发展水平。

这套教材的完成，凝聚着无数人的心血，也饱含着一批为了振兴中国石材产业而孜孜不倦无私奉献的有识之士的无限真情。中国石材产业如欲进一步增强在国际上的影响，提高其地位，正需要大批这样的志士贤人的辛勤努力。透过他们的身影，我们可以看到中国石材产业发展的光明前景，在他们的带领下，我相信会有一批又一批青年才俊通过这套教材，跨入这个充满希望的行业，成为他们的追随者，为了产业的振兴，为了国家的富强而贡献出自己的智慧和才干。

全国政协委员、全国工商联九届副主席、
中国西部发展促进会常务副会长

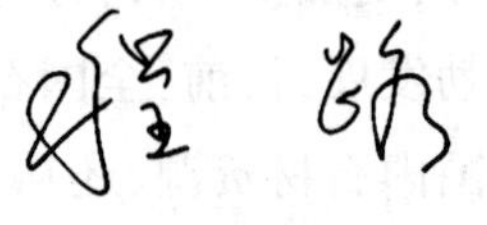

2009 年 8 月 26 日

前　言

党的二十大报告提出了推进职普融通、产教融合、科教融汇,优化职业教育类型定位的要求,报告还指出要办好人民满意的教育,全面贯彻党的教育方针,落实立德树人根本任务,培养德智体美劳全面发展的社会主义建设者和接班人。

目前,我国石材行业在石材产品生产加工能力与产量方面已居世界首位,但是在石材装饰工程及应用施工技术方面由于专业技术人员非常缺乏,因而我国石材行业的发展不均衡,整体水平尚未进入世界石材强国之列。本书是为了促进我国石材行业全面、高速发展,根据全国石材专业教育重点规划教材编委会的要求,并参照国家有关职业标准和行业岗位要求编写的石材工程施工专业技能型人才培养与培训系列教材之一。

本教材内容以石材工程实施程序为主线、以实际工作技能为重点,系统讲述了石材工程常用材料、石材地面工程安装、石材墙面工程安装、石材幕墙设计基础、石材幕墙结构设计、石材幕墙安装工程、异形石材安装工程、有关石材工程的基本设计方法、常见构造形式、常用材料及标准、施工工艺、操作要点及注意事项、施工质量标准及检测、常见质量问题及预防措施等内容。本书配有大量插图,主要项目中增加了实训内容,简单实用,易学易懂,便于快速提高学生的实际操作技能和技术应用能力,以适应石材行业对石材工程专业人才的迫切需要。

本教材在编写中采用了最新的国家标准、规范,突出新技术、新工艺。

参加本教材编写工作的人员有孟小春、李怀亮、崔东方、邱建辉、侯钦超、魏华等。

本教材编写过程中得到全国工商联石材业商会专家委员会主任李山丽女士和北京万里石建筑装饰工程有限公司的大力支持和帮助,同时参考了一些相关的专业书籍编著者的研究成果,在此表示衷心感谢!

为了不断提高教材质量,编者于 2025 年 1 月,根据近年来国家及行业最新颁布的规范、标准、规定等,以及在教学实践中发现的问题和错误,对全书进行了修订完善。本次修订以习近平新时代中国特色社会主义思想为指导,全面贯彻落实党的二十大精神、立德树人根本任务,将党的二十大精神融入教学实践中。

由于编者水平有限,书中缺点和错误在所难免,恳请读者批评指正。

编　者

2025 年 1 月

目　录

第一章　石材工程图设计基础

第一节　现场测绘图的绘制方法

石材工程图的设计属于装修设计的范畴,设计师在进行石材工程图设计的时候,普遍把建筑设计图的标注尺寸作为石材工程图设计的尺寸来源。但是,在建筑施工的过程中,建筑设计方案的改变和施工误差,造成石材工程图的尺寸来源脱离实际,在这种情况下,往往造成石材工程图不能指导石材产品加工和石材安装工程施工。为避免石材工程图失真,就要求我们必须以现场测绘图作为石材工程图的设计依据。

石材工程图是排版图、施工图、节点图、编号图的总称。

现场测绘要达到准确反映工地现场的实际情况,减少失误和累积误差的目的。

基准是机械制造中应用十分广泛的一个概念,机械产品从设计时零件尺寸的标注,制造时工件的定位,校验时尺寸的测量,一直到装配时零部件的装配位置确定等,都要用到基准这个概念。基准就是用来确定生产对象上几何关系所依据的点、线或面。基准分为设计基准和工艺基准。

在现场测绘中,多采用一段、一段累积测绘的方法,当将测绘的数据用来指导设计时,发现尺寸数据不能有效"封闭",原因就在于测绘中出现了读数错误或产生了累积误差。把基准的概念引入石材工程中,在相同区域中,所有尺寸都通过基准进行测绘,这样可以有效地避免测绘时的累积误差和建筑施工误差。

一、地面测绘图

(一)建立测绘基准

观察施工现场,把横、纵方向最有代表性且测绘最方便的点、线或面作为测绘基准,在测绘时横、纵坐标都相对于基准进行测绘。

横向作为基准的点、线或面称做横基准。

纵向作为基准的点、线或面称做纵基准。

在测绘现场,应尽量争取和现场施工单位协调确定基准。确定的基准既作为排版基准,又作为石材安装的施工基准。

(二)建立测绘转换基准

如果现场出现很多施工单元,参照基准无法进行测绘,就要建立转换基准。只要原基准与转换基准的相对尺寸确定,测绘出来的数据就一定正确。

(三)工程实例

1. 工程实例一

如图 1-1 所示为某人民医院现场测绘图。

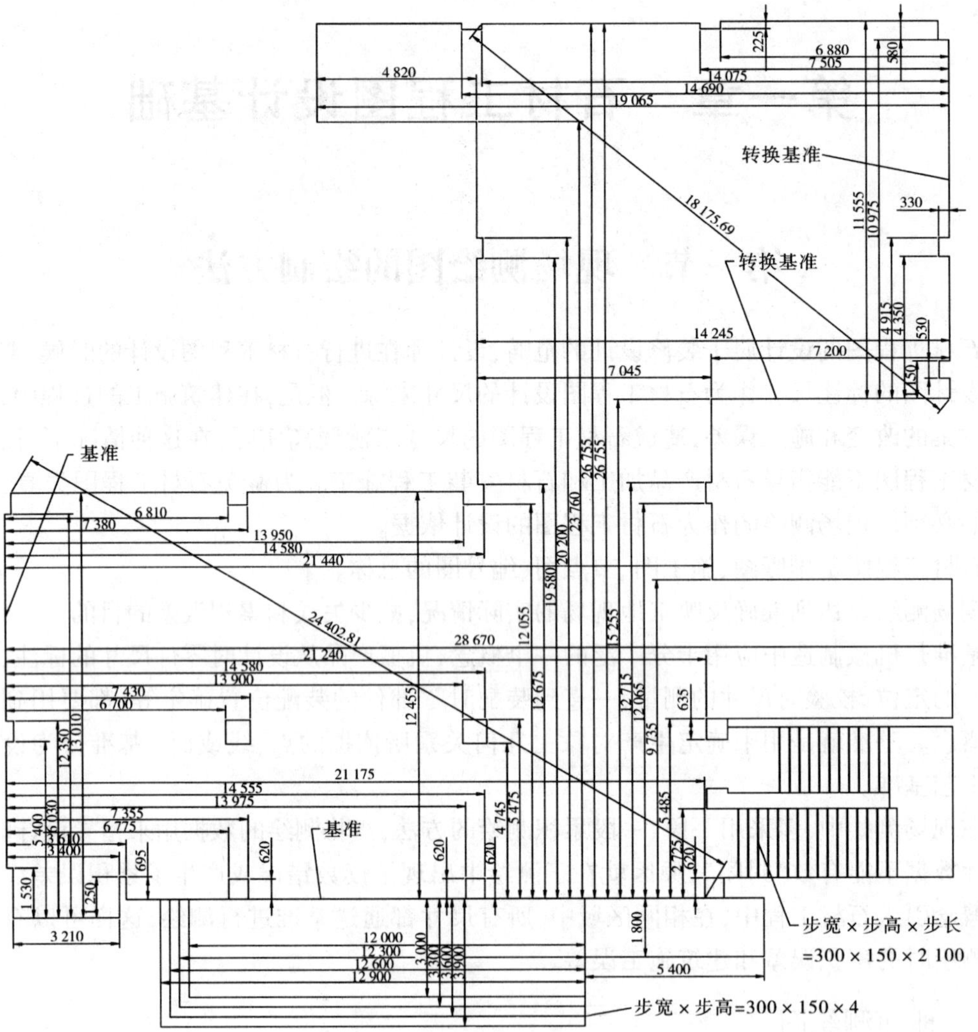

图 1-1　某人民医院现场测绘图

案例剖析

(1)建立横向基准和纵向基准。所有尺寸都从基准开始依次读取,这样就可以有效地避免累积误差。

(2)建立转换横向基准和转换纵向基准。只要有效地控制转换基准与原基准的相对位置,就可以大胆地利用转换基准进行测绘了。

(3)基准可以纠偏。有了基准的概念,即便是测绘中出现了失误,通过各个相关尺寸变化,也可以及时发现,不会造成重大失误。

(4)测绘出各个部位高度,墙面测绘图也同时完成。如果标明门、窗、柱的相对位置,同时标明它们的高度及墙面高度,墙面测绘图也可同时绘制出来。

2. 工程案例二

如图 1-2 所示为某五星级酒店电梯间的地面测绘图。

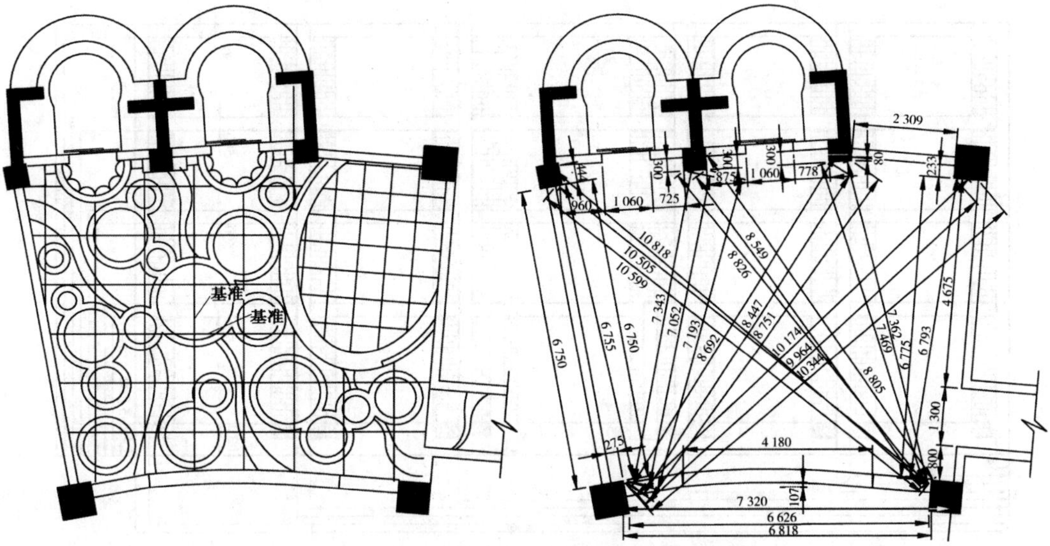

图 1-2　某五星级酒店电梯间的地面测绘图

案例剖析

(1)地面形状不规则,无法设置纵、横基准。以两个有代表性的点作为基准,把整个地面分割成为若干三角形,利用三角形的稳定性原理,就可以准确地把现场实际情况反映在测绘图上。

(2)圆弧形墙面,利用弦长和弦高可以确定圆弧的原理进行测绘。

(3)对于不规则地面,一旦得出现场测绘图,就一定要强行规定纵、横基准,以提供生产和安装的参考依据。

二、墙面测绘图

(一)建立基准

墙面测绘要建立基准的概念,观察施工现场,把地平面正负零标高作为高度基准,把有代表性且测绘方便的点、线或面作为长度方向的基准。在测绘时,高度坐标和长度坐标都相对于基准测绘。

高度方向作为基准的点、线或面称做高基准。

长度方向作为基准的点、线或面称做长基准。

宽度方向作为基准的点、线或面称做宽基准。

在测绘现场,尽量争取和现场施工单位协调确定基准,确定的基准既作为排版基准,又作为石材安装施工基准。

(二)建立转换基准

如果现场出现很多施工单元,就要建立转换基准。只要转换基准与原基准的相对尺寸确定,测绘出来的数据就一定正确。

(三)测绘工具

测绘时尽量不要用皮尺,因为皮尺有可能会被拉长,造成读数不准。如图 1-3 所示为墙面、柱面、窗、门的现场测绘的一部分示意图。

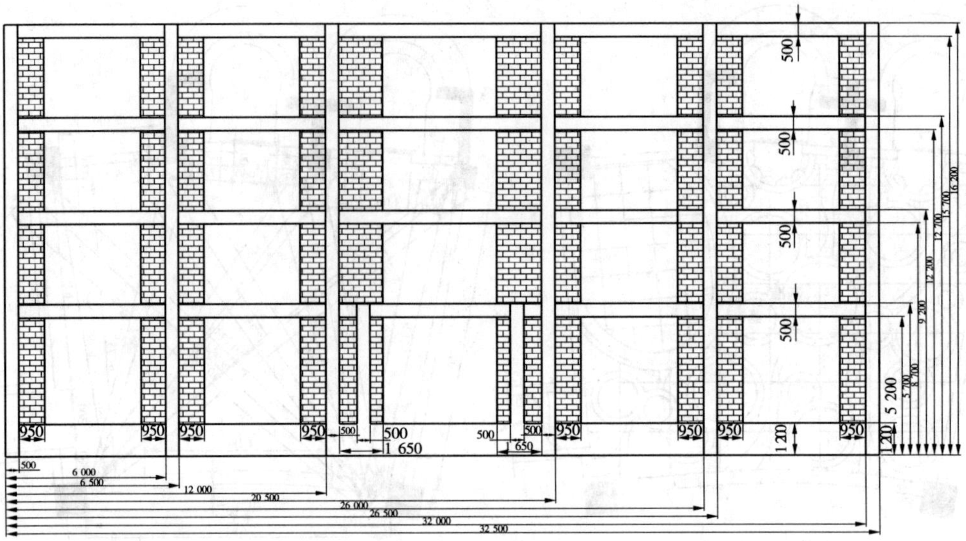

图 1-3　墙面现场测绘图

三、梯步测绘图

（一）普通直梯步现场测绘图

（1）要得出梯步的步宽与步高的真实数据，必须测绘出实际的标准总宽度和标准总高度。

（2）标准层高不能现场随便确定，一定要请教建筑单位或装饰公司，弄清每层的标高基准，将标高基准引到可以测绘的地方，建立标高基准点，通过楼层之间的标高基准点测绘楼层的层高，通过标高基准进行测绘。得到层高参数后除以总步数就得到了每一步梯步的步高。

①基准点的建立。

基准线两端用以控制基准线精度的点叫做基准点。如图 1-4 所示为常用的基准点。

②水准仪找正法。

利用水准仪测绘基准标高的参数值，将基准标高引到各个基准点，用水泥砂浆和小块石材调整石材表面到基准标高，在石材表面标记基准点，这就是建立的基准点。如图 1-5 所示。

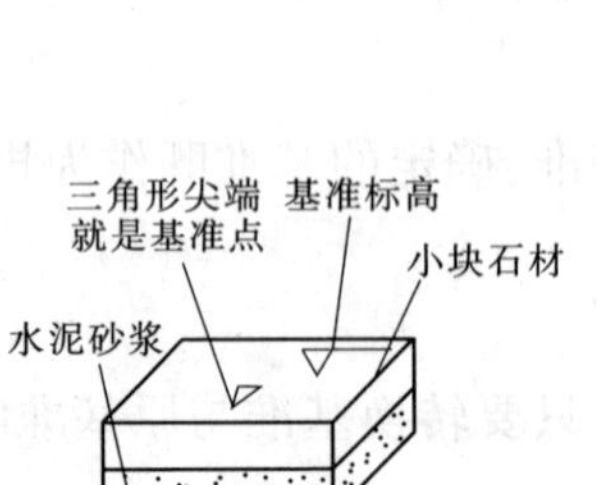

图 1-4　常用基准点

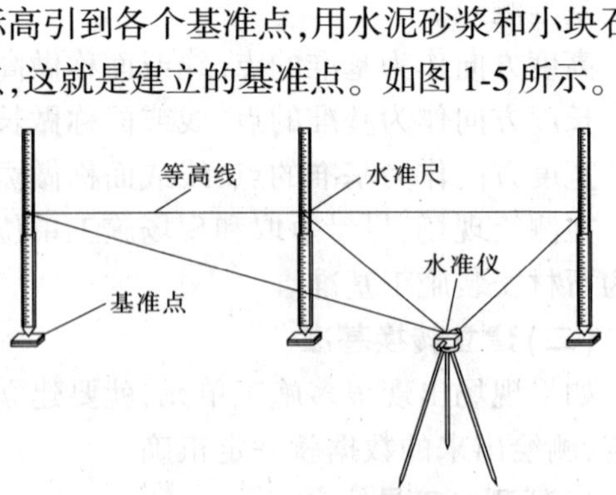

图 1-5　水准仪找正法

③透明玻璃管找正法。

在标有刻度的透明玻璃管两端，连接连通管，通常连通管的内径不得小于 15 mm，在管中注入工业酒精(流动性好,表面张力小,读数准确),利用液体的虹吸现象,参考刻度读数,对基准点进行找正。如图 1-6 所示。

(3)总步宽要在最上面一步梯步的边沿,通过吊线锤测绘到第一步边沿的距离,得到数据后除以总步数减一步就得到了每一步梯步的步宽数据。

(4)得到步宽和步高的实际数据以后,要参照标准规范的步宽和步高数据,如果数据差异很大,一定要与甲方、设计单位、建筑单位、装饰单位商量。

(5)普通直梯步现场测绘示意见图 1-7。

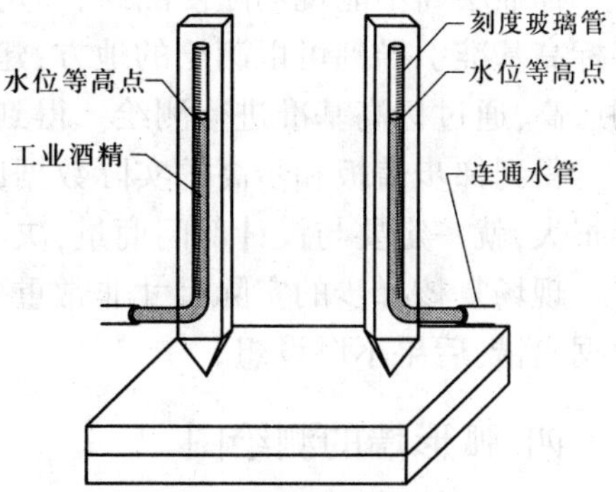

图 1-6 透明玻璃管找正法

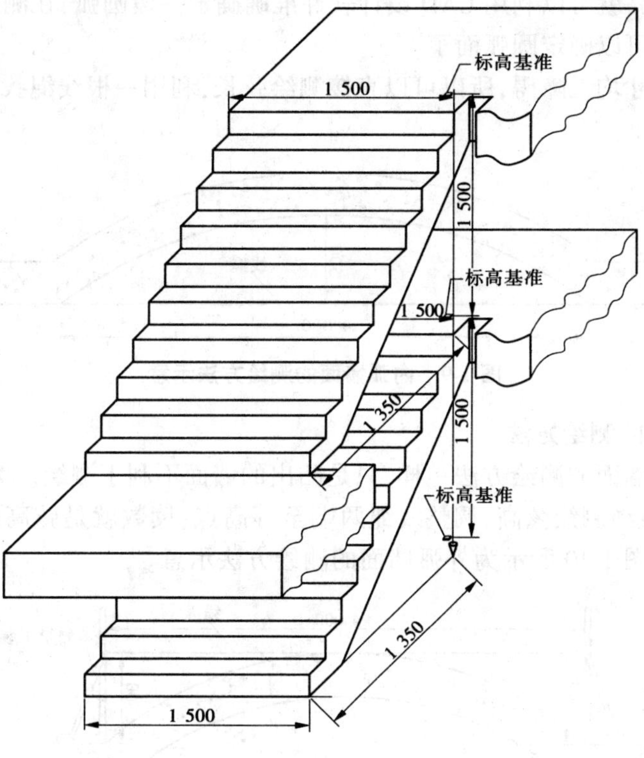

图 1-7 普通直梯步现场测绘示意

(二)螺旋形梯步测绘图

螺旋形梯步测绘的重点是圆弧的实际几何参数。

利用线锤在最上面一步和中点线上吊线锤,测绘圆弧的弦长和弦高,利用弦长和弦高就可以精确计算圆弧半径,如图 1-8 所示。

梯步的内圆得出来,半径增加一个梯步长度就得到外半径的数据,这样就可以按照步数等分圆周,从而得到每一步梯步盖板的标准几何尺寸。

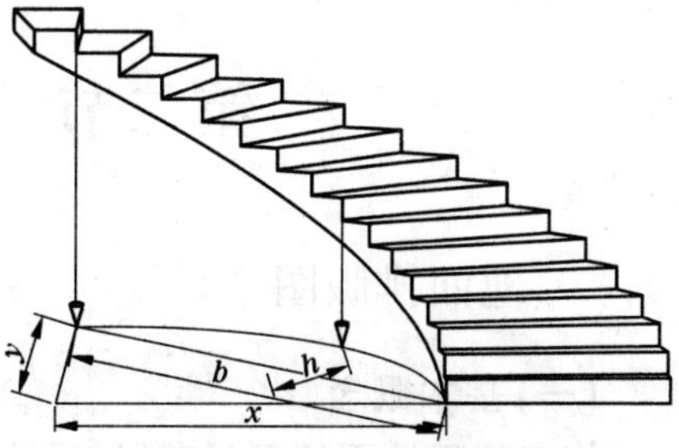

图 1-8 螺旋形梯步现场测绘示意

标准层高不能现场随便测绘，一定要协同建筑方或装饰公司，弄清楚每层的标高基准，将标高基准引导到可以测绘的地方，建立标高基准块，通过楼层之间的标高基准块测绘楼层的层高，通过标高基准进行测绘。得到层高参数后除以总步数就得到了每一步梯步的步高。

得到梯步盖板和步高的实际数据以后，要参照标准规范的步宽和步高数据，如果数据差异很大，就一定要与设计部门商量，决不能自作主张。

现场复核梯步的实际尺寸非常重要，特别是高复杂系数要求梯步侧板的螺旋楼梯，一旦数据出错，后果不堪设想。

四、弧形墙的测绘图

（一）内弧墙面的测绘方法

已知弦长和弦高就可以利用 CAD 设计软件准确确定一段圆弧，在测绘内弧墙时只需要得到弦长和弦高就可以确定圆弧面了。

测绘时各个尺寸均无障碍，所以可以直接测绘弦长，利用一根线绳找准中点就可以直接测绘弦高（见图 1-9）。

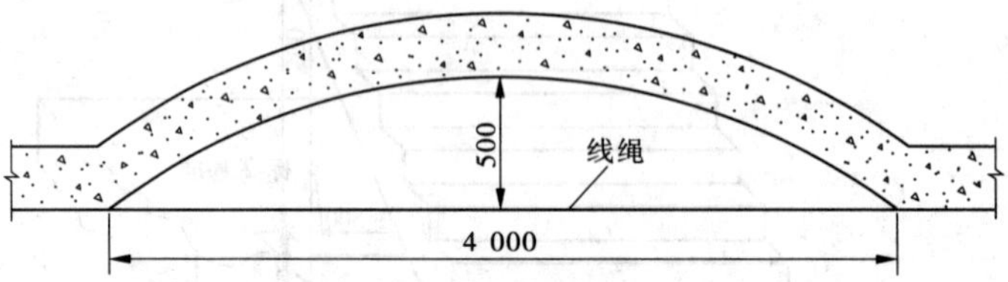

图 1-9　内弧墙面的测绘方法示意

（二）外弧墙面的测绘方法

其原理与内弧墙面的测绘方法一样，只是凸出的墙面不利于测绘。为方便测绘，需要制作测绘工装，利用线绳测绘弦高，调整线绳两端至等高点，读数就是弦高数据。工装之间的距离就是弦长。如图 1-10 所示为外弧墙面的测绘方法示意。

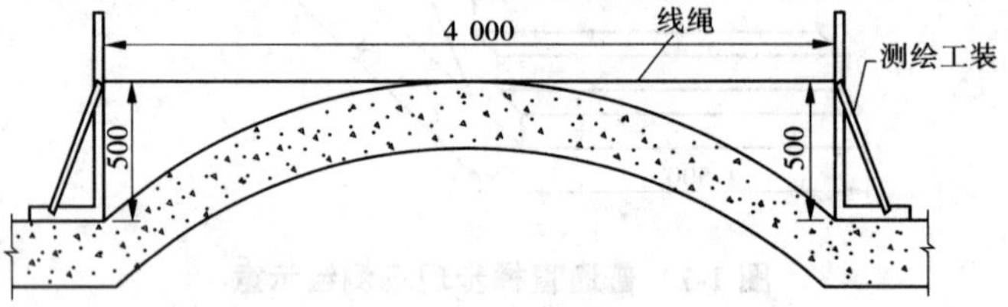

图 1-10　外弧墙面的测绘方法示意

第二节　石材排版图设计基础

一、地面排版图

（一）基本概念

将安装于地面的石材布局、尺寸、技术要求等反映在图纸上的图叫做地面排版图。

注意：在主梯步和正大门部分，尽量不要在中线上分缝，这不符合传统文化，也不美观。

工程应用案例

如图 1-11 所示为某人民医院石材地面排版图。

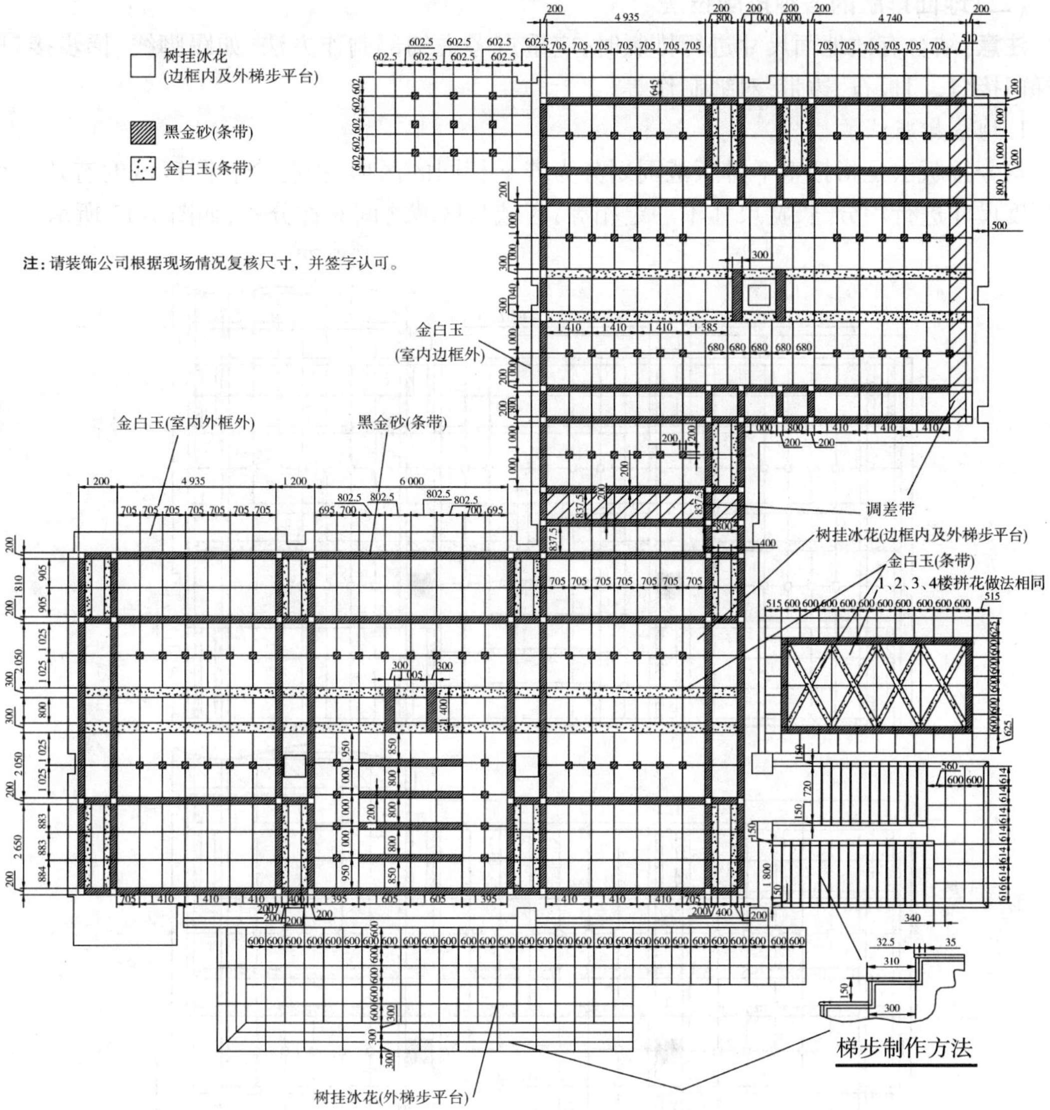

图 1-11　某人民医院石材地面排版图

案例剖析

(1)构图。在构思设计排版图前,要进行严格构图,尽量把要表达的技术语言在同一张图纸上全部表达出来。图 1-11 中设计的地面排版图,完全囊括了整个工地所有的石材,这样,无论是材料采购部门、生产部门,还是现场安装施工队伍,都可以一目了然。

(2)利用 CAD 软件的不同填充来区分不同品种。

(3)尺寸标注时,既要标注相关尺寸,又要标注板面尺寸,这样在加工和施工的时候,加工工人和施工工人能够清楚地知道各个板面的尺寸,同时还可以清楚地知道各个板面的相互关系。

(4)引进一些机械制图的绘图技法,对需要特殊说明的地方,绘制局部剖面图,进行局部放大,加以特殊说明。

(二)地面排版的各种排版技法

注意:结合有效地面尺寸进行排版时,应重点考虑细部制作方法,如踢脚线、梯步接口、电梯门接口、门板石、边带、对缝制作等。

1. 均分排版法

均分排版法是指把整个排版范围划分为若干相同的区域,把各个相同区域的有效长度和宽度尺寸进行均分,长宽尺寸不一定相等;区域与区域之间对称分布,如图 1-12 所示。

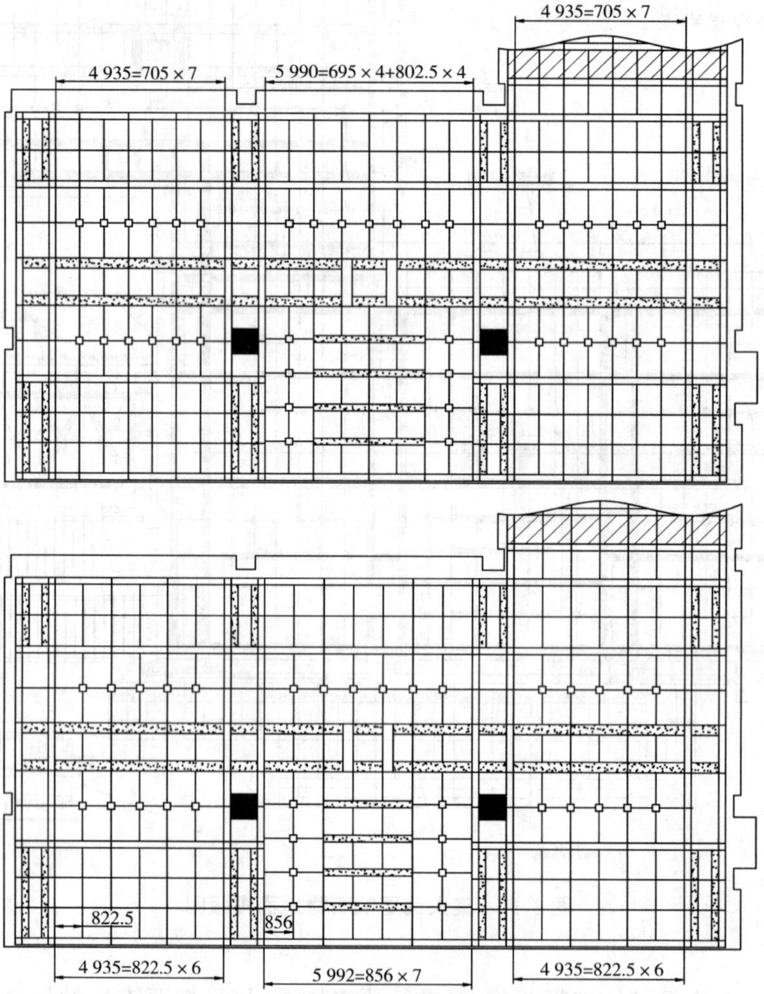

图 1-12　均分排版法排版图

从图 1-12 可以看出,尽管尺寸不同,但设计风格相同。均分排版法在大型地面石材排版中应用广泛,往往机场、大型写字楼、酒店、政府办公大楼的地面面积很大,通常要按照轴线分割为若干区域,每个区域按照均分法进行分割,这就为修改排版尺寸提供了前提。区域尺寸越大,可调整的范围就越大。均分排版法最适合排版对称图案的情况,特别是在出材率不高和板面花纹不均匀时,采用均分排版法是创造精品工程最好的办法。

出材率是加工出来的工程板面积占加工所使用的大板面积的百分数,是权衡材料利用率的指标。

出材率=(工程板面积/大板面积)×100%

工程板是可以直接用于工程施工的板材成品。

大板是可以用于加工工程板的半成品板材。

1)设计应用案例一

如图1-13所示为均分排版法的应用案例,用一种大板排出三种不同的花纹图案,对称分布于整个大堂。大板的收方尺寸是1 800×3 000,实际可以加工到1 830×3 050,就按照最大尺寸进行排版,利用调整图案板块间的距离,把整个排版调整到视觉效果最好为止。这样板材的出材率很高,既满足了感观效果,又提高了出材率。

在图1-13中还可以看到,所选用的大板,花纹严重不均匀,在一般情况下很难派上用场,采用均分排版法,设计出了多种花纹组合,达到了精品工程的效果。

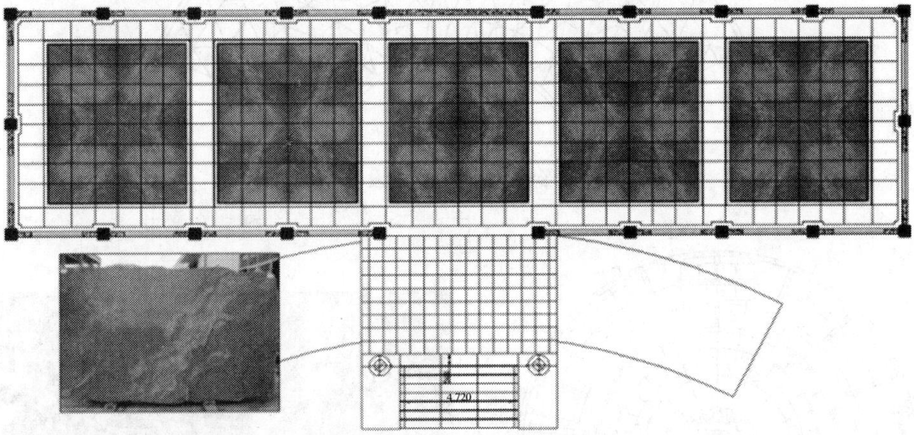

图1-13　均分排版法案例图片

图1-14(a)、(b)分别是均分排版法在机场和酒店的实际应用图片。

(a)　　　　　　(b)

图1-14　均分排版法案例图片

2)设计应用案例二

均分排版法也适用于大场面异形板排版的场合。

如图1-15、图1-16所示,增加或减少圆周等分数,可以改变版面尺寸,在不改变设计风格的情况下,可提高出材率。图1-17是异形板均分排版法实际应用图片。

异形板是指除正方形和长方形外的其他形状的工程板。

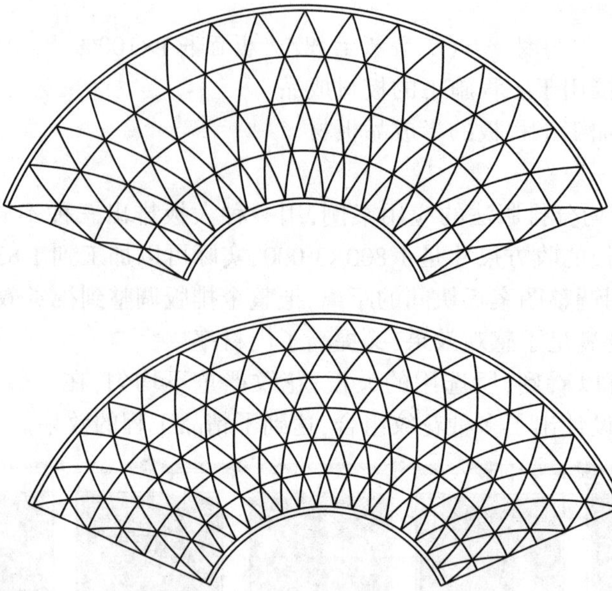

图 1-15　异形板均分排版法设计案例(一)

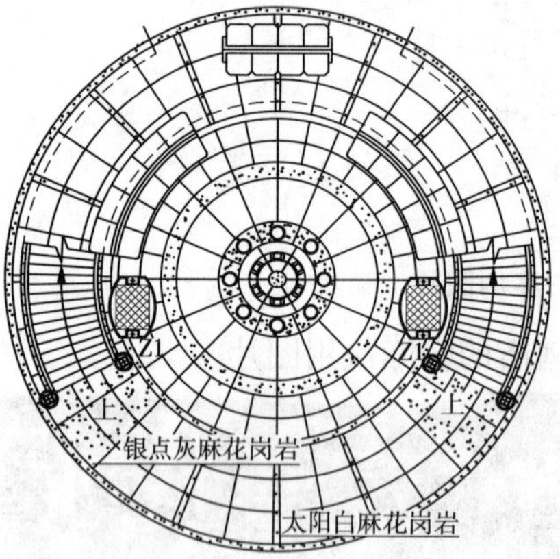

图 1-16　异形板均分排版法设计案例(二)

图 1-17　异形板均分排版法实际应用图片

2. 正方形板面排版法

石材行业,有一些规格的板材已经标准化,如 600×600、305×305 等,这些标准化的板材可以直接进行现场施工,但是在施工前,为确保施工效果,仍然需要排版。

1) 对称排版法

对称排版法是把正方形工程板对称地分布在施工面上的排版方法。

要求:排版时周边的板面尺寸不能小于正常板面尺寸的 1/2。如果小于正常板面尺寸的 1/2,就要平移正常板面尺寸的 1/2,这样对称分布于周边的所有板面尺寸就不会小于正常板面尺寸的 1/2,如图 1-18 所示。

如图 1-19 所示是一个五星级酒店的错误对称排版案例。标准板从四周往中间排版,结果造成中间出现小尺寸板面的情况,这是一种低级错误,感观效果非常不好。

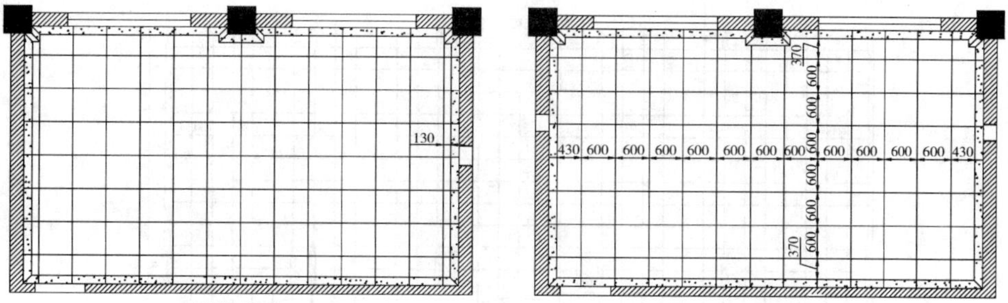

(a)错误排法　　(b)正确排法

图 1-18　正方形工程板对称排版法

图 1-19　正方形工程板对称排版法的错误案例

2）不对称排版法

不对称排版法是把正方形工程板从一边向相对的另一边排版的方法。

不对称排版法通常用于低档石材或瓷砖的简单装修。

要求：从感观重要的位置开始排版起头，如果排版到最后一块板的尺寸小于正常板面尺寸的 1/3 时，就把最后两块板的尺寸合并，见图 1-20。

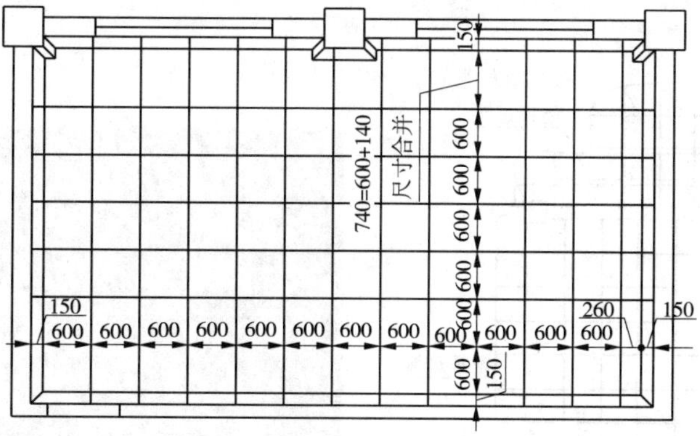

图 1-20　正方形工程板不对称排版法

3）对称和不对称复合排版法

如图 1-21 所示，均是横向采用对称排版法，纵深方向采用不对称排版法。这种排版方法在非豪华场合使用非常普遍。

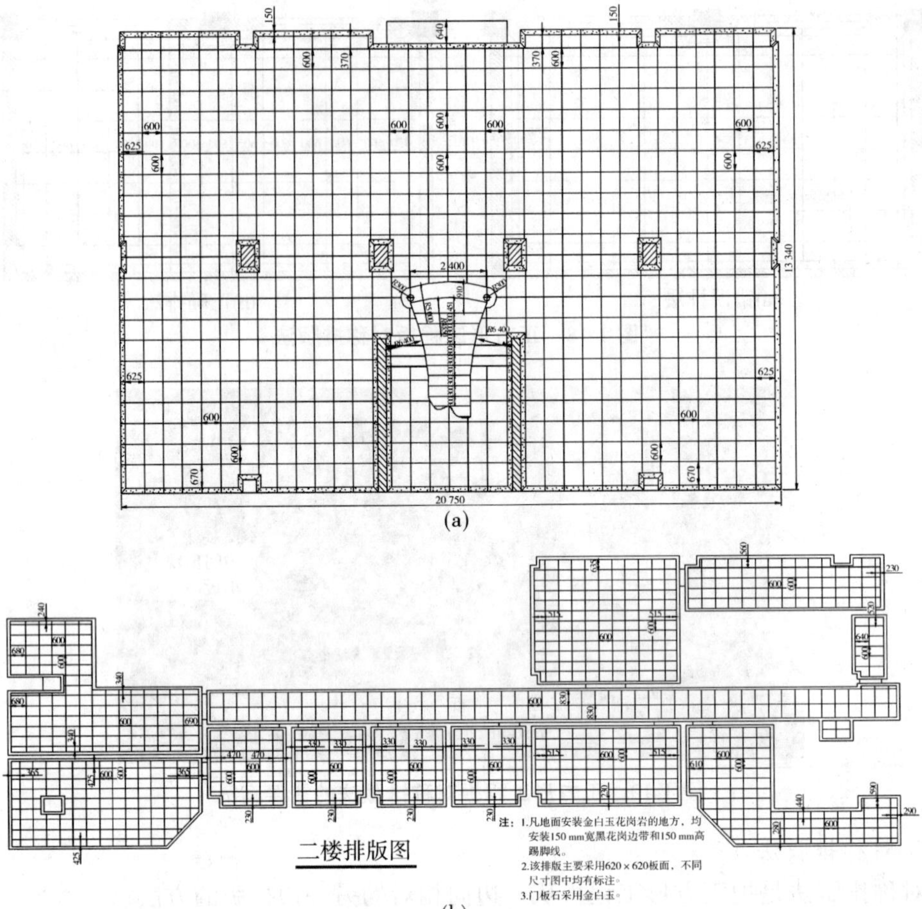

图 1-21　正方形工程板复合排版法

3. 错缝过渡法

往往从一个施工单元到另一个施工单元很难实现对缝安装，一般情况下采用错缝过渡法，如图 1-22 所示。

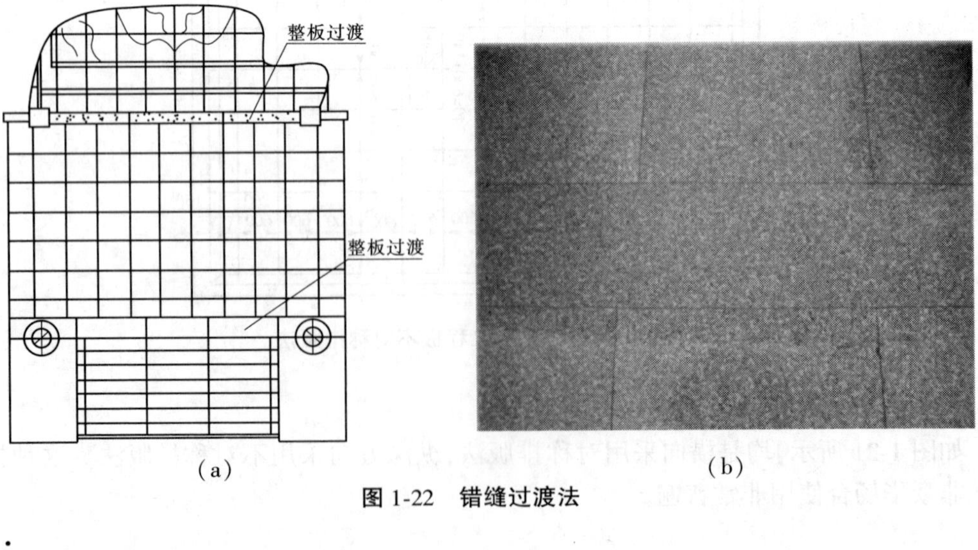

图 1-22　错缝过渡法

4. 大面积标准板块排版法

如图 1-23 所示是一个大型房地产项目，标准户型有 400 多套，由于建筑误差，每一套户型尺寸都有差异，如果对每一套都进行测绘排版的话，工作量将相当浩繁，以至于到工程后期，由于千篇一律的重复工作，技术人员会因麻痹大意而造成错误。

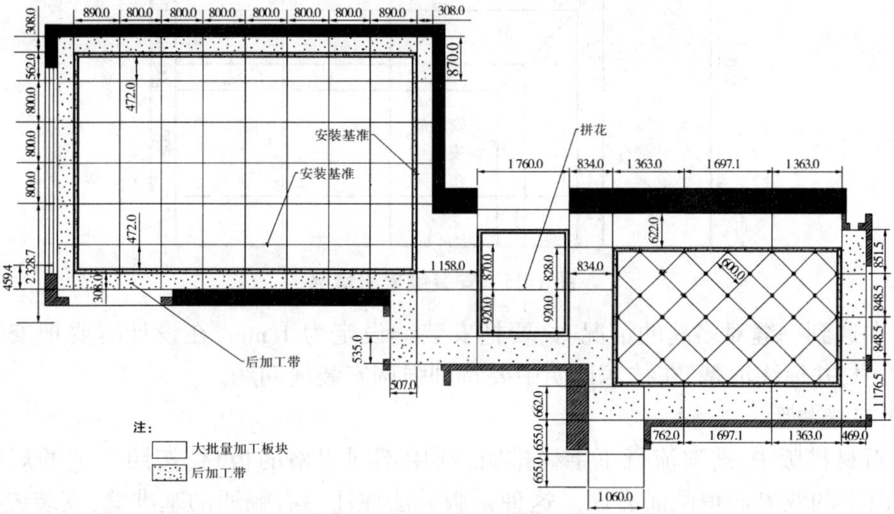

图 1-23　标准板块排版法

遇到这种情况，可以把每一套户型的标准板块部分规定尺寸标准化，全部按照统一规格进行加工，强制规定安装基准。图 1-23 中没有黑点填充部分，就是强制规定的标准板块部分，可以进行大批量生产；有黑点填充部分称做后加工带，待安装基准确定后或标准板块部分安装完毕以后，再进行测绘加工。

5. 错缝排版

1) 一缝对多缝排版

(1) 如图 1-24 所示是一个普通排版图，按照理论计算这个排版图没有任何问题，但是在实际施工操作的过程中，问题就出现了。图 1-24 中，1 600×800 的板面将面对三条安装缝。一般情况下，石材施工的安装缝为 1 mm 左右。如图 1-25 所示，假设安装缝为 1 mm，结果 1 600×800 的板面将小 3 mm。在实际操作过程中，这种现象非常普遍，很多工程不能做完美，原因就是这些细节没有处理好。在石材工程图的设计过程中，一定要引起高度重视。

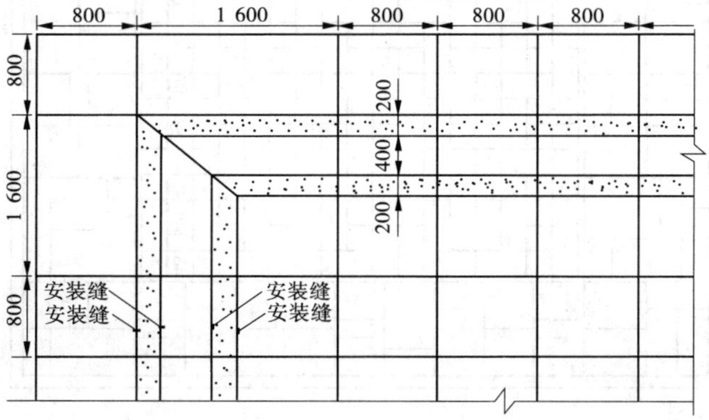

图 1-24　普通排版

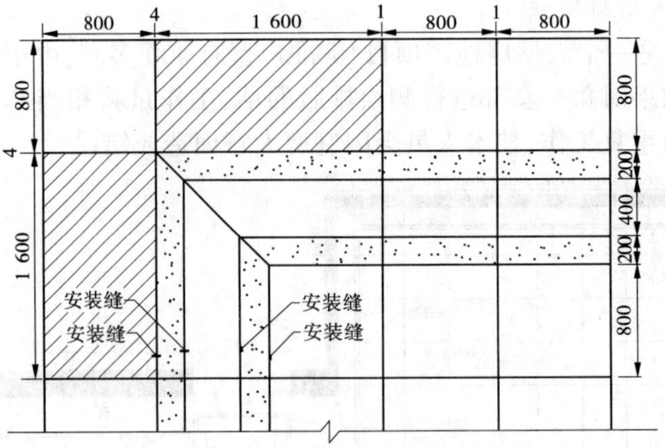

图 1-25　安装缝累积情况

(2)在遇到一缝对多缝的情况时,要把安装缝设定为 1 mm,在设计时要把安装缝设计到工程图中,并标注清楚,在技术说明中要特别强调安装缝问题。

2)丁字缝排版

(1)石材排版中,普遍流行丁字缝排版,利用不同规格的板材,按照一定的规律进行排版,排版出来的效果显得乱而有序。这种排版方法往往没有畅通的基准缝,安装缝往往呈现丁字形。

(2)值得注意的是,这种排版方法往往会遇到前述的一缝对多缝的情况,设计出来的效果很好,但是安装出来的效果不尽如人意。如图 1-26 所示,水平方向圈内和圈外的安装缝就出现了 15 缝对 7 缝的情况,垂直方向出现了 14 缝对 9 缝的情况。如果设计时不考虑这个问题,安装时就会出现外圈安装缝过大的情况,最终安装效果将受到严重影响。

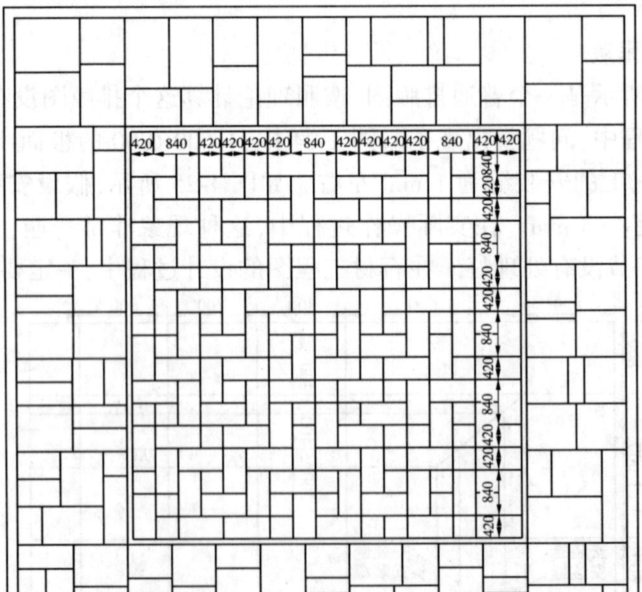

图 1-26　丁字缝排版

（3）在遇到丁字缝排版的情况时，要设定安装缝为 1 mm，在设计时要把安装缝设计到工程图中，并标注清楚，在技术说明中要特别强调安装缝问题。

工程应用实例

如图 1-27 所示为丁字缝排版应用案例。

（a）　　　　（b）

图 1-27　丁字缝排版应用案例

3）直缝对斜缝的情况

（1）如图 1-28 所示就是石材排版中的直缝对斜缝的情况。如果安装缝为 1 mm，则直边的缝就变成 1.414 mm 了，大多数情况都是两条斜缝对一条直缝，结果直缝会增加近 1 mm，造成安装后效果不好。

如图 1-29 所示就是由于直缝对斜缝在设计时没有考虑安装缝变化造成的错误。

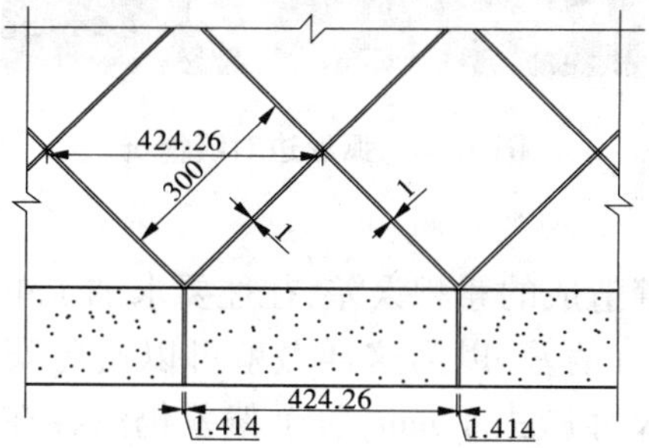

图 1-28　直缝对斜缝的情况

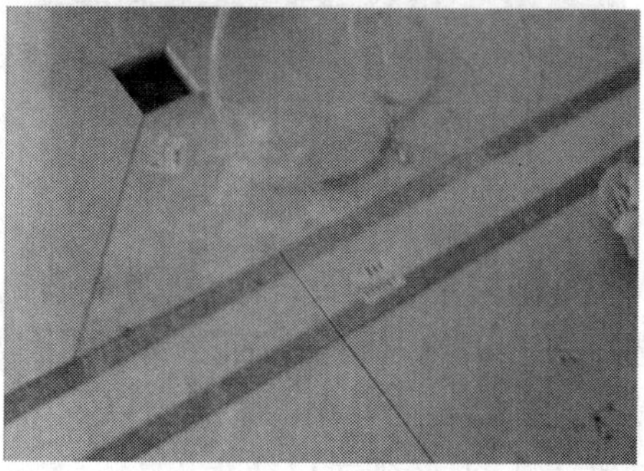

图 1-29　直缝对斜缝排版的错误运用案例

（2）如图 1-30 所示，正确做法是：直边实际尺寸＝理论直边尺寸＋正常缝宽×1.414×n（n 代表直边对应的斜边数）。

（3）在遇到直缝对斜缝排版的情况时，要设定安装缝为 1 mm，在设计时要把安装缝设计到工程图中，并标注清楚，在技术说明中要特别强调安装缝问题。

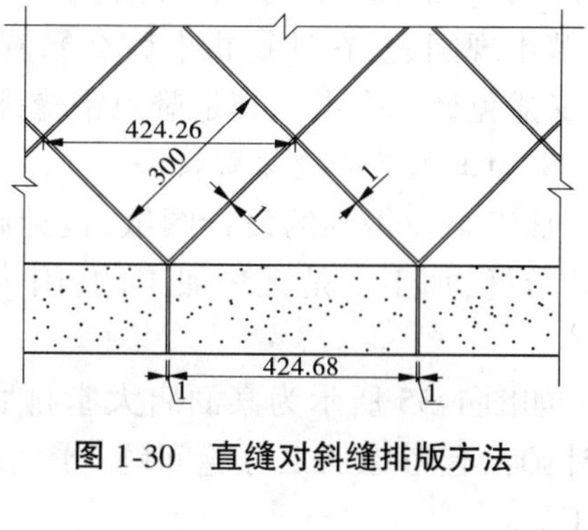

图 1-30　直缝对斜缝排版方法

4）其他错缝排版

下面列举一些其他情况下的错缝排版情况，

图 1-31 为斜缝对弧形缝的情况，图 1-32 为不规则对缝情况，图 1-33 为几何图案对缝情况，图 1-34 为弧形边对缝情况。

遇到这些情况时，都要设定安装缝为 1 mm，在设计时要把安装缝设计到工程图中，并标注清楚，在技术说明中要特别强调安装缝问题。

图 1-31　斜缝对弧形缝的情况

图 1-32　不规则对缝情况

图 1-33　几何图案对缝情况

图 1-34　弧形边对缝情况

5）负公差的错误概念

大部分施工单位和设计单位，为了避免安装缝造成的累积误差，往往要求加工单位在加工时选择-1 mm 偏差，有的在设计图纸上就规定负偏差，以为这样做就可以避免安装缝累积误差了。通过上面介绍的情况可以看出，全部尺寸减去 1 mm，整个偏差仍然存在。这个错误是概念性的，必须予以纠正。

除上面介绍的情况外，在实际操作过程中类似情况还很多，这就要求工程技术人员不能掉以轻心。最简单的办法就是利用 CAD 辅助设计，在绘制排版图时，把安装缝一并绘制进去，若出现问题，在计算机上就会暴露出来，直接测绘相应尺寸，这样就可以既避免设计失误，又避免计算失误。其是避免错缝排版造成安装缝累积误差的好方法。

6. 加工工艺分缝排版技法

加工企业得到的设计图纸，设计师往往不会考虑加工工艺分缝问题，而如果没有加工工艺分缝，加工厂是无法加工的，因为加工厂不可能把没有分缝的设计方案加工成一块整体。

如图 1-35 所示为某酒店大堂排版图。大堂中的大型拼花部分尺寸为 4 800×4 800，设计师没有考虑加工分缝问题。图纸设计得很好看，但是如果没有加工工艺分缝就无法加工。

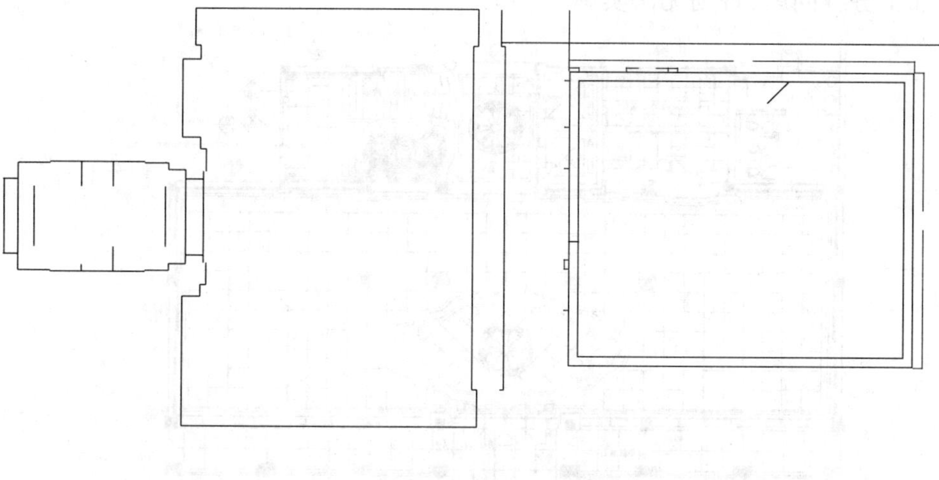

图 1-35　某酒店大堂排版图

在考虑加工分缝的时候，原则上把整体划分为各个小部位，其尺寸不要大于 1 200 mm×1 200 mm，如果只顾装饰效果，而把尺寸划分太大的话，会造成安装施工的困难，出现要么安装不平，要么安装后会空鼓（水泥砂浆不均匀）的情况。加工分缝设计图如图 1-36 所示。

图 1-36　加工分缝设计图

如图 1-37 所示为某酒店大堂中的大型拼花，同样也没有考虑加工工艺分缝问题，同样无法加工。

如图 1-38 所示，增加加工分缝以后，图纸没有原设计好看。在尊重原设计的前提下，必须考虑加工分缝问题，否则无法实施。

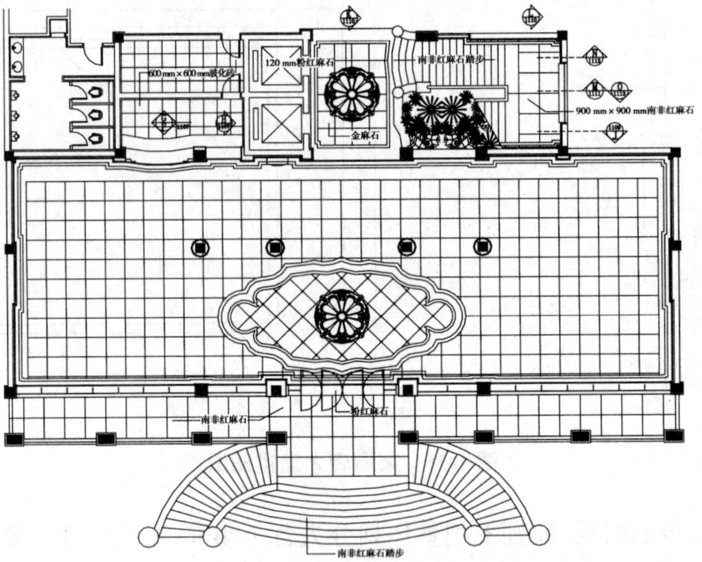

图 1-37　某酒店大堂排版图

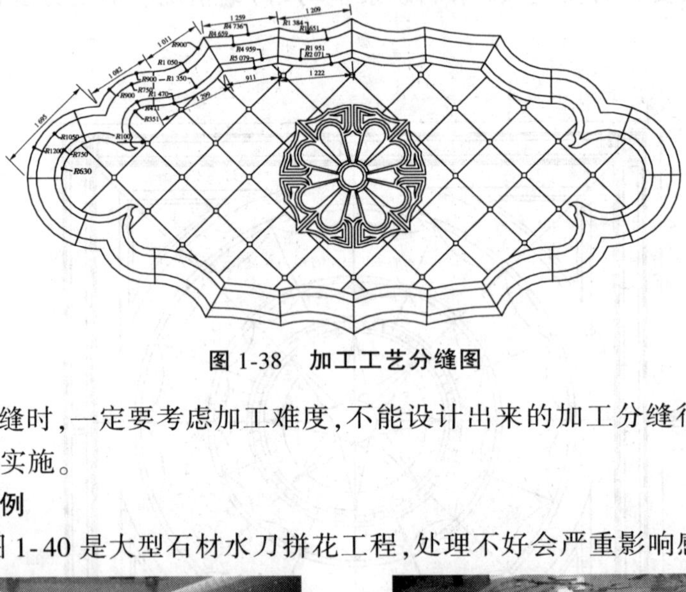

图 1-38　加工工艺分缝图

设计加工分缝时，一定要考虑加工难度，不能设计出来的加工分缝很美观，但是在生产加工时却无法实施。

设计应用案例

图 1-39 和图 1-40 是大型石材水刀拼花工程，处理不好会严重影响感观效果。

图 1-39　某大酒店石材水刀拼花工程图

图 1-40　加工中的拼花图片

7. 扇形板排版技法

在扇形板排版过程中主要考虑的是，在不影响整体设计效果的前提下，增加感观效果，提高出材率。如图 1-41 和图 1-42 所示，都是由扇形板组成的大型圆形石材工程。

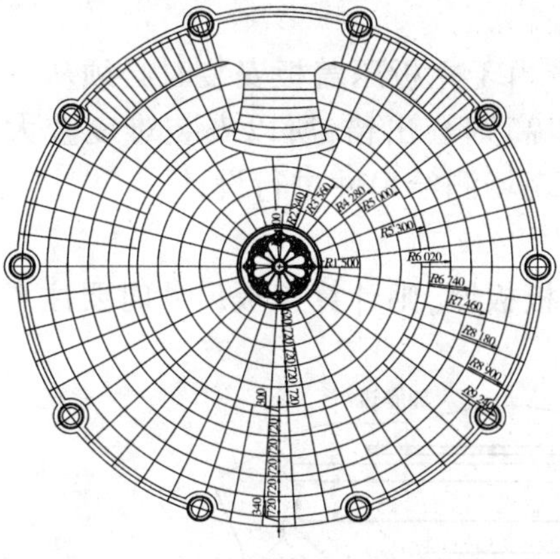

图 1-41　某大酒店大堂排版图

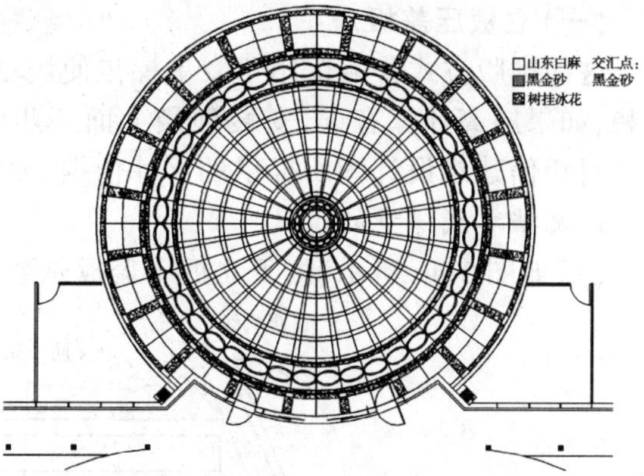

图 1-42　某办公大楼大厅排版图

如图 1-43 所示为扇形板加工图。只要增加或者减少圆周等分数，就可以改变扇形板的弦长。不同圆周上的扇形板大小不同，但向心角是相同的。如果把相同品种的同心圆心距等分分配，就可以组合出出材率很高的加工方法。

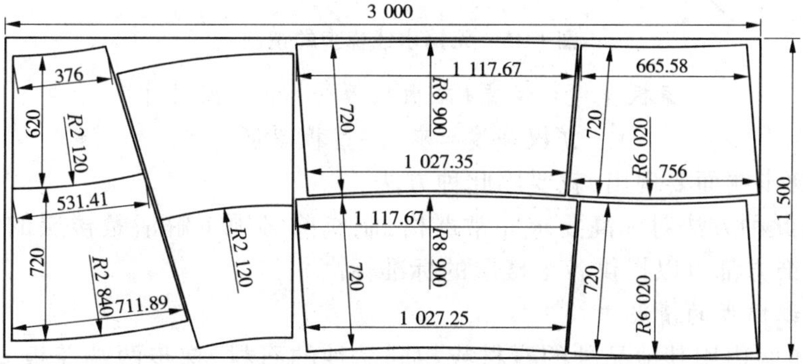

图 1-43　扇形板加工图

设计应用实例

如图 1-44、图 1-45 所示分别为某办公楼大厅工程图和某酒店大堂工程图。

图 1-44　某办公楼大厅工程图

图 1-45　某酒店大堂工程图

二、直梯步排版法

直梯步排版法按照安装方式不同可分为立板压盖板法和盖板顶立板法两种。

(一)立板压盖板法

这种排版方式普遍运用于豪华梯步使用场合。由于立板压盖板安装时必须从下往上安装,如果层高计算有误,安装到最上面一步时,步高则会出错,所以安装难度较大。不能盲目相信建筑设计图所提供的尺寸依据,要根据现场测绘尺寸进行设计。

1. 无挡水线梯步的情况

(1)如图 1-46 所示,由于立板压盖板遮蔽了立板板厚,则计算盖板尺寸时要注意:

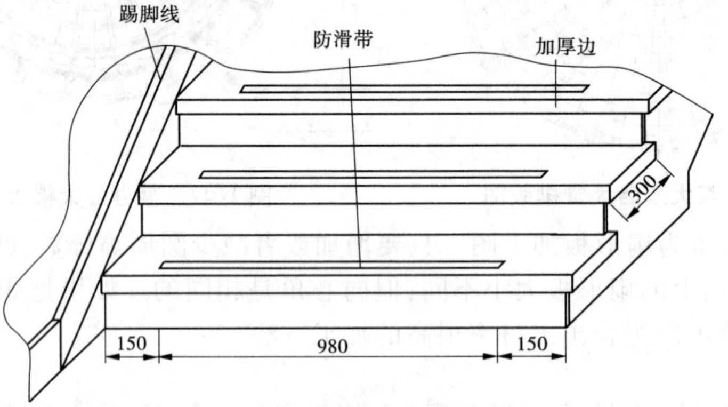

图 1-46 无挡水线梯步的情况

盖板宽度=步宽+立板板厚+边沿突出尺寸

立板高度=步高-盖板厚度

(2)如果梯步端面要现出,就要用此种方法。

(3)注意:此种方法对标高要求非常严格,制作前必须了解清楚楼层的层高,无论是建筑方还是装饰方都可以提供各个楼层的标准标高。

2. 有挡水线梯步的情况

(1)在梯步两边用其他品种的石材或相同品种的石材,梯步两端盖板安装时比主梯步盖板高出 5~10 mm,清洗梯步时起挡水作用。如图 1-47 所示。

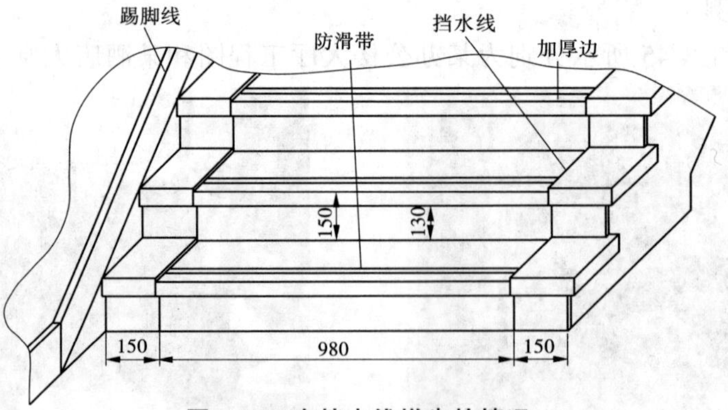

图 1-47 有挡水线梯步的情况

(2)梯步几何尺寸的计算上文已经介绍,这里不再赘述。

(3)由于挡水线盖板的厚度比主梯步盖板的厚度大 5～10 mm，如果遇到加厚边制作就麻烦了。比如说单板的厚度是 20 mm，那么加厚边的厚度就是 40 mm，由于挡水线的厚度大于 40 mm，通常情况下加工厂都用荒料加工厚板。

如图 1-48 所示是实践中总结挡水线加厚边的设计方法。

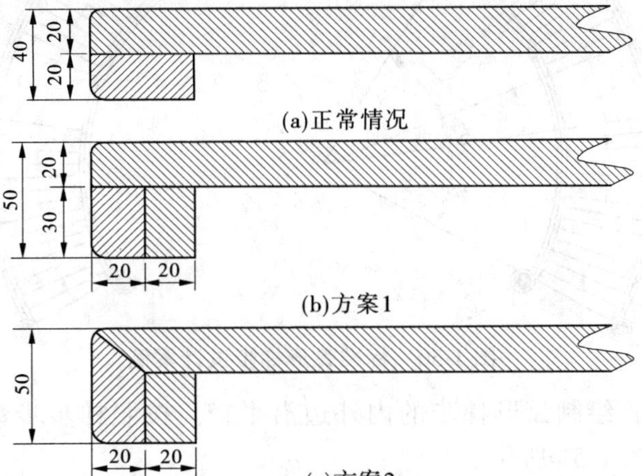

图 1-48　加厚边做法

(二)盖板顶立板法

此种方法安装时可以先安装立板，待立板安装完毕后再安装盖板，安装十分方便，只要不现出梯步端面的地方都可以使用。如图 1-49 所示为盖板顶立板梯步示意图。

盖板尺寸=步宽+边沿突出尺寸

挡水线的做法与前文介绍的一样。

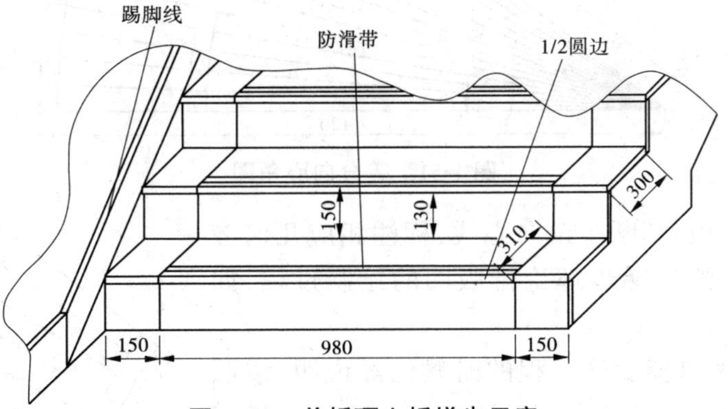

图 1-49　盖板顶立板梯步示意

三、弧形梯步排版法

(一)标准弧形梯步

1. 楼梯梯步

如图 1-50 所示，是一个标准弧形梯步的设计案例。下面以此图为例来详细阐述标准弧形梯步的设计过程。

标准弧形梯步的内外边沿都有共同的圆心，各个踏步板都是以圆心为中心的等分角。

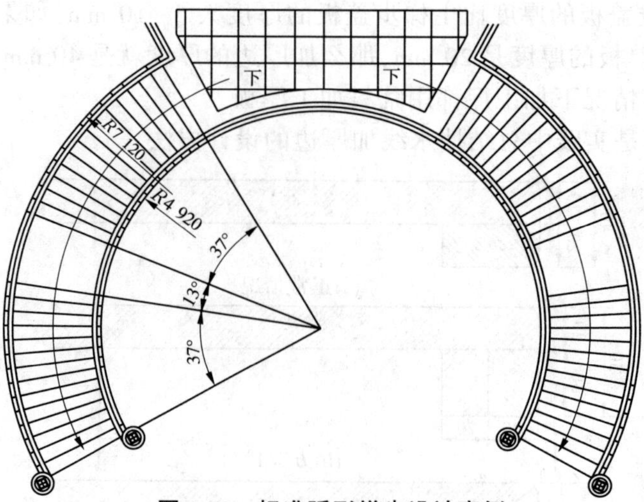

图 1-50　标准弧形梯步设计案例

（1）绘制向心角，绘制弧形梯步的内外边沿半径。按照梯步步数减一步所得出的数据等分向心角。如图 1-51 所示。

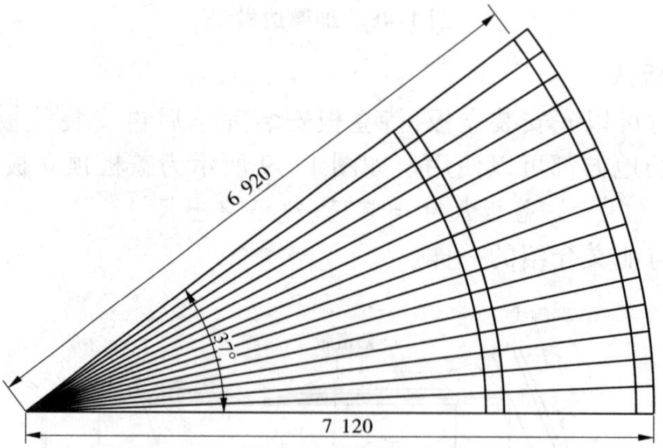

图 1-51　等分向心角图

（2）偏移内侧板，切断多余向心线，标注相应几何参数，就完成了标准弧形梯步理论排版图的绘制过程，如图 1-52 所示。

前面在阐述直梯步设计过程的时候已经说明，按照安装方法的不同，可分为两种不同方法：一种是立板压盖板法，另一种是盖板顶立板法。这两种方法对标准弧形梯步同样适用。如果不区分梯步盖板和立板的空间变化情况，仅凭图 1-52 这样的理论排版数据，既不能指导生产，也不能指导安装施工。

（3）以立板压盖板法为例详细阐述标准弧形梯步的盖板和立板的设计方法。如图 1-53 所示为立板压盖板设计截面图。从图 1-53 中可以看出：①梯步盖板边沿为

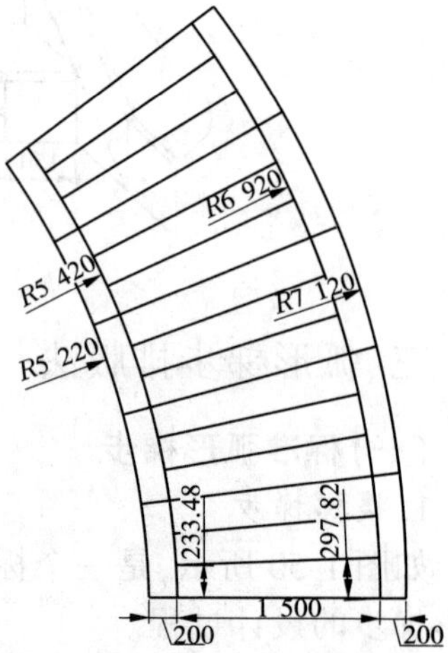

图 1-52　标准弧形梯步理论排版图

40 mm 加厚边，且突出下一步立板 40 mm；②立板压盖板重叠部分为 20 mm；③立板与立板之间的距离就是图 1-52 中所反映的数据，如图 1-52 中的几何参数不是梯步盖板的几何参数。

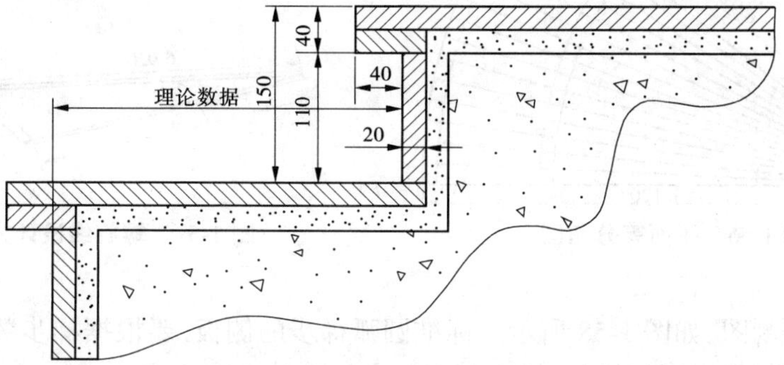

图 1-53　立板压盖板设计截面图

(4)标准弧形梯步立板的设计方法。由于图 1-52 中所反映的就是标准弧形梯步的立板完成面，所以只要删除其他多余线条，将立板完成面偏移 20 mm，就完成了立板设计过程。如图 1-54 所示，立板高度为 110 mm，由此可知所有立板都是相同规格：1 500 mm×110 mm。

(5)标准弧形梯步盖板的设计方法。从图 1-52 可以看出，立板遮盖了盖板 20 mm，所以在设计盖板时，就要在立板完成面的基础上加宽 20 mm。盖板的加厚边相对于下一步立板突出 40 mm，所以在加厚边方向加宽 40 mm。将两端的圆弧线延伸与两条加宽边相交，就完成了标准弧形梯步盖板的设计，如图 1-55 所示。

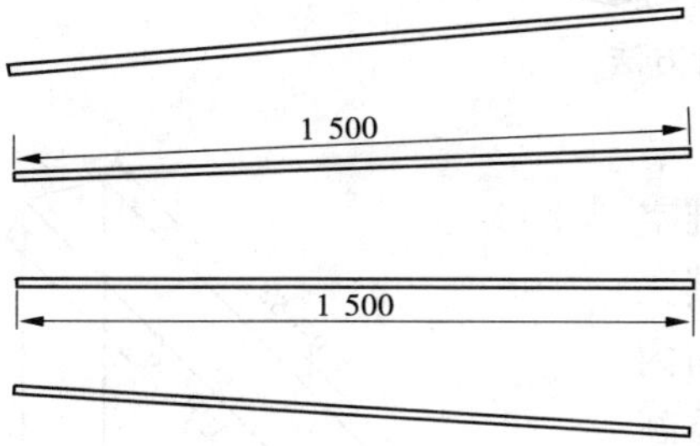

图 1-54　立板设计图

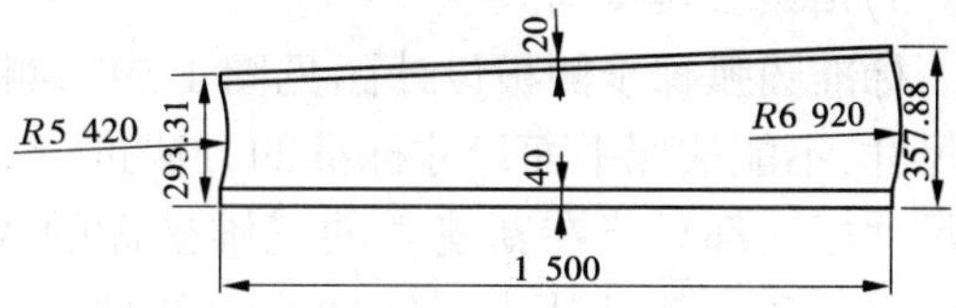

图 1-55　盖板设计图

2. 弧形梯步侧板的设计方法(选学)

标准弧形梯步的内外侧板是圆弧板，上下斜边是螺旋线，侧板的盖板是螺旋面，要用平面的方法表达清楚比较麻烦，而利用计算机三维技术辅助设计，方便而快捷。

1)设计螺旋线

由于篇幅有限，仅以弧形梯步外侧板为例讲述。

(1)绘制平面图，如图 1-56 所示。

(2)螺旋线见图 1-57。已知投影圆弧半径、投影圆弧向心角、设计梯步单元总高度，就可以利用 CAD 软件的三维技术绘制出螺旋线。

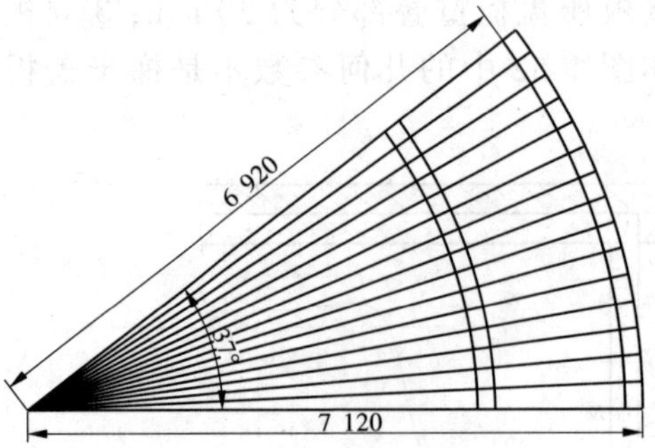

图 1-56　平面等分角图

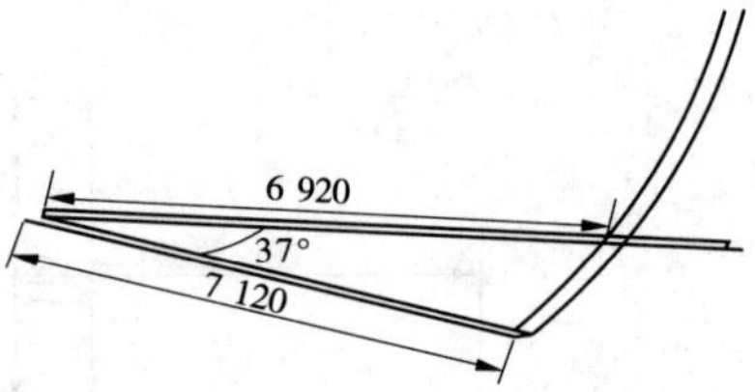

图 1-57　螺旋线设计方法

2）等分梯步

绘制侧板分割图，如图 1-58 所示。标准圆弧梯步的侧板，要根据梯步数进行等分，使得每块侧板及盖板都是相同规格，这样有利于生产加工和安装施工。

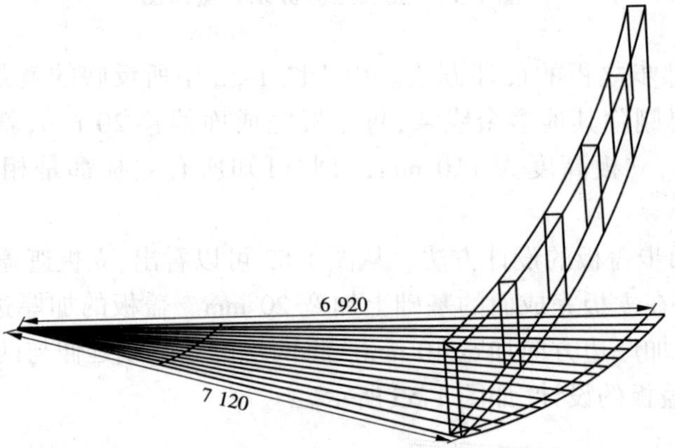

图 1-58　侧板设计方法

3）测绘三维空间尺寸

标准圆弧梯步侧板设计图见图 1-59。测绘三维空间尺寸，不能按照平面尺寸标准的方法进行标注，其三维尺寸标注都只能在新建立的三维坐标的 *XY* 平面内标注，换言之，就是凡出现空间变化的地方，都要重新建立三维坐标。

采用三维几何尺寸测绘所得出的几何参数，完全可以指导产品加工和施工安装，无需采用传统 1∶1放样、建模、测绘、加工的方法，可以大大提高效率，降低成本。

如图 1-60 所示，盖板为螺旋扭曲面，不是由平板拼接而成的，一般情况下都是采用配做的方法进行加工。所以，设计三维图的目的在于详细测绘三维尺寸，以便加工毛坯时做参考，以免加工出来的毛坯余量过大，造成材料浪费。

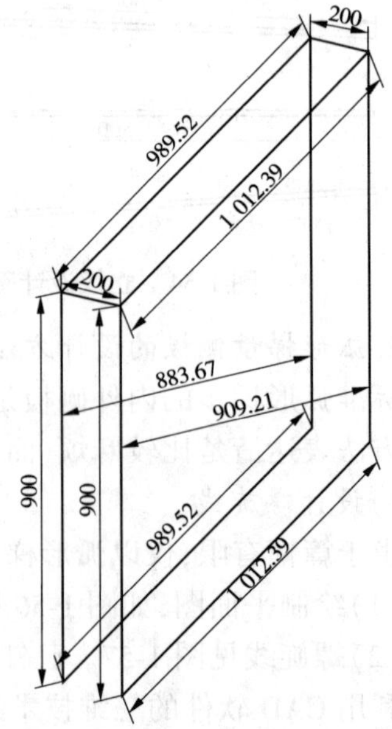

图 1-59　标准圆弧梯步侧板设计图

配做：将几何形状可控制加工好的产品，按照其安装施工的空间架构进行定位，用以修整几何形状不可控制的毛坯。标准弧形梯步侧板上的盖板是螺旋扭曲面，无法用机器进行加工，因此要将侧板按照安装施工的空间架构进行定位，以其边沿的螺旋线为基准修整盖板毛坯，盖板的加工全过程都是手工制作。这个加工过程就是配做过程。

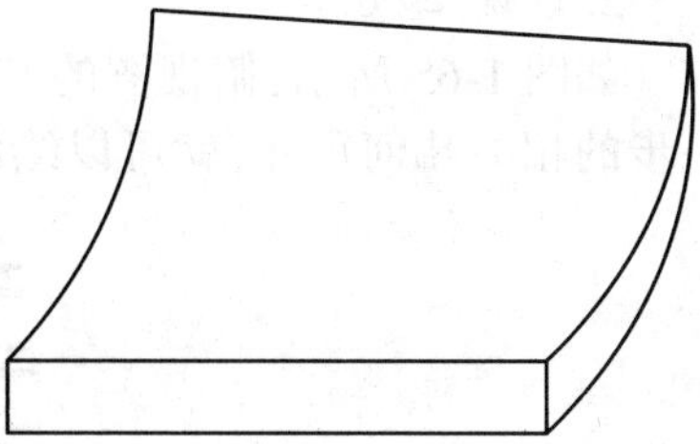

图 1-60　标准弧形梯步侧板的盖板是螺旋扭曲面

4）工程应用案例

（1）错误做法。如图 1-61 所示是用小规格平板拼接的螺旋面盖板，小板块拼接也是配做过程。由于几何尺寸无法掌握，所以配做的接缝很明显，装饰效果很差。

（2）正确做法。如图 1-62 所示是利用计算机辅助设计，坯料加工的标准弧形梯步侧板盖板与弧形侧板对缝制作的螺旋面盖板，效果很好。

图 1-61　错误做法工程图片

图 1-62　正确做法工程图片

（二）喇叭口形梯步

如图 1-63 所示是一个喇叭口形梯步应用案例图片。喇叭口形梯步的设计制作与标准弧形梯步不同，在喇叭口部分，每一块梯步盖板和立板的尺寸都不一样，因此设计方法也与标准弧形梯步不一样。

图 1-63　喇叭口形梯步工程图片

1. 设计俯视图

如图 1-64 所示，俯视图的尺寸都按照理论尺寸进行设计。

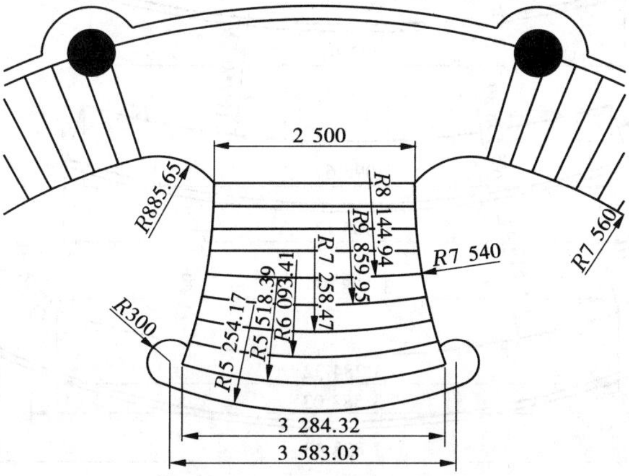

图 1-64　喇叭口形梯步俯视图

2. 设计立板

如图 1-65 所示,俯视图的基本尺寸就是立板的完成面尺寸,偏移出板材厚度,标注出每一步的相关几何尺寸,就可以绘制出每一步的立板图。

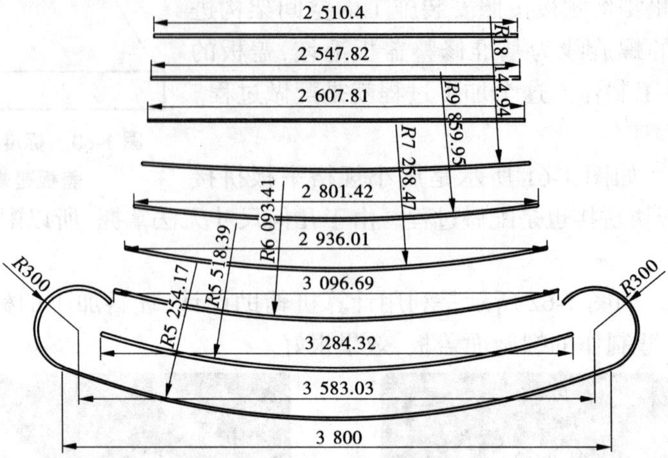

图 1-65　立板设计方法

3. 设计盖板

(1)确定安装方式,以立板压盖板法为例详细阐述喇叭口形梯步的盖板设计方法。如图 1-66 所示为梯步截面图。从图中可以看出:①梯步盖板边沿为 40 mm 加厚边,且突出下一步立板 40 mm;②立板压盖板重叠部分为 20 mm。

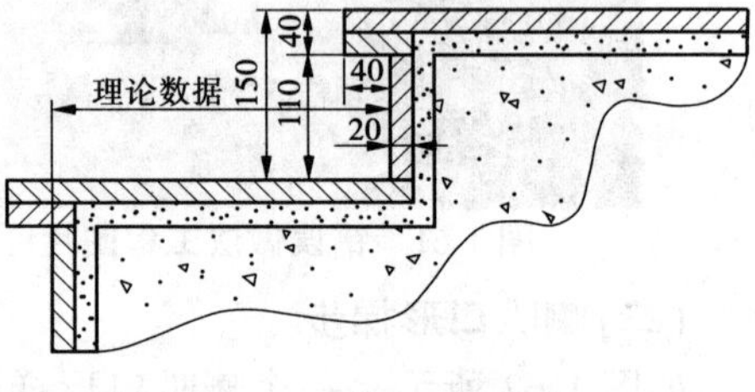

图 1-66　梯步截面图

(2)根据立板的几何尺寸绘制盖板详图,以下仅绘制三步,其余类推。如图 1-67 所示,按照梯步外边沿突出 40 mm,将外边沿偏移 40 mm。按照梯步立板遮盖 20 mm,将梯步内边沿平移 20 mm。连接所有轮廓线,就完成了梯步盖板的设计。

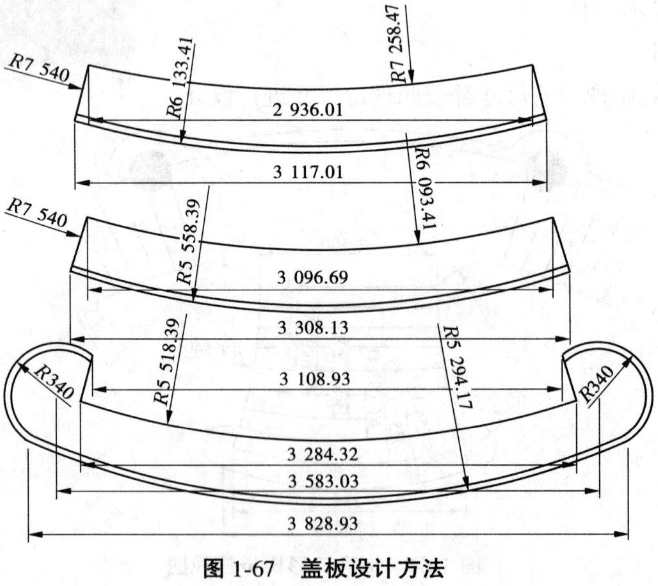

图 1-67　盖板设计方法

四、墙面石材设计技法

(一)墙面排版图

将安装于墙面的石材布局、几何参数及技术要求反映在图纸上的图叫做墙面排版图。墙面排版图的表达方法比较复杂,而安装石材的工人的文化程度不高,如果用正规的图纸表达方法则很难被理解,工地上出错常常是工人没有正确理解图纸造成的。为了避免类似的情况发生,一种适用的墙面排版图的绘制方法非常必要。

下面用两个工程应用实例讲解墙面排版图的设计方法,如图 1-68 和图 1-69 所示。

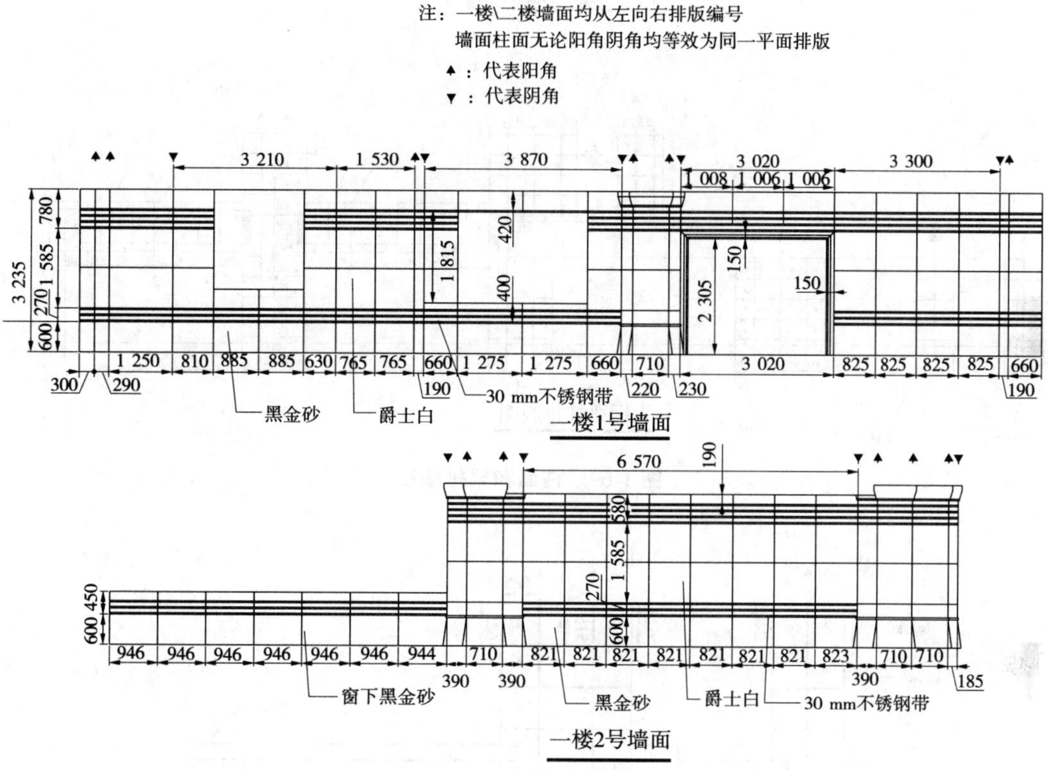

图 1-68　墙面排版图

1. 墙面编号方法

按照独立单元保证色彩基本一致的原则进行编号,对各个独立单元按照顺序依次编号。

如图 1-68 和图 1-69 所示,编号原则是:按照墙、柱、梁、门、窗等不同功能进行划分;从左到右按照墙 1、墙 2、墙 3、…,柱 1、柱 2、柱 3、…,梁 1、梁 2、梁 3、…,门 1、门 2、门 3、…,窗 1、窗 2、窗 3、…的编号顺序进行编号。

2. 将独立单元的整个墙面等效拉直

用符号来区分阳角(箭头朝上代表阳角)和阴角(箭头朝下代表阴角),如果角度为 90°则无须注明,如果不是 90°则要注明角度,这样就可以把整个墙面在一幅图上全部标注清楚,如图 1-70 所示。

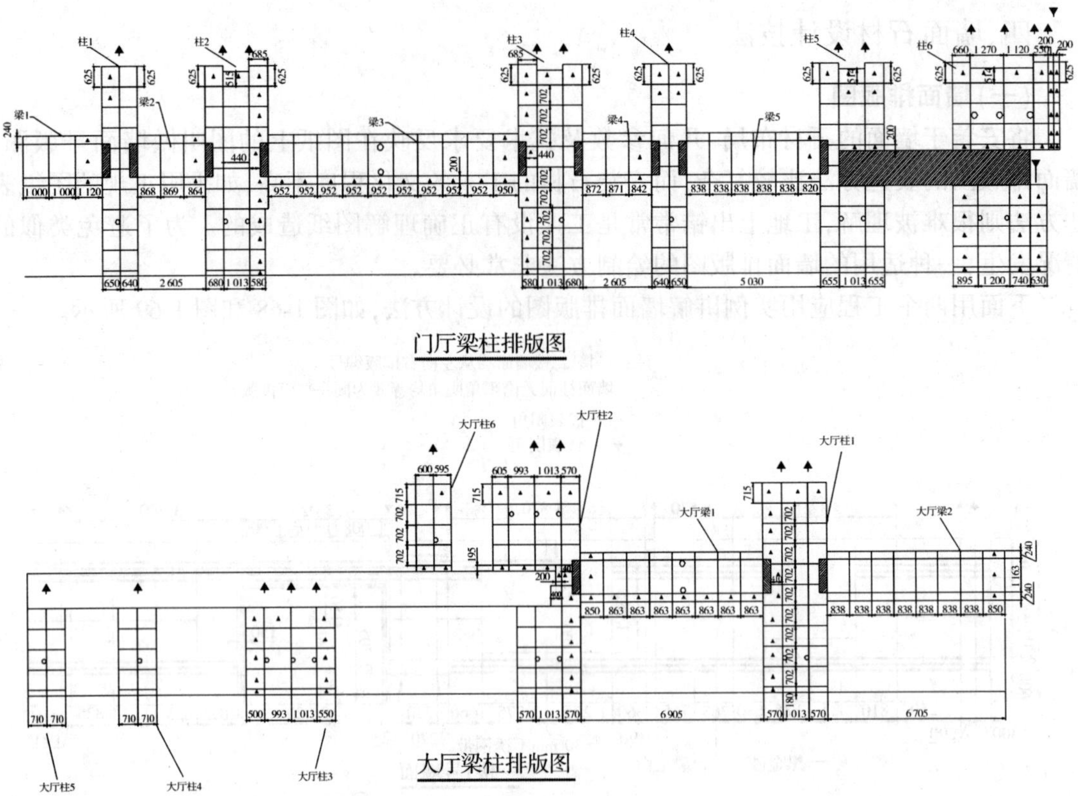

图 1-69　柱面和梁排版图

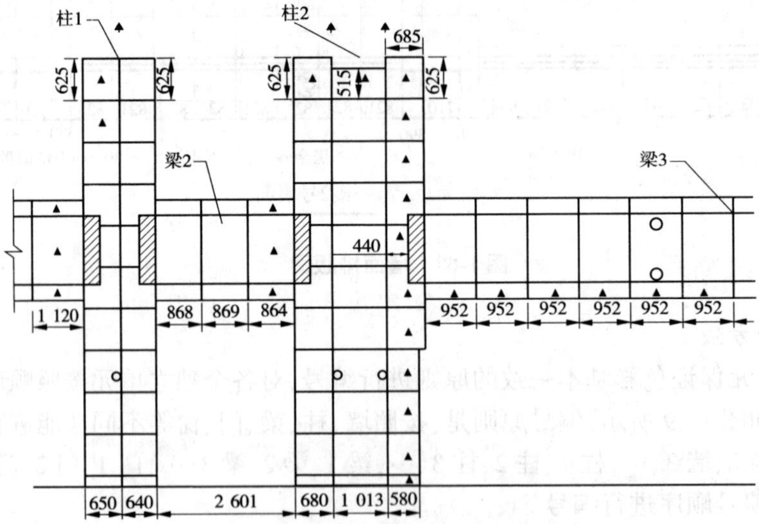

图 1-70　等效拉直的墙面排版图

3. 对特殊制作细节进行特殊处理

采用局部剖视图、向视图和局部放大图进行说明，尽量在同一张图纸上完成，以便加工工人和施工工人能够顺利识图。

4. 墙面排版图既可以作为加工图,又可以作为安装排版图

对加工和安装的特殊要求在图纸注释上要进行详细阐述,争取做到无障碍技术沟通。

(二)排版编号图

在石材加工和施工过程中,排版编号图非常重要。在加工的过程中要对加工的产品进行铺排,图 1-71 就是石材产品的铺排现场。铺排的目的是:选择最合适的花纹和色彩过渡,使得排版效果达到最佳。为使最佳铺排效果能够顺利安装施工,就要设计排版编号图,使得每一块产品能够一一对应地在施工现场还原铺排效果。

图 1-71　石材产品铺排现场

排版编号图的编号原则有传统编号法和可追溯编号法两种。

1. 传统编号法

石材行业常用的编号原则是按照阿拉伯数字从左到右、从下到上,依次按顺序编号。从左到右编完一排以后,上移一排按照顺序继续编号。

2. 可追溯编号法

传统的编号原则,对于一般花岗岩和不要求对花纹的大理石石材工程来说,是一种切实可行的编号方法,因此得以普遍使用。但是,对于高品质石材工程,要求任何一张石材工程板都可以追溯到是哪一块荒料、哪一块大板加工的,传统编号方法就无法做到。这就要求探索一种可追溯的排版编号方法。

1)荒料及大板编号方法

如图 1-72 所示为荒料及大板编号方法。按照 5-1、5-2、5-3、…的方法编号,5 代表荒料号,1、2、3、…代表大板号,千万不要忘记箭头,以免加工时弄错方向;如果要求对称排版,一定要标识对称符号。

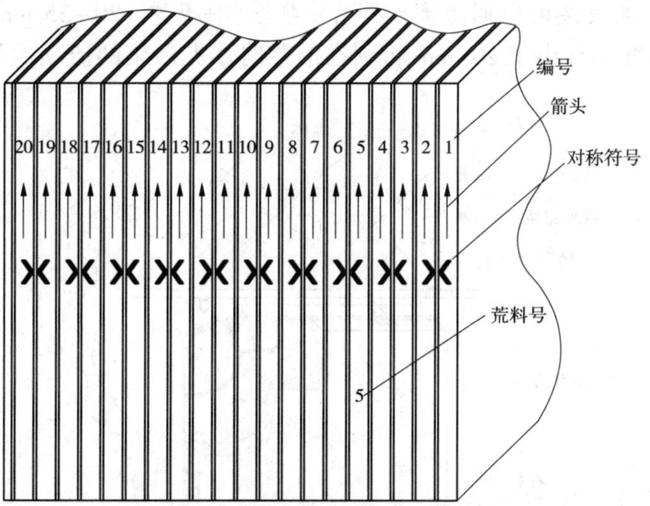

图 1-72　荒料及大板编号方法

2)可追溯排版编号方法

如图 1-73 所示就是一种可追溯石材排版编号图。举例说明:5-4-3 号石材工程板,5 代表第 5 号荒料,4 代表第 4 号大板,3 代表第 4 号大板加工出来的第 3 号工程板。

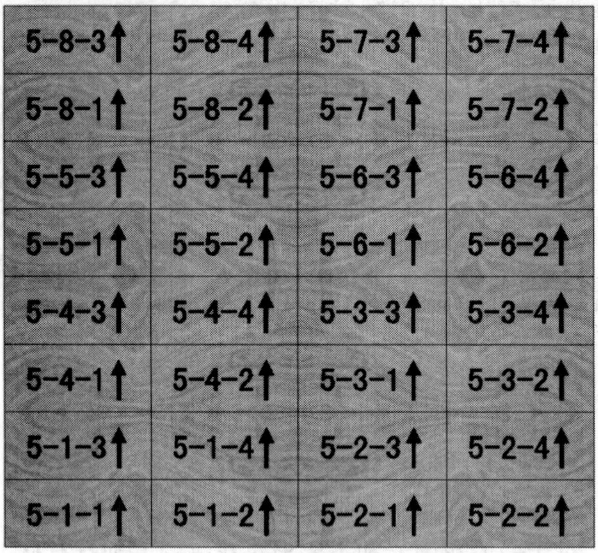

图 1-73　可追溯石材排版编号图

图 1-73 中的箭头代表安装方向,这个箭头非常重要,如果没有箭头,施工时很有可能会安装反,造成整个铺排效果毁于一旦。

(三)不同安装方式石材表面与安装基层的空间距离

空间距离=安装空间+板厚

1. 水泥砂浆安装石材

如图 1-74 所示为水泥砂浆安装墙面石材示意。

水泥砂浆安装的空间距离=水泥砂浆厚度+板厚=20~35 mm+板厚

水泥砂浆层厚度不宜小于 20 mm,否则在灌浆时水泥砂浆的流动性将受限,造成灌浆不饱满。

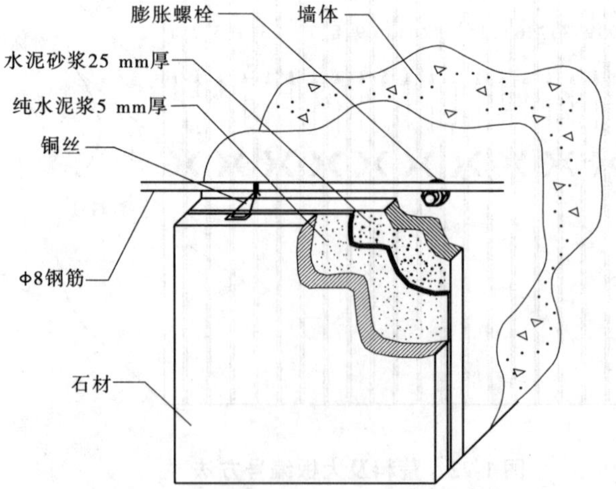

图 1-74　水泥砂浆安装墙面石材示意

2. 干挂石材

1) 简易干挂(无竖龙骨)

如图 1-75 所示为墙面简易干挂石材示意。

简易干挂的空间距离=安装空间+板厚=100 mm

简易干挂的空间距离 100 mm 是设计时常用的理论数据。在实际操作时,挂件的长孔和运用不同规格的挂件,还可以调整空间尺寸 50 mm 左右。

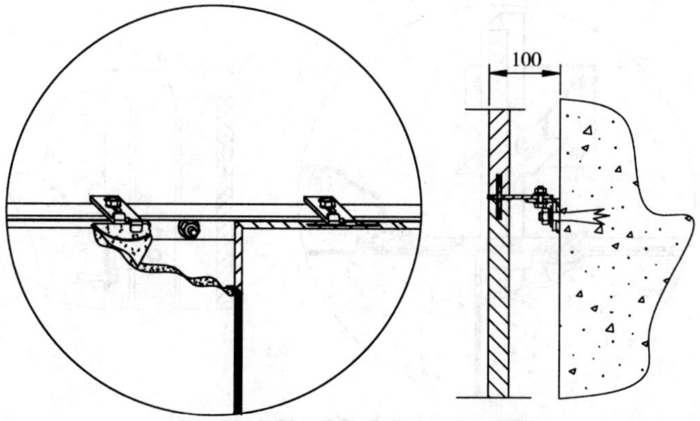

图 1-75 墙面简易干挂石材示意

简易干挂常用于建筑基层强度很好的混凝土基层上干挂石材的场合。

并非简易干挂这个名词中有“简易”二字,就决定了它的用途只能用于不重要的场合,在日本、韩国、中东等国家和地区,常常用简易干挂法施工高层建筑的外墙石材工程。

简易干挂也有称做点式干挂的。

2) 隐龙骨干挂

如图 1-76 所示为隐龙骨干挂石材示意。

隐龙骨干挂的空间距离=安装空间+板厚=200 mm

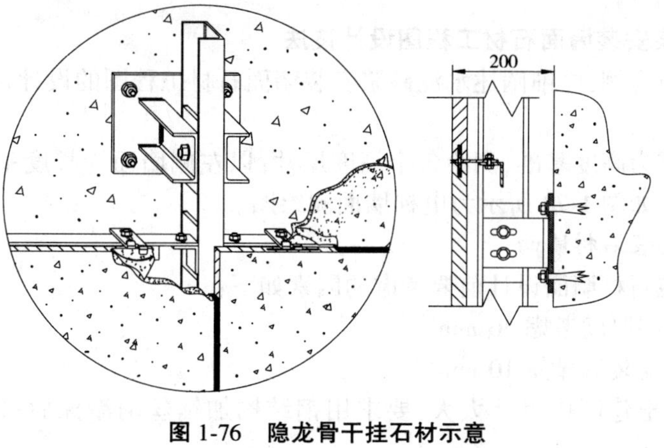

图 1-76 隐龙骨干挂石材示意

隐龙骨干挂的空间距离 200 mm 是设计时常用的理论数据。在实际操作时,挂件的长孔和运用不同规格的挂件以及采用不同长度的主龙骨连接件,可以调整空间尺寸 100 mm 左右。

在框架结构的建筑中,由于内装的隔墙往往是砖墙,砖墙的强度达不到石材干挂的要求,所以要用钢结构干挂石材。

在隐龙骨干挂的钢结构中,横龙骨是隐藏在主龙骨之间的,可以节省 50 mm 的空间尺寸,所以常用于室内石材干挂工程。

3)明龙骨干挂

如图 1-77 所示为明龙骨干挂石材示意。

偏移量=安装空间+板厚=250 mm

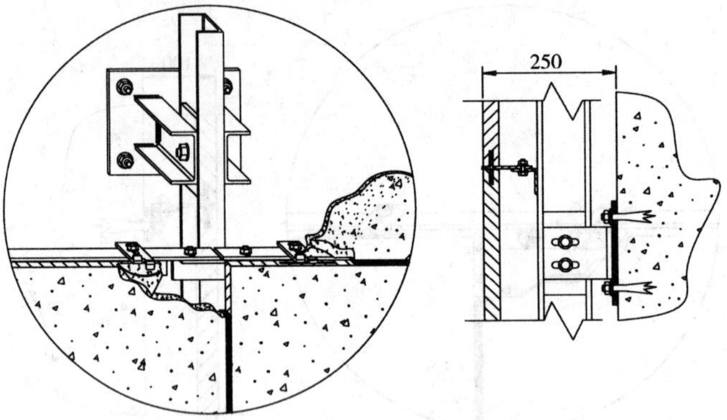

图 1-77 明龙骨干挂石材示意

明龙骨干挂的空间距离 250 mm 是设计时常用的理论数据。在实际操作时,挂件的长孔和运用不同规格的挂件以及采用不同长度的主龙骨连接件,可以调整空间尺寸 100 mm 左右。

在框架结构的建筑中,外墙隔墙往往是砖墙,砖墙的强度达不到石材干挂的要求,不能直接在砖墙上干挂石材,所以要用钢结构干挂石材。

在明龙骨干挂的钢结构中,横龙骨安装在主龙骨外侧,可以加大 50 mm 的空间尺寸,这就为调整外墙的形状变化提供了更大的发挥空间。所以,明龙骨干挂石材常运用于外墙石材干挂工程中。

(四)水泥砂浆安装墙面石材工程图设计技法

以电梯间墙面为例,详细阐述水泥砂浆安装墙面石材工程图的设计技法。

1. 现场测绘

以地面正负零为高度基准,测绘各个高度尺寸;以左侧墙面为长度基准,测绘基准到各个测绘点的尺寸。如图 1-78 所示为电梯墙面测绘图。

2. 水泥砂浆安装石材墙面

水泥砂浆安装石材墙面设计前要考虑的因素如下:

(1)水泥砂浆层厚度考虑 30 mm。

(2)电梯门框安装后显露 10 mm。

(3)电梯门洞土建制作尺寸太大,要求用钢结构加钢丝网涂抹后,再用水泥砂浆进行安装。

(4)安装水平缝处布设 8 mm 钢筋,用铜丝固定石材。

(5)安装缝要求密缝,云石胶补缝。

3. 排版图

排版图一定要围绕装饰设计意图,在不改变设计师总体风格的基础上,按照石材排版设计技法进行排版。如图 1-79 所示为电梯间墙面排版图。

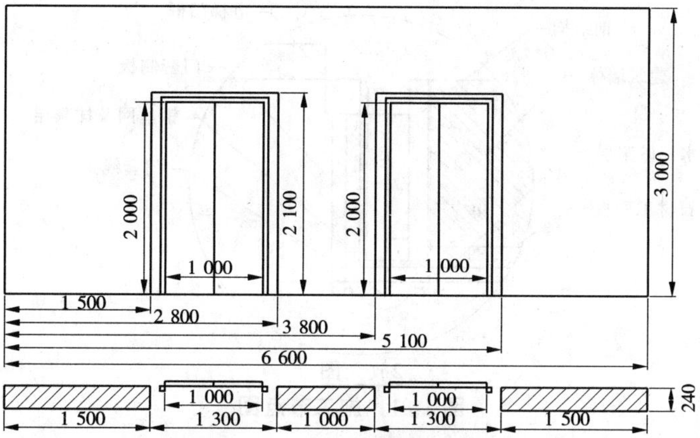

图 1-78　电梯墙面测绘图

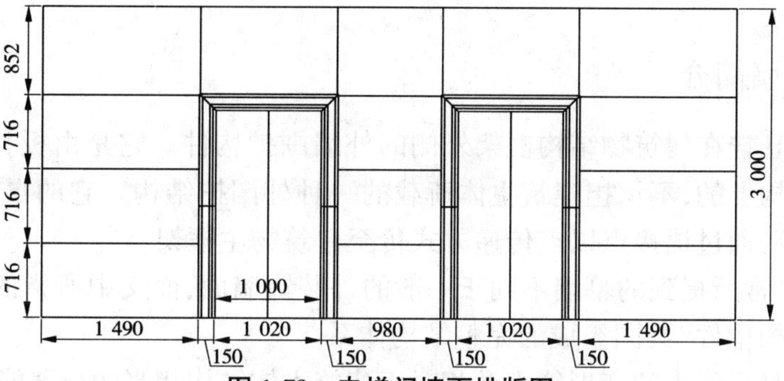

图 1-79　电梯间墙面排版图

4. 剖面图

根据现场测绘图和石材排版图,考虑水泥砂浆安装的空间尺寸以及石材板材厚度和线条的空间位置,绘制剖面图。如图 1-80 所示为电梯间水泥砂浆安装石材墙面剖面图。

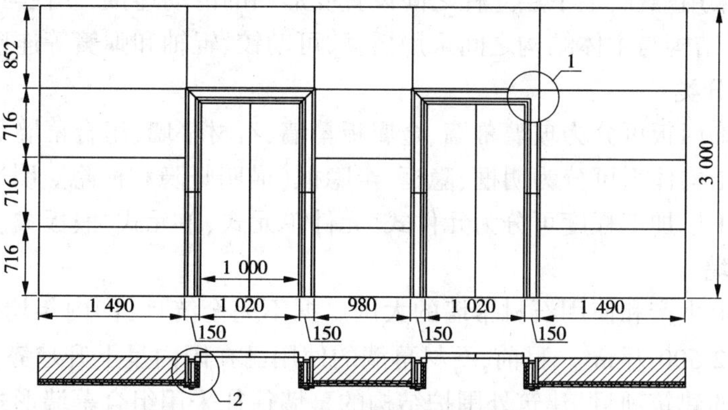

图 1-80　电梯间墙面剖面图

5. 施工节点图

将剖面图中要加以特殊说明的部分,进行局部放大,这个局部放大图就是施工节点图,如图 1-81 所示。

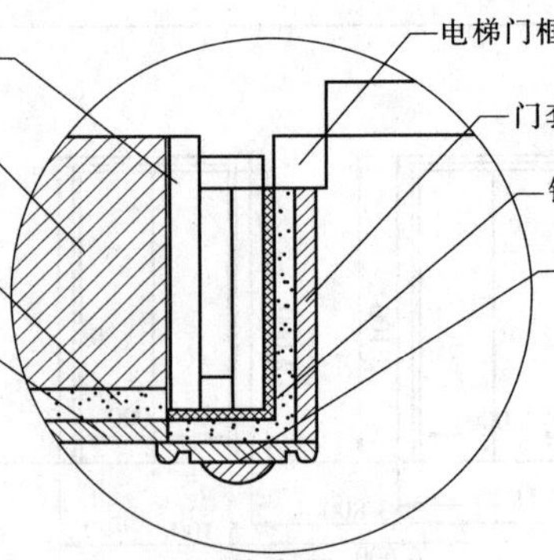

2放大图

图 1-81　施工节点图

第三节　石材幕墙设计基础

一、石材幕墙简介

幕墙是一种悬挂在建筑物结构框架外侧的外墙围护构件。它是由板材组成的、悬挂依附在建筑主题结构上的、不承担建筑主体荷载的一种外围护结构。它的自重和所承受的风荷载、地震作用等,通过锚接点以点传递方式传至建筑物主框架。

一般而言,平常所提到的幕墙不同于一般的外装饰墙面,而文中所指的幕墙是由"外装饰面板和支撑结构构件"共同组成的完整结构体系。

幕墙具有自身平面内的变形能力及相对于建筑主体结构相当的位移能力。

一个完整的幕墙结构体系,从外装饰面板到建筑主体结构,可以通过很多构造设计去实现自身平面内的变形和相对于主体结构的位移能力。例如,面板之间存在板缝,面板与附框之间有弹性的胶缝,面板与挂件之间可以相对移动,挂件与横梁立柱间用长圆孔螺栓固定,横梁与立柱连接采用螺栓,上下层立柱之间设置变形用的滑动连接,立柱与角码之间用长圆孔螺栓连接,支撑结构与主体结构之间采用摇臂、可动铰、辊轴和弹簧等连接。

(一)幕墙的分类

幕墙按外装饰面板可分为玻璃幕墙、金属板幕墙、石材幕墙、组合幕墙等。

幕墙按装饰结构体系可分为明框、隐框、半隐框(横明竖隐和横隐竖明)。

幕墙按生产工厂加工程度可分为元件式、元件单元式、单元式、嵌板式、包柱式。

(二)石材幕墙

中国是世界上生产和使用石材幕墙的大国。据不完全统计,国内年均石材装饰板材用于墙面装饰的约 2 500 万 m^2。目前,石材幕墙的使用已在国内呈上升趋势。

尤其是大型的建筑项目,建筑外围护结构的幕墙往往采用组合幕墙形式,即在同一个工程项目中同时采用玻璃、金属板、石材等外装饰面板。

随着现代新材料科学技术的不断提升,建筑行业的绿色生态设计理念、研发技术、工艺水准是刻不容缓的战略性任务。这就要求建筑行业不仅要用技术进步、工艺改进、产品升级换代实现产业化,更重要的是要实现技术集成,从而达到产品集成走综合型发展的新型工业化道路，进而开发“绿色、健康、安全”的环保型建筑安全产品。走绿色生态新型工业化的道路是时代赋予专业工作者的使命。

(三)石材幕墙发展

2003年，我国建筑幕墙已达到900万 m^2，其中采用玻璃面板的约占60%，即约550万 m^2，金属(石材)面板的约占40%，即约350万 m^2。20世纪90年代中期，金属(石材)面板(40万 m^2)占建筑幕墙面板不到10%，2003年上升到40%(10年时间绝对用量翻了近四番)。而且使用金属(石材)幕墙建筑的高度也在不断提升，一个工程金属(石材)幕墙的用量纪录也在不断刷新。上海浦东国际金融大厦背栓式花岗石幕墙安装高度(最高点)为139 m，深圳时代广场大厦通槽式石材幕墙高达170 m，上海交银大厦背栓式花岗石幕墙安装高度(最高点)为196 m，广州合银大厦石材幕墙最高点达220 m，上海银行更高达230 m，东莞行政中心一个工程使用石材幕墙10万 m^2。用脆性材料做面板的石材幕墙，其自重较大，且是天然材料，材质变化大，对其安全使用人们有种种疑虑，个别人称它为“隐藏在城市上空的重磅定时炸弹”。赵西安教授在答《建筑知识》记者提问时指出：石材幕墙的设计与施工都比较复杂，但是不能说工作难度大的、复杂的结构就一定不如简单的、容易的安全。四川倒塌了几座小桥，与这些小桥相比，长江大桥的设计、施工要复杂得多，但长江上七座大桥都很安全，所以不能简单地认为凡是复杂的东西就一定比简单的东西安全性差。只要我们把握好材料、设计、施工等各个环节的质量，其安全性是完全能够保证的。

上述工程石材幕墙建成后，都经历了若干次台风考验，未发现损坏。1999年9914号台风在厦门登陆，气象部门测得的瞬时风速为46 m/s，台风中心在厦门地区滞留8 h，市区7万株行道树折倒，广告牌几乎全都掉落，公共汽车候车亭近九成损坏，而厦门市的建筑幕墙(含石材、玻璃、金属板等面板)基本完好，只有少数玻璃受外界物体撞击破坏。如税保大厦被对面中闽大厦、中信惠扬大厦工地刮来的石子及砖块打破几块玻璃，部分开启扇没有关好及锁扣质量问题而被掀落；国贸大厦和电力大厦建筑边角部有几块(2 700 mm×1 100 mm和2 997 mm×1 300 mm)铝板因固定耳子的螺钉拔出和板孔边撕裂而使铝板卷曲破坏；大华银行39层(130 m高)楼顶广告牌上四块复合铝板被撕毁，也是由于螺钉拔出、板孔边撕裂；厦门会展中心工地400 t塔吊塔身拦腰折断，而几万平方米的石材幕墙未发现损坏。

(四)石材幕墙的分类

建筑幕墙石材面板安装，最初采用钢销式或槽勾式，勾的型式从T型勾、蝶式勾发展到L型勾(SE型勾)。实际工程使用结果表明这些连接方式有一定的可靠性，但也有其局限性，尤其在水平与垂直交角部位、垂直折线转角部位不能达到理想的连接。

后切式背栓点连接花岗石幕墙已有二十多年的历史，我国在20世纪90年代开始使用。1998年建成的上海中银大厦(浦东国际金融大厦)高235 m，139 m以下采用了后切式背栓点连接花岗石幕墙，覆盖主体结构表面15 000 m^2，花岗石幕墙(其构造型式为凸梯形与凸矩形组合)展开面积22 000 m^2，使用了约3万块花岗石、6万个背栓，花岗石尺寸为($H\times B$) 2.05 m×0.3 m；1999年建成的上海交银大厦采用的后切式背栓点连接花岗石幕墙最高标高达196 m；中组部后切式背栓点连接花岗石幕墙花岗石尺寸为($H\times B$)2 m×2.7 m，单块板重600 kg，全国还有很多工程采用了后切式背栓点连接花岗石幕墙。

二、石材幕墙防火设计基础

火是人类生活不可缺少的一种能源，从人类文明的发展历史看，火在人类科技的进步中起到较大的作用，是火创造了人类的文明，推动了社会的进步，同样火也给人们的生命、财产、自然资源带来了极大的危害。虽然我国建筑防火设计规范《建筑设计防火规范(2018 年版)》(GB 50016—2014)已基本形成相对独立的较完整的体系，但近几年大的建筑工程火灾事故频繁，火灾已成为未来十大潜在灾害。

我国正处于城市化快速发展的时期，在建工程多，高层建筑多，因此要根据新时期的建筑特点、发展方向去研究新时期防火、消防工作的规律，从建筑工程设计开始就比较完善地设计出能够满足新时期要求的工程建设防火、消防技术体系。

石材幕墙一般应用在人群密集及大型的公共建筑、重要的高层和超高层建筑物的外墙上。石材幕墙的火灾危险性大，因为石材是脆性材料，其抗火性差。一般，石材幕墙的石材板均不耐火，当受热或遇火烧时易变形、破碎毁坏而造成幕墙大面积掉落，火焰就从幕墙破碎洞口的外侧卷进上层室内。另外，由于石材幕墙是包封建筑主体，并且垂直于主体结构通过连接件固定在主体结构上，往往会出现垂直幕墙与建筑主体各楼层楼板、房间间墙、采光通风窗洞口四周的缝隙未经处理或处理不恰当，且在消防系统不完善或运行不正常的情况下，浓烟也可通过缝隙向上层扩散弥漫，造成人员窒息，而火苗则通过缝隙往上层窜。这些缝隙和幕墙破裂的洞口就成了引火通道，窜烟窜火，酿成更大的火灾。此外，室内的大火可使石材幕墙挂石板的金属挂件和钢材软化而失去强度致使石板剥离从天而降，威胁行人的生命安全。可见，石材幕墙作为建筑外围护结构之一，对整体工程防火安全同样有重要作用，从石材幕墙的设计阶段开始就需要从各个方面综合考虑。

(一)石材幕墙通常出现的火灾状况

石材幕墙通常出现的火灾状况如图 1-82～图 1-85 所示。

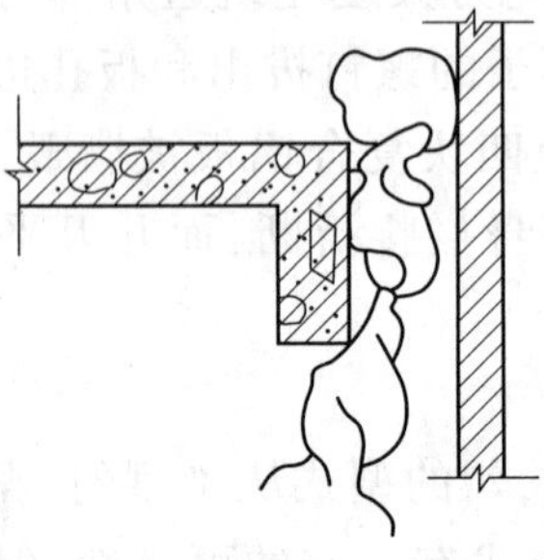

图 1-82　幕墙出现窜烟示意

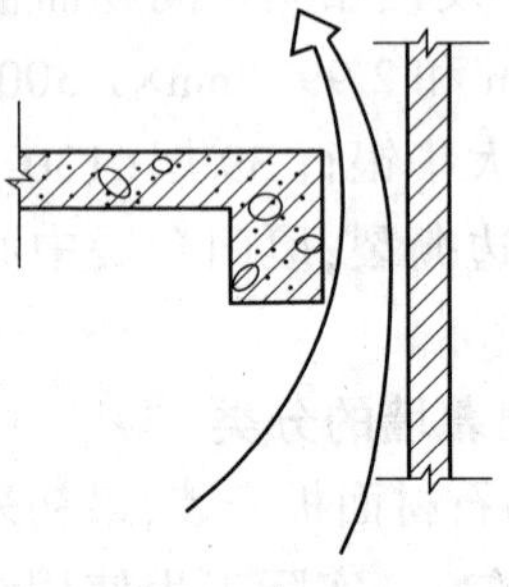

图 1-83　幕墙出现窜火示意

(二)石材幕墙防火设计要求

石材幕墙的设置、层数、长度、面积和防火分区、防火间距及石材幕墙防火节点的耐火极限要求等，应符合《建筑设计防火规范(2018 年版)》(GB 50016—2014)。

(1)窗槛墙、窗间墙的填充材料应采用不燃烧材料。当外墙采用耐火极限不低于 1.00 h 的不燃烧材料时，其墙内填充材料可采用难燃烧材料。

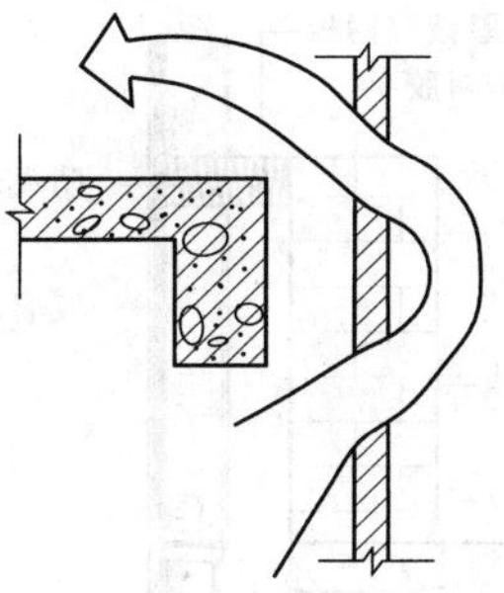

图 1-84　幕墙出现卷火示意(一)

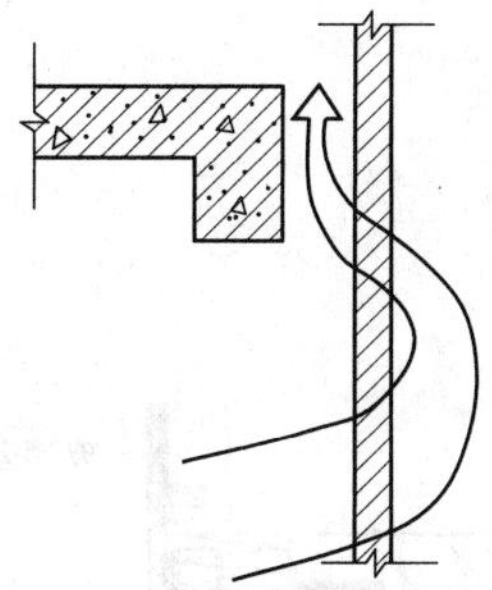

图 1-85　幕墙出现卷火示意(二)

(2)无窗槛墙或窗槛墙高度小于 0.80 m 的建筑幕墙,应在每层楼板外沿设置耐火极限不低于 1.00 h、高度不低于 0.80 m 的不燃烧体裙墙或防火玻璃幕墙。

(3)建筑幕墙与每层楼板、隔墙处的缝隙,应采用防火封堵材料封堵。

(三)石材幕墙防火设计的基本原则

(1)幕墙与主体结构的连接构件要在防火保护范围之内。

(2)防火节点 1 h 不透烟。

(3)防火节点 1 h 不窜火。

(4)防火节点要做到受外界风荷载作用时不变形,风吸时不产生缝隙。

(5)防火层以上石材,在受热爆裂时,不能因掉落而形成空洞。

(6)为防止火窜入空洞后向上蔓延,应在窗台处设置第二道防火层。

(7)防火层浸水 1 h 仍保持原性能。

(四)石材幕墙防火设计节点

当石材幕墙与玻璃幕墙分材料安装时,一般玻璃幕墙是为了满足建筑采光要求而设计的,因此玻璃幕墙部位的开始、结束位置都与建筑结构有关。通常,在石材幕墙防火设计时,需要沿着建筑采光结构洞口处周边封闭。如图 1-86 所示,封闭材料、结构必须符合《建筑设计防火规范(2018 年版)》(GB 50016—2014)的要求。

当玻璃幕墙(建筑结构采光)洞口与建筑每层水平标高属于同一平面时,也就是无高度不低于 0.80 m 的不燃烧体裙墙、耐火极限不低于 1.00 h,需要沿着建筑结构梁的高度整体密实封闭,如图 1-87 所示。

当石材幕墙处在建筑实体墙位置时,应该按照图 1-88 设计。

在建筑层间楼板附近,靠近石材幕墙横向龙骨位置设置一道防火层,防火层的厚度不小于 100 mm,沿着建筑高度每隔 4~5 层的位置,设置两道防火层,如图 1-89 所示。在层间高度方向的建筑墙体有敞开洞口,但是建筑采光洞口处应该沿着建筑结构柱高度进行两侧防火封堵。

三、石材幕墙防雷设计基础

随着我国信息产业技术的迅速发展和微电子设备(如计算机、电视、冰箱等)的大量应用,这就对有建筑外装饰幕墙产品除提出结构设计安全性外,特别对防止雷击的安全接地设计的要求也在不断提高,这就要求石材幕墙在设计使用年限内要保证良好的防雷接地连接。

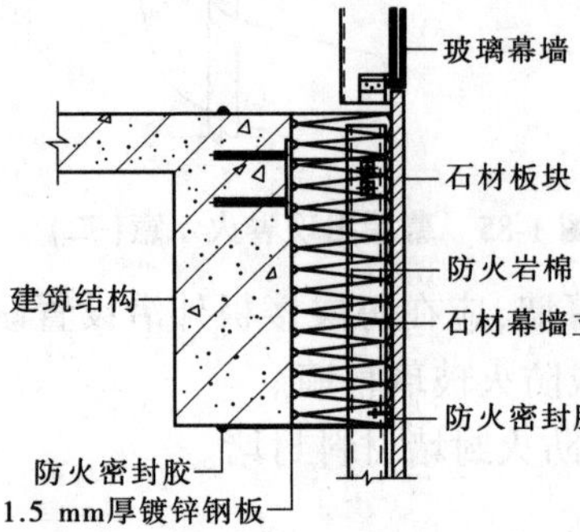

图 1-86　幕墙防火设计示意(一)

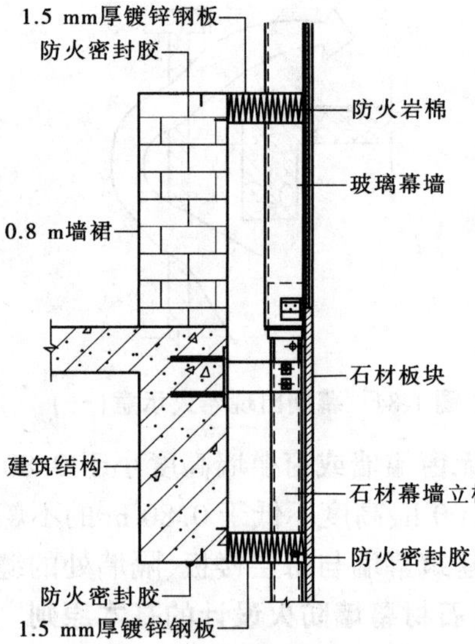

图 1-87　幕墙防火设计示意(二)

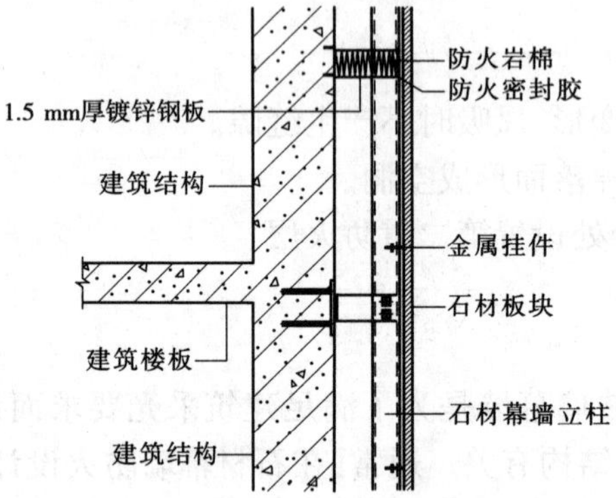

图 1-88　幕墙防火设计示意(三)

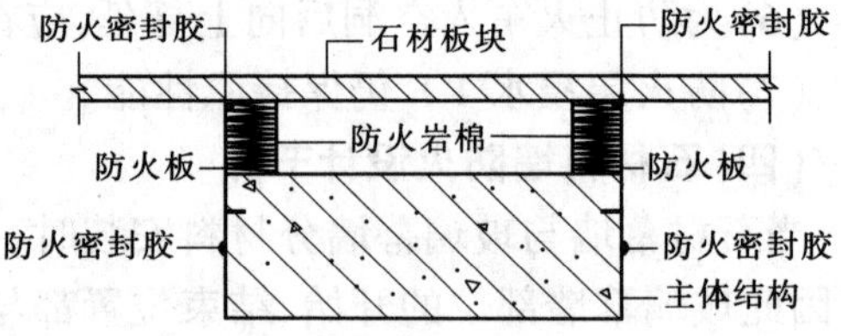

图 1-89　幕墙防火设计示意(四)

《建筑结构可靠度设计统一标准》(GB 50068—2018)规定:结构在规定的设计使用年限内应具有足够的可靠度,具体结构设计使用年限见表 1-1。

表 1-1　幕墙结构设计使用年限

类别	设计使用年限(年)	示例
1	5	临时性结构
2	25	易于替换的结构
3	50	普通房屋和构筑物
4	100	纪念性建筑和特别重要的建筑结构

参照《玻璃幕墙工程技术规范》(JGJ 102—2003)中第 12.1.1 条已经明确指出幕墙工程竣工验收时承包商应向业主提供《幕墙使用维护说明书》,石材幕墙属于易于替换的结构构件,设计使用年限保证 25 年,也同时引出石材幕墙的防雷设计要保证 25 年的有效连接接地。

根据《建筑物防雷设计规范(2018 年版)》(GB 50016—2014),建筑物的防雷分为三大类。第一类属于制造、使用或贮存爆炸性物品的建筑物,由此看来平常建筑的构筑物都属于第二类、第三类建筑防雷接地构筑物。

第一类防雷设计引下线不应少于两根，并沿建筑物四周均匀或对称布置，其间距不应大于 12 m，每根引下线的冲击接地电阻不应大于 10 Ω，从建筑物标高 30 m 起每隔不大于 6 m 沿建筑物四周设计水平避雷带与引下线连通。

第二类防雷设计引下线不应少于两根，并沿建筑物四周均匀或对称布置，其间距不应大于 18 m，每根引下线的冲击接地电阻不应大于 10 Ω，从建筑物标高 45 m 起以上外墙上的栏杆、门窗等较大的金属物与防雷装置连通。

第三类防雷设计引下线不应少于两根，并沿建筑物四周均匀或对称布置，其间距不应大于 25 m，每根引下线的冲击接地电阻不应大于 30 Ω，从建筑物标高 60 m 起以上外墙上的栏杆、门窗等较大的金属物与防雷装置连通。通常我们所设计的建筑物基础周长尺寸都大于 60 m，引下线所配合使用的材料扁钢是 4 mm×25 mm、圆钢是 10 mm。

《玻璃幕墙工程技术规范》(JGJ 102—2003)均对玻璃幕墙的防雷做出规定。通常，玻璃幕墙不单独做防雷接地，而是利用建筑主体结构的防雷体系，玻璃幕墙只要与主体的防雷体系可靠连接并保持畅通即可。如果玻璃幕墙设计自己的防雷体系，通常是铝合金立柱在不大于 10 m 的范围内有一根铝合金立柱采用柔性导线上下连通，在有建筑水平避雷带(均压环)的楼层，幕墙立柱的安装预埋件与水平避雷带(均压环)焊接连通，配合设计使用材料铜质导线截面面积不宜小于 25 mm^2，铝质导线截面面积不宜小于 30 mm^2，扁钢截面面积不宜小于 5 mm×40 mm，圆钢截面直径不宜小于 12 mm。由此看来，《玻璃幕墙工程技术规范》(JGJ 102—2003)对于幕墙防雷接地的做法级别比较高，更加具有安全性。

石材幕墙的防雷接地设计，除应符合《金属与石材幕墙工程技术规范》(JGJ 133—2001)的规定外，还应符合《建筑物防雷设计规范(2018 年版)》(GB 50016—2014)的规定及规定外补充的三条规定，当中明确指出幕墙应当自上而下地设计防雷接地装置，并且与主体防雷接地装置可靠连通。同时，其设计应经建筑设计单位的认可，原因是石材幕墙从属于建筑的外围护结构。

石材幕墙虽然是从属于建筑主体的外围护结构，但还是要设计安装自己独立的防雷接地装置，防雷接地装置的设计应当首先依据《建筑物防雷设计规范(2018 年版)》(GB 50016—2014)及建筑主体结构的专业电气施工图纸的要求设计石材幕墙防雷引下线的位置，同时防雷引下线的设置间距不大于 10 m 且符合《玻璃幕墙工程技术规范》(JGJ 102—2003)的规定。水平避雷带(均压环)可以直接利用建筑主体的设置，如果结构条件允许，也可以设置幕墙本身的水平避雷带(均压环)。水平避雷带(均压环)与幕墙的防雷引下线连通形成一个个矩形防雷网，矩形防雷网的规格最好是 10 m×10 m 或 12 m×8 m 比较安全，如图 1-90 所示。

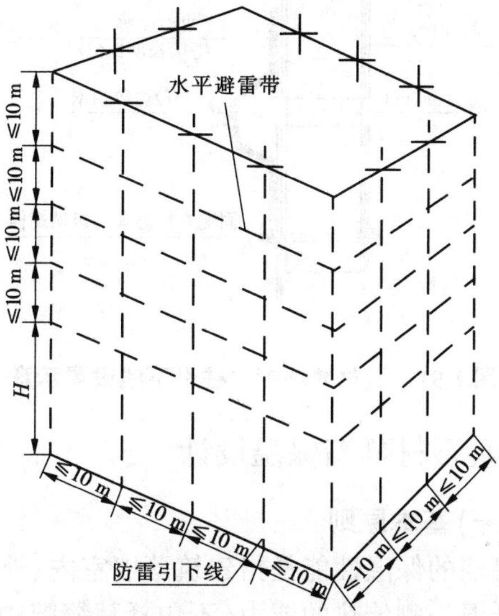

图 1-90 幕墙引下线与水平避雷带(均压环)设置示意

幕墙的防雷网的设置、水平避雷带与

垂直引下线的连通位置、水平避雷带的设置可参照《建筑物防雷设计规范(2018 年版)》(GB 50016—2014)中的有关规定以及表 1-2 所提供的相关数据。

表 1-2　水平避雷带设置的起点

防雷分类	设置起点高度 H(m)	相关描述
一	≥30	水平避雷带(均压环)的间距根据《建筑物防雷设计规范(2018 年版)》(GB 50016—2014)、《玻璃幕墙工程技术规范》(JGJ 102—2003)、《金属与石材幕墙工程技术规范》(JGJ 133—2001)≤10 m
二	≥45	
三	≥60	≤12 m

当石材幕墙的主龙骨采用铝合金材料时,应注意在设置固定柔性导线端头时,首先需要将固定端头部位的铝合金材料表面的氧化膜或喷涂的涂层彻底清理干净,安装完后检测冲击接地电阻是否小于 10 Ω,如果不合格就是固定端头接触面没有充分接触或者其他因素。通常是采用在机械螺丝固定后再进行锡焊接来满足要求。

对于金属或石材幕墙的立柱垂直引下线,建议优先选用截面直径 12 mm 的圆钢直接焊接处理。

如图 1-91 所示,镀锌圆钢与立柱钢龙骨的搭接长度应该不小于 $6D$(D 为镀锌圆钢的直径),进行双面焊接,焊接后将药皮清理打磨干净再进行有效的防腐处理,确保良好的连接通路。

单元式幕墙的防雷垂直引下线,通常是在单元体构件的插接位置,设计出固定引下线的安装槽口,等单元体构件调节就位后,就可以将引下线安装在预先设计出的槽口内。通常是将槽口设计在单元体的横向单体构件上,具体如图 1-92 和图 1-93 所示。

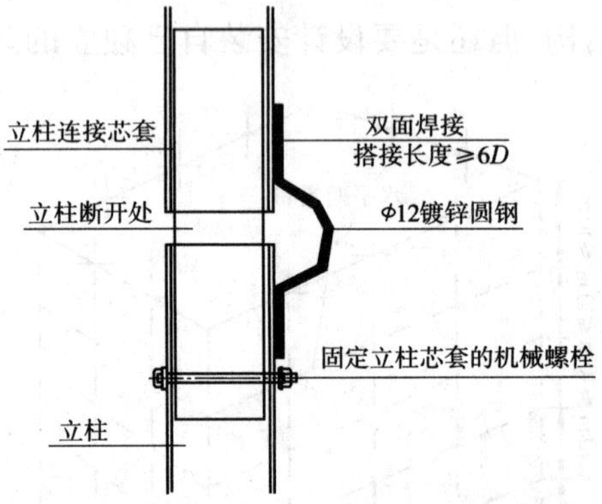

图 1-91　石材幕墙钢立柱引下线设置示意

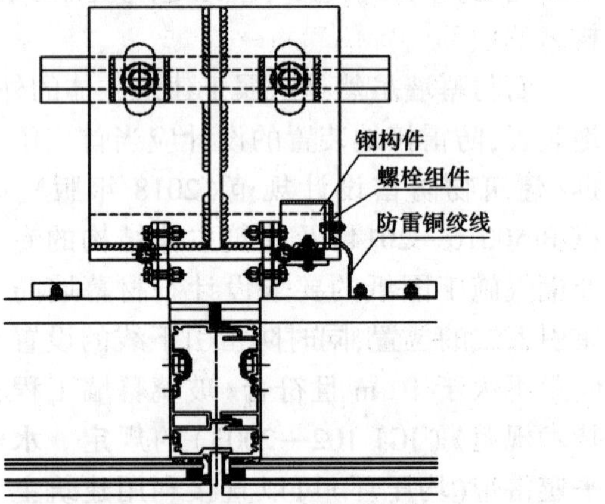

图 1-92　单元式幕墙引下线设置示意(一)

四、石材幕墙保温设计

(一)基本原则

幕墙的保温性能是指建筑幕墙室内、外两侧存在空气温差的条件下,幕墙阻抗从高温一侧向低温一侧传热的能力(不包括从缝隙中渗透空气的传热)。

幕墙的保温性能用传热系数 K 表示。传热系数 K 的物理意义为:在稳定传热条件下,幕

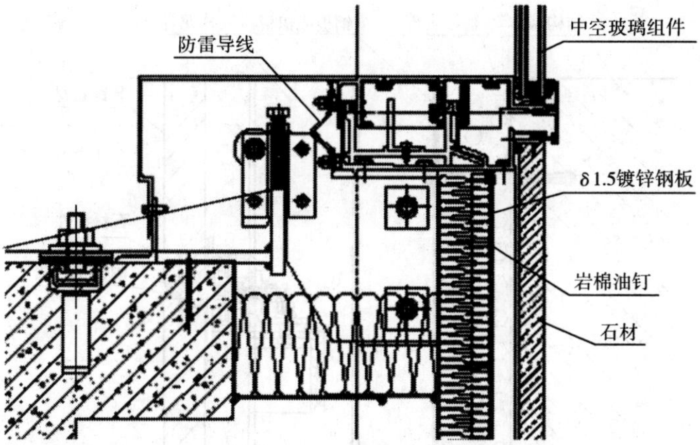

图 1-93　单元式幕墙引下线设置示意(二)

墙室内、外两侧的空气温度差为 1 K,单位时间内通过单位面积的传热量,以 W/(m^2・K)计。

在不透明幕墙系统中,幕墙的保温材料就成为了节能的重点考虑对象。常用的保温材料有苯板、保温岩棉等。

石材幕墙使用的保温材料应采用不燃性或难燃性材料,其品种、材质、耐火等级、铺设厚度、燃烧性能必须达到规范要求,其表面应有防潮措施,同时应满足建筑保温、节能设计要求。

保温所使用的材料,必须严格按《建筑内部装修设计防火规范》(GB 50222—2017)要求采用的燃烧性能等级为 A 或 B1 级的材料。当材料的防火等级不明确时,应取样进行检测。

石材幕墙的保温、节能可通过在幕墙板与主体结构之间的空气间层中设置保温层,以及在幕墙内部设置保温材料来实现(单元体幕墙经常采用这种方案),也可采用两者组合的做法,而无须将保温层设置在主体结构内侧(内保温),这种做法避免了缩小建筑内部使用空间。

为了满足建筑保温、节能的要求,同时根据建筑向高层发展的特殊性,因此必须做好防火措施。建议在每层保温材料的设计图纸中,在每层的建筑楼板或结构梁位置设置一圈闭合而且高度不小于 100 mm 的防火隔离层,设置防火填充材料。

(二)保温材料与主体结构的设计

将保温层材料固定在主体结构的外表面上,具体做法同普通外墙外保温,如图 1-94 所示。保温材料可采用挤塑聚苯板(XPS 板)、膨胀聚苯板(EPS 板)、半硬质矿(岩)棉板、泡沫玻璃保温板、复合硅酸盐硬质保温板、胶粉聚苯颗粒保温砂浆等。其应用厚度可根据建设单位招标文件的要求设计,也可根据建筑设计单位建筑图纸的技术说明及要求设计,还可以根据不同地区的建筑节能要求和所选择材料的导热系数计算值通过外墙的传热系数计算确定,但最终必须经过建筑设计单位、建设单位的认可。保温板与主体结构的连接固定可采用粘贴或机械锚固,或两者结合。

XPS 板粘贴外墙外保温系统是集墙体保温和装饰功能于一体的新型结构系统,与其他几种建筑保温形式相比,XPS 板粘贴外墙外保温系统具有整体保温效果好,导热系数小,隔断冷热桥的产生,没有冷凝点,耐久性好等特点。同时,该类系统的自重轻,可以有效减轻建

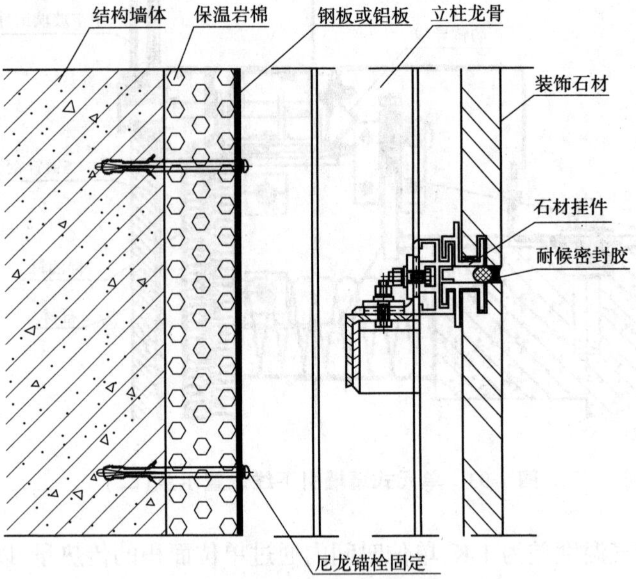

图 1-94 保温材料与主体结构的固定设计

筑物外承重墙的荷载和地基荷载,减少抗震设防的基础处理。

无论上述两种方法选择其中哪一种,保温材料的外表面均需要设计保护层,保护层可以采用金属防火板也可以采用防水抗裂砂浆等材料,因此保护层的作用不仅在于防潮、防老化,同时具有良好的防火作用。

(三)幕墙板与主体结构之间设计保温材料

在水平和垂直方向有龙骨分隔的情况下,保温材料可钉挂在龙骨间层中,如图 1-95 所示。这种做法可使外墙中增加一个空气间层,提高墙体热阻。

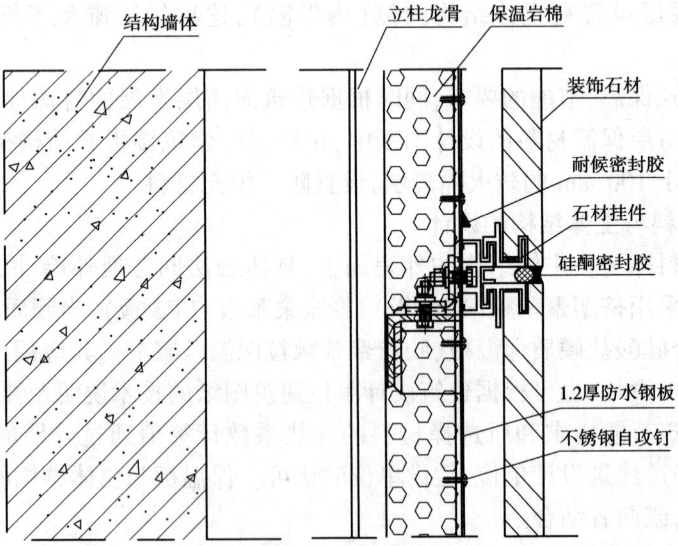

图 1-95 保温材料与横、竖龙骨固定设计

此种设计，一般是在幕墙的横、竖龙骨的内侧增加一道防水板，将保温材料设计固定在防水板上，防水板的厚度通常是 1.2 mm 镀锌钢板，防水板所起到的作用主要是固定保温材料，防水板材与横、竖龙骨之间均打耐候密封胶；再有，外装饰板材的接口部位都有耐候密封胶设计处理，外界的水根本不会进入幕墙系统内部，通常起到阻止幕墙板材背部的水汽进入结构墙体，再有防止有可能在冬季出现的冷凝水进入建筑结构内部。

随着近几年新材料的不断出现，在幕墙的背后与建筑结构之间原有一道空气层的基础上又增加一道空气层，采用这种设置来达到保温、节能、防水的做法不是非常理想，通常在风荷载状态下防水钢板比较容易变形，造成防水钢板的接口部位由于密封胶的开裂而渗水，在风压继续加大的状态下保温材料会脱落。因此，这种方法的设计不会起到较好的保温、节能效果。

五、石材幕墙结构设计基础

建筑石材幕墙的设计，一般是依据建筑师所提供的建筑设计立面图、平面图、墙身剖面图等，结合建设单位、招标公司或者招标代理机构等所出具的招标技术要求进行最初的石材幕墙方案图设计。

在实际施工图设计时，以最初的投标方案图为基础，再进一步结合建筑及结构施工图，同时结合现场实际结构形式进行深化设计。在不改变建筑师所要求达到建筑效果的基础上，确定石材的精确分格尺寸的划分，根据建筑师所确定的石材的品种、石材表面的颜色、石材表面的生产处理方式划分装饰分格缝隙的尺寸，并结合相关规范、规程等绘制而成一套满足施工安装要求的石材幕墙施工图。

（一）结构设计原理

1. 结构设计的可靠度

建筑结构的可靠性直接关系到人民生命财产安全，历来是建筑结构设计必须首先面对和需要谨慎解决的重大问题。结构的可靠性是指结构在规定的时间内，在规定的条件下，完成预定功能的能力。结构的可靠度是对结构可靠性的定量描述，即结构在规定的时间内，在规定的条件下，完成预定功能的概率。

结构的设计使用年限是指设计规定的结构或结构构件，不需要进行大修即可按其预定目的使用的时期。设计使用年限是房屋的地基基础和主体结构合理使用年限的具体化，实际上它与合理使用年限是等同的含义。

《建筑结构可靠度设计统一标准》（GB 50068—2018）规定：结构在规定的设计使用年限内应具有足够的可靠度。结构的可靠度可采用以概率理论为基础的极限状态设计方法分析确定。结构在规定的设计使用年限内应满足以下功能要求：

（1）在正常施工和正常使用时，能承受可能出现的各种作用；

（2）在正常使用时具有良好的工作性能；

（3）在正常维护下具有足够的耐久性；

（4）在设计规定的偶然事件发生后，仍然能保持必需的整体稳定性。

结构的设计使用年限参见表 1-1。

为保证建筑结构具有规定的可靠度，除应进行必要的设计计算外，还应对结构材料性能、施工质量、使用和维护进行相应的控制。

结构可靠度与结构的使用年限长短有关,《建筑结构可靠度设计统一标准》(GB 50068—2018)所指的结构可靠度,是就结构的设计使用年限而言的。当结构的使用年限超过设计使用年限后,结构失效概率可能较设计预期值要大。

设计基准期是为确定可变作用及与时间有关的材料性能等级取值而选用的时间参数。它不等同于建筑结构的设计使用年限。《建筑结构可靠度设计统一标准》(GB 50068—2018)所考虑的荷载统计参数,都是按设计基准期为50年确定的。

建筑寿命是指从规划、实施到使用的总时间,即从确认需要建造开始直到建筑毁坏的全部时间。它不等同于建筑结构的设计使用年限,也不等同于设计基准期。

2. 极限状态

极限状态是指整个结构或结构的一部分超过某一特定状态就不能满足设计规定的某一功能要求,此特定状态即为该功能的极限状态。

极限状态可分为承载能力极限状态和正常使用极限状态两类。

1)承载能力极限状态

承载能力极限状态对应于结构或结构构件达到最大承载能力或不适于继续承载的变形。

当结构或结构构件出现下列状态之一时,应认为超过了承载能力极限状态:

(1)整个结构或结构的一部分作为刚体失去平衡(如倾覆等);

(2)结构或结构构件因超过材料强度而破坏(包括疲劳破坏),或因过度变形而不适于继续承载;

(3)结构转变为机动体系;

(4)结构或结构构件丧失稳定(如压屈等);

(5)地基丧失承载能力而破坏(如失稳等)。

承载能力极限状态可理解为结构或结构构件发挥允许的最大承载功能的状态。结构构件由于塑性变形而使其几何形状发生显著改变,虽未达到最大承载能力,但已彻底不能使用,也属于达到这种极限状态。

疲劳破坏是在使用中由于荷载多次重复作用而达到的承载能力极限状态。

2)正常使用极限状态

正常使用极限状态对应于结构或结构构件达到正常使用或耐久性能的某项规定限值。

当结构或结构构件出现下列状态时,应认为超过了正常使用极限状态:

(1)影响正常使用或外观的变形;

(2)影响正常使用或耐久性能的局部损坏(包括裂缝);

(3)影响正常使用的振动;

(4)影响正常使用的其他特定状态。

正常使用极限状态可理解为结构或结构构件达到使用功能上允许的某个限值的状态。例如某些构件必须控制变形、裂缝才能满足使用要求,因过大的变形会造成房屋内部粉刷层剥落,填充墙和隔断墙开裂及屋面积水等后果;过大的裂缝会影响结构的耐久性;过大的变形、裂缝也会造成用户心理上的不安全感。

3. 设计状态

建筑结构设计时，应根据结构在施工和使用中的环境条件和影响，区分以下三种设计状况。

1）持久状况

持久状况即在结构使用过程中一定出现，其持续期很长的状况。持续期一般与设计使用年限为同一数量级，对持久状况，还应进行正常使用极限状态设计。

2）短暂状况

短暂状况即在结构施工和使用过程中出现概率较大，而与设计使用年限相比，持续期很短的状况，如施工和维修等。对短暂状况，可根据需要进行正常使用极限状态设计。

3）偶然状况

偶然状况即在结构使用过程中出现概率很小，且持续期很短的状况，如火灾、爆炸、撞击等。

对于不同的设计状况，可采用相应的结构体系、可靠度水准和基本变量等。

建筑结构设计时，对所考虑的极限状态，应采用相应的结构作用效应的最不利组合：

(1)进行承载能力极限状态设计时，应考虑作用效应的基本组合，必要时还应考虑作用效应的偶然组合。

(2)进行正常使用极限状态设计时，应根据不同设计目的，分别选用下列作用效应的组合：

①标准组合，主要用于当一个极限状态被超越时将产生严重的永久性损害的情况；

②频遇组合，主要用于当一个极限状态被超越时将产生局部损害、较大变形或短暂振动的情况；

③准永久组合，主要用于当长期效应是决定性因素时的一些情况。

对偶然状况，建筑结构可采用下列原则之一按承载能力极限状态进行设计：

(1)按作用效应的偶然组合进行设计或采取防护措施，使主要承重结构不致因出现设计规定的偶然事件而丧失承载能力。

(2)允许主要承重结构因出现设计规定的偶然事件而局部破坏，但其剩余部分具有在一段时间内不发生连续倒塌的可靠度。

（二）结构可靠度计算

结构的极限状态应采用下列极限状态方程描述

$$g(X_1, X_2, \cdots, X_n) = 0 \tag{1-1}$$

式中 $g(\cdot)$——结构的功能函数；

$X_i(i=1,2,\cdots,n)$——基本变量，指结构上的各种作用和材料性能、几何参数等。

进行结构可靠度分析时，也可采用作用效应和结构抗力作为综合的基本变量；基本变量应作为随机变量考虑。

结构按极限状态设计时应符合下列要求

$$g(X_1, X_2, \cdots, X_n) \geqslant 0 \tag{1-2}$$

当仅有作用效应和结构抗力两个基本变量时，结构按极限状态设计应符合下列要求

$$R - S \geqslant 0 \tag{1-3}$$

式中 S——结构的作用效应；

R——结构的抗力。

建筑结构设计要解决的根本问题是，在结构的可靠与经济之间选择一种合理的平衡，力求以最经济的途径，使所建造的结构以适当的可靠度满足各种预定的功能要求。

在各种随机因素的影响下，结构完成预定功能的能力不能事先确定，只能用概率来描述。结构可靠度的这一概率定义是从统计学观点出发的比较科学的定义，与其他各种从定值观点出发的定义有本质的区别。

结构的可靠度通常受各种荷载、材料性能、几何参数、计算公式精确性等因素的影响。这些因素一般具有随机性，称为基本变量，记为 $X_i(i=1,2,3,\cdots,n)$。

按极限状态方法设计建筑结构时，针对所要求的各种结构性能（如强度、刚度、抗裂度等），通常可以建立包括各种有关基本变量在内的关系式

$$Z=g(X_1,X_2,\cdots,X_n)=0 \tag{1-4}$$

这一关系式称为极限状态方程，其中 $Z=g(\cdot)$ 称为结构的功能函数。

现以功能函数仅与两个正态基本变量 S、R 有关，且极限状态方程为线性方程的简单情况为例，来导出结构构件的可靠指标。

此时，功能函数为

$$Z=g(S,R)=R-S \tag{1-5}$$

式中 S——结构的荷载效应；

R——结构抗力。

当 $Z>0$ 时，结构处于可靠状态；当 $Z<0$ 时，结构处于失效状态；当 $Z=0$ 时，结构处于极限状态。

可见，通过功能函数 Z 可以判别结构所处的状态。当基本变量满足极限状态方程时，即

$$Z=R-S=0 \tag{1-6}$$

则结构达到极限状态（见图 1-96）。

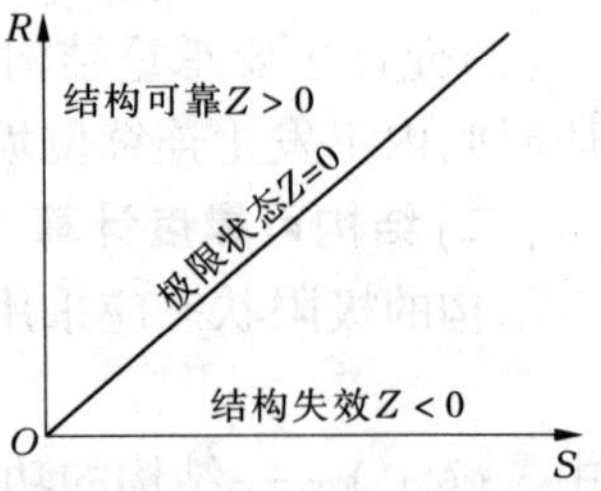

图 1-96 结构所处的状态

1. *结构可靠指标的计算*

结构构件的可靠度宜采用可靠指标度量。结构构件的可靠指标宜采用考虑基本变量概率分布类型的一次二阶矩方法进行计算。

（1）当仅有作用效应和结构抗力两个基本变量且均按正态分布时，结构构件的可靠指标按下式计算

$$\beta=(\mu_R-\mu_S)/(\sigma_R^2-\sigma_S^2)^{1/2} \tag{1-7}$$

式中 β——结构构件的可靠指标；

μ_S、σ_S——结构构件作用效应的平均值和标准差；

μ_R、σ_R——结构构件结构抗力的平均值和标准差。

（2）结构构件的失效概率与可靠指标具有下列关系

$$p_f=\phi(-\beta) \tag{1-8}$$

式中 p_f——结构构件失效概率的运算值；

$\phi(\cdot)$——标准正态分布函数。

(3)结构构件的可靠概率与失效概率具有下列关系

$$p_S = 1 - p_f \tag{1-9}$$

式中　p_S——结构构件的可靠概率。

结构构件的可靠指标 β 与失效概率 p_f 具有数量上一一对应的关系，也具有与 p_f 相对应的物理意义，已知 β 后，即可求得 p_f（见表 1-3）。由于 β 越大，p_f 越小，即结构越可靠（见图 1-97）。

表 1-3　β 与 $p_f(p_S)$ 的对应关系

β	p_f(%)	p_S(%)	β	p_f(%)	p_S(%)
1. 00	15. 87	84. 13	3. 50	0. 023	99. 977
2. 00	2. 275	97. 725	3. 55	0. 019	99. 981
2. 70	0. 35	99. 65	3. 60	0. 016	99. 984
3. 00	0. 135	99. 865	3. 65	0. 013	99. 987
3. 10	0. 097	99. 903	3. 70	0. 011	99. 989
3. 15	0. 082	99. 918	3. 75	0. 009	99. 991
3. 20	0. 069	99. 931	3. 80	0. 007 2	99. 992 8
3. 25	0. 058	99. 942	3. 85	0. 005 9	99. 994 1
3. 30	0. 048	99. 952	3. 90	0. 004 8	99. 995 2
3. 35	0. 04	99. 96	3. 95	0. 003 9	99. 996 1
3. 40	0. 034	99. 966	4. 00	0. 003 2	99. 996 8
3. 45	0. 028	99. 972	4. 20	0. 001 3	99. 978 7

概率极限状态设计法，能够较充分地考虑各有关因素的客观变异性，使所设计的结构比较符合预期的可靠度要求，并且在不同结构之间，设计可靠度具有相对可比性。对十分重要的结构，如原子能反应堆压力容器、海上采油平台等已开始采用这种方法设计。显然，对于一般常见的结构构件，直接根据给定的 β 进行设计，目前还不可行，而是应采用以概率极限状态设计方法为基础的实用设计表达式。

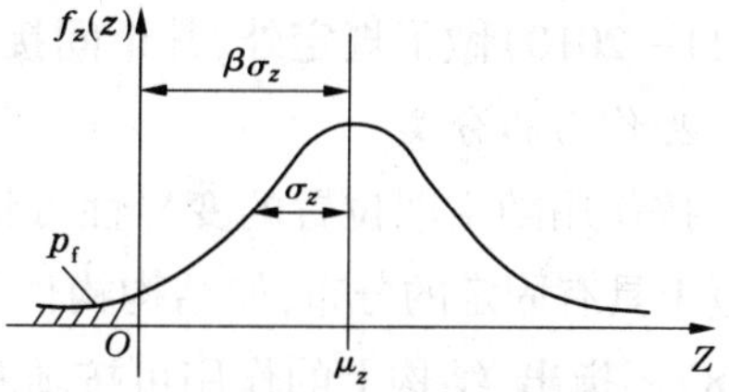

图 1-97　结构构件失效概率与可靠指标的关系

当基本变量不按正态分布时，结构构件的可靠指标应以结构构件作用效应和抗力当量正态分布的平均值和标准差代入式(1-7)进行计算。

结构构件设计时采用的可靠指标，可根据对现有结构构件的可靠度分析，并考虑使用经验和经济因素等确定。

结构构件承载能力极限状态的可靠指标，不应小于表 1-4 的规定。

表 1-4　结构构件承载能力极限状态的可靠指标

破坏类型	安全等级		
	一级	二级	三级
延性破坏	3.7	3.2	2.7
脆性破坏	4.2	3.7	3.2

注:当承受偶然作用时,结构构件的可靠指标应符合专门规范的规定。

表 1-4 中规定的结构构件承载能力极限状态设计时采用的可靠指标,是以建筑结构安全等级为二级时延性破坏的 β 值 3.2 作为基准,其他情况相应增减 0.5。

结构构件正常使用极限状态的可靠指标,根据其可逆程度宜取 0~1.5。

建筑幕墙是建筑物的外围护构件,它要承受外界施加给它的各种作用。《建筑结构可靠度设计统一标准》(GB 50068—2018)对结构上的作用给出的定义为:施加在结构上的集中或分布荷载,以及引起结构外加变形或约束变形的原因,均称为结构上的作用。引起结构外加变形或约束变形的原因是指地震、基础沉降、温度变化、焊接等作用。这就是说,作用是指能使结构产生效应(内力、变形、应力、应变、裂缝等)的各种原因的总称,其中包括施加在结构上的集中力和分布力系,以及形成结构外加变形或约束变形的原因。前一种作用是力(包括集中力和分布力)在结构上的集结,就是通常说的荷载;后一种作用(如温度变化、材料的收缩与徐变、地基变形、地震等)不是以力的形式出现的。过去将施加在结构上的作用统称为荷载(国际上也有这个习惯),但荷载这个术语对间接作用并不恰当,它混淆了两种不同的作用,而且容易发生误解,例如将地震作用当做是施加在结构上而与地基和结构本身无关的外力。《建筑结构可靠度设计统一标准》(GB 50068—2018)将这两类作用分别称为直接作用和间接作用,而荷载仅等同于直接作用。《建筑结构荷载规范》(GB 50009—2012)对直接作用做了规定,间接作用除地震作用由《建筑抗震设计标准(2024 年版)》(GB 50011—2010)做了规定外,其余间接作用暂时还没有相应的规范。

2. 作用的分类

按作用随空间位置的变异性可将作用分为固定作用和可动作用。固定作用在结构空间位置上具有固定的分布,如结构构件自重等。《建筑结构可靠度设计统一标准》(GB 50068—2018)还指出,结构上的作用可按随时间的变异和空间位置的变异分类。

考虑作用在结构上随时间变异的持续性,可分成以下三个类别。

1)永久作用

在设计基准期内,其值不随时间变化,或其变化与平均值相比可以忽略不计者,如自重、土压力、预应力等。

2)可变作用

在设计基准期内,其值随时间变化,且其变化与平均值相比不可忽略者,如风荷载、雪荷载、温度变化等。

3)偶然作用

在设计基准期内不一定出现,而一旦出现,其量值很大且持续时间较短,如地震、龙卷风等。

以上引起最不利效应的分布情况,在进行结构内力分析时应做出相应的计算。按作用对结构的反应可分为静态作用和动态作用。静态作用不使结构或结构构件产生加速度或加速度可以忽略不计,如自重、活荷载等;动态作用使结构或结构构件产生不可忽略的加速度,如地震、作用在高耸结构上的风荷载等。当作用在结构上引起不可忽略的加速度时,结构必须按结构动力学的方法进行分析。

建筑结构设计时对不同荷载应采用不同的代表值。对永久荷载,应采用标准值作为代表值。对可变荷载应根据设计要求采用标准值、组合值、频遇值或准永久值作为代表值。对偶然荷载应根据试验资料,结合工程经验确定其代表值。

建筑结构设计时应采用标准值作为荷载的基本代表值。永久荷载标准值,对结构自重,应按结构构件的设计尺寸与材料单位体积的自重计算确定。对于某些自重变异较大的材料和构件,自重标准值应根据对结构的不利状态取上限值或下限值。可变荷载的标准值按以下各节的规定采用。

承载能力极限状态或正常使用极限状态按标准组合设计时,对可变荷载应按组合规定采用标准值或组合值为代表值。可变荷载组合值,应为可变荷载标准值乘以荷载组合系数。正常使用极限状态按频遇组合设计时应采用频遇值、准永久值为可变荷载的代表值;按准永久组合设计时,应采用准永久值作为可变荷载的代表值。可变荷载的频遇值为可变荷载标准值乘以荷载频遇值系数。可变荷载准永久值为可变荷载标准值乘以荷载准永久值系数。

建筑结构设计应根据使用过程中在结构上可能同时出现的荷载,按承载能力极限状态和正常使用极限状态进行荷载(效应)组合,并取各自的最不利组合进行设计。对于承载能力极限状态,应按荷载效应的基本组合或偶然组合进行设计,并采用下列设计表达式

$$\gamma_0 S \leqslant R \tag{1-10}$$

式中 γ_0——结构重要性系数,对安全等级为一级、二级和三级的结构构件,可分别取 1.1、1.0 和 0.9。

对于基本组合,荷载效应组合值 S 可按下述规定采用。

由可变荷载效应控制的组合

$$S = \gamma_G S_{Gk} + \gamma_{Q1} S_{Q1k} + \sum_{i=2}^{n} \gamma_{Q_i} \varphi_{ci} S_{Qik} \tag{1-11}$$

式中 γ_G——永久荷载的分项系数;

γ_{Qi}——第 i 个可变荷载的分项系数;

S_{Gk}——按永久荷载标准值 G_k 计算的荷载效应值;

S_{Qik}——按可变荷载标准值 Q_{ik} 计算的荷载效应值;

S_{Q1k}——诸可变荷载效应中最大者;

φ_{ci}——可变荷载 Q_i 的组合值系数;

n——参与组合的可变荷载数。

由永久荷载效应控制的组合

$$S = \gamma_G S_{Gk} + \sum_{i=1}^{n} \gamma_{Qi} \varphi_{ci} S_{Qik} \tag{1-12}$$

对于偶然组合，荷载效应组合的设计值宜按下列规定确定：偶然荷载的代表值不乘分项系数；与偶然荷载同时出现的其他荷载可根据观测资料和工程经验采用适当的代表值。

对于正常使用极限状态，应根据不同的设计要求，采用荷载的标准组合、频遇组合或准永久组合，并按下列表达式进行设计

$$S \leqslant C \tag{1-13}$$

式中 S——荷载效应组合的设计值；

C——结构或构件达到正常使用要求的规定限值。

对于标准组合，荷载效应组合的设计值 S 可按下式采用

$$S = S_{Gk} + S_{Q1k} + \sum_{i=2}^{n} \varphi_{ci} S_{Qik} \tag{1-14}$$

对于频遇组合，荷载效应组合的设计值 S 可按下式采用

$$S = S_{Gk} + \varphi_{f1} S_{Q1k} + \sum_{i=2}^{n} \varphi_{qi} S_{Qik} \tag{1-15}$$

式中 φ_{f1}——可变荷载 q_i 的频遇值系数；

φ_{qi}——可变荷载 q_i 的准永久值系数。

对于准永久组合，荷载效应组合的设计值 S 可按下式采用

$$S = S_{Gk} + \sum_{i=1}^{n} \varphi_{qi} S_{Qik} \tag{1-16}$$

当对 S_{Qik} 无法明显判断其效应设计值为诸可变荷载效应设计值中最大者，可依次以各可变荷载效应为 S_{Q1k}，选其中最不利的荷载效应组合。

结构设计时，应根据构件受力特点，荷载或作用的情况和产生的应力（内力）作用方向，选用最不利的组合，荷载效应组合的设计值应按下式采用

$$S = \gamma_G S_G + \gamma_w \varphi_w S_w + \gamma_E \varphi_E S_E \tag{1-17}$$

式中 S_G——重力荷载作用为永久荷载产生的效应；

S_w、S_E——风荷载、地震作用作为可变荷载和作用产生的效应，按不同的组合情况，二者可分别作为第一、第二个可变荷载和作用产生的效应；

γ_G、γ_w、γ_E——各效应的分项系数；

φ_w、φ_E——风荷载、地震作用的组合系数。

《玻璃幕墙工程技术规范》(JGJ 102—2003)规定：荷载和作用所产生的应力或内力设计值的常用组合见表 1-5。

《玻璃幕墙工程技术规范》(JGJ 102—2003)第 5.4.4 条规定：幕墙构件的挠度验算时，风荷载分项系数 γ_w 和永久荷载分项系数 γ_G 均应取 1.0，且可不考虑作用效应的组合。第 5.4.4 条进一步说明：根据幕墙构件的受力和变形特征，在正常使用状态下，其构件变形或挠度验算时，一般不考虑不同作用效应的组合。因地震作用效应相对风荷载作用效应较小，一般不必单独进行地震作用下结构变形验算，在风荷载或永久荷载作用下，幕墙构件的挠度应符合挠度限值要求，且挠度计算时，作用分项系数应取 1.0。

表 1-5 荷载和作用所产生的应力或内力设计值的常用组合

组合内容	应力表达式	内力表达式
重力	$\sigma=1.2\sigma_{Gk}$	$S=1.2S_{Gk}$
重力+风*	$\sigma=1.2\sigma_{Gk}+1.4\sigma_{Wk}$	$S=1.2S_{Gk}+1.4S_{Wk}$
重力+风+地震**	$\sigma=1.2\sigma_{Gk}+1.4\sigma_{Wk}+0.65\sigma_{Ek}$	$S=1.2S_{Gk}+1.4S_{Wk}+0.65S_{Ek}$
风*	$\sigma=1.4\sigma_{Wk}$	$S=1.4S_{Wk}$
风+地震**	$\sigma=1.4\sigma_{Wk}+0.65\sigma_{Ek}$	$S=1.4S_{Wk}+0.65S_{Ek}$

注:1. σ_{GK}、σ_{WK}、σ_{EK} 分别为自重、风荷载、地震作用产生的应力标准值。

2. S_{GK}、S_{WK}、S_{EK} 分别为自重、风荷载、地震作用产生的内力标准值。

3. * 适用于非抗震设计,** 适用于抗震设计。

规范明确了幕墙构件的挠度只分别验算风荷载或永久荷载单独作用下的效应,即横梁竖向验算永久荷载单独作用下的挠度;水平方向验算风荷载单独作用下的挠度,而且不考虑不同作用效应的组合。其他幕墙构件(立柱、面板)只验算风荷载单独作用下的挠度。满足下式规定

$$d_f = d_{fG} \leqslant d_{f。LIm} \tag{1-18}$$

$$d_f = d_{fW} \leqslant d_{f。LIm} \tag{1-19}$$

式中 d_f——荷载(作用) 单独作用下构件位移或变形;

d_{fG}、d_{fW}——自重、风荷载单独作用下构件产生的位移或变形;

$d_{f。LIm}$——构件挠度限值,铝合金型材取 $L/180$、钢型材取 $L/250$,L 为铝合金型材或钢型材的有效长度。

(三)风荷载

风荷载是作用于幕墙上的一种主要直接作用,它垂直作用于幕墙的表面上。幕墙是一种薄壁外围护构件,一块玻璃、一根杆就是一个受力单元,而且质量较轻,在设计时,既需考虑长期使用过程中,在一定时距平均最大风速的风荷载作用下保证其正常功能不受影响,又必须注意到在阵风袭击下不受损坏,避免安全事故。

幕墙属于薄壁外围护构件,根据《建筑结构荷载规范》(GB 50009—2001)式(7.1.1-2)计算,且不应小于 1.0 kN/m²。

风荷载计算公式

$$W_k = \beta_{gz} \times \mu_z \times \mu_{sl} \times W_0 \tag{1-20}$$

式中 W_k——作用在幕墙上的风荷载标准值,kN/m²;

β_{gz}——瞬时风压的阵风系数,根据不同场地类型,按 $\beta_{gz}=K(1+2\mu_f)$ 计算,其中 K 为地区粗糙度调整系数,μ_f 为脉动系数,A 类场地 $\beta_{gz}=0.92\times(1+2\mu_f)$,其中 $\mu_f=0.387\times(z/10)^{-0.12}$,B 类场地 $\beta_{gz}=0.89\times(1+2\mu_f)$,其中 $\mu_f=0.5\times(z/10)^{-0.16}$,C 类场地 $\beta_{gz}=0.85\times(1+2\mu_f)$,其中 $\mu_f=0.734\times(z/10)^{-0.22}$,D 类场地 $\beta_{gz}=0.80\times(1+2\mu_f)$,其中 $\mu_f=1.2248\times(z/10)^{-0.3}$;

μ_z——风压高度变化系数,根据不同场地类型,按以下公式计算:A 类场地 $\mu_z=1.379\times$

$(z/10)^{0.24}$，B类场地$\mu_z=(z/10)^{0.32}$，C类场地$\mu_z=0.616\times(z/10)^{0.44}$，D类场地$\mu_z=0.318\times(z/10)^{0.60}$；

μ_{sl}——风荷载体型系数，取为1.2；

W_0——基本风压，按全国基本风压图确定。

1. 建筑结构荷载

建筑结构荷载可分为下列三类：

(1)永久荷载。例如，结构自重、土压力、预应力等。

(2)可变荷载。例如，楼面活荷载、屋面活荷载和积灰荷载、吊车荷载、风荷载、雪荷载等。

(3)偶然荷载。例如，爆炸力、撞击力等。

注意：自重是指材料自身重量产生的荷载(重力)。

在验算围护构件及其连接的强度时，可按照以下规定采用局部风压体型系数μ_{sl}。

(1)正风压，按照《建筑结构荷载规范》(GB 50009—2012)表8.3.1采用。

(2)负风压，对墙面，取-1.0；对墙角边，取-1.8；对屋面局部部位(周边和屋面坡度大于10°的屋脊部位)，取-2.2；对檐口、雨篷、遮阳板等突出构件，取-2.0。

注意：对墙角边和屋面局部部位的作用宽度为房屋宽度的0.1或房屋平均高度的0.4，取其小者，但不小于1.5 m。

2. 基本风压

风是空气的流动，必然就有速度。当风以一定速度向前运动遇到幕墙阻碍时，幕墙就承受风压。风速越大，对幕墙的压力越大。风压是一种速度压。风的成因很复杂，影响我国的风气候系统大致有台风、季风、峡谷风、寒潮风等，它们的运动规律多种多样。幕墙所在地的地理位置不同，它们所承受的风荷载也不同，在设计幕墙时，逐个根据风速资料确定风荷载是不容易做到的，只要求一些特殊的、特别重要的建筑物，通过分析气象观测资料和风洞试验来确定风荷载值，而对大量一般性工程的幕墙，则依据《建筑结构荷载规范》(GB 50009—2012)规定的基本风压来计算风荷载值。

基本风压是以当地比较空旷地面上离地10 m高，统计所得的50年一遇10 min平均最大风速V_0(m/s)为标准确定的风压值。

风压是速度压，由规定的基本风速V_0，按计算速度压的伯努利方程计算

$$W_0=\rho V_0^2/2 \qquad (1\text{-}21)$$

式中 ρ——空气密度。

使用风杯式测风仪时，考虑空气密度受温度、气压的影响，可按下式确定空气密度

$$\rho=[0.001\,276/(1+0.003\,66t)]\times(p-0.378p_{vap}/100\,000) \quad (t/m^3) \qquad (1\text{-}22)$$

式中 t——空气温度，℃；

p——气压，Pa；

p_{vap}——水气压，Pa。

也可根据所在地点的海拔高度z(m)按下式近似估算空气密度

$$\rho=0.001\,25e^{-0.000\,1z} \quad (t/m^3) \qquad (1\text{-}23)$$

《建筑结构荷载规范》(GB 50009—2012)规定基本风压应按本规范规定的方法确定50年重现期的风压，但不得小于0.3 kN/m²。对于高层建筑、高耸结构以及对风荷载比较敏感

的其他结构，基本风压的取值应适当提高，并应符合有关结构设计规范的规定。根据该风速数据（选取最大风速数据，一般应有 25 年以上的资料；当无法满足时，至少应有不少于 10 年的风速资料），经统计分析确定重现期为 50 年的最大风速作为当地的基本风速 V_0。再按式（1-21）确定基本风速。

以往国内的风速记录大多数根据风压板的观测结果，刻度所反映的风速，实际上是统一根据标准的空气密度 $\rho = 1.25\ \mathrm{kg/m^3}$ 按上述公式反算而得的，因此在按该风速确定风压时，可统一按 $W_0 = V_0^2/1\,600(\mathrm{kN/m^2})$ 计算。

当前各气象站已积累了根据风杯式自记风速仪记录的 10 min 平均最大风速数据，因此在这次数据处理时基本上是以自记的数据为依据。所以，在确定风压时，必须考虑各台站观测当时的空气密度，当缺乏资料时也可参考式（1-23）的规定采用。

《建筑结构荷载规范》（GB 50009—2012）将基本风压的重现期由以往的 30 年改为 50 年，这样在标准上将与国外大部分国家取得一致，经修改后各地的风压并不是在原有的基础上提高 10%，而是根据新的风速观测数据进行统计分析后重新确定的。对于风荷载比较敏感的高层建筑和高耸建筑，其基本风压值仍可由各结构设计规范，并根据结构的自身特点，考虑适当提高其重现期。对于围护结构，其重要性与主体结构相比要低些，仍可取 50 年一遇的基本风压。

基本风压应按《建筑结构荷载规范》（GB 50009—2012）附录 E.5 给出的 50 年一遇的风压（其中 136 个城市基本风压值见表 1-6）或全国基本风压分布图采用，但不得低于 0.3 $\mathrm{kN/m^2}$。

表 1-6　全国 136 个城市基本风压值与基本雪压值

序号	城市名	基本风压 W_0(Pa)	基本雪压 S_0(Pa)	序号	城市名	基本风压 W_0(Pa)	基本雪压 S_0(Pa)
1	北京	450	400	18	天津	500	400
2	上海	550	200	19	重庆	400	0
3	石家庄	350	300	20	邢台	300	350
4	张家口	550	250	21	承德	400	300
5	秦皇岛	450	250	22	唐山	400	350
6	保定	400	350	23	沧州	400	300
7	大同	550	250	24	太原	400	350
8	阳泉	400	350	25	临汾	400	250
9	包头	550	250	26	呼和浩特	550	400
10	通辽	550	300	27	阜新	600	400
11	朝阳	550	450	28	锦州	600	400
12	鞍山	500	400	29	沈阳	550	500
13	本溪	450	550	30	营口	600	400
14	丹东	550	400	31	大连	650	400
15	四平	550	350	32	长春	650	350
16	吉林	500	450	33	通化	500	800
17	齐齐哈尔	450	400	34	鹤岗	400	650

续表 1-6

序号	城市名	基本风压 W_0(Pa)	基本雪压 S_0(Pa)	序号	城市名	基本风压 W_0(Pa)	基本雪压 S_0(Pa)
35	绥化	550	500	73	佳木斯	650	650
36	哈尔滨	550	450	74	牡丹江	500	600
37	德州	450	350	75	烟台	550	400
38	威海	650	450	76	济南	450	300
39	泰安	400	350	77	潍坊	400	350
40	青岛	600	200	78	衮州	400	350
41	莱阳	400	250	79	徐州	350	350
42	淮阴	400	400	80	南京	400	650
43	南通	450	250	81	常州	400	350
44	杭州	450	450	82	舟山	850	500
45	金华	350	550	83	衢州	350	500
46	宁波	500	300	84	温州	600	350
47	蚌埠	350	450	85	六安	350	550
48	合肥	350	600	86	安庆	400	350
49	黄山市	350	450	87	赣州	300	350
50	九江	350	400	88	景德镇	350	350
51	南昌	450	450	89	樟树	300	400
52	邵武	300	350	90	南平	350	
53	福州	700		91	龙岩	350	
54	厦门	800		92	延安	350	250
55	宝鸡	350	200	93	西安	350	250
56	汉中	300	200	94	安康	450	150
57	酒泉	550	300	95	张掖	500	100
58	兰州	300	150	96	平凉	300	250
59	天水	350	200	97	银川	650	200
60	格尔木	400	200	98	西宁	350	200
61	玉树	300	200	99	伊宁	600	1 000
62	乌鲁木齐	600	800	100	库尔勒	450	250
63	哈密	600	200	101	安阳	450	400
64	新乡	400	300	102	三门峡	400	200
65	洛阳	400	350	103	郑州	450	400
66	许昌	400	400	104	开封	450	300
67	南阳	350	450	105	驻马店	400	450
68	商丘	350	450	106	枣阳	400	400
69	恩施	300	200	107	宜昌	300	300
70	天门	300	350	108	武汉	350	500
71	黄石	350	350	109	岳阳	400	550
72	吉首	300	300	110	常德	400	500

续表 1-6

序号	城市名	基本风压 W_0(Pa)	基本雪压 S_0(Pa)	序号	城市名	基本风压 W_0(Pa)	基本雪压 S_0(Pa)
111	衡阳	400	350	124	郴州	300	300
112	长沙	350	450	125	韶关	350	
113	梅县	300		126	广州	500	
114	汕头	800		127	深圳	750	
115	堪江	800		128	桂林	300	
116	柳州	300		129	梧州	300	
117	南宁	350		130	北海	750	
118	海口	750		131	三亚	850	
119	绵阳	300		132	成都	300	100
120	内江	400		133	涪陵	300	
121	遵义	300	150	134	贵阳	300	200
122	大理	650		135	昆明	300	300
123	丽江	300	300	136	玉溪	300	

3. 风压高度变化系数

在大气边界层内，风速随离地面高度变化而增大。当气压场随高度不变时，速度随高度增大的规律，主要取决于地面粗糙度和温度垂直梯度。通常认为在离地面高度为 300~500 m 时，风速不再受地面粗糙度的影响，也即达到所谓的梯度风速，该高度称为梯度风高度。地面粗糙度等级低的地区，其梯度风高度比等级高的地区为低。

规范 GBJ 9—1987 将地面粗糙度等级由过去的陆、海两类改成 A、B、C 三类，但随我国建设事业的蓬勃发展，城市房屋的高度和密度日益增大，因此对大城市中心地区，其粗糙程度也有不同程度的提高。考虑到大多数发达国家(诸如美、英、日等)的规范，以及国际标准 ISO 4354 和欧洲统一规范 EN 1991-2-4 都将地面粗糙度等级划分为四类，甚至于五类(日本)。为适应当前发展形势，GB 50009—2012 将地面粗糙度等级由规范 GBJ 9—87 的三类改成四类，其中 A、B 两类的有关参数不变，C 类指有密集建筑群的城市市区，其粗糙度指数 α 由 0.2 改为 0.22，梯度风高度 H_G 仍取 400 m；新增添的 D 类，指有密集建筑群且有大量高层建筑的大城市市区，其粗糙度指数 α 取 0.3，H_G 取 450 m。

根据地面粗糙度指数及梯度风高度，即可得出风压变化系数如下

$$\left.\begin{aligned} \mu_z^A &= 1.379(z/10)^{0.24} \\ \mu_z^B &= 1.000(z/10)^{0.32} \\ \mu_z^C &= 0.616(z/10)^{0.44} \\ \mu_z^D &= 0.318(z/10)^{0.60} \end{aligned}\right\} \tag{1-24}$$

在确定城区的粗糙度类别时，若无 α 的实测资料，可按下述原则近似确定：

(1)以拟建房屋为中心、2 km 为半径的迎风半圆影响范围内的房屋高度和密集度来区分粗糙度类别，风向原则上应以该地区最大风的风向为准，但也可取其主导风向。

(2)以半圆影响范围内建筑物的平均高度 h 来划分地面粗糙度类别，$h \geq 18$ m 时为 D 类，9 m$\leq h<18$ m 时为 C 类，$h<9$ m 时为 B 类。

(3)影响范围内不同高度的面域可按下述原则确定,即每座建筑物向外延伸距离为其高度的面域内均为该高度,当不同高度的面域相交时,交叠部分的高度取大者。

(4)平均高度 h 取各面域面积为权数计算。

当直接以高度 z 来描述风压高度变化系数时:

由 $(z/10)^{0.24}=0.575z^{0.24}$,则

$$\mu_z^A = 1.379 \times 0.575z^{0.24} = 0.793z^{0.24} \tag{1-25}$$

由 $(z/10)^{0.32}=0.479z^{0.32}$,则

$$\mu_z^B = 0.479z^{0.32} \tag{1-26}$$

由 $(z/10)^{0.44}=0.363z^{0.44}$,则

$$\mu_z^C = 0.616 \times 0.363z^{0.44} = 0.224z^{0.44} \tag{1-27}$$

由 $(z/10)^{0.60}=0.251z^{0.60}$,则

$$\mu_z^D = 0.318 \times 0.251z^{0.60} = 0.08z^{0.60} \tag{1-28}$$

表 1-7 为给定高度的风压高度变化系数。

表 1-7　风压高度变化系数 μ_z

离地面或海平面高度(m)	地面粗糙度类别			
	A	B	C	D
5	1.17	1.00	0.74	0.62
10	1.38	1.00	0.74	0.62
15	1.52	1.14	0.74	0.62
20	1.63	1.25	0.84	0.62
30	1.80	1.42	1.00	0.62
40	1.92	1.56	1.13	0.73
50	2.03	1.67	1.25	0.84
60	2.12	1.77	1.35	0.93
70	2.20	1.86	1.45	1.02
80	2.27	1.95	1.54	1.11
90	2.34	2.02	1.62	1.19
100	2.40	2.09	1.70	1.27
150	2.64	2.38	2.03	1.61
200	2.83	2.61	2.30	1.92
250	2.99	2.80	2.54	2.19
300	3.12	2.97	2.75	2.45
350	3.12	3.12	2.94	2.68
400	3.12	3.12	3.12	2.91
≥450	3.12	3.12	3.12	3.12

【例 1-1】 求 A 类地区高度 60 m 处风压高度变化系数。

解:风压高度变化系数 $\mu_z^A = 1.379\times(60/10)^{0.24} = 2.12$

或 $\mu_z^A = 0.793 \times 60^{0.24} = 2.12$

【例 1-2】 求 B 类地区高度 90 m 处风压高度变化系数。

解:风压高度变化系数 $\mu_z^B = (90/10)^{0.32} = 2.02$

或 $\mu_z^B = 0.479 \times 90^{0.32} = 2.02$

【例 1-3】 求 C 类地区高度 115 m 处风压高度变化系数。

解:风压高度变化系数 $\mu_z^C = 0.616\times(115/10)^{0.44} = 1.804$

或 $\mu_z^A = 0.224 \times 115^{0.44} = 1.807$

【例 1-4】 求 D 类地区高度 138 m 处风压高度变化系数。

解:风压高度变化系数 $\mu_z^D = 0.318\times(138/10)^{0.6} = 1.536$

或 $\mu_z^D = 0.08 \times 138^{0.6} = 1.538$

4. 风荷载体型系数

风荷载体型系数是指风作用在建筑物表面上所引起的实际压力(或吸力)与来流风的速度压的比值。它描述的是建筑物表面在稳定风压作用下静压力的分布规律,主要与建筑物的体型和尺度有关,也与周围环境和地面粗糙度有关。由于涉及的是固体和流体相互作用的流体力学问题,对于不规则形状的固体,问题尤为复杂,无法得出理论上的结果,一般均应由试验确定。鉴于原型的实测方法对结构设计的不现实性,目前只能采用相似原理,在边界层风洞内,对拟建的建筑物模型进行测试。GB 50009—2012 表 8.3.1 列出了 38 项不同类型的建筑物和各类结构体型及其体型系数,这些都是根据国内外的试验资料和外国规范中的规定整理而成的。当建筑物与 GB 50009—2012 表 8.3.1 中列出的体型相同时,可按 GB 50009—2012 表 8.3.1 的规定采用;当建筑物与 GB 50009—2012 表 8.3.1 中列出的体型不同时,可参考有关资料采用;当建筑物与 GB 50009—2012 表 8.3.1 中列出的体型不同且无有关资料可以借鉴时,宜由风洞试验确定;对于重要且体型复杂的建筑物应由风洞试验确定。

当建筑群尤其是高层建筑群,房屋相互间距较近时,由于旋涡的相互干扰,房屋某些部位的局部风压会显著增大,设计时应予注意;对比较重要的高层建筑,在风洞试验中要考虑周围建筑物的干扰因素。验算围护构件及连接的强度时,可按下列规定采用局部风荷载体型系数。

1) 外表面

(1) 正压区,风荷载体型系数按 GB 50009—2012 表 8.3.1 采用。

(2) 负压区,风荷载体型系数对墙面取-1.0,对墙角边取-1.8,对屋面局部部位(周边和屋面坡度大于 10°的屋脊部位)取-2.2,对檐口、雨篷、遮阳板等突出构件,取-2.0。

注意:对墙角边和屋面局部部位的作用宽度为房屋宽度的 0.1 或房屋平均高度的 0.4,取其小者,但不小于 1.5 m。

2) 内表面

对封闭式建筑物,按外表面风压的正负情况取-0.2 或 0.2。

5. 阵风系数

计算围护结构的风荷载时,阵风系数按下式确定

$$\beta_{gz} = K(1 + 2\mu_f) \tag{1-29}$$

式中　K——地区粗糙度调整系数，A、B、C、D 四种类型分别取 0.92、0.89、0.85、0.80；

μ_f——脉动系数，$\mu_f=0.5\times35^{1.8(\alpha-0.16)}(z/10)^{-\alpha}$，其中，$\alpha$ 为地面粗糙度指数，对应于 A、B、C、D 四类地貌，分别取 0.12、0.16、0.22 和 0.30。

将 K、α 系数代入后，各类地区阵风系数计算公式如下：

由 $\beta_{gz}^{A}=0.92\times(1+2\mu_f^{A})$ 及 $\mu_f^{A}=0.387(z/10)^{-0.12}$ 得

$$\beta_{gz}^{A}=0.92\times[1+35^{-0.072}(z/10)^{-0.12}] \tag{1-30}$$

由 $\beta_{gz}^{B}=0.89\times(1+2\mu_f^{B})$ 及 $\mu_f^{B}=0.5(z/10)^{-0.16}$ 得

$$\beta_{gz}^{B}=0.89\times[1+(z/10)^{-0.16}] \tag{1-31}$$

由 $\beta_{gz}^{C}=0.85\times(1+2\mu_f^{C})$ 及 $\mu_f^{C}=0.734(z/10)^{-0.22}$

$$\beta_{gz}^{C}=0.85\times[1+35^{0.108}(z/10)^{-0.22}] \tag{1-32}$$

由 $\beta_{gz}^{D}=0.80\times(1+2\mu_f^{D})$ 及 $\mu_f^{D}=1.2248(z/10)^{-0.3}$ 得

$$\beta_{gz}^{D}=0.80\times[1+35^{0.252}(z/10)^{-0.3}] \tag{1-33}$$

由上海风速实测资料证明了以上取值的可行性。1980~1981 年通过在四次台风过程中对上海电视塔 20~186 m 七个高度处瞬时风速和 10 min 平均最大风速的观测数据得出阵风系数的近似计算公式

$$\beta_{gz}=e^{[0.7/(z/10)^{1/3}]} \tag{1-34}$$

由式(1-34)可算出，在 10 m、20 m、50 m、100 m 及 150 m 处阵风系数分别为 2.01、1.74、1.51、1.38 和 1.33。表 1-8 为给定高度下对应的阵风系数。

表 1-8　阵风系数 β_{gz}

离地面高度(m)	地面粗糙度类别			
	A	B	C	D
5	1.69	1.88	2.30	3.21
10	1.63	1.78	2.10	2.76
15	1.60	1.72	1.99	2.54
20	1.58	1.69	1.92	2.39
30	1.54	1.64	1.83	2.21
40	1.52	1.60	1.77	2.09
50	1.51	1.58	1.73	2.01
60	1.49	1.56	1.69	1.94
70	1.48	1.54	1.66	1.89
80	1.47	1.53	1.64	1.85
90	1.47	1.52	1.62	1.81
100	1.46	1.51	1.60	1.78
150	1.43	1.47	1.54	1.67
200	1.42	1.44	1.50	1.60
250	1.40	1.42	1.46	1.55
300	1.39	1.41	1.44	1.51

【例 1-5】 计算 A 类地区高度 50 m 处阵风系数。

解:脉动系数 $\mu_f^A = 0.387 \times (50/10)^{-0.12} = 0.319$

阵风系数 $\beta_{gz}^A = 0.92 \times (1 + 2 \times 0.319) = 1.507$

【例 1-6】 计算 B 类地区高度 80 m 处阵风系数。

解:脉动系数 $\mu_f^B = 0.5 \times (80/10)^{-0.16} = 0.3585$

阵风系数 $\beta_{gz}^B = 0.89 \times (1 + 2 \times 0.3585) = 1.528$

【例 1-7】 计算 C 类地区高度 120 m 处阵风系数。

解:脉动系数 $\mu_f^C = 0.734 \times (120/10)^{-0.22} = 0.4249$

阵风系数 $\beta_{gz}^C = 0.85 \times (1 + 2 \times 0.4249) = 1.5723$

【例 1-8】 计算 D 类地区高度 160 m 处阵风系数。

解:脉动系数 $\mu_f^D = 1.2248 \times (160/10)^{-0.3} = 0.5331$

阵风系数 $\beta_{gz}^D = 0.80 \times (1 + 2 \times 0.5331) = 1.653$

(四)雪荷载

雪荷载是建筑屋面以及玻璃采光顶主要荷载之一。在我国寒冷地区及其他大雪地区,玻璃采光顶对雪荷载更为敏感,因雪压导致玻璃采光顶破坏的事故常有发生,合理确定雪荷载的大小及其在玻璃采光顶上的分布,将直接影响玻璃采光顶的安全性、适用性和经济性。

玻璃采光顶水平投影面上的雪荷载标准值应按下式计算

$$S_k = \mu_r S_0 \tag{1-35}$$

式中 S_k——雪荷载标准值,kN/m²;

μ_r——屋面积雪分布系数;

S_0——基本雪压,kN/m²。

1. 基本雪压

基本雪压以当地空旷平坦地面上统计所得 50 年一遇的最大积雪自重确定。GB 50009—2012 根据全国各气象台(站)从建站起到 1995 年的最大雪压和雪深资料经统计得出 50 年一遇最大雪压,即重现期为 50 年的最大雪压,以此规定当地的基本雪压。

当前,我国大部分气象台(站)收集的都是雪深数据,而相应的积雪密度数据又不齐全,在统计中当缺少平行观测的积雪密度时,均以当地的平均密度来估算雪压值。

基本雪压应按规范 GB 50009—2012 附录 E.1、E.5 给出的基本雪压(其中 136 个城市基本雪压由表 1-6 确定)。

2. 屋面积雪分布系数

屋面积雪分布系数就是屋面水平投影面积上的雪荷载 S_h 与基本雪压 S_0 的比值,实际也就是地面基本雪压换算为屋面雪荷载的换算系数。它与屋面形式、朝向及风力等有关。

我国与苏联、加拿大、北欧等国家和地区相比,积雪情况不甚严重,积雪期也较短。因此,规范 GB 50009—2012 根据以往的设计经验,参考国际标准 ISO 4355 及国外有关资料,对屋面积雪分布仅概括地规定了 8 种典型屋面积雪分布系数。现就这些图形作以下几点说明:

(1)坡屋面。规范 GB 50009—2012 认为,我国南部气候转暖,屋面积雪容易融化,北部寒潮风较大,屋面积雪容易吹掉,因此仍沿用旧规范的规定 $\alpha \geq 50°$、$\mu_r = 0$ 和 $\alpha \leq 25°$、$\mu_r = 1$ 是合理的。

(2)拱形屋面。相关规范给出了与矢跨比有关的计算公式，即 $\mu_r=L/(8f)$（L 为跨度，f 为矢高），但 μ_r 规定不大于1.0及不小于0.4。

(3)带天窗屋面及带天窗有挡风板的屋面。天窗顶上的数据0.8是考虑了滑雪的影响，挡风板内的数据1.4是考虑了堆雪的影响。

(4)多跨单坡及双跨(多跨)双坡或拱形屋面系数。1.4及0.6是考虑在屋面凹处范围内，局部堆雪及局部滑雪的影响。

(5)高低屋面。苏联根据西伯利亚地区的屋面雪荷载的调查，规定屋面积雪分布系数 $\mu_r=2h/S_0$，但不大于4.0，其中 h 为屋面高低差，以m计，S_0 为基本雪压，以 kN/m^2 计；又规定积雪分布宽度 $a_1=2h$，但不小于5 m，不大于10 m；积雪按三角形分布。

我国高原地区的基本雪压 $S_0=0.5\sim0.8\ kN/m^2$，当屋面高低差达2 m以上时，则 μ_r 通常均取4.0。根据我国积雪情况调查，高低屋面堆雪集中程度远次于西伯利亚地区，形成三角形分布的情况较少，一般高低屋面处因风涡作用，雪堆多形成曲线图形的堆积情况，将它简化为矩形分布的雪堆，μ_r 取平均值为2.0，雪堆长度为 $2h$，但不小于4 m，不大于8 m。

(6)其他屋面形式。对《建筑结构荷载规范》(GB 50009—2012)典型屋面图形以外的情况，设计人员可根据上述说明推断酌定，例如天沟处及下沉式天窗内建议 $\mu_r=1.4$，其长度可取女儿墙高度的1.2~2倍。

(7)对大部分屋面都列出了积雪均匀分布和不均匀分布两种情况，后一种主要是考虑雪的漂移和堆积后的效应。设计建筑结构及屋面的承重构件时，原则上应对两种积雪分布情况分别计算结构构件的效应值，并按最不利的情况确定结构构件的截面，但这样的设计计算工作量较大。根据长期以来积累的设计经验，出于简化的目的，规范规定屋面板、檩条允许设计人员按不均匀分布情况进行设计。

屋面积雪分布系数应根据不同类别的屋面形式，按GB 50009—2012表7.2.1采用。

(五)地震作用

地震是一种突发性自然灾害，目前科学技术还达不到控制地震发生的水平，但是可以预防和减轻地震灾害。人类在长期与地震灾害的斗争中积累了丰富的经验。随着科学技术的发展，人们通过地震台站网监测记录和现场调查，积累了不少地震资料，通过对这些资料的分析和经验总结，人们对地震作用规律有了初步认识。

地震是一种自然现象，地壳中岩层发生断裂或错动，以及火山爆发都可能导致地面发生程度不同的震动，这种现象称为地震。每次地震强烈程度不同，释放出的能量大小则是不同的，所引起的地震灾害也是不同的。地震的强弱在地震工程学中是以震级来表示的，它直接取决于一次地震中所释放出的能量大小，所以每次地震都有一个确定的震级。震级是对地震大小的相对度量。

《地震震级的规定》(GB/T 17740—2017)是地震震级 M 的测定方法和使用的规定。

1.地震震级 M 的测定方法

地震震级 M 用地震面波质点运动最大值 $(A/T)_{max}$ 测定。计算公式为

$$M=\lg(A/T)_{max}+\sigma(\Delta) \tag{1-36}$$

式中 A——地震面波最大地动位移，取两水平分向地动位移的矢量和，μm；

T——相应周期，s；

Δ——震中距(°)，表1-9给出了不同震中距(Δ)选用不同的地震面波周期(T)值。

表 1-9　不同震中距(Δ)选用的地震面波周期(T)值

Δ(°)	T(s)	Δ(°)	T(s)	Δ(°)	T(s)
2	3~6	20	9~14	70	14~22
4	4~7	25	9~16	80	16~22
6	5~8	30	10~16	90	16~22
8	6~9	40	12~18	100	16~25
10	7~10	50	12~20	110	17~25
15	8~12	60	14~20	130	18~25

测量最大地动位移的两水平分量时,取在同一时刻或周期相差在 1/8 周之内的震动。若两分量周期不一致,则取加权和

$$T=(T_N A_N+T_E A_E)/(A_N+A_E) \tag{1-37}$$

式中　A_N——南北分量地动位移,μm;

A_E——东西分量地动位移,μm;

T_N——A_N 的相应周期,s;

T_E——A_E 的相应周期,s。

量规函数 $\sigma(\Delta)$ 为

$$\sigma(\Delta)=1.66\lg\Delta+3.5$$

地震震级 M 应根据多地震台的平均值确定。

2. 地震烈度

地震烈度用以描述某一地区地面和建筑物遭受到一次地震影响的强弱程度。显然,距震中远近不同的地区所受的震害是不同的。一般说来,距震中越远,地震烈度就越低。地震烈度是指地震引起的地面震动及其影响的强弱程度。

《中国地震烈度表》(GB/T 17742—2020)规定了地震烈度从Ⅰ度到Ⅻ度房屋震害、人的感觉、器物反应、生命线工程震害、其他震害现象、仪器测定的地震烈度、加速度、速度的评定指标和使用说明,适用于地震烈度评定。

中国地震烈度表见表 1-10,表 1-11 为全国 136 个城市地震动峰值加速度及基本烈度对照表。

表 1-10　中国地震烈度表（2020）

地震烈度	评价指标								合成地震动的最大值	
	房屋震害			人的感觉	器物反应	生命线工程震害	其他震害现象	仪器测定的地震烈度 I_1	加速度（m/s^2）	速度（m/s）
	类型	震害程度	平均震害指数							
Ⅰ(1)	—	—	—	无感	—	—	—	1.0≤ I_1<1.5	1.80×10^{-2} ($<2.57\times10^{-2}$)	1.21×10^{-3} ($<1.77\times10^{-3}$)
Ⅱ(2)	—	—	—	室内个别静止中的人有感觉，个别较高楼层中的人有感觉	—	—	—	1.5≤ I_1<2.5	3.69×10^{-2} (2.58×10^{-2} ~ 5.28×10^{-2})	2.59×10^{-3} (1.78×10^{-3} ~ 3.81×10^{-3})
Ⅲ(3)	—	门、窗轻微作响	—	室内少数静止中的人有感觉，少数较高楼层中的人有明显感觉	悬挂物微动	—	—	2.5≤ I_1<3.5	7.57×10^{-2} (5.29×10^{-2} ~ 1.08×10^{-1})	5.58×10^{-3} (3.82×10^{-3} ~ 8.19×10^{-3})
Ⅳ(4)	—	门、窗作响	—	室内多数人、室外少数人有感觉，少数人睡梦中惊醒	悬挂物明显摆动，器皿作响	—	—	3.5≤ I_1<4.5	1.55×10^{-1} (1.09×10^{-1} ~ 2.22×10^{-1})	1.20×10^{-2} (8.20×10^{-3} ~ 1.76×10^{-2})
Ⅴ(5)	—	门窗、屋顶、屋架颤动作响，灰土掉落，个别房屋墙体抹灰出现细微裂缝，个别老旧A1类或A2类房屋墙体出现轻微裂缝或原有裂缝扩展，个别屋顶烟囱掉砖，个别檐瓦掉落	—	室内绝大多数、室外多数人有感觉，多数人睡梦中惊醒，少数人惊逃户外	悬挂物大幅度晃动，少数架上小物品、个别顶部沉重或放置不稳定器物摇动或翻倒，水晃动并从盛满的容器中溢出	—	—	4.5≤ I_1<5.5	3.19×10^{-1} (2.23×10^{-1} ~ 4.56×10^{-1})	2.59×10^{-2} (1.77×10^{-2} ~ 3.80×10^{-2})

续表 1-10

地震烈度	评价指标								合成地震动的最大值	
	房屋震害			人的感觉	器物反应	生命线工程震害	其他震害现象	仪器测定的地震烈度 I_1	加速度 (m/s^2)	速度 (m/s)
	类型	震害程度	平均震害指数							
Ⅵ(6)	A1	少数轻微破坏和中等破坏，多数基本完好	0.02~0.17	多数人站立不稳，多数人惊逃户外	少数轻家具和物品移动，少数顶部沉重的器物翻倒	个别梁桥挡块破坏，个别拱桥主拱圈出现裂缝及桥台开裂；个别主变压器跳闸；个别老旧支线管道有破坏，局部水压下降	河岸和松软土地出现裂缝，饱和砂层出现喷砂冒水；个别独立砖烟囱轻度裂缝	$5.5 \leq I_1 < 6.5$	6.53×10^{-1} (4.57×10^{-1}~9.36×10^{-1})	5.57×10^{-2} (3.81×10^{-2}~8.17×10^{-2})
	A2	少数轻微破坏和中等破坏，大多数基本完好	0.01~0.13							
	B	少数轻微破坏和中等破坏，大多数基本完好	≤0.11							
	C	少数或个别轻微破坏，绝大多数基本完好	≤0.06							
	D	少数或个别轻微破坏，绝大多数基本完好	≤0.04							

续表 1-10

地震烈度	评价指标								合成地震动的最大值	
	房屋震害			人的感觉	器物反应	生命线工程震害	其他震害现象	仪器测定的地震烈度 I_1	加速度（m/s^2）	速度（m/s）
	类型	震害程度	平均震害指数							
Ⅶ(7)	A1	少数严重破坏和毁坏,多数中等破坏和轻微破坏	0.15～0.44	大多数人惊逃户外,骑自行车的人有感觉,行驶中的汽车驾乘人员有感觉	物品从架子上掉落,多数顶部沉重的器物翻倒,少数家具倾倒	少数梁桥挡块破坏,个别拱桥主拱圈出现明显裂缝和变形以及少数桥台开裂;个别变压器的套管破坏,个别瓷柱型高压电气设备破坏;少数支线管道破坏,局部停水	河岸出现塌方,饱和砂层常见喷水冒砂,松软土地上地裂缝较多;大多数独立砖烟囱中等破坏	$6.5 \leq I_1 < 7.5$	1.35×10^{-1}（9.37×10^{-1}～1.94）	1.20×10^{-1}（8.18×10^{-2}～1.76×10^{-1}）
	A2	少数中等破坏,多数轻微破坏和基本完好	0.11～0.31							
	B	少数中等破坏,多数轻微破坏和基本完好	0.09～0.27							
	C	少数轻微破坏和中等破坏,多数基本完好	0.05～0.18							
	D	少数轻微破坏和中等破坏,大多数基本完好	0.04～0.16							

续表 1-10

地震烈度	评价指标								合成地震动的最大值	
	房屋震害			人的感觉	器物反应	生命线工程震害	其他震害现象	仪器测定的地震烈度 I_1	加速度 (m/s^2)	速度 (m/s)
	类型	震害程度	平均震害指数							
Ⅷ(8)	A1	少数毁坏,多数中等破坏和严重破坏	0.42~0.62	多数人摇晃颠簸,行走困难	除重家具外,室内物品大多数倾倒或移位	少数梁桥梁体移位、开裂及多数挡块破坏,少数拱桥主拱圈开裂严重;少数变压器的套管破坏,个别或少数瓷柱型高压电气设备破坏;多数支线管道及少数干线管道破坏,部分区域停水	干硬土地上出现裂缝,饱和砂层绝大多数喷砂冒水;大多数独立砖烟囱严重破坏	$7.5 \leq I_1 < 8.5$	2.79 (1.95~4.01)	2.58×10^{-1} (1.77×10^{-1}~3.78×10^{-1})
	A2	少数严重破坏,多数中等破坏和轻微破坏	0.29~0.46							
	B	少数严重破坏和毁坏,多数中等和轻微破坏	0.25~0.50							
	C	少数中等破坏和严重破坏,多数轻微破坏和基本完好	0.16~0.35							
	D	少数中等破坏,多数轻微破坏和基本完好	0.14~0.27							

续表 1-10

地震烈度	评价指标								合成地震动的最大值	
	房屋震害			人的感觉	器物反应	生命线工程震害	其他震害现象	仪器测定的地震烈度 I_1	加速度 (m/s^2)	速度 (m/s)
	类型	震害程度	平均震害指数							
Ⅸ(9)	A1	大多数毁坏和严重破坏	0.60~0.90	行动的人摔倒	室内物品大多数倾倒或移位	个别梁桥桥墩局部压溃或落梁，个别拱桥垮塌或濒于垮塌；多数变压器套管破坏、少数变压器移位，少数瓷柱型高压电气设备破坏；各类供水管道破坏、渗漏广泛发生，大范围停水	干硬土地上多处出现裂缝，可见基岩裂缝、错动，滑坡、塌方常见；独立砖烟囱多数倒塌	$8.5 \leq I_1 < 9.5$	5.77 (4.02~8.30)	5.55×10^{-1} (3.79×10^{-1}~8.14×10^{-1})
	A2	少数毁坏，多数严重破坏和中等破坏	0.44~0.62							
	B	少数毁坏，多数严重破坏和中等破坏	0.48~0.69							
	C	多数严重破坏和中等破坏，少数轻微破坏	0.33~0.54							
	D	少数严重破坏，多数中等破坏和轻微破坏	0.25~0.48							

续表 1-10

地震烈度	评价指标								合成地震动的最大值	
	房屋震害			人的感觉	器物反应	生命线工程震害	其他震害现象	仪器测定的地震烈度 I_1	加速度 (m/s^2)	速度 (m/s)
	类型	震害程度	平均震害指数							
X(10)	A1	绝大多数毁坏	0.88~1.00	骑自行车的人会摔倒,处不稳状态的人会摔离原地,有抛起感	—	个别梁桥桥墩压溃或折断,少数落梁,少数拱桥垮塌或濒于垮塌;绝大多数变压器移位、脱轨套管断裂漏油多数瓷柱型高压电气设备破坏;供水管网毁坏全区域停水	山崩和地震断裂出现;大多数独立砖烟囱从根部破坏或倒毁	$9.5 \leq I_1 < 10.5$	1.19×10^1 ($8.31\sim1.72\times10^1$)	1.19($8.15\times10^{-1}\sim1.75$)
	A2	大多数毁坏	0.60~0.88							
	B	大多数毁坏	0.67~0.91							
	C	大多数严重破坏和毁坏	0.52~0.84							
	D	大多数严重破坏和毁坏	0.46~0.84							

续表 1-10

地震烈度	评价指标								合成地震动的最大值	
	房屋震害			人的感觉	器物反应	生命线工程震害	其他震害现象	仪器测定的地震烈度 I_1	加速度（m/s^2）	速度（m/s）
	类型	震害程度	平均震害指数							
Ⅺ(11)	A1	绝大多数毁坏	1.00	—	—	—	地震断裂延续很大；大量山崩滑坡	$10.5 \leq I_1 < 11.5$	2.47×10^1（$1.73\times10^1 \sim 3.55\times10^1$）	2.57（1.76~3.77）
	A2		0.86~1.00							
	B		0.90~1.00							
	C		0.84~1.00							
	D		0.84~1.00							
Ⅻ(12)	各类	几乎全部毁坏	1.00	—	—	—	地面剧烈变化，山河改观	$11.5 \leq I_1 \leq 12.0$	$>3.55\times10^1$	>3.77

注：表中给出的合成地震动的最大值为所对应的仪器测定的地震烈度中值，加速度和速度数值分别对应附录 A 中公式公式（A.5）的 PGA 和公式（A.6）的 PGV；括号内为变化范围。

表 1-11　全国 136 个城市地震动峰值加速度及基本烈度对照表

序号	城市名	地震动峰值加速度 g	地震基本烈度	α_{max}	序号	城市名	地震动峰值加速度 g	地震基本烈度	α_{max}
1	北京	0.20	Ⅷ	0.16	35	天津	0.15	Ⅶ	0.12
2	上海	0.10	Ⅶ	0.08	36	重庆	0.05	Ⅵ	0.04
3	石家庄	0.10	Ⅶ	0.08	37	邢台	0.10	Ⅶ	0.08
4	张家口	0.10	Ⅶ	0.08	38	承德	0.05	Ⅵ	0.04
5	秦皇岛	0.10	Ⅶ	0.08	39	唐山	0.20	Ⅷ	0.16
6	保定	0.10	Ⅶ	0.08	40	沧州	0.10	Ⅶ	0.08
7	大同	0.15	Ⅶ	0.12	41	太原	0.20	Ⅷ	0.16
8	阳泉	0.10	Ⅶ	0.08	42	临汾	0.20	Ⅷ	0.16
9	包头	0.20	Ⅷ	0.16	43	呼和浩特	0.20	Ⅷ	0.16
10	通辽	0.10	Ⅶ	0.08	44	阜新	0.05	Ⅵ	0.04
11	朝阳	0.10	Ⅶ	0.08	45	锦州	0.05	Ⅵ	0.04
12	鞍山	0.10	Ⅶ	0.08	46	沈阳	0.10	Ⅶ	0.08
13	本溪	0.05	Ⅵ	0.04	47	营口	0.15	Ⅶ	0.12
14	丹东	0.15	Ⅶ	0.12	48	大连	0.10	Ⅶ	0.08
15	四平	0.05	Ⅵ	0.04	49	长春	0.10	Ⅶ	0.08
16	吉林	0.10	Ⅶ	0.08	50	通化	<0.05	<Ⅵ	
17	齐齐哈尔	0.05	Ⅵ	0.04	51	鹤岗	0.05	Ⅵ	0.04
18	绥化	0.10	Ⅶ	0.08	52	佳木斯	0.05	Ⅵ	0.04
19	哈尔滨	0.05	Ⅵ	0.04	53	牡丹江	0.05	Ⅵ	0.04
20	德州	0.05	Ⅵ	0.04	54	烟台	0.10	Ⅶ	0.08
21	威海	0.10	Ⅶ	0.08	55	济南	0.05	Ⅵ	0.04
22	泰安	0.05	Ⅵ	0.04	56	潍坊	0.15	Ⅶ	0.12
23	青岛	0.05	Ⅵ	0.04	57	兖州	0.05	Ⅵ	0.04
24	莱阳	0.05	Ⅵ	0.04	58	徐州	0.10	Ⅶ	0.08
25	淮阴	0.10	Ⅶ	0.08	59	南京	0.10	Ⅶ	0.08
26	南通	0.05	Ⅵ	0.04	60	常州	0.10	Ⅶ	0.08
27	杭州	0.05	Ⅵ	0.04	61	舟山	0.10	Ⅶ	0.08
28	金华	<0.05	<Ⅵ		62	衢州	<0.05	<Ⅵ	
29	宁波	0.05	Ⅵ	0.04	63	温州	0.05	Ⅵ	0.04
30	蚌埠	0.10	Ⅶ	0.08	64	六安	0.10	Ⅶ	0.08
31	合肥	0.10	Ⅶ	0.08	65	安庆	0.10	Ⅶ	0.08
32	黄山市	<0.05	<Ⅵ		66	赣州	<0.05	<Ⅵ	
33	九江	0.05	Ⅵ	0.04	67	景德镇	<0.05	<Ⅵ	
34	南昌	0.05	Ⅵ	0.04	68	樟树	<0.05	<Ⅵ	

续表1-11

序号	城市名	地震动峰值加速度 g	地震基本烈度	α_{max}	序号	城市名	地震动峰值加速度 g	地震基本烈度	α_{max}
69	邵武	<0.05	<Ⅵ		103	南平	0.05	Ⅵ	0.04
70	福州	0.10	Ⅶ	0.08	104	龙岩	0.05	Ⅵ	0.04
71	厦门	0.15	Ⅶ	0.12	105	延安	0.05	Ⅵ	0.04
72	宝鸡	0.15	Ⅶ	0.12	106	西安	0.20	Ⅷ	0.16
73	汉中	0.05	Ⅵ	0.04	107	安康	0.10	Ⅶ	0.08
74	酒泉	0.15	Ⅶ	0.12	108	张掖	0.10	Ⅶ	0.08
75	兰州	0.20	Ⅷ	0.16	109	平凉	0.15	Ⅶ	0.12
76	天水	0.30	Ⅷ	0.24	110	银川	0.20	Ⅷ	0.16
77	格尔木	0.10	Ⅶ	0.08	111	西宁	0.10	Ⅶ	0.08
78	玉树	0.15	Ⅶ	0.12	112	伊宁	0.15	Ⅶ	0.12
79	乌鲁木齐	0.20	Ⅷ	0.16	113	库尔勒	0.15	Ⅶ	0.12
80	哈密	0.10	Ⅶ	0.08	114	安阳	0.20	Ⅷ	0.16
81	新乡	0.20	Ⅷ	0.16	115	三门峡	0.15	Ⅶ	0.12
82	洛阳	0.10	Ⅶ	0.08	116	郑州	0.15	Ⅶ	0.12
83	许昌	0.10	Ⅶ	0.08	117	开封	0.10	Ⅶ	0.08
84	南阳	0.10	Ⅶ	0.08	118	驻马店	0.05	Ⅵ	0.04
85	商丘	0.05	Ⅵ	0.04	119	枣阳	<0.05	<Ⅵ	
86	恩施	0.05	Ⅵ	0.04	120	宜昌	0.05	Ⅵ	0.04
87	天门	0.05	Ⅵ	0.04	121	武汉	0.05	Ⅵ	0.04
88	黄石	0.05	Ⅵ	0.04	122	岳阳	0.10	Ⅶ	0.08
89	吉首	<0.05	<Ⅵ		123	常德	0.15	Ⅶ	0.12
90	衡阳	<0.05	<Ⅵ		124	郴州	0.05	Ⅵ	0.04
91	长沙	0.05	Ⅵ	0.04	125	韶关	0.05	Ⅵ	0.04
92	梅县	0.05	Ⅵ	0.04	126	广州	0.10	Ⅶ	0.08
93	汕头	0.20	Ⅷ	0.16	127	深圳	0.10	Ⅶ	0.08
94	湛江	0.10	Ⅶ	0.08	128	桂林	0.05	Ⅵ	0.04
95	柳州	0.05	Ⅵ	0.04	129	梧州	0.05	Ⅵ	0.04
96	南宁	0.05	Ⅵ	0.04	130	北海	0.05	Ⅵ	0.04
97	海口	0.30	Ⅷ	0.24	131	三亚	0.05	Ⅵ	0.04
98	绵阳	0.05	Ⅵ	0.04	132	成都	0.1	Ⅶ	0.08
99	内江	0.05	Ⅵ	0.04	133	涪陵	0.05	Ⅵ	0.04
100	遵义	<0.05	<Ⅵ		134	贵阳	0.05	Ⅵ	0.04
101	大理	0.20	Ⅷ	0.16	135	昆明	0.20	Ⅷ	0.16
102	丽江	0.30	Ⅷ	0.24	136	玉溪	0.20	Ⅶ	0.16

3. 垂直于幕墙平面的分布水平地震作用标准值

垂直于幕墙平面的分布水平地震作用标准值应按下式计算

$$q_{Ek} = (\beta_E \times \alpha_{max} \times G)/A \tag{1-38}$$

式中 q_{Ek}——垂直于幕墙平面的分布水平地震作用标准值,kN/m²;

β_E——动力放大系数,按 5.0 取定;

G——幕墙构件(包括板材和龙骨框架)的重量,kN;

A——幕墙构件的面积,m²;

α_{max}——水平地震影响系数最大值,按相应设防烈度取定,Ⅵ度 $\alpha_{max}=0.04$,Ⅶ度 $\alpha_{max}=0.08$,Ⅷ度 $\alpha_{max}=0.16$,Ⅸ度 $\alpha_{max}=0.32$。

平行于幕墙平面的集中水平地震作用标准值应按下式计算

$$P_{Ek} = \beta_E \times \alpha_{max} \times G \tag{1-39}$$

式中 P_{Ek}——平行于幕墙平面的集中水平地震作用标准值,kN;

其他符号意义同前。

(六)自重和活荷载

自重是沿幕墙或采光顶实际面积分布的垂直于地面的水平荷载,幕墙自重标准值应按照《金属与石材幕墙工程技术规范》(JGJ 133—2001)第 5.2.1 条的规定采用,对有关材料自重标准值的规定如下:

钢	78.5 kN/m³
铝合金	28 kN/m³
花岗石	28 kN/m³
矿棉、玻璃棉、岩棉	0.5~1.0 kN/m³

幕墙用板材单位面积重力标准值应按照表 1-12 的规定取用。

表 1-12 板材单位面积重力标准值 (单位:N/m²)

板材	厚度(mm)	q_k(N/m²)	板材	厚度(mm)	q_k(N/m²)
单层铝板	2.5	67.5	不锈钢板	1.5	117.8
	3.0	81.0		2.0	157.0
	4.0	112.0		2.5	196.3
铝塑复合板	4.0	55.0		3.0	235.5
	6.0	73.6			
蜂窝铝板(铝箔芯)	10.0	53.0	花岗石板	20.0	500~560
	15.0	70.0		25.0	625~700
	20.0	74.0		30.0	750~840

(七)温度效应

当幕墙构件受温度变化影响时,它的长度将发生变化,这种变化可按下式计算

$$\Delta L = L\alpha\Delta T \tag{1-40}$$

式中 ΔL——材料长度变化值;

L——材料设计长度;

α——材料线膨胀系数；

ΔT——温度变化值，当缺乏必要资料时取 80。

$$\Delta T = t_{\text{emax}} - t_{\text{emin}} + \rho_1 I/\alpha_{\text{e}} \tag{1-41}$$

式中 t_{emax}——历年室外最高温度；

t_{emin}——历年室外最低温度；

$\rho_1 I/\alpha_{\text{e}}$——太阳辐射热当量温度；

ρ_1——吸收系数，铝型材：银白色 0.75，古铜色 0.85；

I——太阳辐射热，W/m^2；

α_{e}——外表面换热系数，取 19 $W/(m^2 \cdot K)$。

由于幕墙构件规格较大，材料线膨胀系数较高，幕墙构件的长度变化十分明显，ΔL 与 ΔT 的变化呈线性关系，当幕墙构件的伸长（缩短）受到阻碍时，将产生很大的应力

$$\sigma_T = \alpha E \Delta T \tag{1-42}$$

【例 1-9】 铝型材 $\alpha = 23.5\times10^{-6}$，$E = 7.0\times10^{6}$ N/cm^2，当 $\Delta T = 80$ ℃时，求温差应力。

解： $\sigma_T = 23.5\times10^{-6}\times7.0\times10^{6}\times80 = 13\,160(N/cm^2) = 131.6$ MPa

已超过铝型材强度设计值 85.5 MPa。

所以，在设计幕墙构件时，要做到在温度变化构件伸长时不挤压，使它不产生应力，即它的（缩短）活动不受阻碍。

幕墙主要材料的线膨胀系数为已知（钢材 12×10^{-6}，铝型材 23.5×10^{-6}，玻璃 10×10^{-6}），但确定幕墙构件的温度变化波动范围却比较困难。现有的气象资料是气象台（站）百叶箱内气温，和幕墙构件的温度有一定差异。对幕墙（采光顶）构件温度变化的下限，可综合考虑各种因素。幕墙室外温度肯定比气象台（站）百叶箱内温度低，但只有不接触或很少接触室内热环境的构件才能达到上述低限温度值，这样幕墙构件的最低波动温度和气象台（站）测得的温度就相近，于是可采用上述百叶箱内温度计记录的温度作为幕墙温度波动的下限值；温度波动范围的上限值，不仅限于室外最高温度，还需计入太阳辐射热的当量温度。对幕墙年温度变化值可取 $\Delta T = 80$ ℃。

主要城市日照、温度气象参数见表 1-13（1 W/m^2 = 3.6 $kJ/(m^2 \cdot h)$）。

表 1-13 全国 34 个城市日照、温度气象参数

城市名称	纬度（°）	大气透明度等级	I（W/m^2）（$kJ/(m^2\cdot h)$）		t_{emax}（℃）	t_{emin}（℃）
			垂直面	水平面		
1. 北京	40	4	692(2 491)	949(3 416)	40.6	−27.4
2. 天津	40	5	638(2 297)	919(3 308)	39.7	−22.9
3. 石家庄	40	4	692(2 491)	949(3 416)	42.7	−26.5
4. 太原	40	4	692(2 491)	949(3 416)	39.4	−25.5
5. 二连浩特	45	2	821(2 956)	996(3 586)	39.9	−42.4
6. 呼和浩特	40	3	766(2 758)	986(3 450)	37.3	−32.8

续表 1-13

城市名称	纬度(°)	大气透明度等级	I(W/m²)((kJ/(m²·h))		t_{emax}(℃)	t_{emin}(℃)
			垂直面	水平面		
7. 沈阳	40	5	638(2 297)	919(3 308)	38. 3	-30. 6
8. 长春	45	5	688(2 477)	909(3 272)	38. 0	-36. 5
9. 哈尔滨	45	4	688(2 477)	909(3 272)	36. 4	-38. 1
10. 上海	30	5	640(2 304)	962(3 463)	38. 9	-10. 1
11. 南京	30	5	640(2 304)	962(3 463)	40. 7	-14
12. 杭州	30	5	640(2 304)	962(3 463)	39. 9	-9. 6
13. 合肥	30	5	640(2 304)	962(3 463)	41. 0	-20
14. 福州	25	4	669(2 408)	1 014(3 650)	39. 8	-1. 2
15. 南昌	30	4	690(2 484)	1 000(3 600)	40. 6	-9. 3
16. 济南	35	5	638(2 297)	950(3 420)	42. 5	-19. 7
17. 郑州	35	5	638(2 297)	950(3 420)	43. 5	-17. 9
18. 武汉	30	4	690(2 484)	1 000(3 600)	39. 4	-18. 1
19. 长沙	30	4	690(2 484)	1 000(3 600)	40. 6	-11. 3
20. 广州	25	5	640(2 304)	950(3 420)	38. 7	+2. 8
21. 南宁	25	5	640(2 304)	950(3 420)	40. 4	-2. 1
22. 成都	30	6	585(2 106)	919(3 308)	37. 3	-5. 9
23. 贵阳	25	4	669(2 408)	1 014(3 650)	37. 3	-7. 8
24. 昆明	25	4	669(2 408)	1 014(3 650)	31. 5	-5. 4
25. 拉萨	30	1	879(3 164)	1 119(4 028)	33. 4	-19. 3
26. 西安	35	5	638(2 297)	950(3 420)	41. 7	-20. 6
27. 兰州	35	3	766(2 758)	1 021(3 676)	39. 1	-21. 7
28. 西宁	35	3	766(2 758)	1 021(3 676)	33. 5	-26. 6
29. 银川	40	4	692(2 491)	949(3 416)	39. 3	-30. 6
30. 乌鲁木齐	45	3	763(2 747)	849(3 056)	40. 5	-41. 5
31. 汕头	25	4	669(2 408)	1 014(3 650)	37. 9	+0. 4
32. 海口	20	4	665(2 394)	1 023(4 428)	38. 9	+2. 8
33. 桂林	25	5	640(2 304)	950(3 420)	39. 4	-4. 9
34. 重庆	30	5	640(2 304)	962(3 463)	42. 2	-1. 8

注:日照为最大小时日照。

【例 1-10】 求北京市一根 3.2 m 长银白色幕墙铝型材的最大伸缩量。

解：
$$\Delta L=3\ 200\times23.5\times10^{-6}\times80=6.0(\text{mm})$$

【例 1-11】 求上海市一块 1.4 m×0.8 m 花岗岩石板的最大伸缩量。

解：
$$\Delta L=1\ 400\times8\times10^{-6}\times80=0.896(\text{mm})$$

(八)立柱设计

1. 立柱材料设计要求

(1)石材幕墙立柱材料截面主要受力部位的壁厚,应根据计算确定,但材料主受力部位最小厚度应符合下列规定：

①铝合金材料截面主要受力部位的壁厚不应小于 3.0 mm；当采用螺纹受力连接时,螺纹连接部位截面壁厚不应小于螺钉的公称直径。

②钢型材截面主要受力部位的壁厚不应小于 3.5 mm。

(2)偏心受压的立柱,截面翼缘的宽厚比应符合以下规定：截面自由挑出部分(见图 1-98)$b/t\leqslant15$,截面封闭部分(见图 1-99)$b/t\leqslant30$。

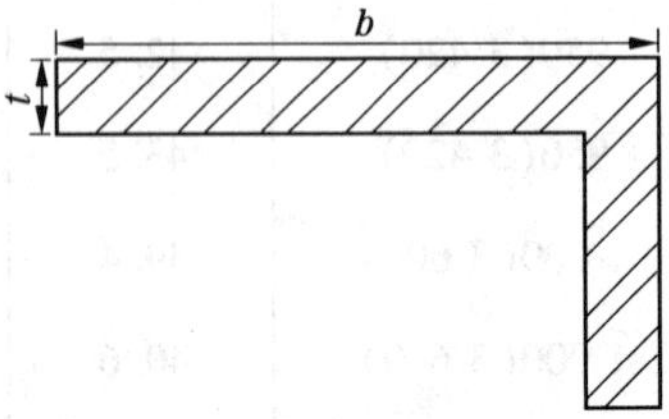

图 1-98 截面自由挑出部分

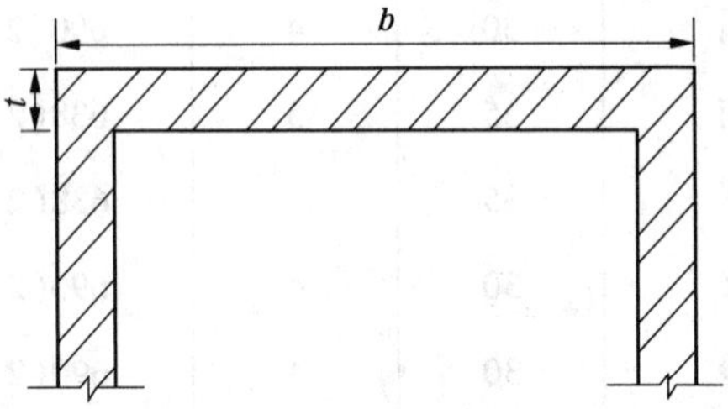

图 1-99 截面封闭部分

(3)上、下立柱之间应有不小于 15 mm 的缝隙,并应采用芯柱连接。芯柱总长度不应小于 400 mm。芯柱与立柱应紧密接触。芯柱与下柱之间应采用不锈钢螺栓固定。

(4)立柱应采用螺栓与角码连接,并通过角码与幕墙预埋件或钢构件连接。螺栓直径不应小于 10 mm,连接螺栓应按现行国家标准《钢结构设计标准(附条文说明[另册])》(GB 50017—2017)进行承载力计算。立柱与角码采用不同金属材料时应采用绝缘垫片分隔。

2. 立柱与主体结构连接设计要求

立柱与主体结构的连接可每层设一个支撑点(见图 1-100),也可设两个支撑点(见图 1-101)。在实体墙面上,支撑点可加密。

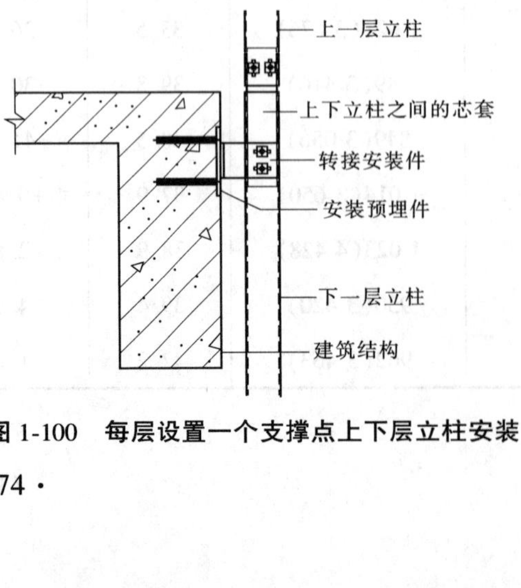

图 1-100 每层设置一个支撑点上下层立柱安装

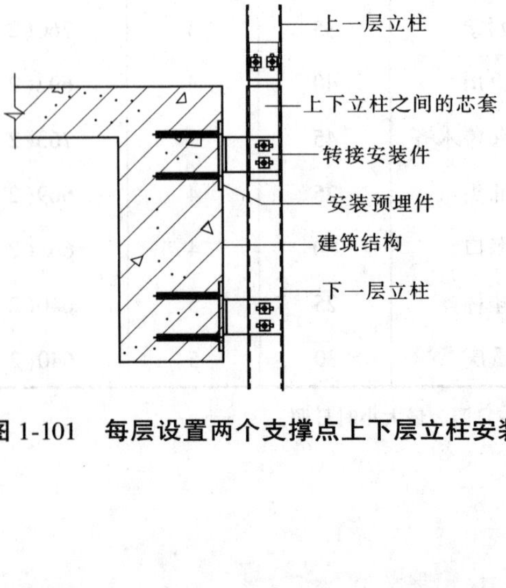

图 1-101 每层设置两个支撑点上下层立柱安装

每层设一个支撑点时，立柱应按简支单跨梁或铰接多跨梁计算；每层设两个支撑点时，立柱应按双跨梁或双支点铰接多跨梁计算。

立柱上端应悬挂在主体结构上，宜按照偏心受拉构件进行设计，在计算时应充分考虑石材幕墙板材、结构立柱、结构横梁的重量荷载。

连接件与主体结构的锚固强度应大于连接件本身承载力设计值。与连接件直接连接的主体结构件，其承载力应大于连接件承载力。与幕墙立柱相连接的主体混凝土构件的混凝土强度等级不宜低于 C30。

当幕墙立柱与主体结构件之间的距离较大时，可以在幕墙立柱与主体结构件之间设置过渡用钢桁架或钢伸臂（见图 1-102、图 1-103），钢桁架或钢伸臂与主体结构件之间应可靠连接固定，幕墙连接件与钢桁架或钢伸臂之间也要可靠连接，以满足幕墙结构受力荷载要求。

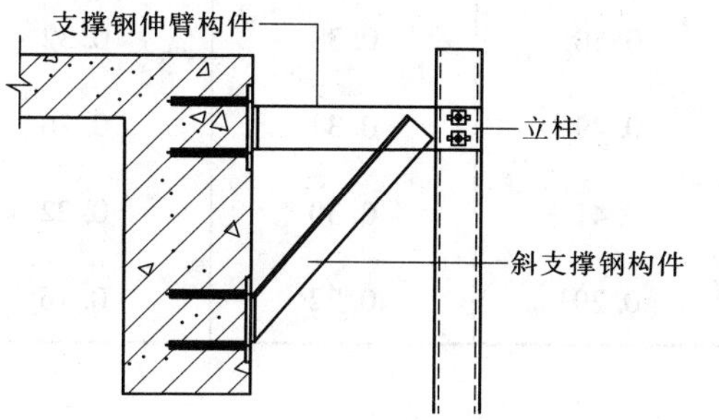

图 1-102　过渡钢桁架设计安装示意

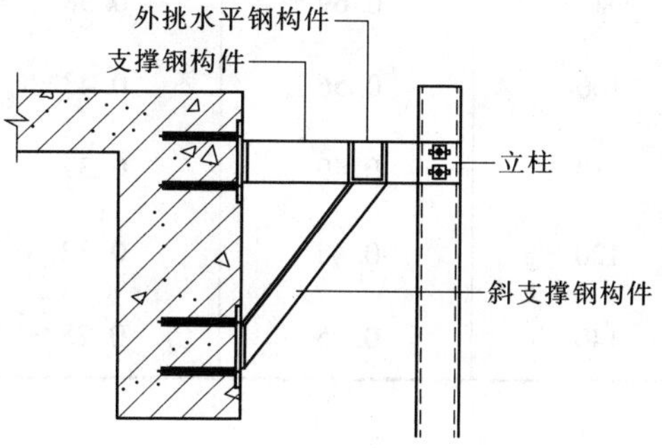

图 1-103　过渡钢伸臂设计安装示意

当幕墙立柱采用铝合金材料时，应充分考虑由于材质不同，在温度变化时两种材料的变形差异所产生的影响。

幕墙立柱与混凝土结构件之间通常是采用预埋件连接，一般是预埋件在结构件施工时按照预埋件安装位置图埋入主体构件内，以确保位置正确。当没有条件安装预埋件时，可以采用后置埋件或其他方式与主体构件连接。

幕墙立柱与主体构件之间的连接件应进行承载力计算，结构受力所使用的螺栓或铆钉，每处不得少于 2 个。

3. *幕墙立柱结构受力要求*

偏心受拉的幕墙立柱截面承载力应符合以下要求

$$N/A_0 + M/(\nu W) \leq f \tag{1-43}$$

式中　N——立柱轴力设计值，N；

M——立柱弯矩设计值，N · mm；

A_0——立柱净截面面积，mm^2；

ν——截面塑性发展系数，可取 1.05；

W——在弯矩作用方向的净截面弹性抵抗矩，mm^3；

f——材料抗弯强度设计值，MPa。

偏心受压幕墙立柱截面承载力应符合以下要求

$$N/(\varphi_1 A_0) + M/(\nu W) \leq f \tag{1-44}$$

式中　N——立柱压力设计值,N;

φ_1——轴心受压柱的稳定系数,按照表 1-14 查取;

其他符号意义同前。

表 1-14　轴心受压柱稳定系数 φ_1

λ	钢型材		铝合金型材		
	Q235	Q345	6063-T5	6063-T6	6061-T6
20	0.97	0.96	0.98	0.96	0.92
40	0.90	0.88	0.88	0.84	0.80
60	0.81	0.73	0.81	0.75	0.71
80	0.69	0.58	0.70	0.58	0.48
100	0.56	0.43	0.56	0.38	0.32
110	0.49	0.37	0.49	0.34	0.26
120	0.44	0.32	0.41	0.30	0.22
140	0.35	0.25	0.29	0.22	0.16

偏心受压幕墙立柱,其材料长细比可以按下式计算

$$\lambda = L/i \tag{1-45}$$

式中　λ——立柱长细比;

L——幕墙立柱侧向支撑点之间的距离,mm;

i——立柱截面回转半径,mm。

幕墙立柱构件的长细比不应大于 150。

立柱构件在风荷载标准值和地震作用标准值作用下所产生的挠度 y 应符合下列要求:

(1)当幕墙立柱构件的安装支撑点跨度不大于 7.5 m 时,铝合金型材 $y \leq L/180$,绝对值 $y \leq 20$ mm;钢型材 $y \leq L/300$,绝对值 $y \leq 15$ mm。

(2)当幕墙立柱构件的安装支撑点跨度大于 7.5 m 时,建议采用钢立柱作为幕墙主立柱,其挠度符合下列要求:

钢型材 $y \leq L/500$。

(九)横梁设计

1. 横梁材料设计要求

(1)石材幕墙横梁材料截面主要受力部位的壁厚应根据计算确定,但材料主受力部位最小厚度应符合下列规定:当横梁安装跨度不大于 1.2 m 时,铝合金横梁型材主要受力部位的材料厚度不应小于 2.5 mm;当横梁安装跨度大于 1.2 m 时,铝合金横梁型材主要受力部位的材料厚度不应小于 3.0 mm;当采用螺钉安装铝合金横梁时,其螺钉连接部位铝合金型材的截面厚度不应小于螺钉的公称直径。

当横梁采用钢型材时,其截面主要受力部位的厚度不应小于 3.5 mm。

(2)横梁主要受力部位的截面厚度还应符合下列规定：截面自由挑出部分(见图 1-98) $b/t \leq 15$，截面封闭部分(见图 1-99) $b/t \leq 30$。

2. 横梁材料的结构受力要求

(1)幕墙横梁的荷载应根据板材在横梁上的支撑状况来确定，并应计算横梁在支撑板材上所产生的弯矩和剪力是否满足幕墙结构受力要求。

(2)幕墙横梁截面抗弯承载力应符合下列要求

$$M_x/(\nu W_x) + M_y/(\nu W_y) \leq f \tag{1-46}$$

式中 M_x——横梁绕 x 轴(幕墙平面内方向)的弯矩设计值，N·mm；

M_y——横梁绕 y 轴(垂直于幕墙平面内方向)的弯矩设计值，N·mm；

W_x——横梁绕 x 轴(幕墙平面内方向)的净截面弹性抵抗矩，mm^3；

W_y——横梁绕 y 轴(垂直于幕墙平面内方向)的净截面弹性抵抗矩，mm^3；

其他符号意义同前。

(3)幕墙横梁截面抗剪承载力应符合下列要求

$$1.5V_h/A_{wh} \leq f$$

$$1.5V_y/A_{wy} \leq f \tag{1-47}$$

式中 V_h——幕墙横梁在水平方向的剪力设计值，N；

V_y——幕墙横梁在竖直方向的剪力设计值，N；

A_{wh}——幕墙横梁截面水平方向腹板的截面面积，mm^2；

A_{wy}——幕墙横梁截面竖直方向腹板的截面面积，mm^2；

其他符号意义同前。

(4)幕墙横梁截面挠度值 y，应符合下列要求：

①当幕墙横梁构件的安装跨度不大于 7.5 m 时，铝合金型材 $y \leq L/180$，绝对值 $y \leq 20$ mm；钢型材 $y \leq L/300$，绝对值 $y \leq 15$ mm。

②当幕墙横梁构件的安装跨度大于 7.5 m 时，幕墙钢横梁其挠度符合下列要求：钢型材 $y \leq L/500$。

3. 横梁与立柱之间的连接要求

幕墙横梁应通过角码、螺钉或螺栓与幕墙立柱连接，角码应能承受横梁的剪力。螺钉直径不得小于 4 mm，每处连接螺钉数量不应少于 3 个，螺栓不应少于 2 个。幕墙横梁与立柱之间应有一定的相对位移能力。如图 1-104 和图 1-105 所示。

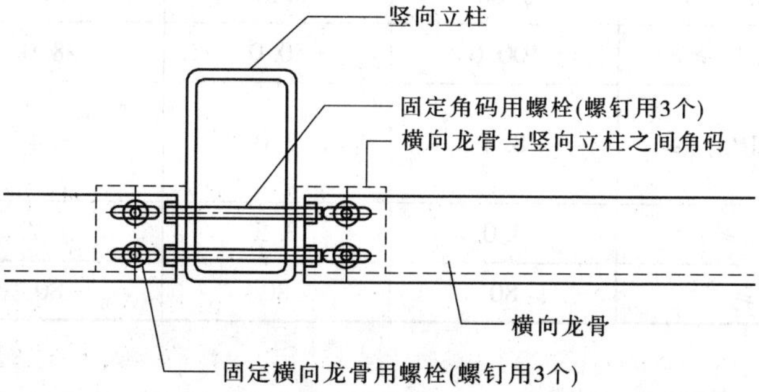

图 1-104 横梁与立柱连接设计安装示意(一)

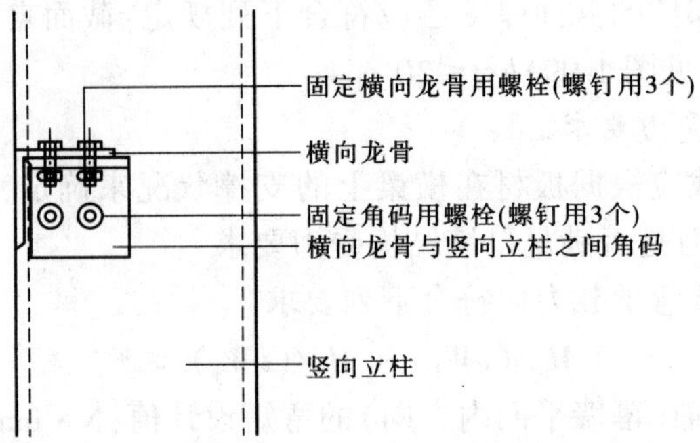

图 1-105　横梁与立柱连接设计安装示意(二)

(十)石材板设计

1. 石板材性能、厚度要求

(1)用于石材幕墙的板材宜选用火成岩,石材板块的吸水率应小于 0.8%。

(2)花岗岩石材板的弯曲强度应经法定检测机构检测确定,其最小弯曲强度不应小于 8.0 MPa。

(3)用于外装饰石材幕墙的板材厚度不应小于 25 mm,以满足石材板块强度计算的要求,火烧板或其他方式表面机械处理的板材应比抛光石材板厚 3 mm。干挂石材板的厚度应符合表 1-15 的要求。

表 1-15　干挂石材板的厚度　(单位:mm)

安装部位	分类	
	亚光面和镜面板材	粗面板材
室内饰面	≥20	≥23
室外饰面	≥25	≥28

干挂石材板的物理性能技术指标最低值应符合表 1-16 的要求。

表 1-16　干挂石材板的物理性能技术指标最低值

项目		天然花岗岩	天然大理石	天然石灰石	天然砂岩
体积密度(g/cm³),≥		2.56	2.60	2.16	2.40
吸水率(%),≤		0.60	0.50	3.00	3.00
干燥压缩强度(MPa),≥		100.0	50.0	28.0	68.9
干燥	弯曲强度(MPa),≥	8.0	7.0	3.4	6.9
水饱和					
剪切强度(MPa),≥		4.0	3.5	1.7	3.5
抗冻系数(%),≥		80	80	80	80

(4)石材板块的剪切强度可以在设计时通过试验进行计算,以每分钟 0.5 mm 的速度对石材试样板块施加荷载,直至试样被破坏,准确记录试样板块被破坏的荷载值(P),精确到

10 N。若试样板块未从剪切面断开,表明剪切间隙过大,数据将变成弯曲破坏荷载,此时所记录的数据应该被作废,应减小剪切间隙重新进行试验。

石材板块的剪切强度应按下式计算

$$T = P + G/(2bh) \tag{1-48}$$

式中 T——剪切强度,MPa;

P——试样破坏荷载,N;

G——上支架的重量,N;

b——试样的宽度,mm;

h——试样的厚度,mm。

通过记录数据,以每组试样剪切强度的平均值和单块最小值表示,数值精确到 0.1 MPa。

2. 干挂石材板块的设计

(1)干挂石材板块的设计面积不应大于 1.5 m^2。

(2)石材板块的厚度以设计要求为准,但最小厚度应该满足表 1-16 的要求。干挂异形板材各边长尺寸以及厚度偏差的要求应该满足表 1-17 的要求。

表 1-17 干挂异形板材各边长尺寸以及厚度偏差的要求 (单位:mm)

<table>
<tr><th rowspan="2">项目</th><th colspan="3">亚光面和镜面板材</th><th colspan="3">粗面板材</th></tr>
<tr><th>优等品</th><th>一等品</th><th>合格品</th><th>优等品</th><th>一等品</th><th>合格品</th></tr>
<tr><td>长度、宽度</td><td colspan="2">0
−1.0</td><td>0
−1.5</td><td colspan="2">0
−1.0</td><td>0
−1.5</td></tr>
<tr><td>厚度</td><td>+1.0
−1.0</td><td>+2.0
−1.0</td><td>+3.0
−1.0</td><td>+3.0
−1.0</td><td>+4.0
−1.0</td><td>+5.0
−1.0</td></tr>
</table>

(3)干挂石材装饰檐口线脚、石材装饰柱线脚等的规格尺寸和允许偏差,在满足设计要求的基础上由供需双方协商确定。

(4)随着人们物质生活水平的提高,人们对于建筑艺术的要求越来越高;随着建筑艺术的发展,近些年出现了许多用石材来装饰的结构圆柱,出现了各种各样的石材圆弧板材。

干挂圆弧板材的尺寸允许偏差应满足表 1-18 的要求。

表 1-18 干挂圆弧板材的尺寸允许偏差 (单位:mm)

<table>
<tr><th rowspan="2">项目</th><th colspan="3">亚光面和镜面板材</th><th colspan="3">粗面板材</th></tr>
<tr><th>优等品</th><th>一等品</th><th>合格品</th><th>优等品</th><th>一等品</th><th>合格品</th></tr>
<tr><td>弧长</td><td colspan="2" rowspan="2">0
−1.0</td><td rowspan="2">0
−1.5</td><td>0
−1.5</td><td>0
−2.0</td><td>0
−2.0</td></tr>
<tr><td>高度</td><td colspan="2">0
−1.0</td><td>0
−1.5</td></tr>
<tr><td>厚度</td><td>+1.0
−1.0</td><td>+2.0
−1.0</td><td>+3.0
−1.0</td><td>+3.0
−1.0</td><td>+4.0
−1.0</td><td>+5.0
−1.0</td></tr>
</table>

(5)天然花岗岩石材板块在设计中的技术要求如下:

①天然花岗岩石材板块的角度允许偏差应符合 GB/T 18601 的规定;

②天然大理石、石灰石、砂岩等板块的角度允许偏差应符合 GB/T 19766 的规定；

③干挂石材板块不允许有裂纹；

④天然花岗岩、砂岩板块的外观质量应符合 GB/T 18601 的规定；

⑤天然大理石、石灰石、砂岩等板块的外观质量应符合 GB/T 19766 的规定；

⑥干挂装饰线脚的外观质量应符合 JC/T 847.2 的规定；

⑦石材装饰圆柱体的外观质量应符合 JC/T 847.3 的规定；

⑧天然花岗岩镜面板材的镜面光泽度应不低于 80 光泽单位，特殊因素由供需双方协商确定；

⑨天然大理石镜面板材的镜面光泽度应不低于 70 光泽单位，特殊因素由供需双方协商确定；

⑩天然花岗岩石材板放射性水平控制应符合 GB 6566 的规定。

3. *石材板安装槽、孔的设计*

根据目前石材幕墙的常规设计、施工图纸，石材的安装方式通常有通槽、短槽、背栓等。

通常情况下，石材在设计时都采用石材板块的上、下安装。

通槽式石材安装槽口的设计应符合以下规定：

通槽的宽度宜设计为 6 mm 或 7 mm，依据石材的设计厚度居中进行开槽，石材开槽后槽口应打磨成 45°倒角（见图 1-106）。石材开槽的深度应根据所选用插板或其他金属挂件的规格进行设计，一般深度为 20~30 mm，以满足金属挂件的配套安装需要。

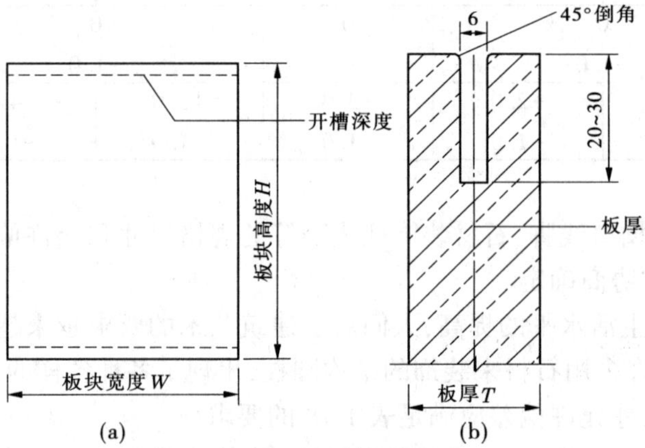

图 1-106　石材通槽设计板块立面示意

短槽式石材安装槽口的设计应符合以下规定：

短槽的宽度宜设计为 6 mm 或 7 mm，短槽的长度不宜小于 100 mm，依据石材的设计厚度居中进行开槽，石材开槽后槽口应打磨成 45°倒角（见图 1-107～图 1-109）。石材开槽的深度应根据所选用插板或其他金属挂件的规格进行设计，一般深度为 20~30 mm，以满足金属挂件的配套安装需要。距离石板端部的距离不应小于石板厚度的 3 倍且不应小于 85 mm，也不应大于 180 mm。

背栓式石材安装孔的设计应符合以下规定：

背栓式石材打孔的位置，距离石板端部的距离不应小于石板厚度的 3 倍且不应小于 85 mm，也不应大于 180 mm，如图 1-110 所示。打孔的大小、深度应根据背栓的设计规格确定，而且满足背栓的安装技术要求,如图 1-111~图 1-113 所示。

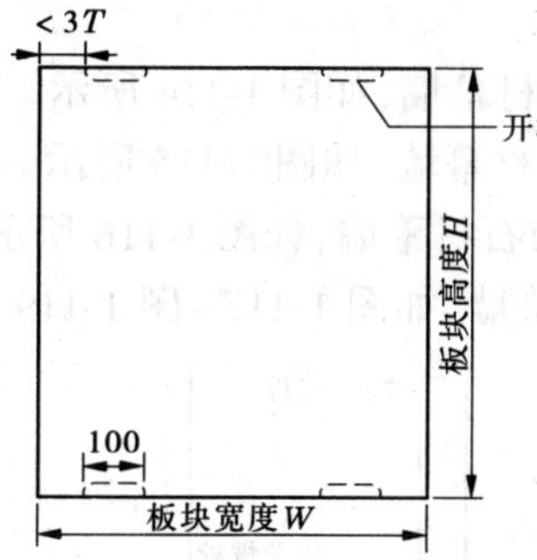

图 1-107　石材短槽设计板块立面示意

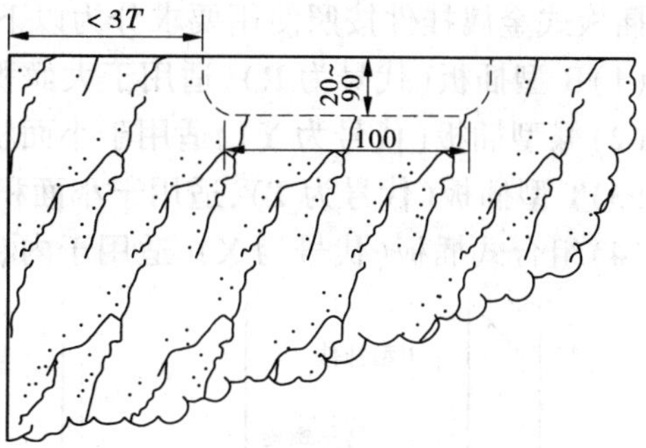

图 1-108　石材短槽设计局部示意

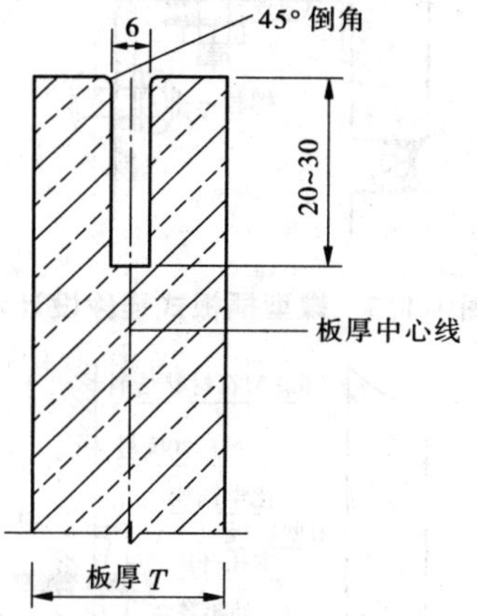

图 1-109　石材短槽规格尺寸设计示意

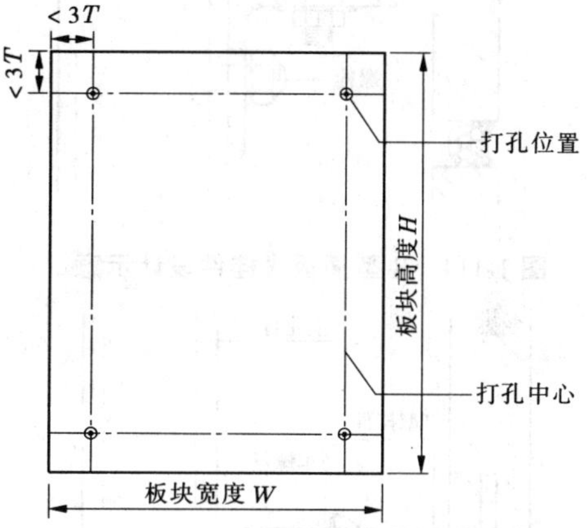

图 1-110　石材背栓打孔位置设计示意

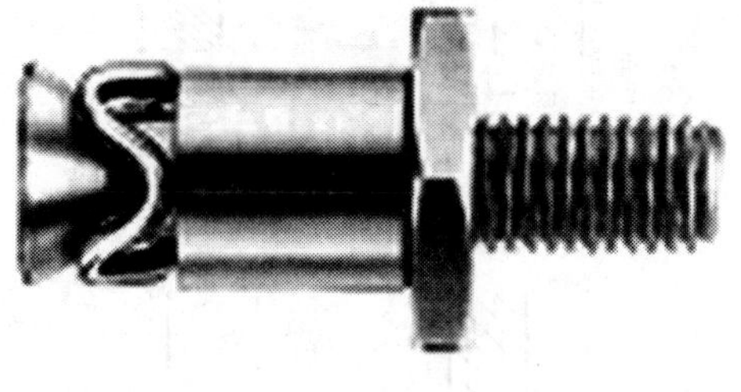

图 1-111　石材背栓代表样式示意

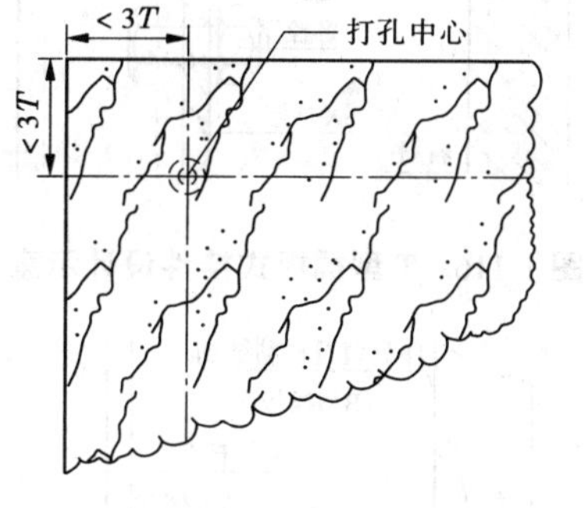

图 1-112　打孔位置设计局部示意

石材板块开槽、打孔的技术要求应符合以下规定:

石材在开槽、打孔后要认真检查板块质量,开槽、打孔的周边不得有损坏或崩裂现象,在开槽、打孔后将槽内、孔内的石屑等用水清理干净,放置在通风环境良好的地方或仓库内晾干,并且需要将板块立放在石材专用架上倾斜一定的角度,一般倾斜角度不应小于 85°。

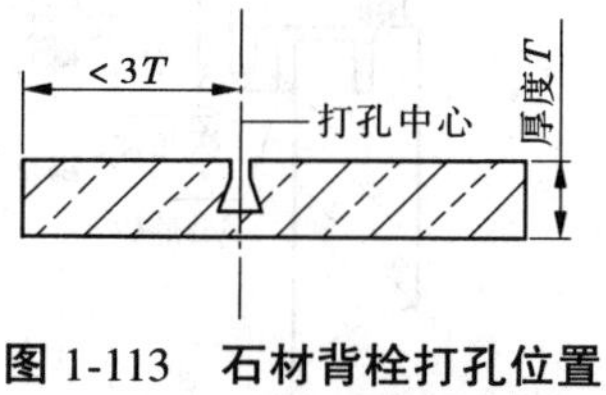

图 1-113　石材背栓打孔位置设计局部剖切示意

(十一)挂接系统设计

目前,以插板式和背栓式作为石材幕墙主要的金属挂件。

1. 插板式金属挂件的划分

插板式金属挂件按照使用要求分为以下四类：

(1)R 型插板(代号为 R)，适用于大面积的外装饰石材幕墙，如图 1-114 所示。

(2)蝶型插板(代号为 Y)，适用于小面积的内装饰石材幕墙，如图 1-115 所示。

(3)T 型插板(代号为 T)，适用于小面积的内、外装饰石材幕墙，如图 1-116 所示。

(4)组合式插板(代号为 X)，适用于内、外装饰石材幕墙，如图 1-117～图 1-119 所示。

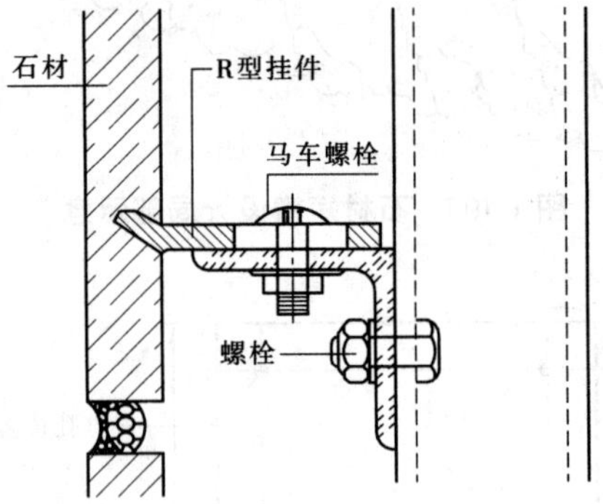

图 1-114　R 型插板式挂件设计示意

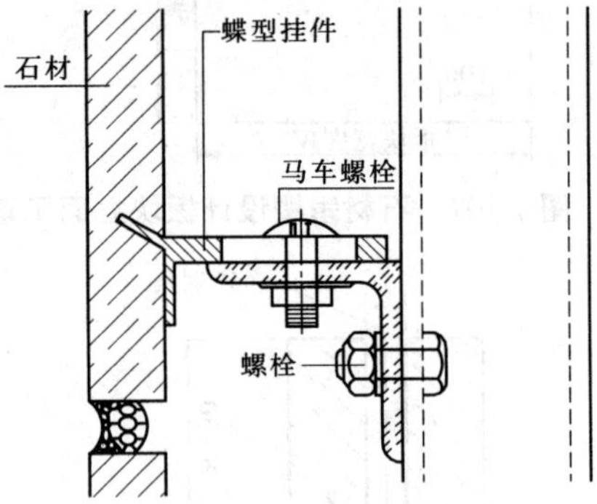

图 1-115　蝶型插板式挂件设计示意

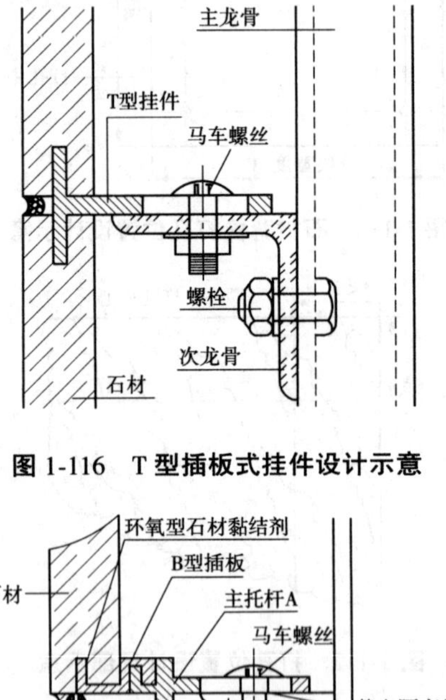

图 1-116　T 型插板式挂件设计示意

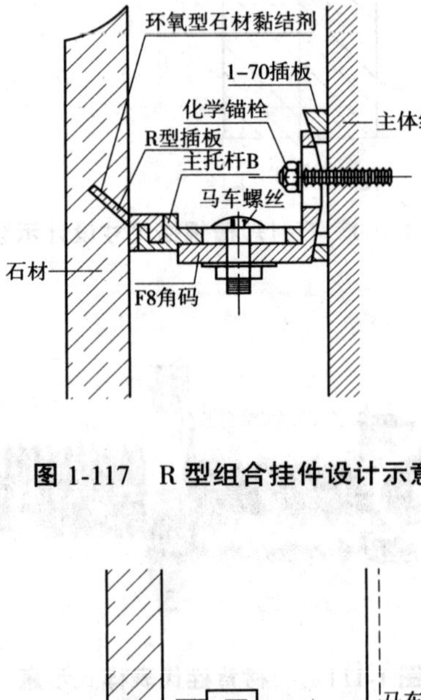

图 1-117　R 型组合挂件设计示意

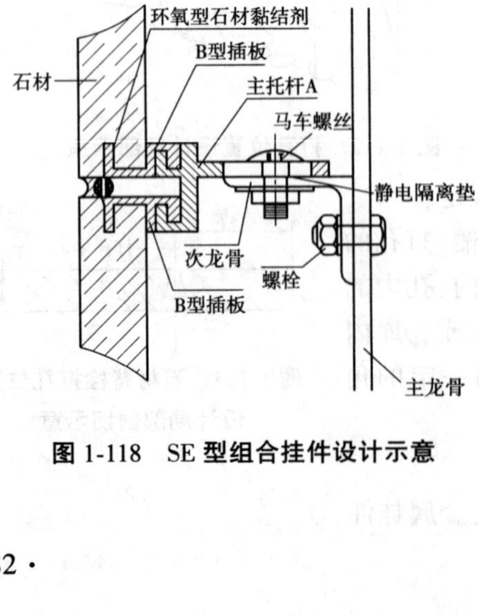

图 1-118　SE 型组合挂件设计示意

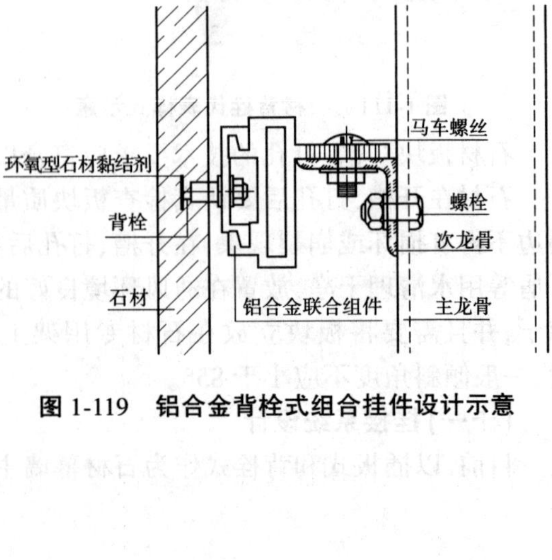

图 1-119　铝合金背栓式组合挂件设计示意

2. 背栓式石材挂接系统

背栓式石材挂接系统,就是通过在石材背面采用专用打孔机械,按照设计要求的位置钻倒锥形孔嵌入背拴,拧紧螺母,从而使胀管端面扩展而固定石材,再配合铝合金联合组件或其他金属材料将石材固定在龙骨架或弯板上。

背栓根据使用要求,分为标准型(代号为A)、非标准型(代号为B)两种类型。

3. 弯板挂件系统

弯板同样也是石材幕墙常用的一种金属挂接系统,经常被使用在设计技术含量较大、施工难度较大的部位,例如建筑内部石材墙面、石材装饰柱、建筑结构墙体偏差较大等部位。

弯板根据使用要求,分为带插件型(代号为H)、不带插件型(代号为L)两种类型。

4. 石材幕墙挂接系统规格要求

石材幕墙挂接系统规格要求见表1-19~表1-22。

表1-19　弯板及插板长度、宽度允许偏差　(单位:mm)

项目	长度、宽度			
参数	≥30~50	≥50~80	≥80~120	≥120
允许偏差	+3.9 0	+4.6 0	+5.4 0	+6.3 0

表1-20　弯板及插板厚度允许偏差　(单位:mm)

项目	厚度		
参数	≥3.0	≥5.0	≥6.0
允许偏差	+0.50 0	+0.60 0	+0.70 0

表1-21　弯板及插板冲孔尺寸允许偏差　(单位:mm)

项目	孔的最小尺寸	孔的最大尺寸
参数	<10	≥10~50
允许偏差	+0.10	+0.15

表1-22　背栓直径、长度允许偏差　(单位:mm)

项目	直径	长度
允许偏差	±0.40	±1.00

注:弯板或插板角度允许偏差应控制在±2.00 mm,特殊情况下,可以根据幕墙的结构要求、受力要求等进行协商。

5. 金属挂件设计的强制性标准要求

在设计时金属挂件应严格按照标准要求进行选择设计。

1)规格尺寸要求

(1)室外装饰用插板的竖板面积(见图1-120)应不小于50 mm×15 mm,室内装饰用插板的竖板面积应不小于 15 mm×10 mm。

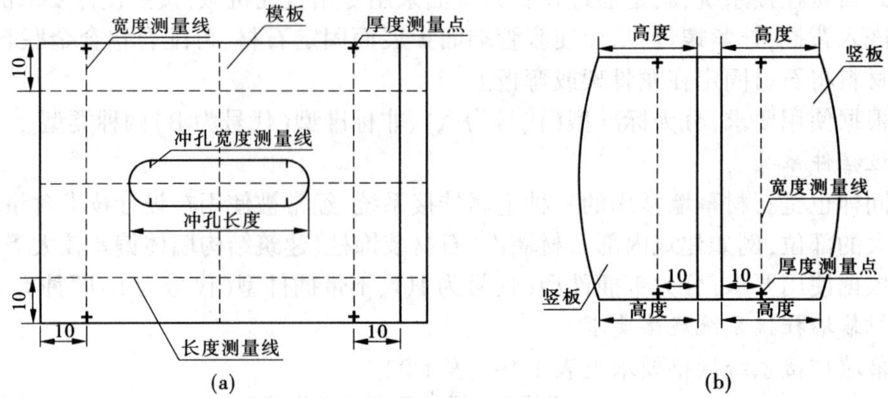

图 1-120 金属插板挂件面积示意

(2)插板的横板和弯板的宽度应不小于 30 mm。

(3)弯板、插板的厚度应不低于 3.0 mm,铝合金件应不低于 4.0 mm。

(4)背栓用于室外装饰时最小截面直径不小于 4.0 mm,用于室内装饰时最小截面直径不小于 3.0 mm。

2)表面质量要求

(1)表面不得有气泡、裂纹、结疤、折叠、夹杂和端面分层,允许有不大于厚度公差一半的轻微凹坑、突起、压痕、擦伤和压入的氧化铁皮。

(2)T 型插板角焊缝的焊脚尺寸应为插板最小厚度,焊缝应焊实,不得采用点焊连接。

(3)冷加工后表面缺陷允许用修磨方法清理,但清理深度不得超过厚度公差的一半。

(4)冷加工后配件厚度减薄量不得超过厚度公差的一半。

(5)冲压孔边加工后应平整光滑,不得有毛刺、毛边。

3)金属挂件拉拔强度的要求

石材幕墙所设计、使用的金属挂件,在设计过程中一定要根据现行的相关规范、规程等进行正确计算,根据不同建筑的结构受力计算以确定金属挂件所要达到的强度要求。在检测金属挂件的拉拔强度时,一定要考虑一定的安全系数进行组合。

金属挂件拉拔最小值不应小于表 1-23 的规定。

表 1-23 金属挂件拉拔最小值 (单位:kN)

项目	室内	室外
拉拔强度	2.40	10.00

4)金属挂件的检测判定要求

对产品出厂检验的项目(规格尺寸偏差、形状位置公差、角度偏差、表面质量)中若有一项不合格即为不合格试件;不合格挂件不多于 1 件,且挂件的规格尺寸、表面质量、拉拔强度均满足金属挂件设计的强制性标准的“技术要求”,则判为该批次合格;不符合“技术要求”的批次,允许重新抽取双倍试件,对不合格的项目进行重检,若仍有一组试件不合格,则判为该批次不合格。

挂件的质量合格与否，直接关系到整个幕墙在使用过程中的质量与安全。因此，要想严格把好石材幕墙的质量关，就应先把好选材关。在石材幕墙金属挂件的选用过程中严格按标准要求执行，不合格材料严禁进入施工现场。

六、石材钢结构干挂深化设计基础

（一）石材钢结构干挂安装原理

如图 1-121 所示为典型石材干挂三维示意。

在钢筋混凝土结构的预埋钢板上或在钢筋混凝土结构上用膨胀螺栓把合的钢板上焊接连接件。

在连接件上用螺栓把合主龙骨（又称为竖龙骨）（一般用槽钢）。

在主龙骨上用螺栓把合次龙骨（又称为横龙骨）（一般用角钢）。

在横龙骨上用螺栓把合不锈钢挂件。

不锈钢挂件挂在石材上下端面的槽中，用胶黏合，就完成了对单块石材的干挂定位。如图 1-122 所示为石材钢结构干挂结构示意。

由于大理石的强度、硬度低和内部缺陷比较多，室外很少考虑用大理石干挂，如果采用大理石在室外干挂，其厚度不得低于 35 mm。室内干挂也要针对品种，原则上选用内部结构比较好的品种，同时厚度不能小于 25 mm。

图 1-121　典型石材干挂三维示意

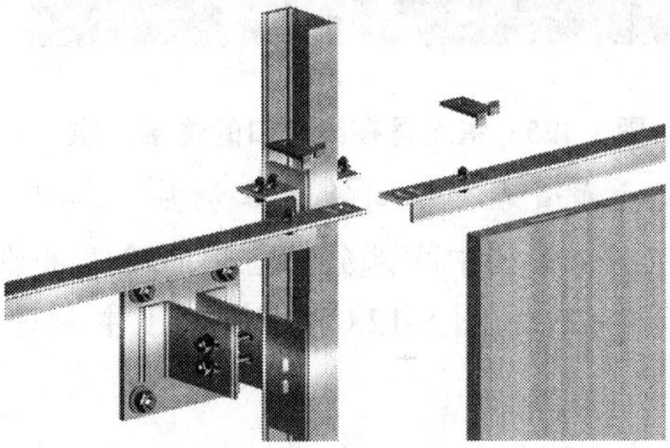

图 1-122　石材钢结构干挂结构示意

（二）钢结构的连接方法

1. 主龙骨在梁上口的连接和节点图的绘制方法

考虑热胀冷缩，每根主龙骨的上端与连接件的连接要采用紧固连接（螺栓连接加焊接）。

L 形预埋钢板的受力情况要比平钢板好很多，同时还可以有效避免平钢板边沿膨胀螺栓与建筑钢筋的冲突。如图 1-123 和图 1-124 所示。

2. 主龙骨在梁下口的连接和节点图的绘制方法

在主龙骨的中间部分考虑热胀冷缩的影响，与连接件的连接采用活动连接（连接孔为长圆孔），热胀冷缩时可以上下相对移动。

L 形预埋钢板的受力情况要比平钢板好很多，同时还可以有效避免平钢板边沿膨胀螺栓与建筑钢筋的冲突。

如图 1-125 和图 1-126 详细说明了主龙骨在梁下口的连接方法。

图 1-123　主龙骨在梁上口的连接示意

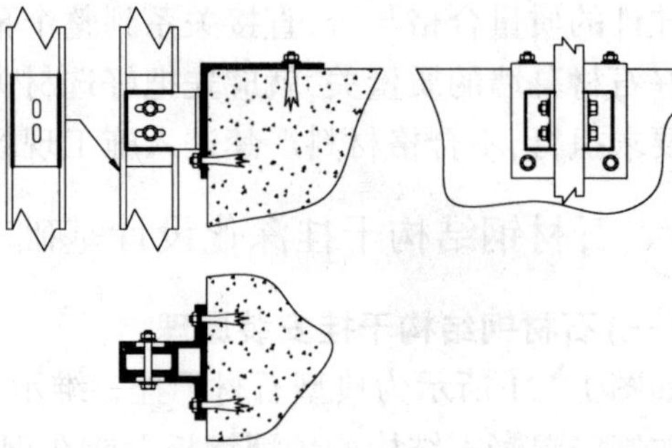

图 1-124　主龙骨在梁上口的连接节点图

图 1-125　主龙骨在梁下口的连接示意

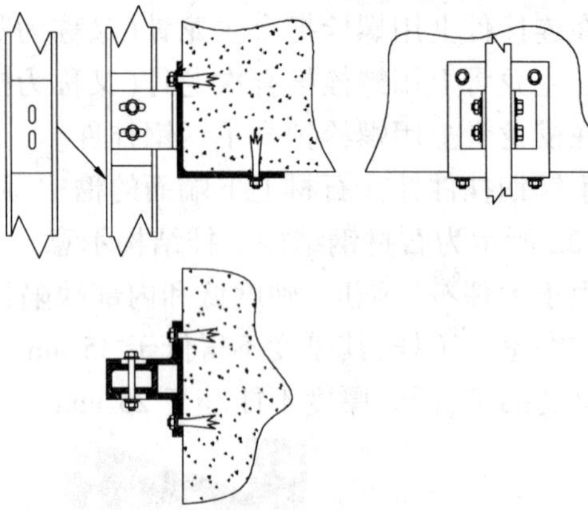

图 1-126　主龙骨在梁下口的连接节点图

3. 主龙骨在梁中间的连接方法

在主龙骨的中间部分考虑热胀冷缩的影响，与连接件的连接采用活动连接。

图 1-127 和图 1-128 详细说明了主龙骨在梁中间的连接方法。

图 1-127　主龙骨在梁中间的连接示意

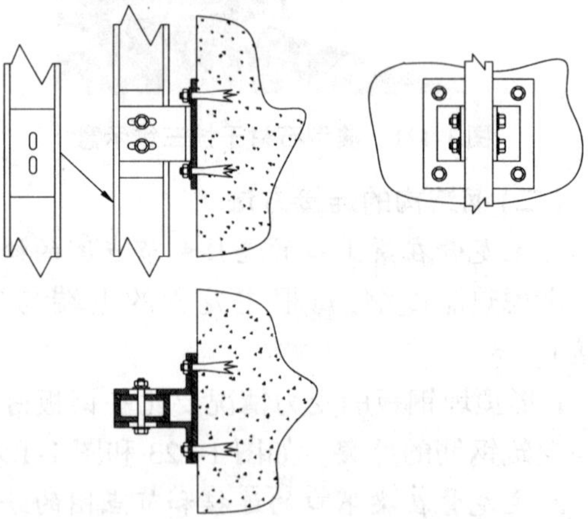

图 1-128　主龙骨在梁中间的连接节点图

4. 主龙骨在砖墙上的连接和节点图的绘制方法

在主龙骨的中间部分考虑热胀冷缩的影响，与连接件的连接采用活动连接。

图 1-129 和图 1-130 详细说明了主龙骨在砖墙上的连接方法。

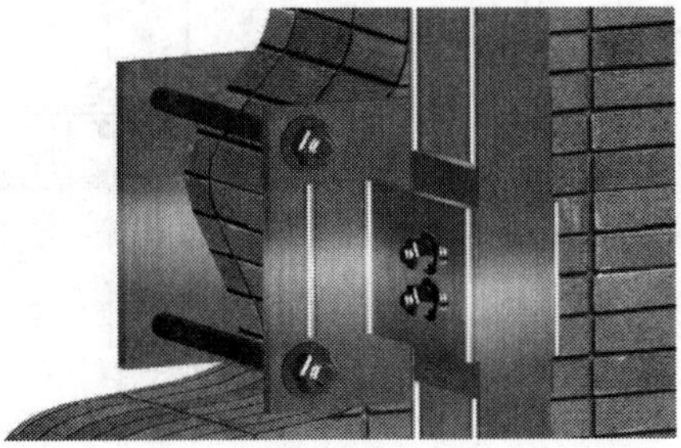

图 1-129　主龙骨在砖墙上的连接示意图

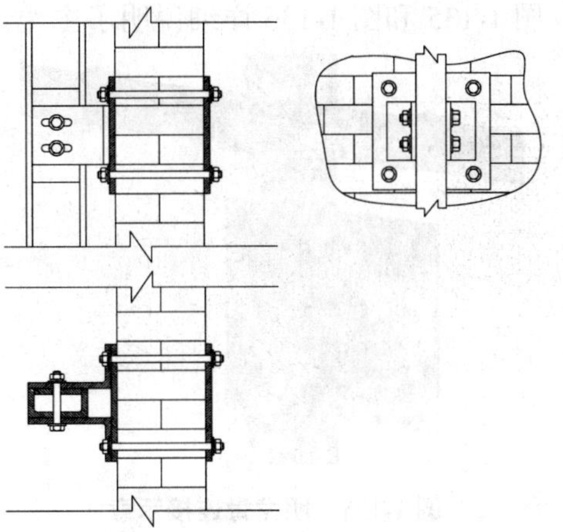

图 1-130　主龙骨在砖墙上的连接节点图

5. 主龙骨与主龙骨连接和节点图的绘制方法

连接件上端焊接，下端采用活动连接。

图 1-131 和图 1-132 详细说明了主龙骨与主龙骨的连接方法。

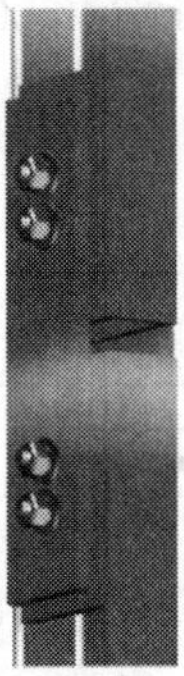

图 1-131　主龙骨与主龙骨的连接示意

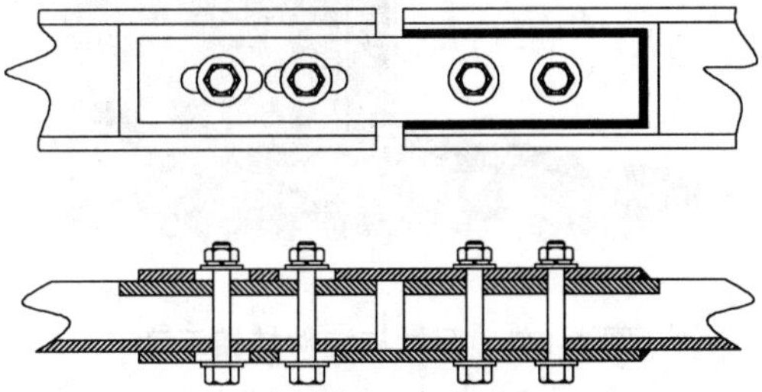

图 1-132　主龙骨与主龙骨的连接节点图

6. 主龙骨与横龙骨连接方法

(1)隐龙骨连接和节点图的绘制方法：横龙骨隐藏在主龙骨之间，可以至少节省 50 mm 的空间位置。

图 1-133 和图 1-134 详细说明了主龙骨与次龙骨的隐龙骨连接方法。

图 1-133　隐龙骨连接示意

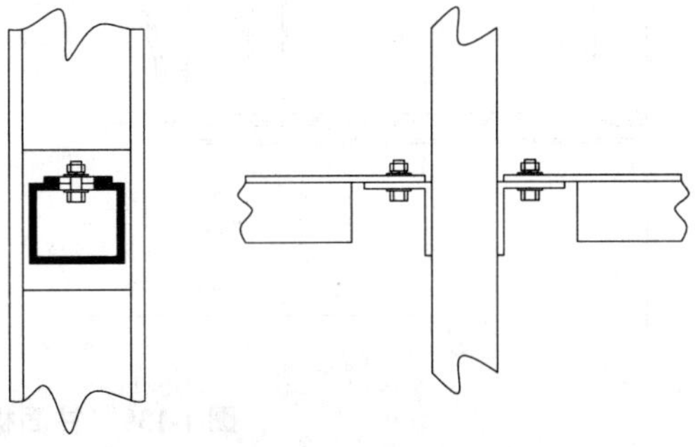

图 1-134　隐龙骨连接节点图

(2)明龙骨连接方法：横龙骨安装在主龙骨外侧。

图 1-135 和图 1-136 详细说明了主龙骨与次龙骨的明龙骨连接方法。

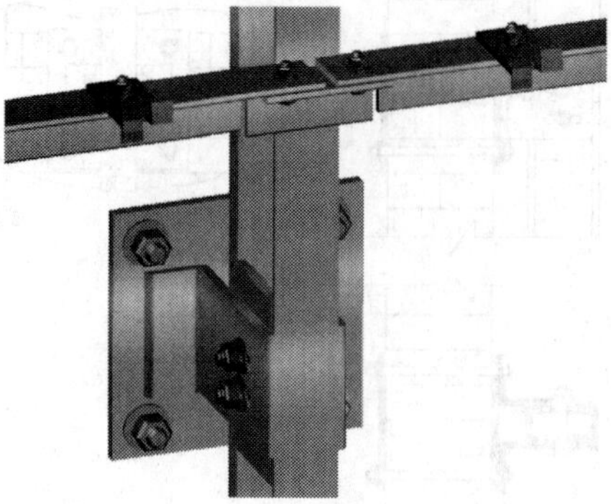

图 1-135 明龙骨连接示意

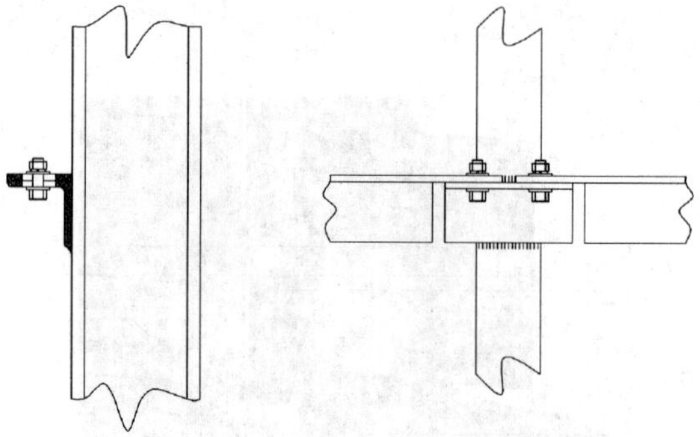

图 1-136 明龙骨连接节点图

7. 石材与挂件的挂接方法

图 1-137 和图 1-138 详细说明了石材与挂件之间的挂接方法。

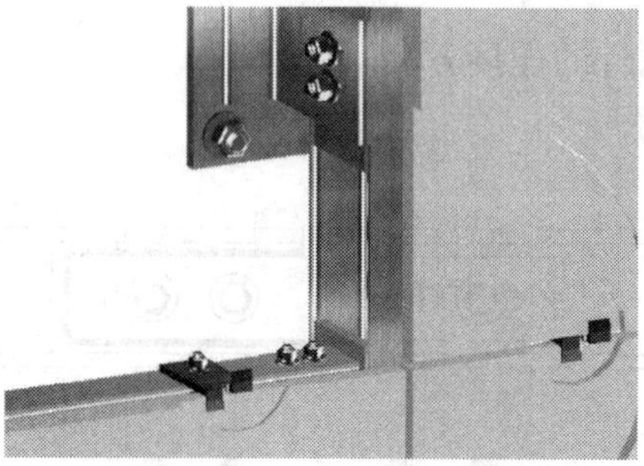

图 1-137 石材与挂件挂接示意

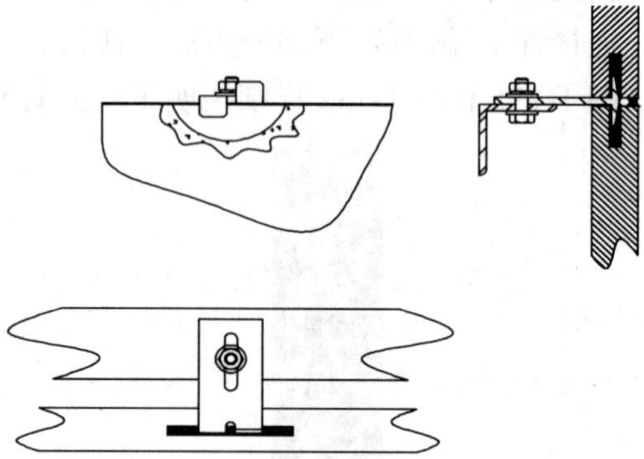

图 1-138 石材与挂件挂接节点图

8. 柱面板的典型挂接节点图

如图 1-139 所示为柱面板的典型挂接节点图。

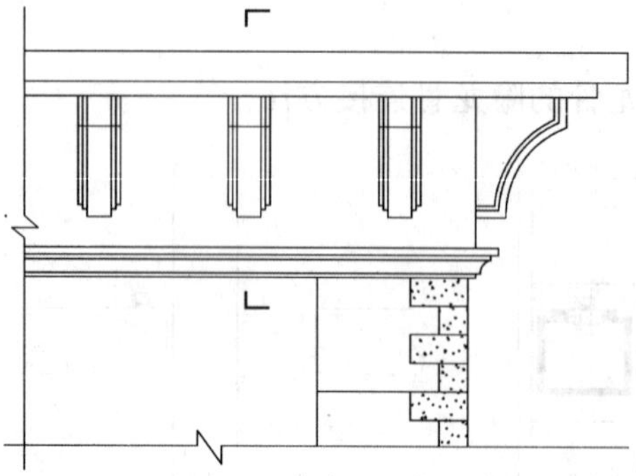

(a)

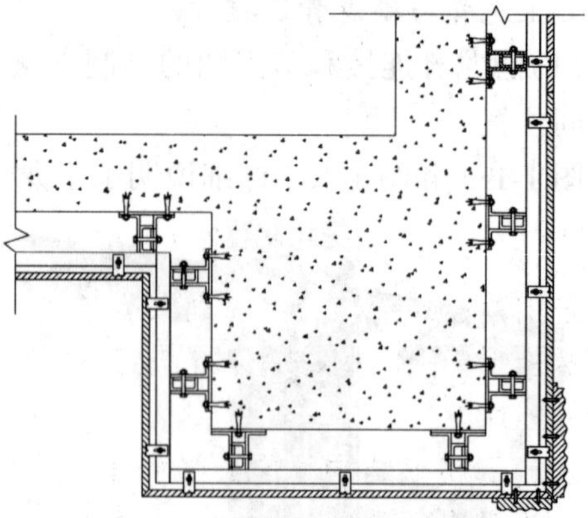

(b)

图 1-139 柱面板的典型挂接节点图

9. 大型组合线条的典型挂接节点图

如图 1-140 所示为大型组合线条的典型挂接节点图。

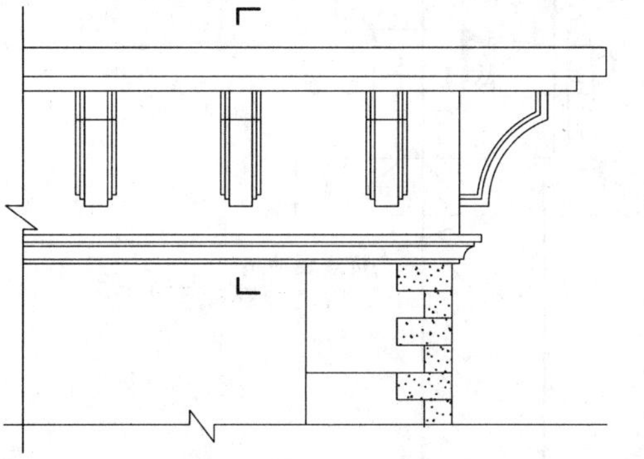

(a)

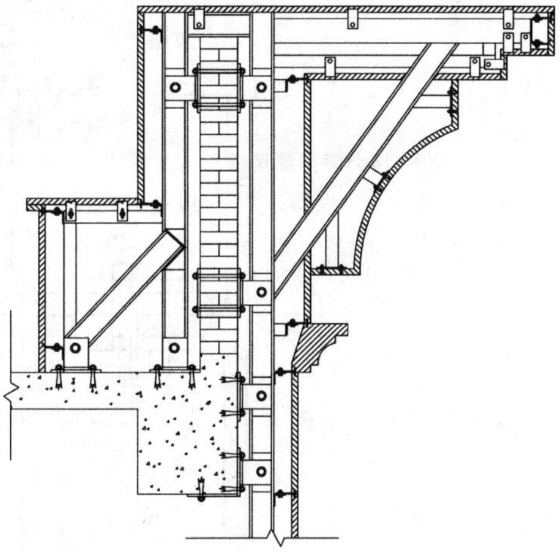

(b)

图 1-140　大型组合线条的典型挂接节点图

10. 背栓干挂法

如图 1-141 所示为石材钢结构背栓干挂结构示意。采用不锈钢挂件挂法的特点是：在板材上下口开槽，在槽上挂挂件，然后胶粘；板材的强度只能由板材厚度的一半还要减去干挂槽的宽度来承担，如果板面过大，单位平方数的挂件数就会变少，强度会大打折扣。

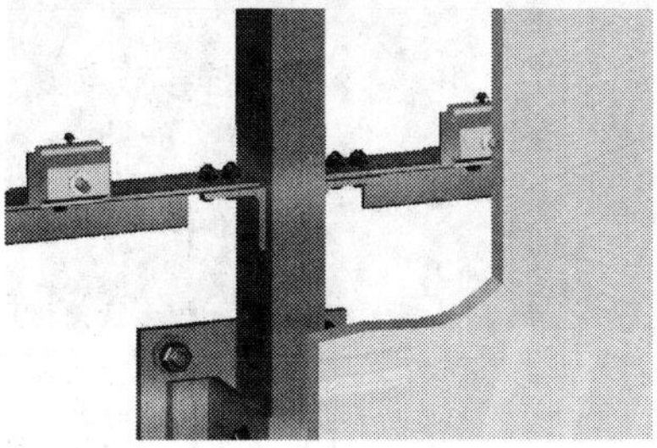

(a)

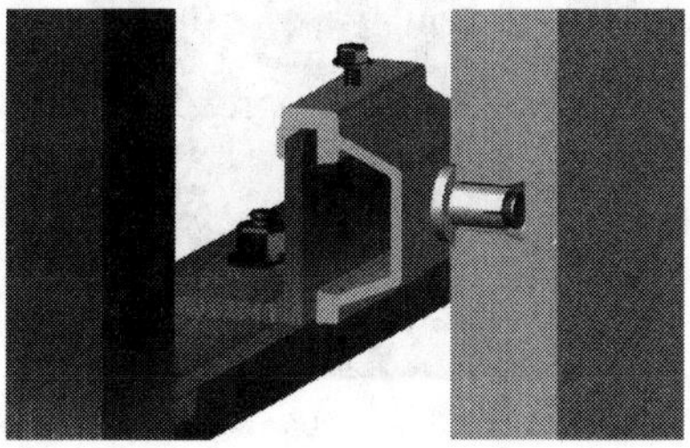

(b)

图 1-141　石材钢结构背栓干挂结构示意

采用背栓式干挂法可以克服上述缺点。如图 1-142 所示为背栓干挂节点图。

背栓干挂法的龙骨制作方法与不锈钢挂件挂法完全一样。如图 1-143 所示为施工现场拍摄的图片。

(三)石材钢结构干挂工程图设计案例

以墙面的一部分为例讲述石材钢结构干挂工程图设计。

1. 绘制墙面测绘图

现场测绘的方法前文已经讲述。将测绘的数据进行整理后绘制现场测绘图，如图 1-144 所示。

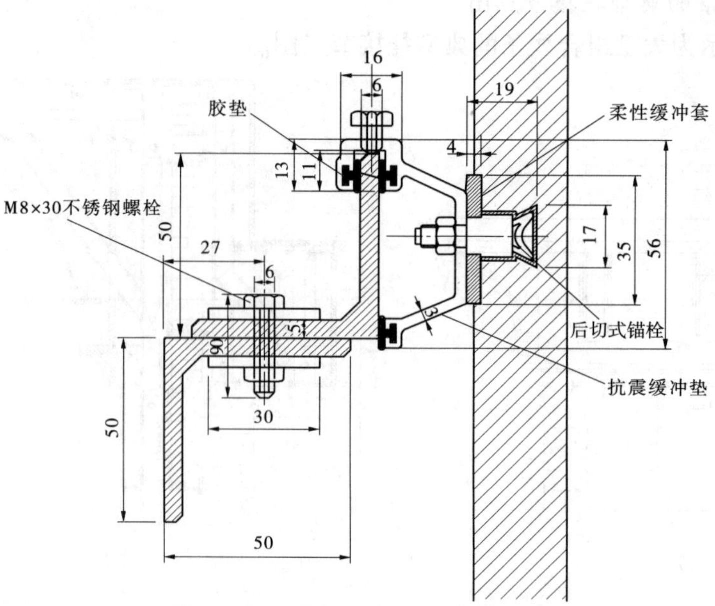

图 1-142　背栓干挂节点图

(a)

(b)

图 1-143　背栓干挂施工现场图片

2. 构思安装方法绘制排版图

(1)按照测绘图的平面图结合构思的安装方法绘制石材完成面截面图，如图 1-145 所示。

本设计考虑墙面和柱面板采用“隐龙骨”干挂法，板材完成面偏移量选择 200 mm；柱侧和窗侧板采用“简易”干挂法，板材完成面偏移量选择 100 mm。按照这个构思绘制石材完成面截面图。

(2)按照石材完成面截面图的基本尺寸，绘制墙面立面图。各个尺寸均是参照截面图的尺寸。图 1-146 即为按照平面截面图绘制的立面排版图。

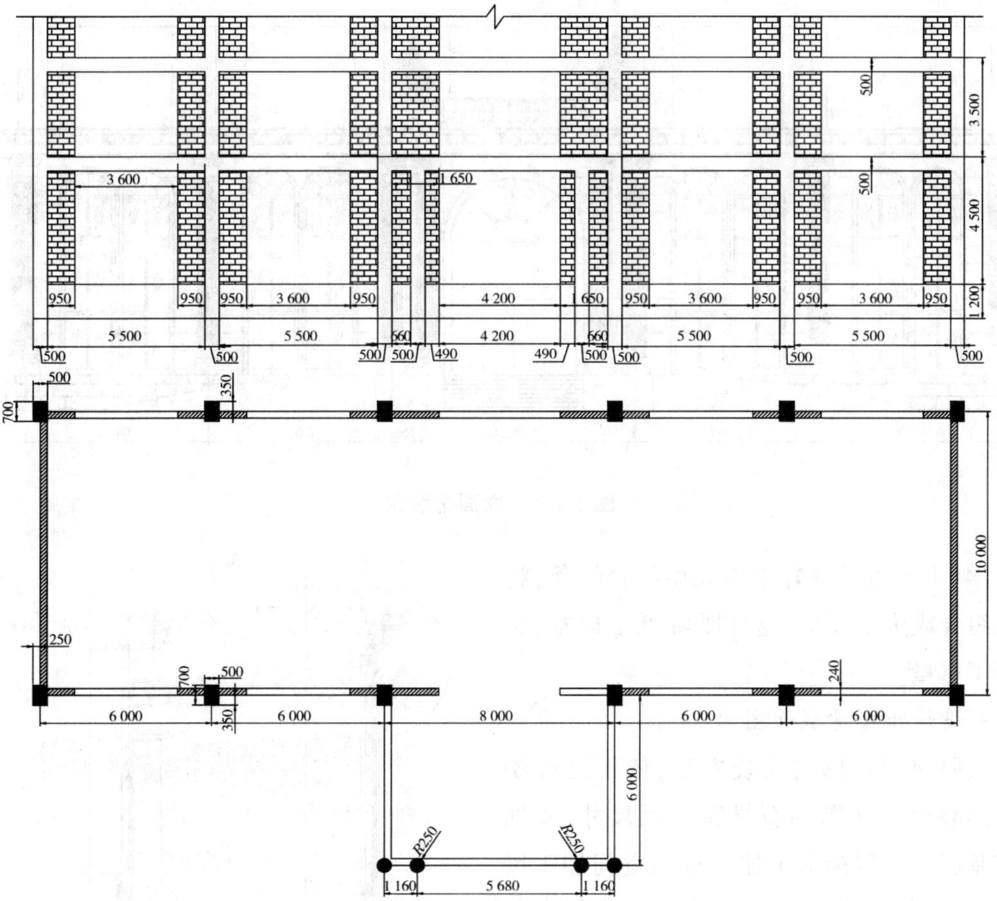

图 1-144　现场测绘图

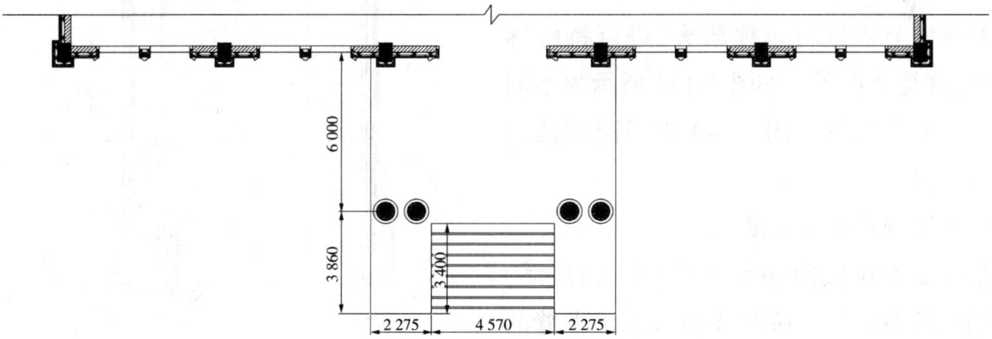

图 1-145　石材完成面截面图

(3)绘制石材排版分割图。在墙面立面图的基础上,按照不同的加工方法,选择最经济实惠的尺寸分割。如采用国产荒料,板材高度尺寸最好采用 600 mm 系列圆盘锯板;如是进口荒料,高度尺寸最好采用 800 mm 系列砂锯板,这样才能使得造价最低。如图 1-146 所示,在立面图上按照石材不同的加工方法设计出最低成本的石材排版图。

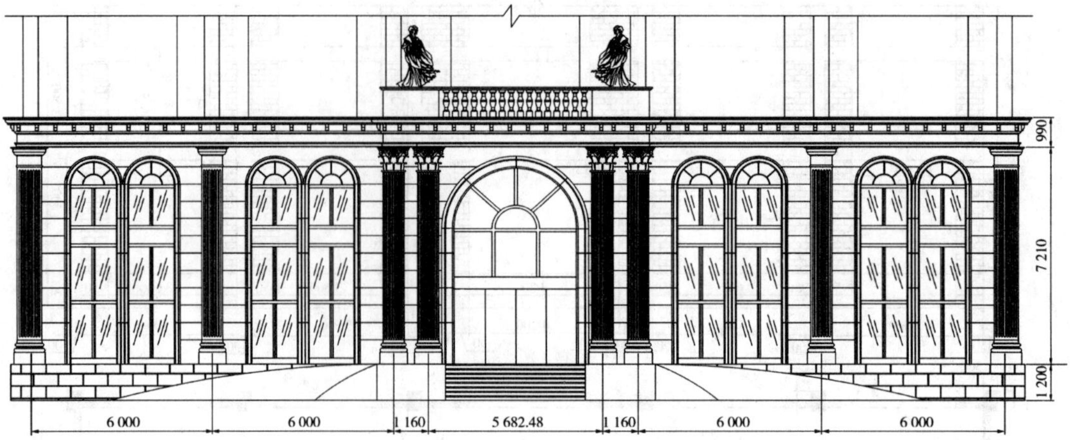

图 1-146　立面排版图

(4)大型线条最好采用大型组合线条,将线条组合成为空壳形,这样既降低了成本,又减轻了重量。

3. 设计钢龙骨截面图

按照前面构思的安装方法,依据已经绘制好的墙面立面图的石材完成面尺寸,添加建筑基层。按照标准干挂要求的空间加工尺寸,添加钢结构节点。这样就可以绘制出各个部位的立面剖面图,如图 1-147 所示。

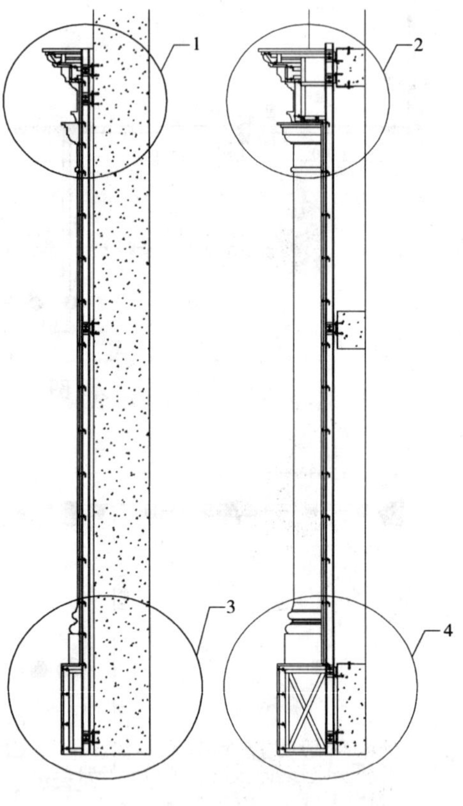

图 1-147　立面剖面图

4. 设计节点图

对典型节点进行单独放大,进行特殊详细说明,就是节点图。如图 1-148 所示为不同部位的立面节点图。图 1-149 为不同部位的平面节点图。

5. 设计钢龙骨布局图

根据墙面排版图和平面截面图的尺寸,绘制钢龙骨布局图。按照墙面板材水平缝的布局绘制横龙骨布局。按照平面截面图中竖龙骨的排版尺寸绘制竖龙骨布局图。按照构思好的预埋件配置方法绘制预埋件布局图。如图 1-150 所示为钢龙骨布局图。

对于需要特殊说明的部位,要用节点图进行特殊说明。如图 1-151 所示为钢龙骨节点图。

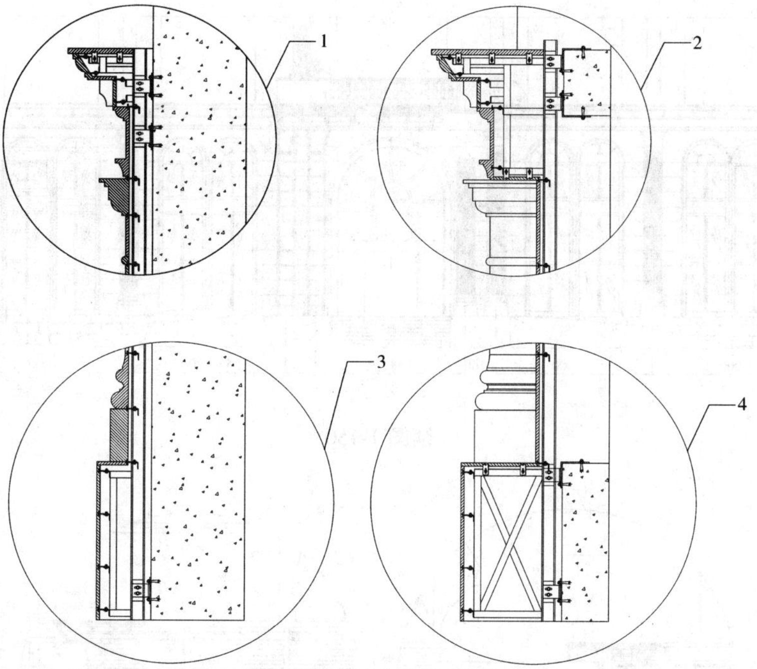

图 1-148　立面节点图

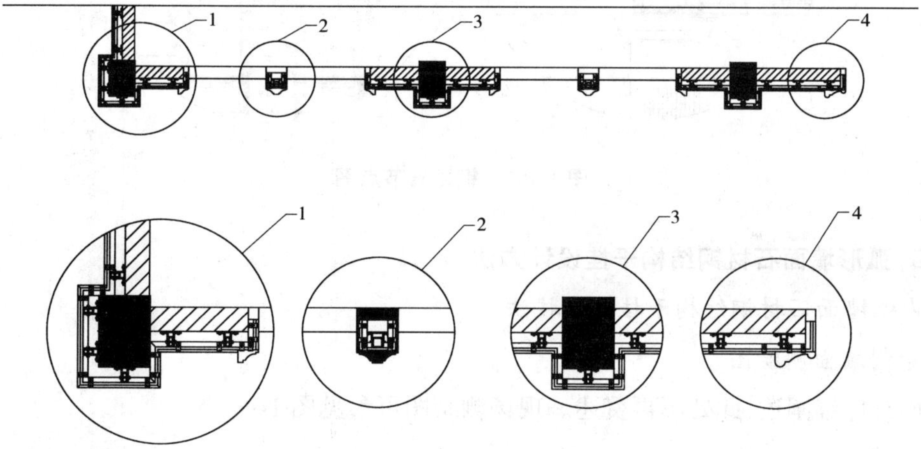

图 1-149　平面节点图

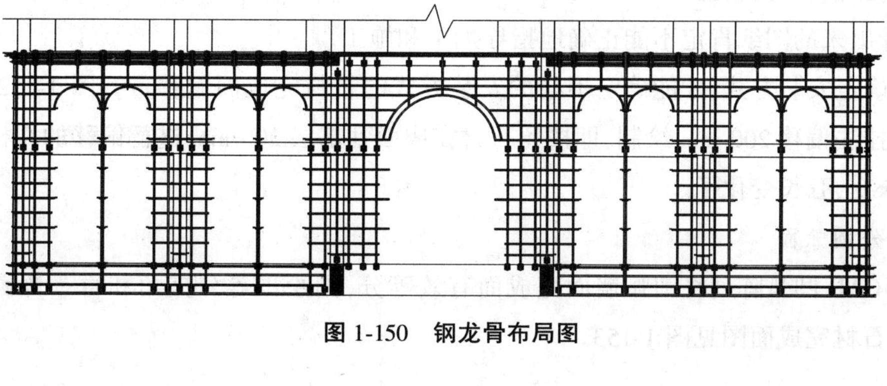

图 1-150　钢龙骨布局图

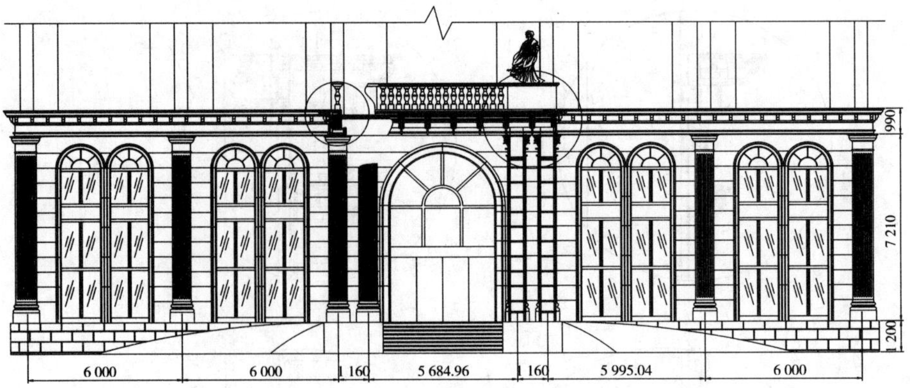

续图 1-150

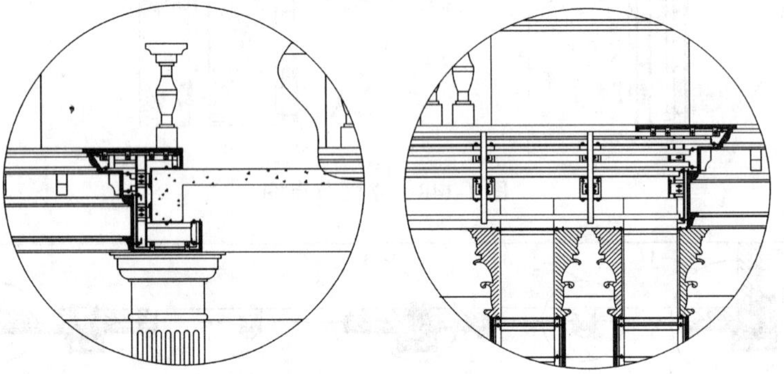

图 1-151　钢龙骨节点图

(四)弧形墙面石材钢结构干挂设计方法

1. 内弧墙面石材钢结构干挂设计技法

1)绘制墙面测绘图

前面有详细阐述,此处不再赘述。现场测绘图可参见图 1-9。

2)偏移石材完成面

石材完成面与安装基层的空间位置非常重要,如果没有准确地确定石材完成面的空间位置,设计出来的图纸肯定不能正确地指导加工和施工。

首先确定安装方式,才能确定不同的安装方式的石材完成面偏移量。图 1-152 按照隐横龙骨干挂法偏移 200 mm 绘制,即按照石材完成面到基层 200 mm 进行偏移的石材完成面图,弦高未变,弦长变化了。

3)等分圆弧面

利用 CAD 圆弧阵列将圆弧墙面完成面有效等分,测绘出等分夹角和每一段圆弧的弦长。等分石材完成面图见图 1-153。

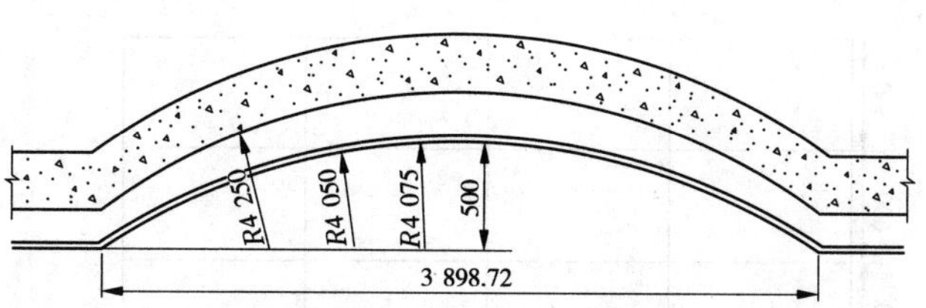

图 1-152　石材完成面图

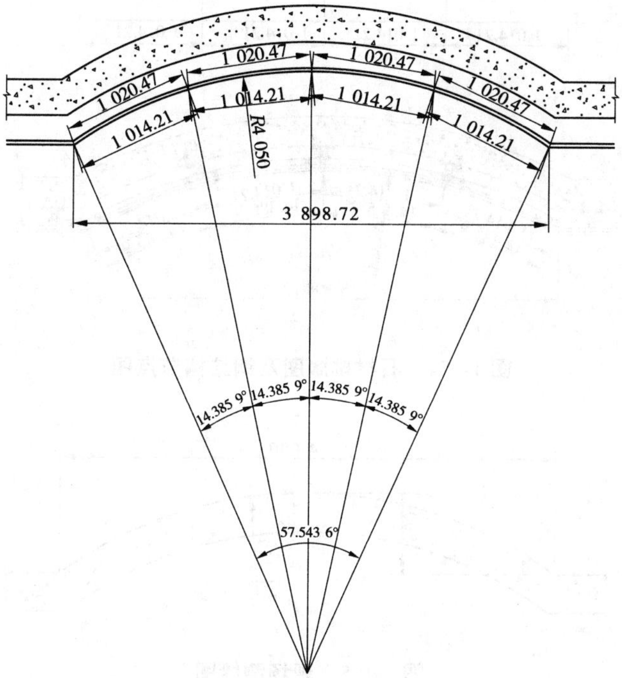

图 1-153　等分石材完成面图

4）设计墙面排版图及钢结构节点图

将圆弧墙面有效拉直绘制排版图，标明弦长尺寸、半径大小就完成了排版图的设计。根据隐龙骨干挂的结构特点，在平面截面图上添加钢结构，就完成了钢结构节点图的设计，如图 1-154 所示。

2. 外弧墙面石材钢结构干挂设计技法

1）绘制墙面测绘图

如图 1-155 所示为现场测绘图。

2）偏移石材完成面

关于石材完成面偏移量的问题与前面介绍的内弧墙面的完全相同。图 1-156 是按照隐横龙骨干挂法偏移 200 mm 绘制的，弦高未变，弦长变化了。

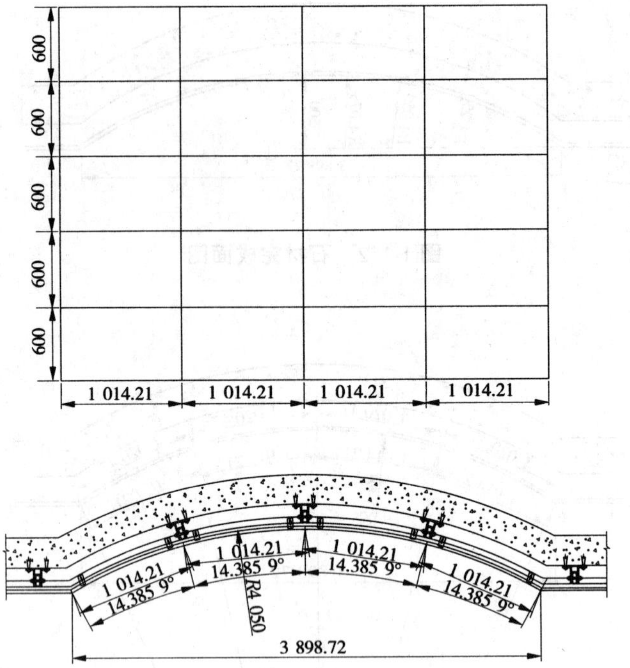

图 1-154　石材排版图及钢结构节点图

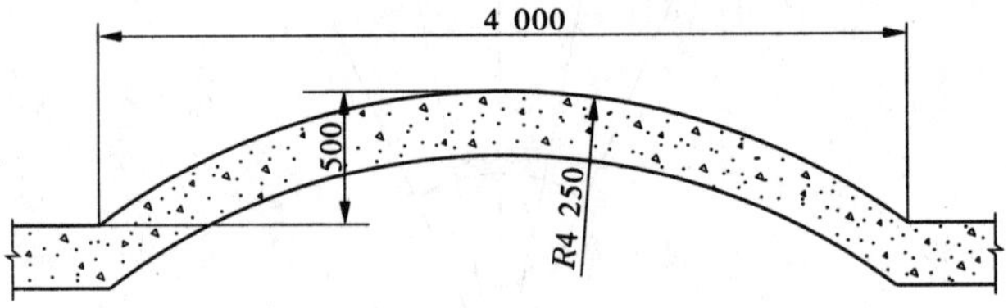

图 1-155　现场测绘图

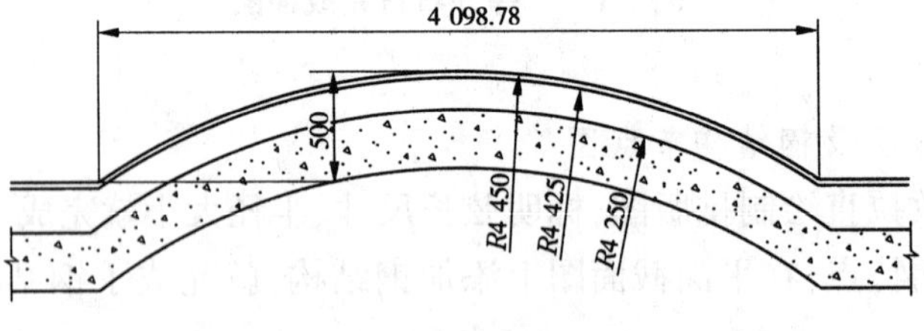

图 1-156　偏移石材完成面图

3) 等分圆弧面

利用 CAD 圆弧阵列将圆弧墙面完成面有效等分,如图 1-157 所示。测绘出等分夹角和每一段圆弧的弦长。

4) 设计墙面排版图及钢结构干挂节点图

将圆弧墙面有效拉直绘制排版图,标明弦长尺寸、半径大小就完成了排版图的设计。根

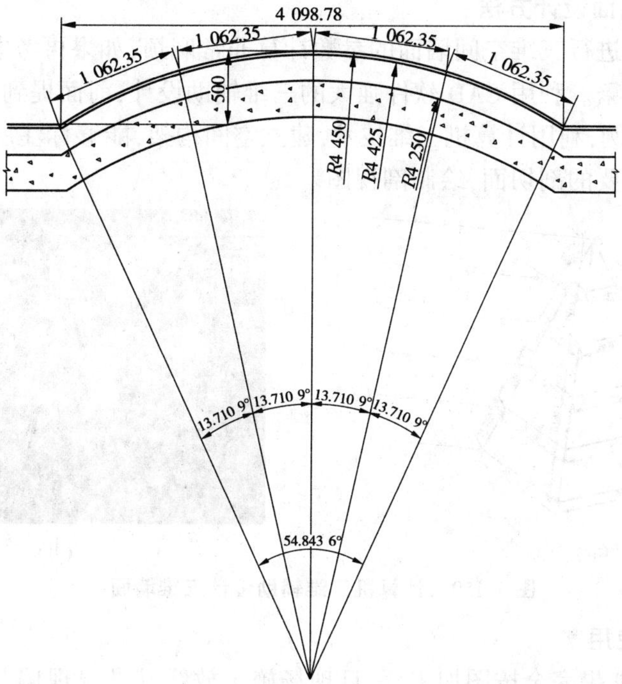

图 1-157　等分圆弧面

据隐龙骨干挂的结构特点，在平面截面图上添加钢结构，就完成了钢结构节点图的设计，如图 1-158 所示。

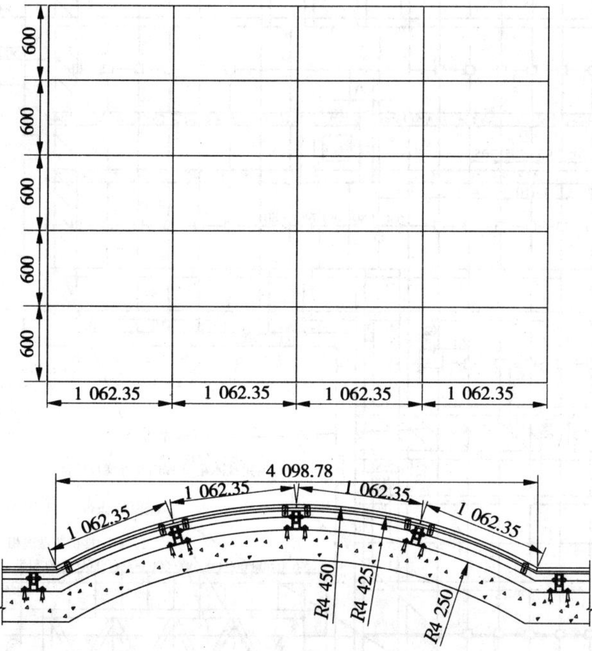

图 1-158　石材排版图及钢结构干挂节点图

(五)三维空间墙面设计方法

用立体几何知识进行三维空间墙面的参数计算非常麻烦,如果再考虑安装缝,要想精确计算工作量将非常浩繁。利用 CAD 软件强大的三维辅助设计,前面提到的困难就可以迎刃而解。以图 1-159 为例,利用计算机三维技术,建立空间构架,能够标注所有要得到的数据,同时可以剖切所有需要的剖切面,绘制剖视图。

(a) (b)

图 1-159 计算机三维辅助设计三维墙面

(六)调差带的使用

排版图出来后,如果完全按图加工,一旦现场施工放线基准出现偏差或现场情况变化,后果将不堪设想,利用调差带就可以克服这一问题。

在墙面或地面石材排版图中,把区域与区域相联络的板面或复杂区域不重要的板面作为调差带,加工时放大尺寸或后加工,就可以有效避免偏差,如图 1-160 所示。

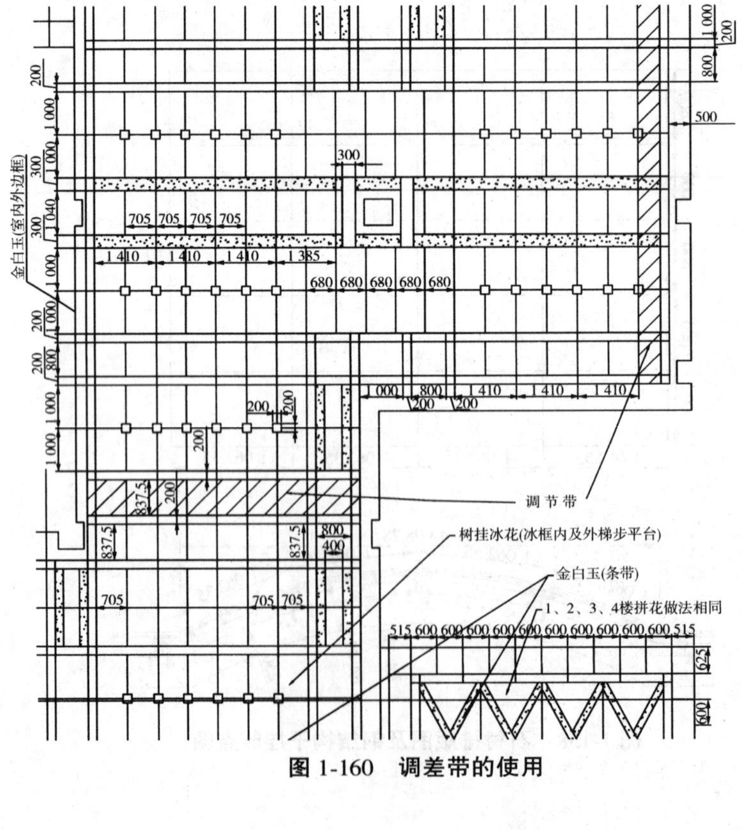

图 1-160 调差带的使用

（七）圆柱钢结构干挂设计方法

1. 圆柱直径的确定

在圆柱的排版过程中，特别是干挂圆柱，往往直径的取值比较麻烦，取值大了与原设计差异太大造价提高，取值小了又给安装带来麻烦乃至于无法实施。石材圆柱钢结构干挂图片见图 1-161。

对于混凝土圆柱上干挂圆弧板比较简单，而混凝土方柱上干挂圆弧板比较麻烦，现举例说明。如图 1-162 所示为石材圆柱钢结构干挂节点图，混凝土方柱的边长是 600 mm×600 mm。

图 1-161　石材圆柱钢结构干挂图片

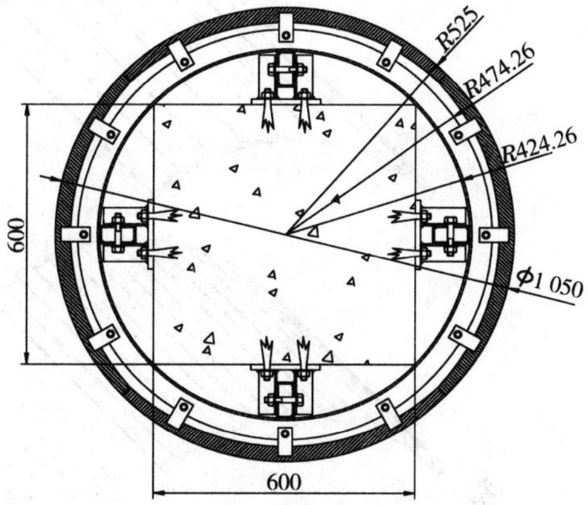

图 1-162　石材圆柱钢结构干挂节点图

1）龙骨半径的取值

绘制方柱截面图，绘制最大包络圆半径为 424.26 mm，这就是能够保证干挂横龙骨的最小尺寸，否则就要与混凝土方柱发生冲突。通常，圆柱干挂的横龙骨选用 50 mm×50 mm 角钢就足以保证强度了，所以横龙骨的外延半径要增加 50 mm 等于 474.26 mm。

2）圆柱参考半径的取值

按照干挂石材的空间尺寸要求，距离横龙骨外延 50 mm 作为石材完成面空间位置就可以满足要求了，所以在横龙骨外延半径的基础上增加 50 mm 等于 524.26 mm 作为参考圆柱半径。

3）圆柱直径的取值

石材行业形成了一个不成文的惯例，就是直径在 400～2 000 mm 内的圆柱直径按照 50 mm 的整数倍数取值。按照这一原则，本案例的圆柱直径最小可以取值为 1 050 mm。

4）设计竖龙骨及连接件

设计竖龙骨及连接件在图 1-162 中有清楚表达。

2. 圆柱层高的取值范围

圆柱层高的取值问题长期困扰石材加工企业，因为不同的取值加工难度和加工成本差异很大。如图 1-163 所示为圆柱圆弧板的几个主要取值参数。

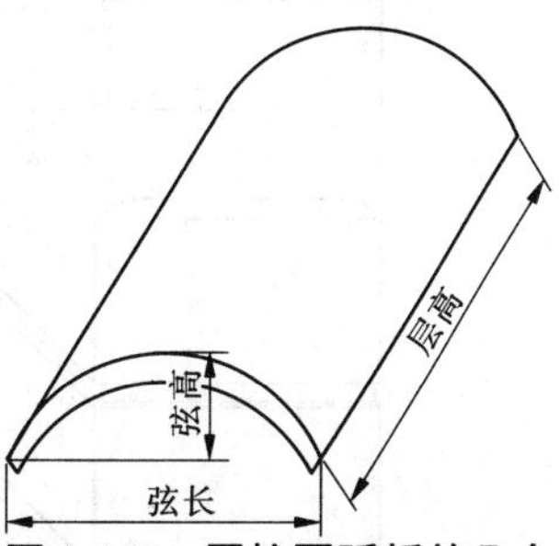

图 1-163　圆柱圆弧板的几个主要取值参数

目前，圆弧板加工主要有两种：一种是桶锯加工，另一种是绳锯加工。

桶锯加工受到桶锯刀锯的高度限制，一般情况下加工的圆弧板层高不得超过 1 000 mm。

绳锯加工受到绳锯跨度的限制，一般情况下加工的圆弧板层高不得超过 1 600 mm，但由于绳锯加工圆弧板的变形量与层高成正比，所以加工的圆弧板层高以 800 mm 为宜。

圆弧板的层高以小于 900 mm 为佳。

几种圆柱圆弧板的组合胶粘方法见图 1-164。

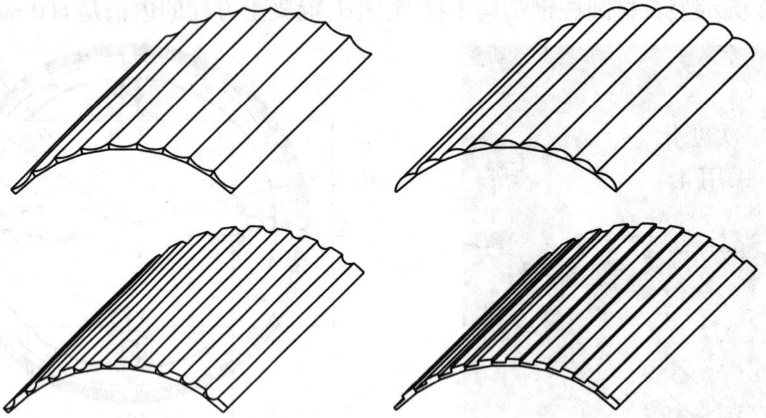

图 1-164　几种圆柱圆弧板的组合胶粘方法

七、各种阳角、阴角的处理方法

工程图设计中，阳角和阴角最容易出错的地方就是尺寸计算错误，往往设计师设计的图纸标明的尺寸是完成面的尺寸，在实际操作时，细节上存在阳角、阴角处的尺寸加减问题，如果处理不当很容易造成错误。

如图 1-165 所示，用轴测图把常用的阳角和阴角处理方法表达出来，以便了解尺寸的变化规律。

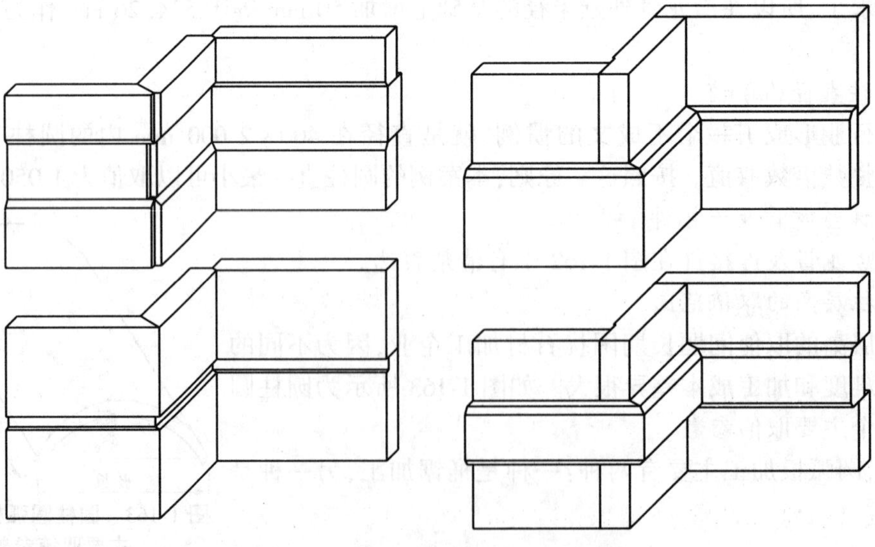

图 1-165　常用的阳角和阴角处理方法

(一)普通阳角、阴角处理方法

1. 45°倒边处理

1) 阳角

普通45°倒角的阳角情况见图1-166。

(1)一般情况:

板面精确尺寸(*a*)= 理论尺寸(*c*)-倒边预留尺寸(*b*)

(2)凹凸板面、踢脚线情况:

板面精确尺寸=理论尺寸-倒边预留尺寸-凹进尺寸(或+凸出尺寸,或+踢脚线凸出尺寸)

2) 阴角

凡是出现层次变化,如凹凸板面、开槽、踢脚线等情况,在阴角处只有正面倒边才能过渡,如果阴角不采用45°正面倒角,就无法使阴角顺利过渡,如图1-167所示。

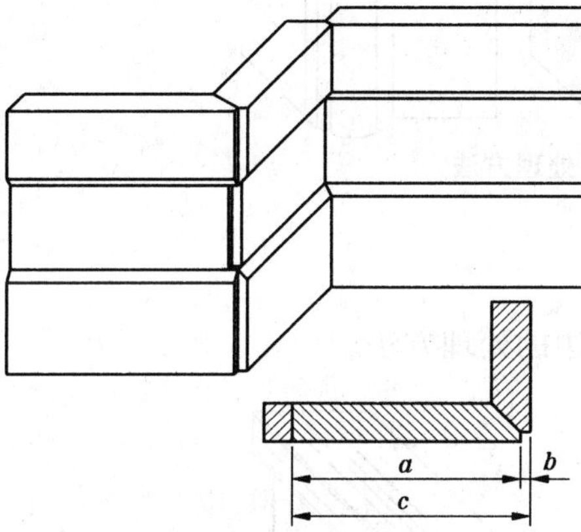

图1-166 普通45°倒角的阳角情况

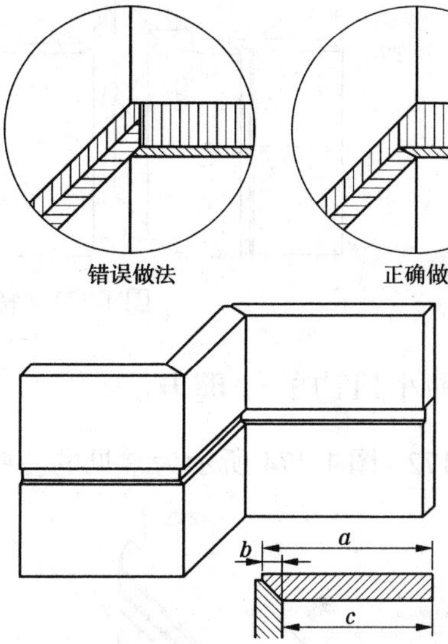

图1-167 普通45°倒角的阴角情况

(1)正常情况:

板面精确尺寸(*a*)= 理论尺寸(*c*)+正面倒边尺寸(*b*)

(2)凹凸板面、开槽、踢脚线情况:

板面精确尺寸=理论尺寸+正面倒边尺寸+凹进尺寸

(或-凸出尺寸,或-踢脚线凸出尺寸)

2. 板压板处理方法

图1-168所示的板压板的阳角和阴角情况轴测图上已经很清楚地表达出来了,主要存在一个板厚问题。阳角处被压板面要减去压板的板厚,阴角处被压板面要加上压板的板厚。

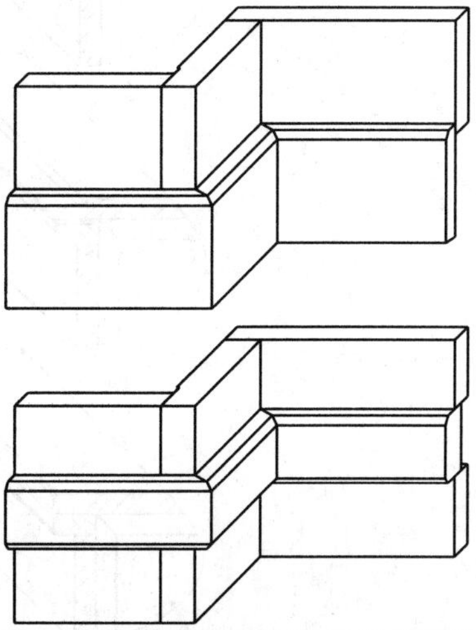

图1-168 板压板的阳角和阴角情况

3. 实际工程应用案例

如图1-169所示为正确的阳角和阴角做法,图1-170所示为错误的阳角和阴角做法。

图 1-169　正确的阳角和阴角做法

图 1-170　错误的阳角和阴角做法

(二)特殊阳角处理方法

图 1-171 列举了几个常用的特殊阳角处理方法。

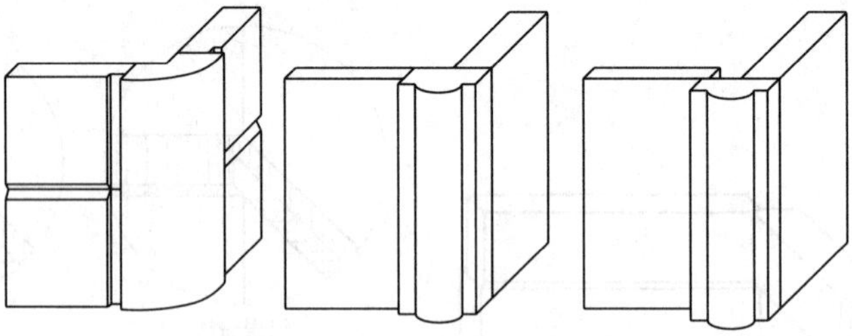

图 1-171　特殊阳角处理方法

八、各种小口边的处理方法

如图 1-172～图 1-174 所示为常见的一些小口边的处理方法。

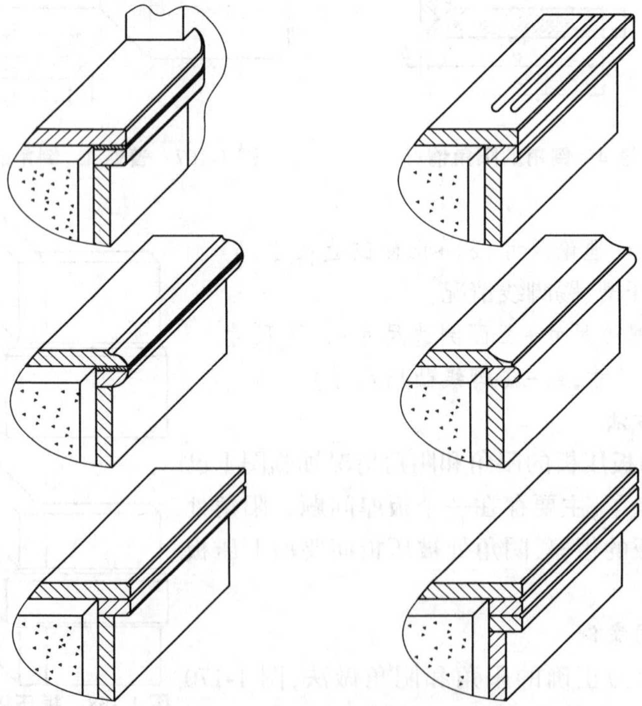

图 1-172　小口边的处理方法(一)

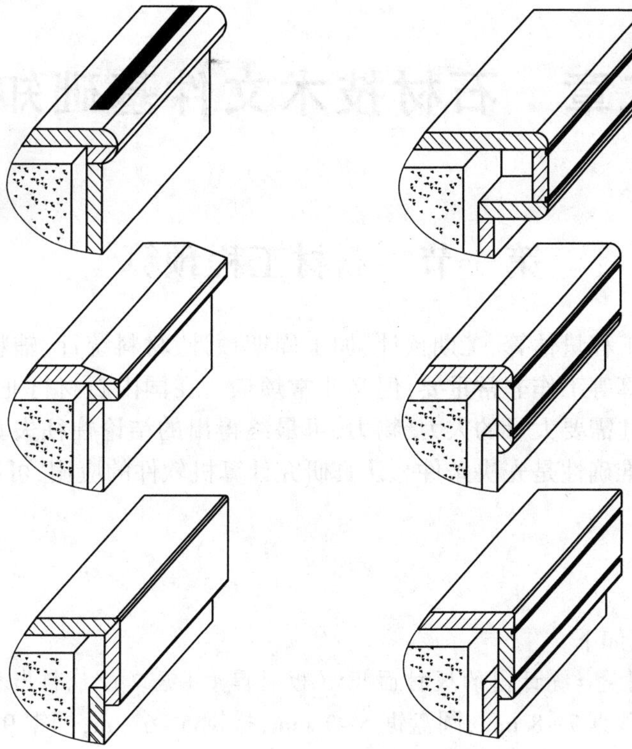

图 1-173　小口边的处理方法(二)

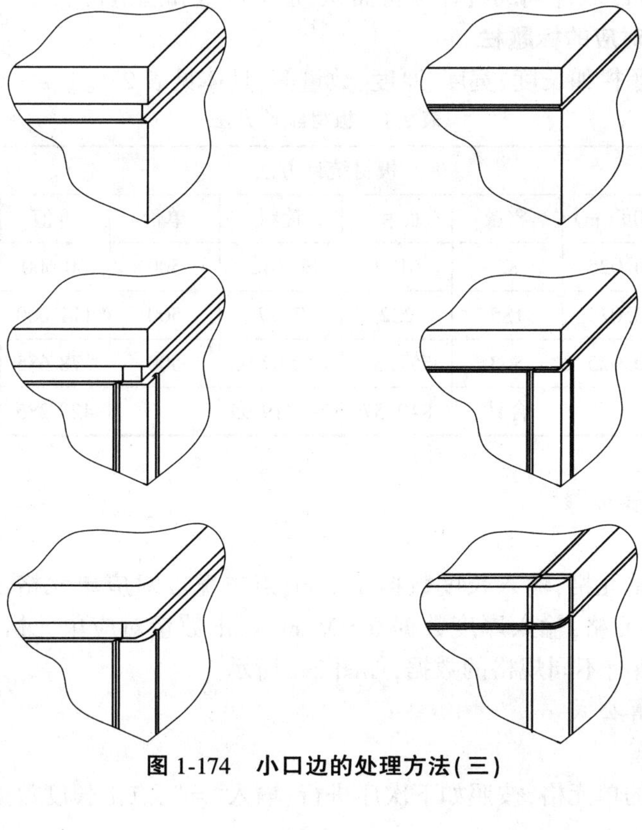

图 1-174　小口边的处理方法(三)

第二章　石材技术文件基础知识

第一节　石材工程预算

在石材工程中,工程量估算、工期预计、加工周期预计、材料统计、辅料统计、荒料用量、单价计算、总造价估算等工作非常重要,但又非常烦琐。在国内石材行业,特别是遇到大型工程时,统计工作往往需要大量的人力、物力,可最终得出的结论往往失真。要想企业利润最大化,统计工作的准确性是先决条件。认真研究计算机软件的应用,可以大大提高效率而且也相当精确。

一、材料估算

材料用量计算式如下

材料用量=统计出的板材面积×(板材厚度+锯口)/荒料出材率

锯口:一般考虑砂锯 7~8 mm,圆盘锯 5~7 mm,排锯 5~6 mm,桶锯 9~12 mm。

荒料出材率:一般考虑 85%~95%(造成出材率变化的主要原因是荒料缺陷)。

利用计算机 Excel 软件辅助统计板材面积、荒料用量和总造价。

(一)建立数据对应的标题栏

数据对应的标题栏如长度、宽度、厚度、数量等,具体见表 2-1。

表 2-1　板材统计方法

板材统计方法									
长度(m)	宽度(m)	厚度(m)	数量	面积	荒料	单价	价值	价值单位	备注
1.2	0.6	0.025	85	61.2	2.142	500	30 600	元/m^2	
1.5	0.8	0.025	185	222	7.77	500	111 000	元/m^2	
1.32	0.75	0.025	563	557.37	19.507 95	500	278 685	元/m^2	
			合计	840.57	29.419 95		420 285		

(二)建立统计表步骤

1. 输入数据

点击长度对应单元格,输入长度数据 1.2 m;点击宽度对应单元格,输入宽度数据 0.6 m;点击厚度对应单元格,输入厚度数据 0.025 m;点击数量对应单元格,输入数量数据 85 m。依此类推输入所有不同规格的数据,如图 2-1 所示。

2. 建立函数计算公式

1)面积自动运算

点击面积对应的单元格,按照如下次序进行:输入“=”,点击长度数据 1.2,输入“*”,

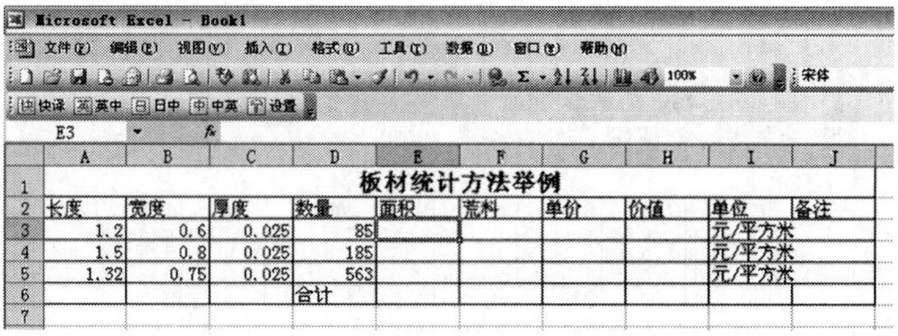

	A	B	C	D	E	F	G	H	I	J
1	板材统计方法举例									
2	长度	宽度	厚度	数量	面积	荒料	单价	价值	单位	备注
3	1.2	0.6	0.025	85					元/平方米	
4	1.5	0.8	0.025	185					元/平方米	
5	1.32	0.75	0.025	563					元/平方米	
6				合计						
7										

图 2-1　输入数据

点击宽度数据 0.6,输入“ * ”,点击数量数据 85,点击工具条中的“V” 形符号,在面积对应的单元格中就会自动运算出面积数据 61.2 m^2,如图 2-2 所示。

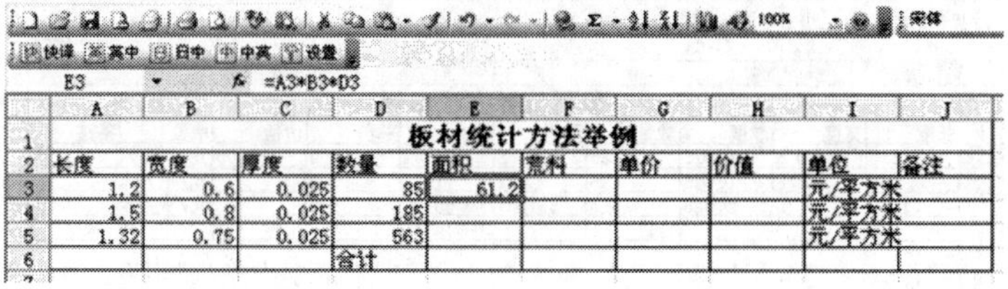

	A	B	C	D	E	F	G	H	I	J
1	板材统计方法举例									
2	长度	宽度	厚度	数量	面积	荒料	单价	价值	单位	备注
3	1.2	0.6	0.025	85	61.2				元/平方米	
4	1.5	0.8	0.025	185					元/平方米	
5	1.32	0.75	0.025	563					元/平方米	
6				合计						

图 2-2　建立面积自动运算函数

2)荒料自动运算

点击荒料对应的单元格,按照如下次序进行:输入“=”,点击面积数据 61.2,输入“ * ”,输入“(”符号,输入厚度数据 0.025,输入“+”符号,输入锯口宽度 0.01,输入“)”符号,点击工具条中的“V”形符号,在荒料对应的单元格中就会自动运算出荒料用量数据 2.142 m^3,如图 2-3 所示。

	A	B	C	D	E	F	G	H	I	J
1	板材统计方法举例									
2	长度	宽度	厚度	数量	面积	荒料	单价	价值	单位	备注
3	1.2	0.6	0.025	85	61.2	2.142			元/平方米	
4	1.5	0.8	0.025	185					元/平方米	
5	1.32	0.75	0.025	563					元/平方米	
6				合计						
7										

图 2-3　建立荒料用量自动运算函数

3)价值自动运算

首先输入单价数据 500,点击价值对应的单元格,按照如下次序进行:输入“=”,点击面积数据 61.2,输入“ * ”,点击单价数据 500,点击工具条中的“V”形符号,在价值对应的单元格中就会自动运算出价值 30 600 元/m^2,如图 2-4 所示。

3. 粘贴所有自动运算

(1)点击面积运算数据 61.2;点击鼠标右键在屏幕菜单中选择“复制”;点击下一格面积空格,长按鼠标左键下拉屏幕光标,直至覆盖所有面积空格,松开鼠标左键;点击鼠标右键在屏幕菜单中选择“粘贴”,此时,所有各个规格的面积数据全部自动运算完毕。

(2)依此类推就可以自动运算出各个规格的荒料用量及价值的准确数据,如图 2-5 所示。

图 2-4　建立价值自动运算函数

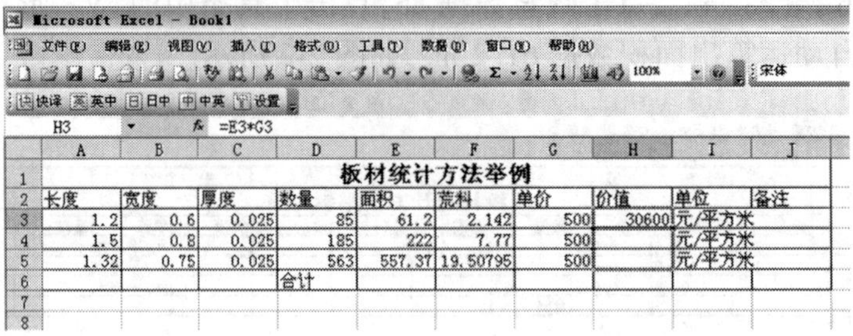

图 2-5　将自动运算函数粘贴到各个运算项目中

4. 自动数据求和

(1)点击价值对应的最后一个数据的空格单元格;点击工具条中的"Σ"键;点击工具条中的"V"形符号,在总价值对应的单元格中就会自动运算出价值总和 420 285 元。

(2)依此类推就可以自动运算出面积总和 840. 57 m^2,荒料用量总和 29. 419 95 m^3,如图 2-6 所示。

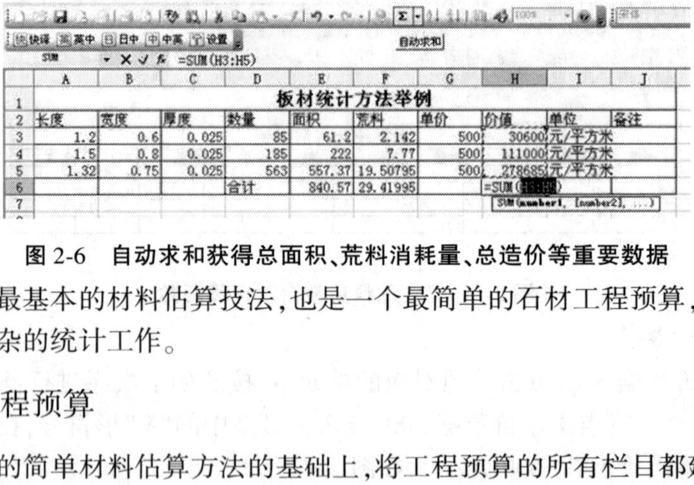

图 2-6　自动求和获得总面积、荒料消耗量、总造价等重要数据

以上例子是最基本的材料估算技法,也是一个最简单的石材工程预算,有了这些基本功就可以进行更复杂的统计工作。

二、石材工程预算

在上面介绍的简单材料估算方法的基础上,将工程预算的所有栏目都建立起来,例如序号、安装部位、名称、长度、宽度、厚度、规格、数量、面积、荒料用量、材料费、加工费、磨边长度、倒边长度、阳角数、阴角数、单价、价值等。建立相应的自动运算函数,就可以实现自动运算了。只要输入相应的基本数据,就可以自动生成结果。

下面以一个工程案例来进行阐述,如表 2-2 所示。

(一)案例分析

利用强大的 Excel 自动运算功能,就可以在一张表中设置线条规格、板材规格、线条长

表 2-2　某办公大楼石材工程预算(节选)

立面	安装部位	名称	规格	截面宽	截面厚	长度	数量	面积	材料费	加工费	倒磨边长度	倒磨边价格	倒边价值	阳、阴角数量	阳、阴角单价	阳、阴角价值	材料用量	价格	单位	价值
主立面	地脚线条	地脚线条	225×300	0.225	0.3	25.56			34.425	420				28	50	1 400	1.725 3	454.43	元/m	11 615.103
主立面	腰线	腰线 1	125×125	0.125	0.125	25.56			265.63	200				8	50	400	0.399 4	465.63	元/m	11 901.375
主立面	腰线	腰线 2	200×200	0.2	0.2	25.56			680	320				8	50	400	1.022 4	1 000	元/m	25 560
主立面	下墙裙	蘑菇石	833×466	1.4	0.08	25.56	1	35.784	48 666	7 156.8	2.8	10	28				2.862 7	1 560	元/m	55 823.04
主立面	上墙裙	平板	1 000×500	0.5	0.025	1	32	16			32	10	320				0.4	480	元/m^2	7 680
主立面	上墙裙	平板	900×500	0.5	0.025	0.9	32	14.4			32	10	320				0.504	480	元/m^2	6 912
主立面	上墙裙窗	平板	500×300	0.5	0.025	0.3	96	14.4			48	10	480				0.36	480	元/m^2	6 912
主立面	上墙裙窗	平板	1 600×300	0.3	0.025	1.6	12	5.76			19.2	10	192				0.144	480	元/m^2	2 764.8
主立面	上墙裙	腰线 1	125×100	0.125	0.1	25.56			212.5	180				8	50	400	0.319 5	392.5	元/m	10 032.3
主立面	上墙裙	腰线 2	350×175	0.35	0.175	25.56			1 041.3	420				8	50	400	1.565 6	1 461.3	元/m	37 349.55
主立面	上墙裙	平板		0.96	0.025	25.56	1	24.538									0.613 4	480	元/m^2	11 778.048
主立面	栏杆	栏杆	150×300	0.15	0.3	22			765	360							0.99	1 125	元/m	24 750
主立面	栏杆	栏杆底	100×300	0.1	0.3	22			510	320							0.66	830	元/m	18 260
主立面	栏杆	花瓶柱	200×200	0.2	0.2	0.8	40		680	320							1.28	800	元/根	32 000
主立面	罗马柱	脚线、腰线	200×125	0.2	0.125	1.3	64		425	260				128	50	6 400	2.08	685	元/m	43 840
主立面	罗马柱	圆柱脚	直径 1 300	0.25	0.15	1.02	32		637.5	320							1.224	957.5	元/m	30 640
主立面	罗马柱	平板	900×650	0.9	0.025	0.65	64	37.44									0.936	480	元/m	17 971.2
主立面	罗马柱	平板	1 100×850	1.1	0.025	0.85	32	29.92			54.4	10	544				0.748	480	元/m	14 361.6
主立面	罗马柱	柱身	直径 1 100	0.864	0.1	1.012	384	335.76	570 787	335 757							33.576	2 700	元/m	906 544.74
主立面	罗马柱	柱花冠	1 800×1 450	1.88	1.88	1.45	8		60 085	3 008							40.999	63 093	元/套	504 742.4
主立面	大梁	线条	200×125	0.2	0.125	60.6	1		425	260							1.515	685	元/m	41 511
主立面	大梁	平板	1 750×24 300	1.75	0.025	24.3	1	42.525									1.063 1	480	元/m^2	20 412
主立面	大梁	浮雕	1 300×1 300	1.3	0.06	1.3	12	20.28									1.216 8	3 200	元/m^2	64 896
主立面	方柱	柱脚	230×500	0.23	0.5	1.46	8		1 955	584				16	50	800	1.343 2	2 539	元/m	29 655.52
主立面	方柱	柱脚侧	230×500	0.23	0.5	0.53	8		1 955	584				12	50	600	0.487 6	2 539	元/m	10 765.36
主立面	方柱	柱脚小	100×80	0.1	0.8	1.46	8		1 360	720				16	50	800	0.934 4	2 080	元/m	24 294.4
主立面	方柱	柱脚小侧	100×80	0.1	0.8	0.53	8		1 360	720				12	50	600	0.339 2	2 080	元/m	8 819.2
主立面	方柱	平板	1 600×9 300	1.6	0.025	9.3	8	119.04			595	10	5 950				2.976	480	元/m^2	57 139.2
主立面	方柱	柱帽	230×500	0.23	0.5	1.46	8		1 955	584				16	50	800	1.343 2	2 539	元/m	29 655.52
主立面	方柱	柱帽侧	230×500	0.23	0.5	0.53	8		1 955	584				12	50	600	0.487 6	2 539	元/m	10 765.36
主立面	屋顶线条	线条 1	500×175	0.5	0.175	40.5	1		1 487.5	540				10	50	500	3.543 8	2 027.5	元/m	82 113.75
主立面	屋顶线条	线条 2	250×250	0.25	0.25	31	1		1 062.5	400				14	50	700	1.937 5	1 462.5	元/m	45 337.5
主立面	屋顶线条	线条 3	310×250	0.31	0.25	31	1		1 317.5	448				14	50	700	2.402 5	1 765.5	元/m	54 730.5
主立面	屋顶线条	装饰块	300×250	0.3	0.25	0.2	50		1 275	440							0.75	343	元/个	17 150
主立面	屋顶线条	平板	2 600×40 500	2.6	0.025	40.5	1	105.3									2.632 5	480	元/m^2	50 544

续表 2-2

立面	安装部位	名称	规格	截面宽	截面厚	长度	数量	面积	材料费	加工费	倒磨边长度	倒磨边价格	倒边价值	阳、阴角数量	阳、阴角单价	阳、阴角价值	材料用量	价格	单位	价值
主立面	屋顶线条	栏杆线条 1	200×250	0.2	0.25	1.46	8		850	360				16	50	800	0.584	1 210	元/m	14 132.8
右立面	上墙裙	平板	1 000×500	0.5	0.025	1	40	20			8	10	80				0.5	480	元/m^2	9 600
右立面	上墙裙	窗侧板	500×300	0.5	0.025	0.3	128	19.2			80	10	800				0.48	480	元/m^2	9 216
右立面	上墙裙	窗盖板	3 000×300	0.3	0.025	3	7	6.3			32	10	320				0.157 5	480	元/m^2	3 024
右立面	上墙裙	腰线 1	125×100	0.125	0.1	40.2			212.5	180				6	50	300	0.502 5	392.5	元/m	15 778.5
右立面	上墙裙	腰线 2	350×175	0.35	0.175	40.2			1 041.3	420				6	50	300	2.462 3	1 461.3	元/m	58 742.25
右立面	上墙裙	线条板		0.96	0.025	40.2	1	38.592									0.964 8	480	元/m^2	18 524.16
右立面	栏杆	栏杆	150×300	0.15	0.3	4			765	360							0.18	1 125	元/m	4 500
右立面	栏杆	栏杆地板	100×300	0.1	0.3	4			510	320							0.12	830	元/m	3 320
右立面	栏杆	花瓶柱	200×200	0.2	0.2	0.8	13		680	320							0.416	800	元/m	10 400
右立面	大梁	线条	200×125	0.2	0.125	21.55	1		425	260							0.538 8	685	元/m	14 761.75
右立面	大梁	线条板	1 750×24 300	1.75	0.025	21.55	1	37.713			32	10	320				0.942 8	480	元/m^2	18 102
右立面	大梁	浮雕	1 300×1 300	1.3	0.05	1.3	6	10.14									0.507	3 200	元/m^2	32 448
右立面	方柱	柱脚	230×500	0.23	0.5	1.46	8		1 955	584				16	50	800	1.343 2	2 539	元/m	29 655.52
右立面	方柱	柱脚侧	230×500	0.23	0.5	0.53	8		1 955	584				12	50	600	0.487 6	2 539	元/m	10 765.36
右立面	方柱	柱脚小	100×80	0.1	0.8	1.46	8		1 360	720				16	50	800	0.934 4	2 080	元/m	24 294.4
右立面	方柱	柱脚小侧	100×80	0.1	0.8	0.53	8		1 360	720				12	50	600	0.339 2	2 080	元/m	8 819.2
右立面	方柱	平板	1 600×9 300	1.6	0.025	9.3	8	119.04			595	10	5 950				2.976	480	元/m^2	35 712
右立面	方柱	柱帽	230×500	0.23	0.5	1.46	8		1 955	584				16	50	800	1.343 2	2 539	元/m	29 655.52
右立面	方柱	柱脚侧	230×500	0.23	0.5	0.53	8		1 955	584				12	50	600	0.487 6	2 539	元/m	10 765.36
右立面	屋顶线条	线条 1	500×175	0.5	0.175	31.5	1		1 487.5	540				10	50	500	2.756 3	2 027.5	元/m	63 866.25
右立面	屋顶线条	线条 2	250×250	0.25	0.25	40.2	1		1 062.5	400				14	50	700	2.512 5	1 462.5	元/m	58 792.5
右立面	屋顶线条	线条 3	310×250	0.31	0.25	40.2	1		1 317.5	448				14	50	700	3.115 5	1 765.5	元/m	70 973.1
右立面	屋顶线条	装饰块	300×250	0.3	0.25	0.2	50		1 275	440							0.75	343	元/个	17 150
右立面	屋顶线条	平板	2 600×40 500	2.6	0.025	40.2	1	104.52	1 105	2 100							2.613	480	元/m^2	50 169.6
右立面	屋顶线条	栏杆线条 1	200×250	0.2	0.25	1.46	6		850	360				16	50	800	0.438	1 210	元/m	1 766.6
右立面	屋顶线条	栏杆线条侧	200×250	0.2	0.25	0.53	8		850	360				16	50	800	0.212	1 210	元/m	641.3
右立面	屋顶线条	栏杆线条	200×250	0.2	0.25	17.6	1		850	360				16	50	800	0.88	1 210	元/m	21 296
右立面	屋顶线条	栏杆线条 2	200×200	0.2	0.2	1.46	8		680	320				16	50	800	0.467 2	1 000	元/m	1 460
右立面	屋顶线条	栏杆线条侧	200×200	0.2	0.2	0.53	8		680	320				16	50	800	0.169 6	1 000	元/m	530
右立面	屋顶线条	栏杆线条	200×200	0.2	0.2	17.6	1		680	320				16	50	800	0.704	1 000	元/m	17 600
右立面	屋顶线条	平板	930×40.5	0.93	0.025	17.6	1	16.368	395.25	764							0.409 2	480	元/m^2	8 448
右立面	板墙	平板	965×600	0.965	0.025	0.6	182	105.38	410.13	792							2.634 5	480	元/m^2	87 360
								2 713.5					36 724			57 700	276.12			5 914 516.2

度、板材面积、荒料用量、倒边长度、单价、价值小计等工程预算需要的所有项目，只要输入线条和板材的基本参数，Excel 就可以自动生成结论。

利用 Excel 自动筛选功能，就可以自动得到任意一个立面任意一个规格的材料数量，对于计划材料用量，预估材料出材率帮助很大。

举例说明

计算主立面的平板面积、荒料消耗、造价。

(1)激活要筛选的栏目，点击“数据”下拉菜单，选择“筛选”栏中的“自动筛选”并点击。如图 2-7 所示。

(2)点击“立面”中的向下箭头，选择“主立面”，主立面的内容全部展现，其他内容自动隐藏。点击“名称”中的向下箭头，选择“平板”，全部主立面的平板内容就展现出来了，其他内容自动隐藏。如图 2-8 所示。

图 2-7 设置自动筛选功能

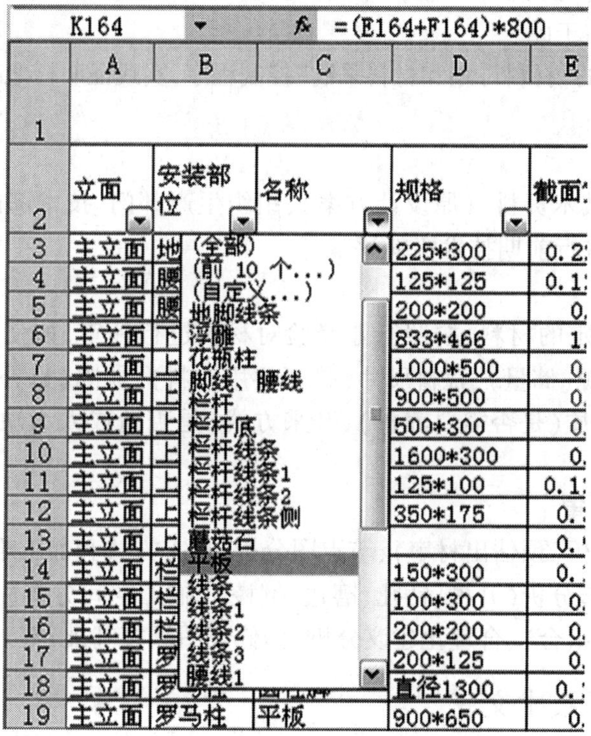

图 2-8 自动筛选操作过程

(3)分别自动求和，就得到了面积 510.99 m^2、荒料消耗 12.519 m^3、造价 245 274.05 元，见图 2-9。

(二)功能延伸

利用 Excel 修改基本参数后，结合可以自动修改的功能，就可以利用一张材料统计表作为母本，今后的材料采购计划表、生产计划表、生产统计表、质量检验表、材料台账等都可以直接复制后重新修改自动生成，大大减少重复劳动和统计偏差。如果设计成标准格式，对于标准化文件管理帮助很大。

数量	面积	材料费	加工费	倒磨边长度	倒磨边价格	倒边价值	阳、阴角数量	阳、阴角单价	阳、阴角价值	材料用量	价格	单位	价值
32	16			32	10	320				0.4	480	元/平方米	7680
32	14.4			32	10	320				0.504	480	元/平方米	6912
96	14.4			48	10	480				0.36	480	元/平方米	6912
12	5.76			19.2	10	192				0.144	480	元/平方米	2764.8
1	24.538									0.6134	480	元/平方米	11778.048
64	37.44									0.936	480	元/米	17971.2
32	29.92			54.4	10	544				0.748	480	元/米	14361.6
1	42.525									1.0631	480	元/平方米	20412
8	119.04			595	10	5950				2.976	480	元/平方米	57139.2
1	105.3									2.6325	480	元/平方米	50544
1	37.665									0.9416	480	元/平方米	18079.2
1	64									1.6	480	元/平方米	30720
	510.99									12.519			245274.05

图 2-9 筛选后自动求和的方法

第二节 原材料采购计划与原材料规划

在石材企业中，采购部门往往会遇到的问题是：选择原材料时，原材料比较理想但出材率很低，出材率高的材料缺陷又严重，“采购”还是“不采购”。往往企业是否能够实现利润最大化，重要关键就在于此。

下面是一套完整的“材料计划和材料采购”控制程序，实践证明行之有效，如图 2-10 所示。

一、技术评审

首先是要得到“技术资料”（原设计方案），组织生产部门、技术部门、供应部门、质检部门等相关职能部门，进行前期技术资料评审。

（一）材料评审

根据设计方案选定的材料，按照行业经验对材质进行评审，如强度（是否布网）、硬度（加工难度）、矿山资源（储量）、荒料尺寸（是否要用大料）、缺陷（修补缺陷）、板面尺寸（是否用砂锯或排锯）、材质（是否需要养护）、开采方式（是否造成人为缺陷）、运输方式（运输周期及价格）等。

（二）技术指标评审

板面分割尺寸分析（预估出材率）、节点图分析（加工方式和加工难度）、结构分析（安全性、可靠性）、加工细节分析（开槽、钻孔、磨边、倒棱）、施工空间分析（是否有三维空间产品制作及三维空间产品组合）、合理化建议分析（为修改图纸打基础）等。

二、图纸会审及技术交底

技术评审以后就要建议甲方召开图纸会审和技术交底会，在技术交底会上要把技术评审中遇到的问题全部询问清楚。同时，提供高品位服务，把技术评审中充分准备的合理化建议善意地提出。

三、再次技术评审

把图纸会审和技术交底会上的技术信息带回来，进行再次技术评审。评审内容与前面的内容一样，如果有问题则要重复前面的程序，直到问题解决。

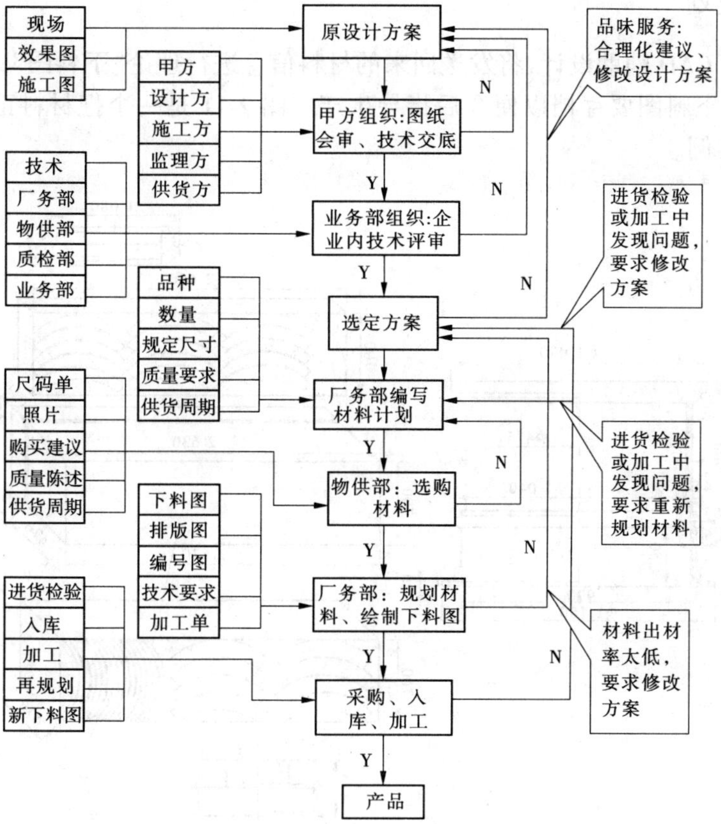

图 2-10　材料计划和材料采购控制程序

四、材料采购计划

(一) 材料统计

利用 Excel 编制的“材料统计表”统计出来的荒料或者大板数量作为采购数量依据，利用 Excel 的自动筛选功能把产品规格从大到小进行归类统计，从而推测出要选购的材料基本规格尺寸。

(二) 编制材料采购计划

规定预采购材料的产地、材质要求、色泽要求、采购期限、数量及规格。

五、材料预选

采购部门按照材料采购计划把现场预选的材料规格、数量、荒料编号及数码照片发送回来，或组织相关部门现场评审。

如果采购部门在预选材料时，发现实际情况与材料采购计划相差很大，必须及时与技术部门取得联系，对未采购的材料进行重新规划。如果技术部门无法解决，就要与业务部门一起及时与甲方取得联系，寻求解决办法，力争把损失降低到最小。

六、材料规划

技术部通过CAD辅助设计,将发送回来的材料信息进行理论“下料图” 设计,圈定要定购的材料编号。下料图要存档以便今后指导生产。图2-11是一个把材料正好用尽的真实“下料图”应用案例。

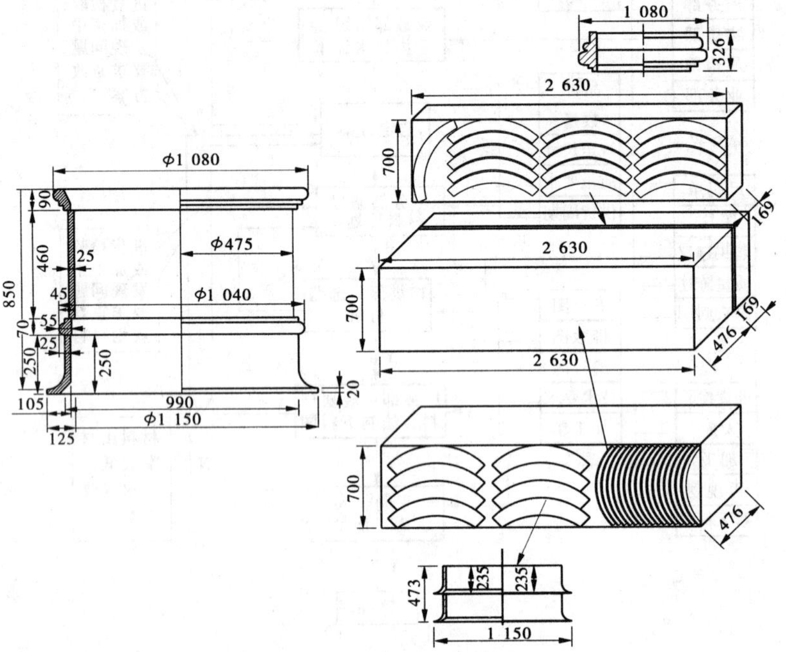

图2-11　下料图(材料规划图)

如果材料规划出材率不高或者其他技术问题严重,就要与业务部一起及时与甲方取得联系,寻求解决办法,力争把损失降低到最小。

七、发出采购指令、运输、生产、发货

(一)规划进厂材料

按照采购前设计的“下料图”,对材料进行复核,准确无误就可以安排生产。

(二)意外补救

如果加工过程中出现缺陷,就要按照前面的步骤,以最快的速度,重新规划材料(只规划出问题的材料,其他已经规划好的材料不变)。这项工作一定要随着加工过程及时进行,以免最后无法保证工期。

采用这种材料计划法,在确保采购员发回的信息准确的前提下,可以不考虑采购余量,因采购检尺余量足以保证材料用量。如果运用得当,可以保证材料全部正好用尽,大大提高材料利用率,降低成本。

第三节　生产任务书

目前,国内石材界流行的生产任务书五花八门,但都是技术人员把图纸转化成文字资

料，下发给生产部门进行生产。这个技术文件的通用名字叫做加工单。多年的实践证明，这种生产任务书的弊端很多，问题非常严重。

一、生产任务书的准确程度取决于技术人员的责任心和职业技能水准

生产任务书准确的前提是技术人员必须完全吃透图纸，然后对图纸进行统计，根据统计的数据填写生产任务书。在生产过程中，经常遇到在此环节出错的情况，而且错误很难检查出来，原因是复核人员如果要认真检查，相当于重新制作生产任务书。因此，复核签字形同虚设。这就是很难准确无误地完成一个工程的原因所在。

二、生产任务书的准确程度取决于技术人员的技术语言表达能力

技术人员的技术语言表达能力参差不齐，用文字和符号来表达图纸技术要求，本身就是把一目了然的图纸表达技法变成烦琐难懂的文字表达技法，很难保证不出问题。这就是经常出现石材产品已经送到工地，要么加工出现错误，要么数量不正确的原因。

三、重复统计造成数据很难整齐划一

从事工程的工厂均会遇到的问题是：技术部的统计数据和生产部、质检部、财务部的统计数据对不上，要找到问题的根源非常麻烦，需要消耗大量的人力、物力，带来的后果就是结账单不准确。

下面介绍一种生产任务书的编制方法。

(一) 生产任务书文字说明部分

生产任务书文字说明部分见表 2-3。

表 2-3 生产任务书文字说明部分

<table>
<tr><td colspan="9">××石材有限公司生产任务书</td></tr>
<tr><td colspan="2">工程名称</td><td colspan="3"></td><td colspan="2">工程编号</td><td colspan="2"></td></tr>
<tr><td colspan="2">产品名称</td><td colspan="3"></td><td colspan="2">材料</td><td colspan="2"></td></tr>
<tr><td colspan="2">包装</td><td colspan="3"></td><td colspan="2">交货日期</td><td colspan="2"></td></tr>
<tr><td colspan="9">收费项目表</td></tr>
<tr><td>序号</td><td>收费项目</td><td>材料</td><td>规格</td><td>单价</td><td>单位</td><td>实际数量</td><td>金额</td><td>备注</td></tr>
<tr><td>1</td><td>规格板</td><td></td><td></td><td></td><td>元/m^2</td><td></td><td></td><td></td></tr>
<tr><td>2</td><td>撇底</td><td></td><td></td><td></td><td>元/m</td><td></td><td></td><td></td></tr>
<tr><td>3</td><td>加厚黏结</td><td></td><td></td><td></td><td>元/m</td><td></td><td></td><td></td></tr>
<tr><td>4</td><td>斜边</td><td></td><td></td><td></td><td>元/m</td><td></td><td></td><td></td></tr>
<tr><td colspan="9">☆加工说明：
1. 认真领会图纸上的技术说明；
2. 严格按照图纸要求加工；
3. 认真评审大板花纹，严格按照图纸要求进行对花纹制作；
4. 质检、编号、装箱、入库。
●板材料：20 mm 厚</td></tr>
<tr><td>箱号</td><td>箱位、品名</td><td>材料</td><td>宽</td><td>高</td><td>件数</td><td>面积</td><td colspan="2">备注</td></tr>
<tr><td rowspan="3">1#</td><td rowspan="3">墙面立柱</td><td rowspan="3"></td><td></td><td></td><td></td><td></td><td colspan="2" rowspan="3">表中数据为统计所用，仅作为加工参考，加工应严格照图加工</td></tr>
<tr><td></td><td></td><td></td><td></td></tr>
<tr><td></td><td></td><td></td><td></td></tr>
</table>

(二)电子版图纸来源

尽量利用原设计的电子版图纸,不要另行绘制图纸,以免重复绘制造成错误。如果图纸篇幅太大就以附图形式表达。

(三)图纸分区

按照 A、B、C、…,1、2、3、…,对图纸按照区域颜色一致的原则分区如图 2-12 所示。

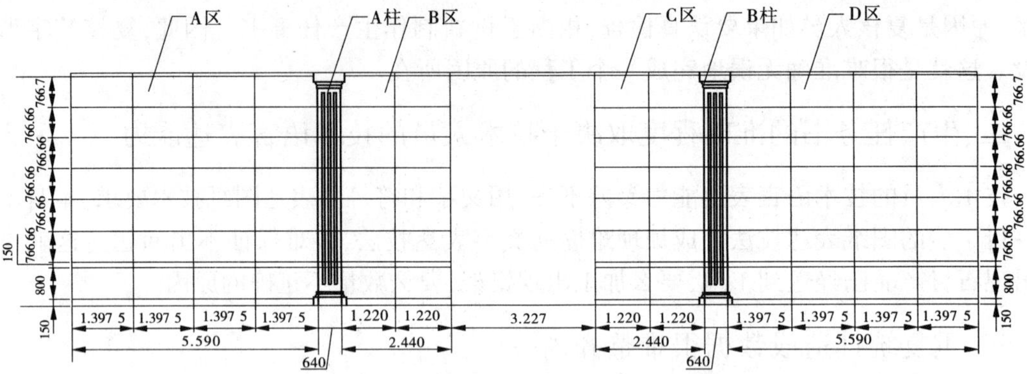

图 2-12　分区图

(四)图纸编号

编号原则各个企业的规定不同,只要能够区分区域和安装顺序就可以了。

(五)技术要求

如图 2-13 所示为选定待加工的大板图片。详细阐述技术要求,要求技术语言越简单越好,应看了技术要求后,结合图纸很快就可以领会设计意图,准确无误地加工出产品。

图 2-13　选定待加工的大板图片

(六)绘制加工图

加工图要能够详细体现加工要求,要有图案、编号、细部加工图解、详细尺寸标注、言简意赅的文字说明。如图 2-14 为 A 区和 D 区加工图,图 2-15 为 B 区和 C 区加工图。同时,还要有电子表格的统计表,表 2-4 为 A 区和 D 区材料统计表,表 2-5 为 B 区和 C 区材料统计表。

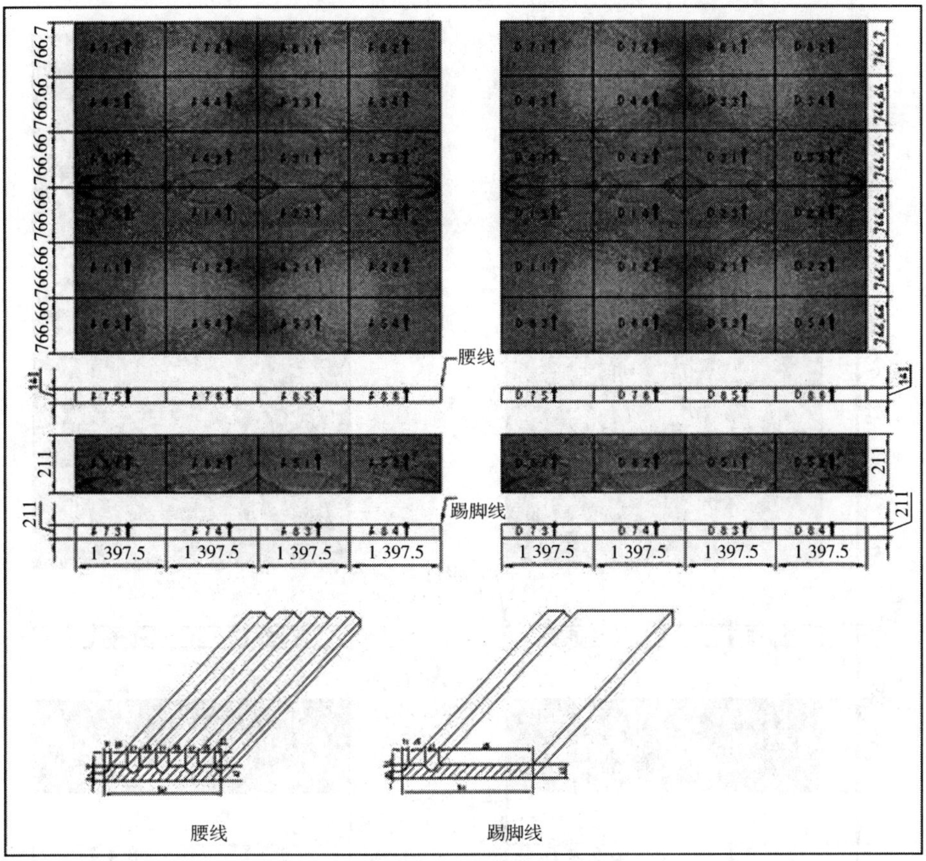

图 2-14　A 区和 D 区加工图

表 2-4　A 区和 D 区材料统计表

安装区域	名称	长度	宽度	厚度	数量	质检数量	平板面积	线条长度	备注
A 区	平板	1. 397 5	0. 8	0. 02	4		4. 472		
A 区	平板	1. 397 5	0. 766 66	0. 02	24		25. 713 8		
A 区	腰线	1. 397 5	0. 18	0. 02	4		1. 006 2	5. 59	
A 区	踢脚线	1. 397 5	0. 2	0. 02	4		1. 118	5. 59	
D 区	平板	1. 397 5	0. 8	0. 02	4		4. 472		
D 区	平板	1. 397 5	0. 766 66	0. 02	24		25. 713 8		
D 区	腰线	1. 397 5	0. 18	0. 02	4		1. 006 2	5. 59	
D 区	踢脚线	1. 397 5	0. 2	0. 02	4		1. 118	5. 59	
							64. 62	27. 95	

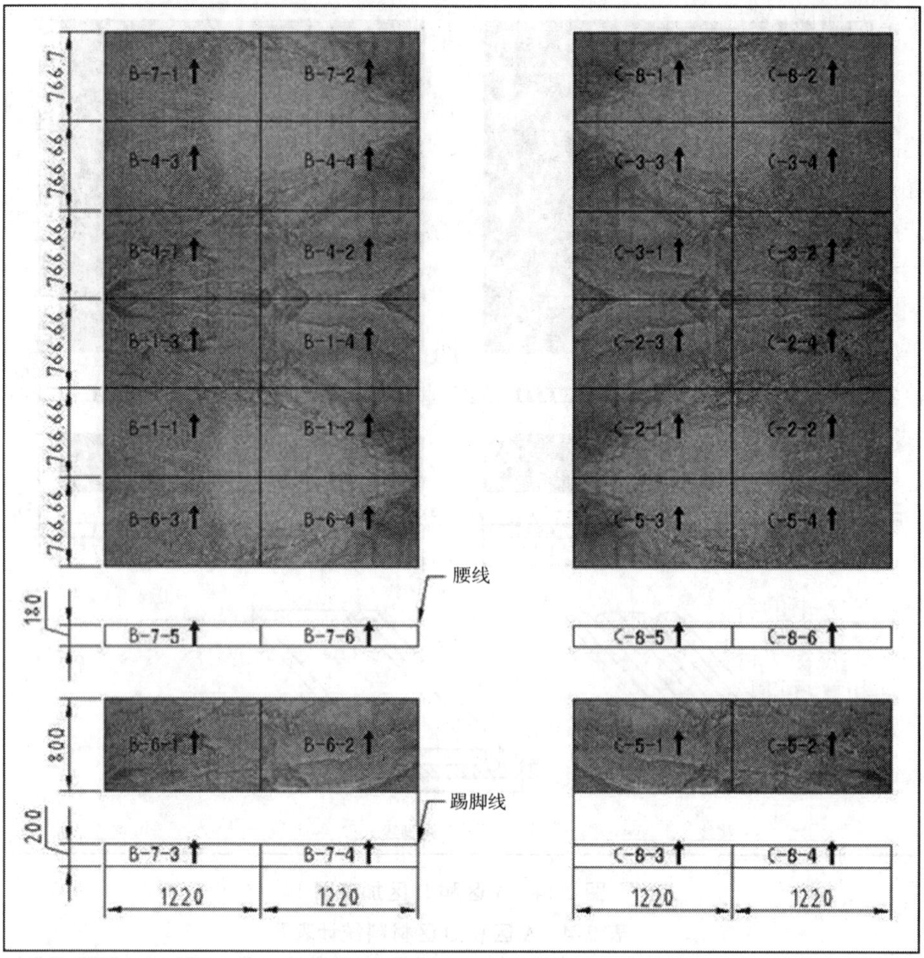

图 2-15　B 区和 C 区加工图

表 2-5　B 区和 C 区材料统计表

安装区域	名称	长度	宽度	厚度	数量	质检数量	平板面积	线条长度	备注
B 区	平板	1.22	0.8	0.02	2		1.952		
B 区	平板	1.22	0.766 66	0.02	12		11.223 9		
B 区	腰线	1.22	0.18	0.02	2		0.439 2	2.44	
B 区	踢脚线	1.22	0.2	0.02	2		0.488	2.44	
C 区	平板	1.22	0.8	0.02	2		1.952		
C 区	平板	1.22	0.766 66	0.02	12		11.223 9		
C 区	腰线	1.22	0.18	0.02	2		0.439 2	2.44	
C 区	踢脚线	1.22	0.2	0.02	2		0.488	2.44	
							28.206 2	12.2	

由于篇幅所限,不能详细阐述本生产任务书的每一个细节,本书只指出了一种方法。

1. 避免理解失误

由于生产任务书的图形来自于原始设计电子版本的图形,这样就避免了由于生产技术人员理解图纸和表达图纸能力差异造成的错误。

2. 避免加工失误

生产加工过程不以统计清单为依据,只以图纸为标准。这样就可以有效地避免统计失误造成的加工错误。要做到照图加工,就要对生产管理者和产业工人进行识图培训。

3. 避免色差发生

以图纸为加工依据,可以直观地明白安装部位,从而有效规划石材色差,使得安装石材区域色差基本相同。如果在图纸上引入大板花纹图片,可以使加工工人按照花纹进行加工,这样加工出来的产品,可以实现对花纹的排版,使得产品上升到一个艺术层面。

4. 避免统计失误

将石材排版图划分为若干安装单元,使得各个单元的统计工作简单化,容易核对。

5. 避免重复劳动

将生产任务书的各个统计表进行汇总,如表 2-6 所示,就可以作为生产统计表、质检统计表、发货单、装箱单、财务对账单、收款单等表格的原始电子版理论依据,无需进行大量的重复劳动,同时也可以有效避免重复劳动带来的数据无法统一的弊端。

表 2-6　石材汇总表

安装区域	名称	长度	宽度	厚度	数量	平板面积	线条长度	备注
A 区	平板	1.397 5	0.8	0.02	4	4.472		
A 区	平板	1.397 5	0.766 66	0.02	24	25.713 776 4		
A 区	腰线	1.397 5	0.18	0.02	4	1.006 2	5.59	
A 区	踢脚线	1.397 5	0.2	0.02	4	1.118	5.59	
D 区	平板	1.397 5	0.8	0.02	4	4.472		
D 区	平板	1.397 5	0.766 66	0.02	24	25.713 776 4		
D 区	腰线	1.397 5	0.18	0.02	4	1.006 2	5.59	
D 区	踢脚线	1.397 5	0.2	0.02	4	1.118	5.59	
B 区	平板	1.22	0.8	0.02	2	1.952		
B 区	平板	1.22	0.766 66	0.02	12	11.223 902 4		
B 区	腰线	1.22	0.18	0.02	2	0.439 2	2.44	
B 区	踢脚线	1.22	0.2	0.02	2	0.488	2.44	
C 区	平板	1.22	0.8	0.02	2	1.952		
C 区	平板	1.22	0.766 66	0.02	12	11.223 902 4		
C 区	腰线	1.22	0.18	0.02	2	0.439 2	2.44	
C 区	踢脚线	1.22	0.2	0.02	2	0.488	2.44	
						92.826 16	32.12	

第三章　石材工艺设计基础

第一节　立体图

石材行业生产工人的平均文化水平不高，很多加工产品出错，就是由于生产工人不能正确理解图纸造成的。如果要推广照图加工的方法，会有一定困难。在进行工艺设计时，引入机械制图中的立体图绘图技法，能够把产品图三维立体展现给文化水平不高的加工工人，从而大大缩短识图时间，提高理解图纸的准确性，大大降低产品出错的几率。

一、正等轴测视图

如图 3-1 所示为正等轴测视图。x、y、z 轴互成 120°夹角，所有直角在图上反映的是 60°和 120°。三个坐标轴方向的坐标值用实际坐标值。各个面上的图形都会变形，如在正等轴测图上，各个面的圆都将变成椭圆，由此带来的后果就是增加了绘图的难度。

二、轴二测视图

如图 3-2 所示为轴二测视图。x、y 轴互成 90°夹角，z 轴与 x、y 轴互成 135°夹角。x、y 坐标轴方向的坐标值用实际坐标值，z 坐标轴方向的坐标值用实际坐标值的 1/2。在 x、y 平面内的图形尺寸都是原尺寸，没有出现图形变形现象，绘图非常容易。

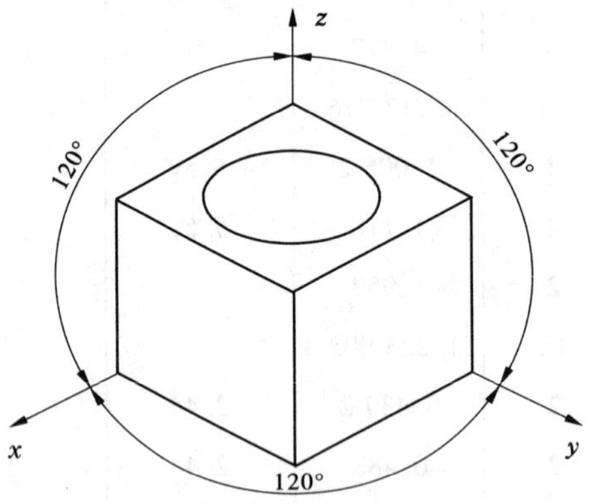

图 3-1　正等轴测视图

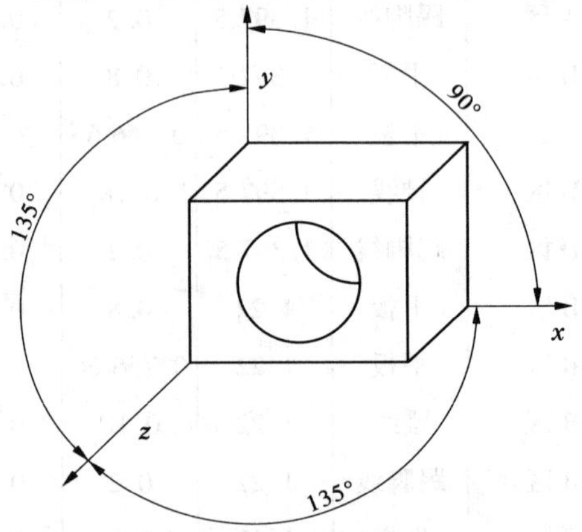

图 3-2　轴二测视图

三、案例说明

正等轴测视图举例见图 3-3 石材加工设备（立车）加工示意；轴二测视图举例见图 3-4 石材钢结构干挂示意。

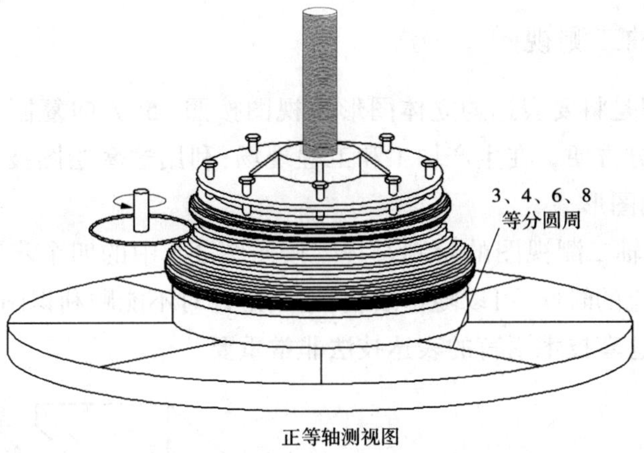

图 3-3　石材加工设备(立车)加工示意

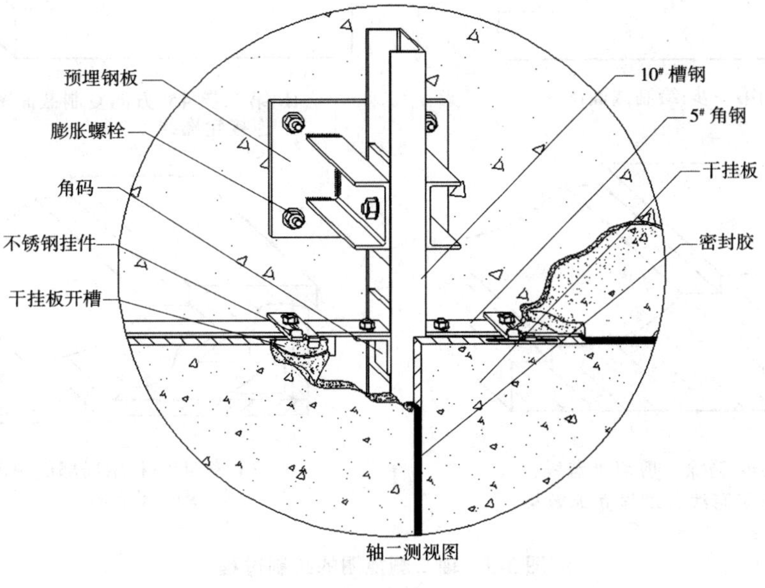

图 3-4　石材钢结构干挂示意

案例分析

(1)利用正等轴测视图和轴二测视图的表现技法,可以把平面图形转换为立体图形,即便是不识图的人也能够看得懂。这样可以大大简化技术语言的沟通,提高技术交流的准确性。

(2)利用轴测图的局部剖视图,可以空间地反映要表现物体的内部结构,加以一定的标注,一张图就可以基本上把要表述的技术意图充分表达出来,可以大大压缩图纸量,同时还特别容易理解。案例中的石材干挂示意(见图 3-4),就是利用了这些技法,从而一目了然地把石材干挂表达出来了。

(3)认真学习好轴测图的表现技法,可以大大减少技术沟通中的失误,是一种特别容易掌握又特别容易理解的好方法。

四、推荐使用轴二测视图

因为轴二测视图是将要表达的立体图形主视图按照 45°方向复制,复制距离等于实际距离的一半,操作十分方便。在生产加工和工程现场,利用这套绘图技法,可以十分快捷准确地表达出三位空间图形。

如图 3-5 所示为轴二测视图的绘制过程。按照图 3-5 中的四个步骤绘制轴二测视图,非常简单,在技术交流的时候,可以随手绘制,尤其是针对不能顺利识图的非专业人士来说,理解技术语言,学会这套技术语言的表达技法非常重要。

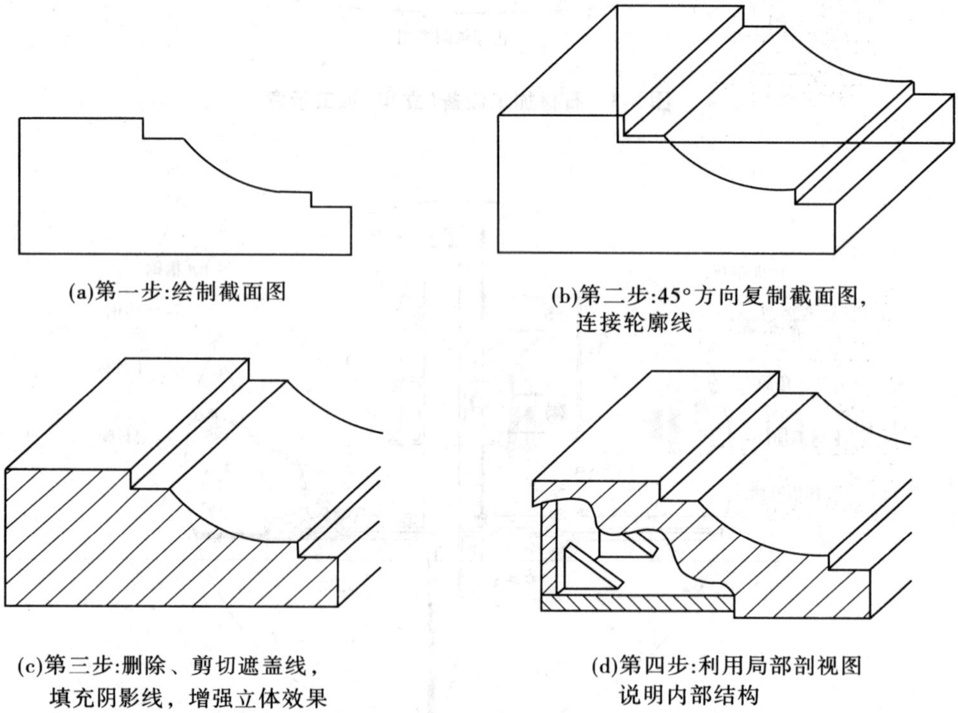

图 3-5　轴二测视图的绘制过程

设计应用案例

如图 3-6 所示是某大门的三维设计方案。

案例剖析

(1)绘制整个建筑的轴二测视图,可以空间地反映全建筑可视方向的空间架构,使得读图者不需要用大量的时间来建立全建筑的三维思维构架,特别是对非专业人士了解建筑概况帮助极大。

(2)直接在轴二测视图上进行局部放大图、剖面图、向视图的标注,如图 3-7~图 3-9 所示。结合前面介绍的绘图技法,可以大大节省设计图纸篇幅,缩短读图时间,提高图纸理解的准确性。

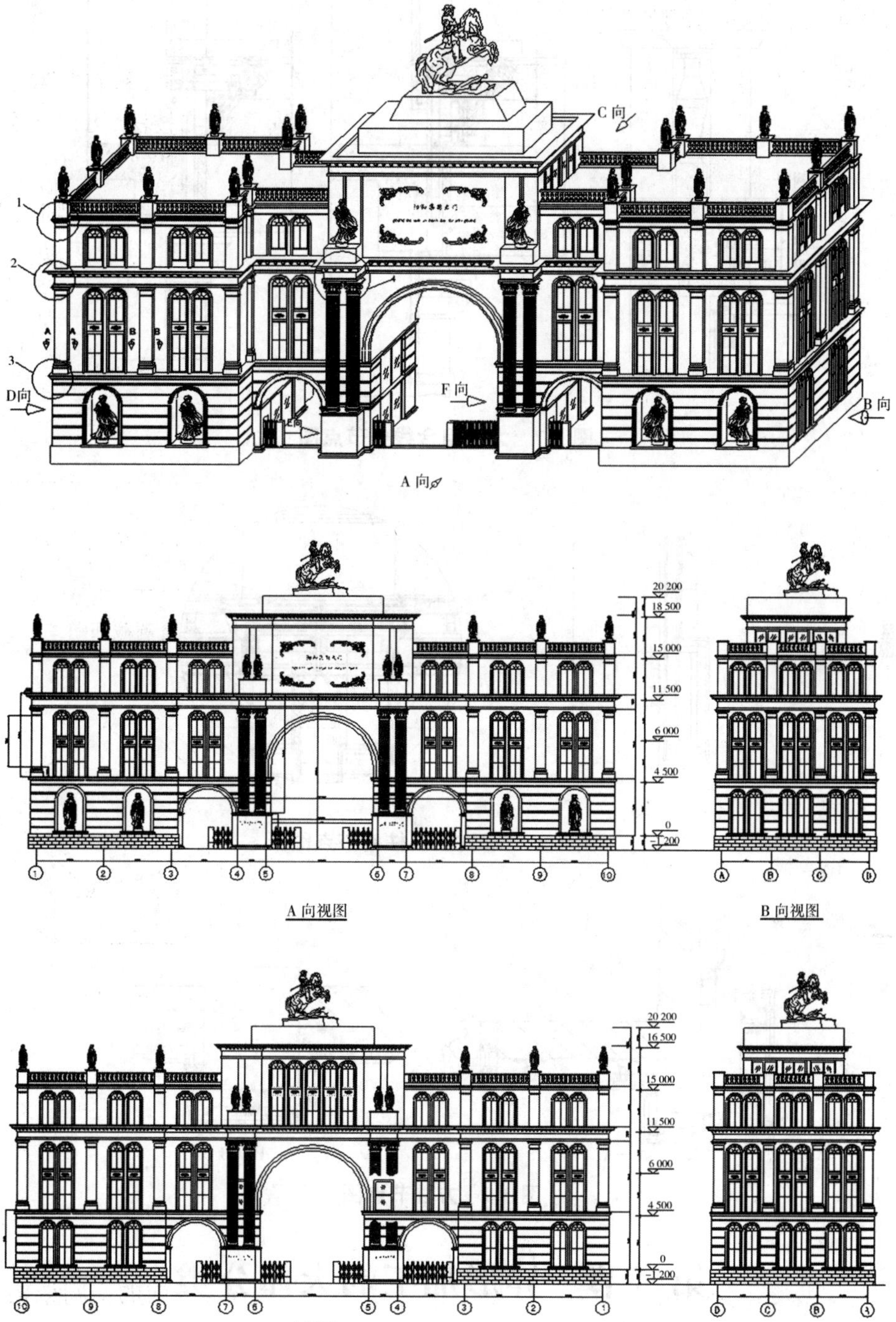

图 3-6　某大门的三维设计方案

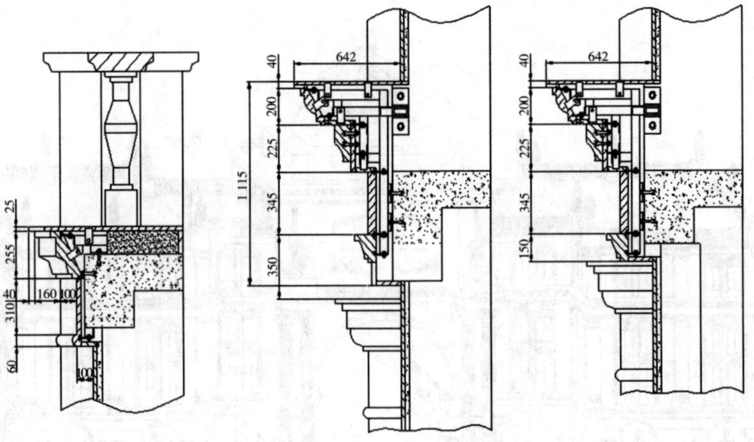

图 3-7　大型组合线条节点图

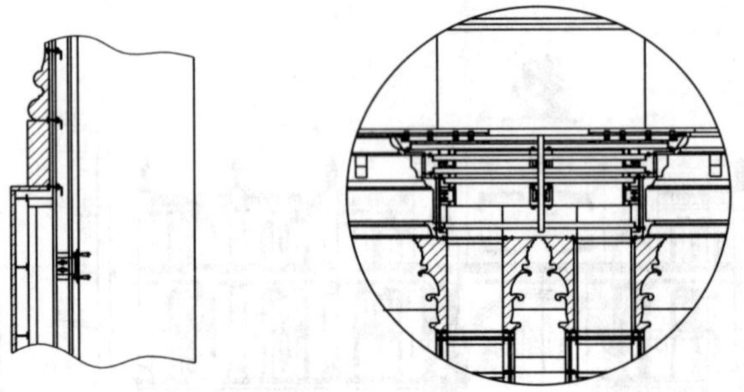
图 3-8　罗马柱脚、柱头节点图

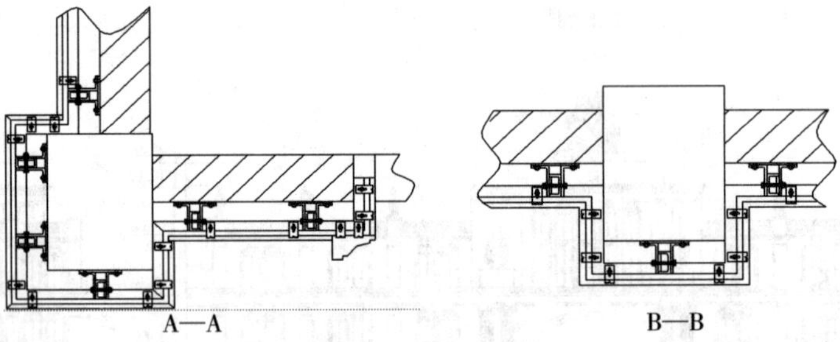

图 3-9　方柱节点图

第二节　异形加工的大体分类

一、直线条

线条造型按照直线方向延伸，线条截面形状垂直于延伸方向。如图 3-10 所示为直线条。

二、轴向内弧形线条

线条造型按照轴向分布，按照内圆弧方向延伸，线条截面形状垂直于延伸方向。如图 3-11 所示为轴向内圆弧线条。

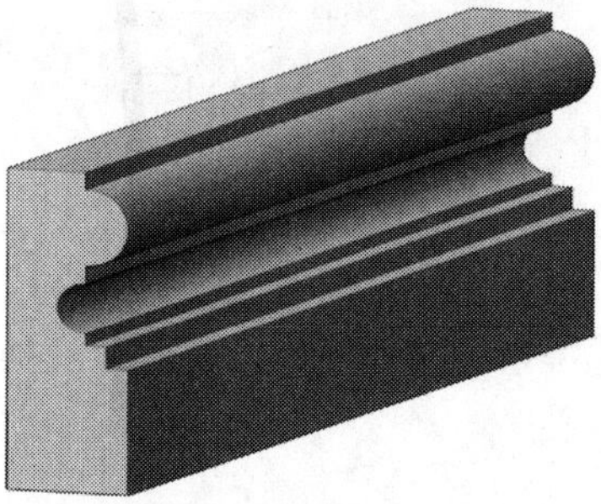

图 3-10　直线条

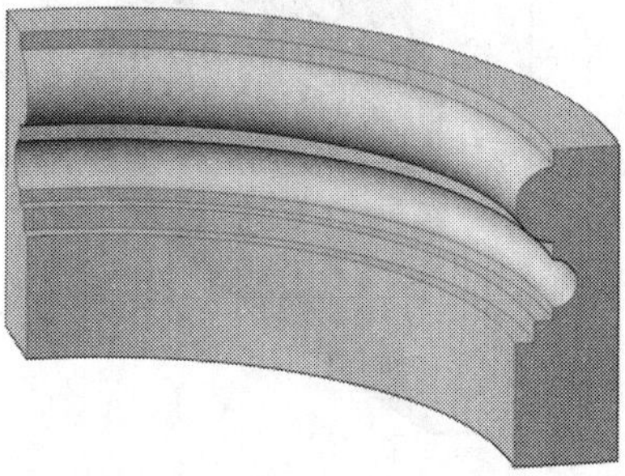

图 3-11　轴向内圆弧线条

三、轴向外弧形线条

线条造型按照轴向分布，按照外圆弧方向延伸，线条截面形状垂直于延伸方向。如图 3-12 所示为轴向外圆弧线条。

四、径向弧形线条

线条造型按照径向分布，按照圆弧方向延伸。如图 3-13 所示为径向圆弧线条。

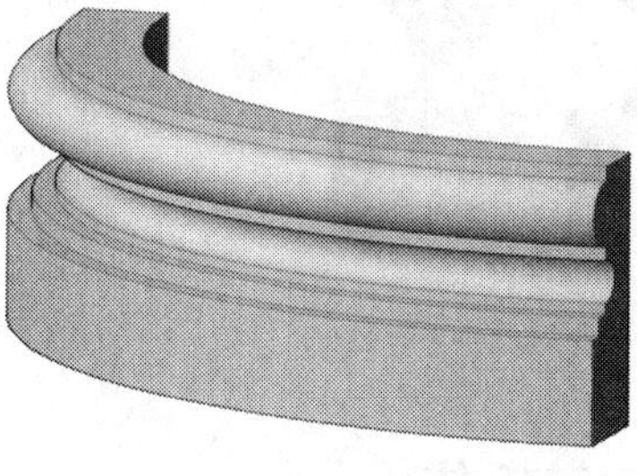

图 3-12　轴向外圆弧线条

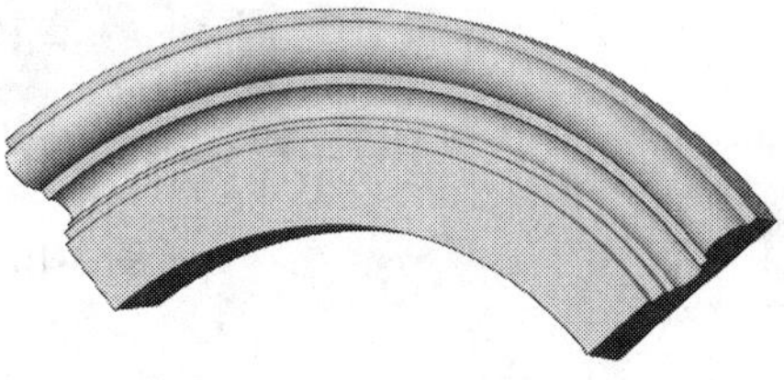

图 3-13　径向圆弧线条

五、三维线条

线条造型按照三维曲线方向延伸。如图 3-14 所示为三维线条。

六、三维曲面

加工面呈现三维曲面。如图 3-15 所示为三维曲面。

七、回转体

加工面分布于回转面上。如图 3-16 所示为回转体。

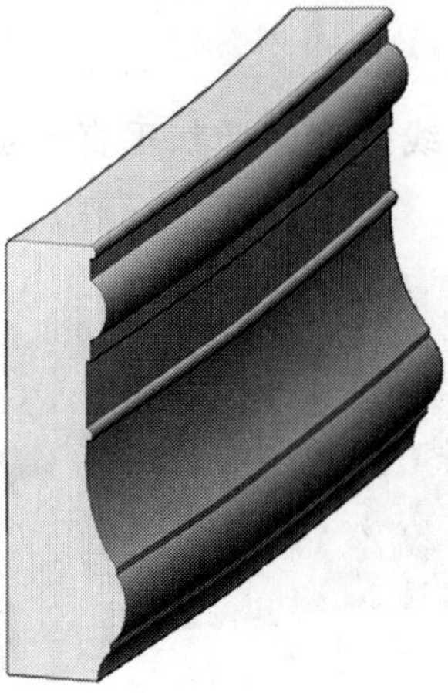

图 3-14　三维线条

图 3-15　三维曲面

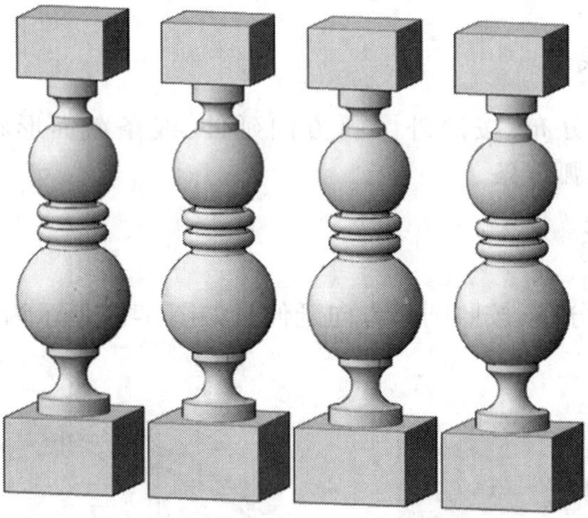

图 3-16　回转体

第三节　线条加工工艺

一、直线线条

(一)仿形模的制作方法

1. 设计原图

如图 3-17 所示为设计线条截面图。

2. 仿形模的设计

(1)图 3-18 所示为线条仿形加工示意,从图中可以看出,阴影部分是刀具,按照设计形状加工时,由于刀片存在宽度,所以加工出来的产品,在水平方向形状失真半条锯口宽度,要想加工出形状与设计完全相同的产品,就要在制作仿形模时考虑锯口宽度问题。

(2)仿形模制作时一定要考虑加工刀具的锯口宽度,否则加工出来的产品水平方向会出现形状误差单边半个锯口。因此,在制作仿形模的时候,要在原设计的线条边缘向上水平

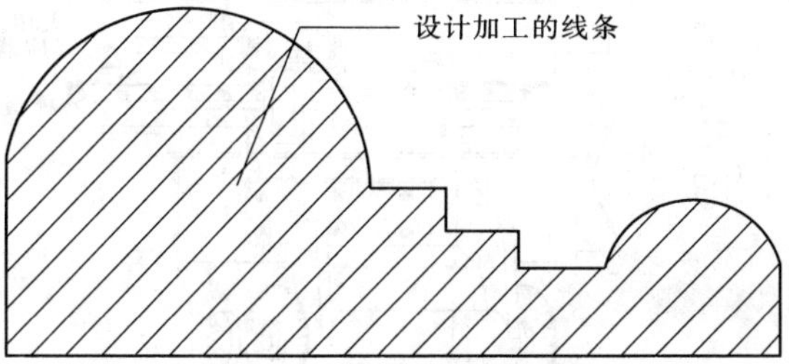

图 3-17　设计线条截面图

图 3-18　线条仿形加工示意

方向向外放大 1/2 锯口宽度,这样加工出来的产品就正好和原设计相吻合。图 3-19 所示是仿形模设计图,图中灰色填充线部分是线条原设计截面图,黑线部分就是在原设计的基础上,在水平方向考虑了半条锯口宽度所得出的仿形模制作线,图中黑色边界线部分就是仿形模制作轮廓线。

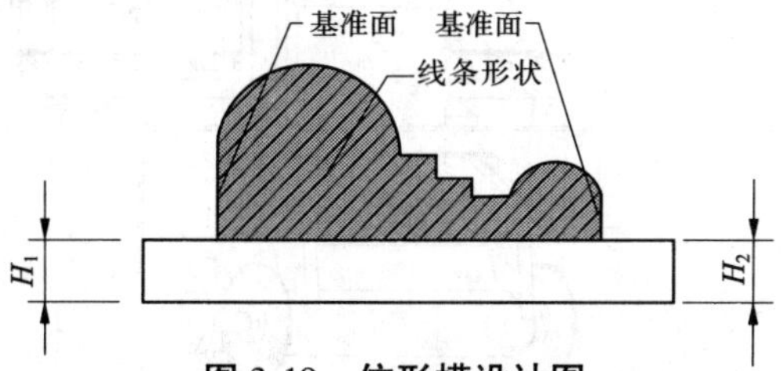

图 3-19　仿形模设计图

在设计仿形模时,要求在仿形模两个端头留基准面,同时两端留等高线 $H_1=H_2$,在制作仿型模时要求同时制作 2～3 块与原设计完全相同的检验模,以备后续加工时划线及检验使用。

(二)毛坯的加工方法

在开毛坯时要求宽度加工到精确尺寸,长度放大 20 mm 余量,厚度至少放大 3 mm 余量。

(三)仿形机加工工艺

1. 仿形机找正方法

1)仿形模调整方法

将仿形模装夹于模板架上,以模板两端的基准面和等高线为找正依据,通过工作台到刀片的高度距离正好等于等高线来找正仿形模是否安装水平。图 3-20 所示为仿形模调整方法示意。

2)毛坯找正方法

根据仿形模两端的基准面,找正毛坯位置是否摆放正确。

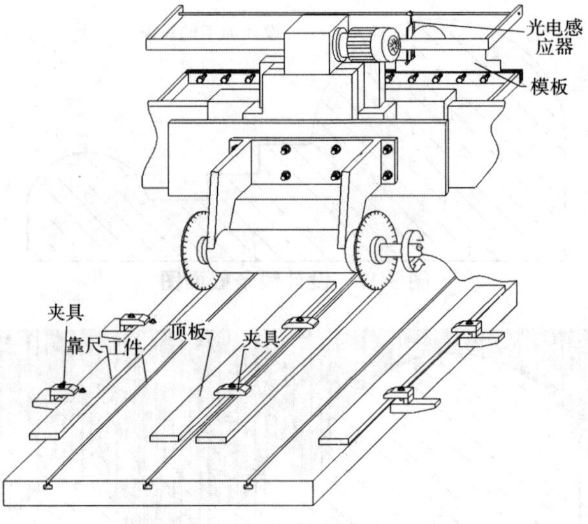

图 3-20　仿形模调整方法示意

以台车面为基准，以等高线高度为参照依据，调整刀片的高度。利用光电感应头的微调，调整光电感应头使之正好处于等高线高度处。在找正调整时不考虑加工余量。

选择靠尺的宽度尺寸要大于精确尺寸，当毛坯的位置找正后，把靠尺用夹具把合牢固后，用仿形机刀片切割出靠尺的基准。图 3-21 所示为毛坯的找正方法示意。

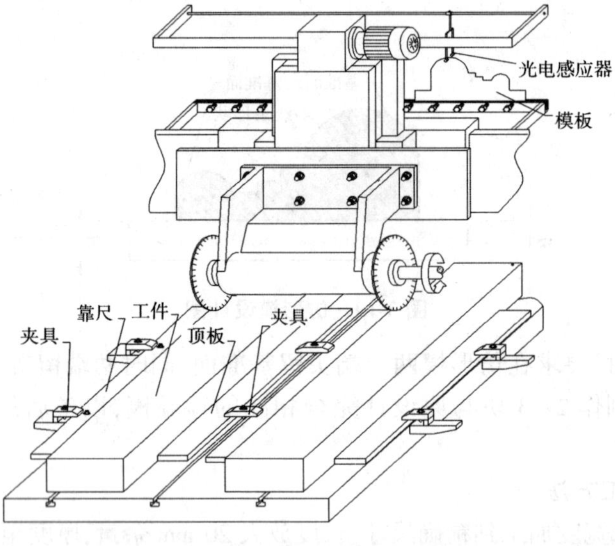

图 3-21　毛坯找正方法示意

工件紧靠靠尺，另一面用顶板顶紧后，用夹具把合好顶板。整个毛坯的找正定位工作就完成了。

2. 粗仿过程

如图 3-22 所示为线条粗加工示意。

凡粗仿大型厚石线，均使用锋利刀片，如果刀片不锋利，在爬坡和下坡时会产生让刀现象，造成严重形状误差。

每次分刀宽度最大不超过 10 mm。

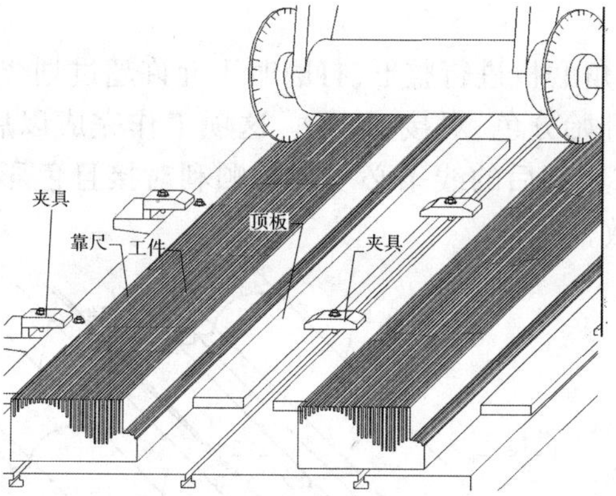

图 3-22　线条粗加工示意

调整光电感应器微调使加工余量(高度方向)保留 3 mm。

粗加工后,要去除多余废料,不准许用利物敲击,以免损伤表面,只准用钝物轻打。

3. 精仿过程

如图 3-23 所示为线条精加工示意。去除多余废料后,将台车行走速度调整至刀片不出火花的最大速度。每次分刀不大于 3 mm,遇“陡坡”时分刀应减至 1~2 mm。加工余量(高度方向)保留 1 mm。

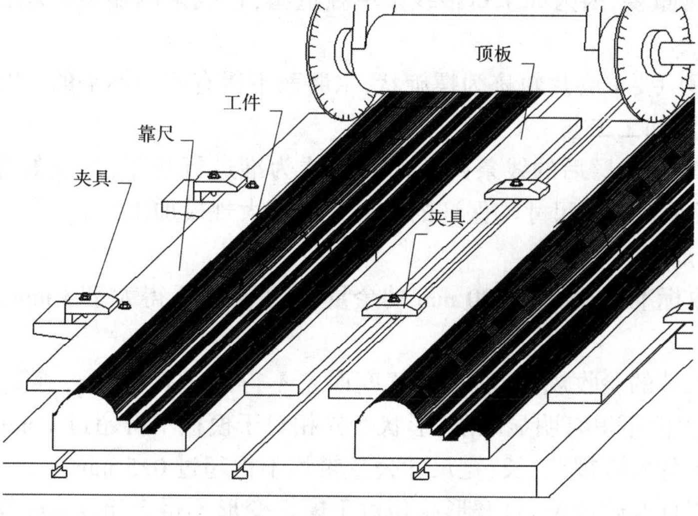

图 3-23　线条精加工示意

千万注意刀片刚性不足造成的“让刀”,就是在加工时,由于刀片刚性不足,使得刀片向着受力薄弱的方向变形的现象,会严重影响加工质量。

精加工过程中,必须随时监控高度尺寸的变化,及时利用光电感应器的微调,补偿由于刀片磨损造成的高度尺寸误差,以免由于刀片磨损造成高度尺寸变化。

(四)桥切整形工艺

线条仿形加工后,将仿形线条在桥切上把长度尺寸切为精尺寸。

(五)整形与水磨工艺

(1)将与原设计完全相同的检验模板放置于仿形并整形线条产品两端的基准线上,以两端的基准线为准划线。

(2)两端依所划线用角磨机进行整形,打磨时不允许超过划线。

(3)整形后,对线条开始分色、对接、编号。这项工作完成以后就要开始线条组合配做了,如图3-24所示。要求粗磨后的线条必须能够顺利对接且色彩一致,特别是大型线条一定要组合后统一造型配做。

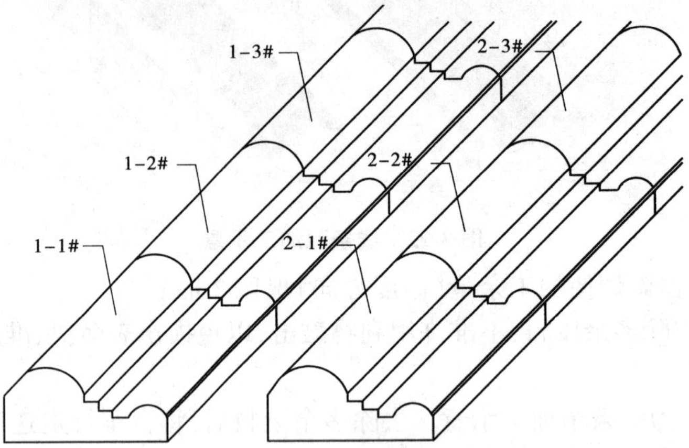

图3-24 线条组合配做示意

这项工作非常重要,因为如果每根线条单独造型,在线条两端会下塌,同时加工出来的线条不能顺利对接。

(4)水磨过程中要求磨片轨迹为螺旋状,水磨面不得有凹凸不平的"水波纹"现象出现。

(六)后序工序加工工艺

加工45°碰角,依水磨后的线条两端的基准线为准进行找正,建立好靠模,调整好刀片角度进行切割,必须在所有尺寸均保证的前提下才能大规模加工。

(七)验收规范

(1)毛坯验收标准:长度保证20 mm的余量,高度误差不得大于3 mm,表面平整度不得大于2 mm。

(2)仿形加工件的验收规范:加工后宽度误差不得大于0.5 mm,等高基准线高度误差不得大于1 mm,表面不得有明显缺陷,形状变异相对于模板不得超过1 mm。

(3)桥切整形的验收规范:长、宽尺寸公差带均不得超过0.5 mm。

(4)水磨加工件验收规范:打磨形状相对于模板变形不得大于1 mm,表面光亮平整,表面光泽度不小于85°,不得有明显的"水波纹"现象发生,产品能够顺利对接且色彩一致,对接后直线度公差带不超过0.5 mm。

(5)后序加工验收规范:按图纸要求检验几何尺寸,公差均不得超过1 mm。对表面缺陷进行补救,不得看出任何明显缺陷。

二、胶粘组合型线条

(一)平板胶粘组合线条

平板胶粘组合线条制作方法在石材工程中应用非常普遍,往往在荒料受限和顾客要求低价位时使用这种加工方法。如图3-25所示为平板胶粘组合线条图片。

图 3-25　平板胶粘组合线条

平板胶粘组合线条的设计要点是：胶缝应该考虑在线形的阴角处或者考虑在垂直于看面的立面处，这样处理后在视觉上胶缝就不明显了，如图 3-26 所示。

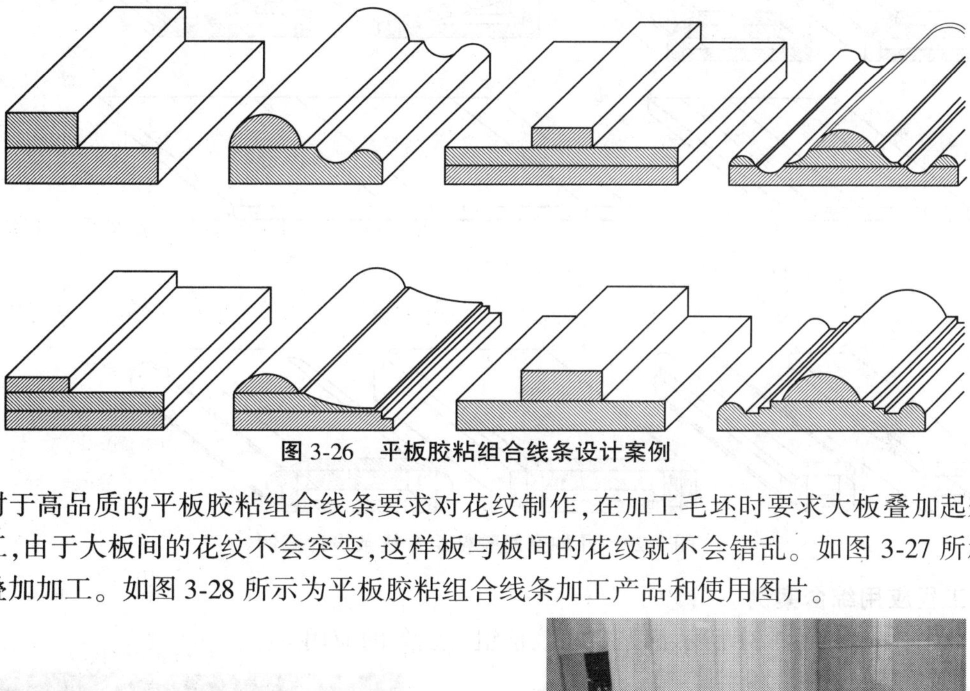

图 3-26　平板胶粘组合线条设计案例

对于高品质的平板胶粘组合线条要求对花纹制作，在加工毛坯时要求大板叠加起来同时加工，由于大板间的花纹不会突变，这样板与板间的花纹就不会错乱。如图 3-27 所示为大板叠加加工。如图 3-28 所示为平板胶粘组合线条加工产品和使用图片。

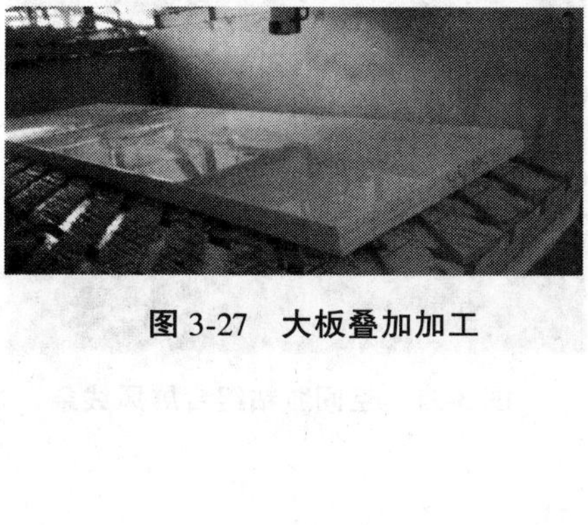

图 3-27　大板叠加加工

图 3-28　平板胶粘组合线条应用案例

(二)空间胶粘组合线条

利用线条设计的层次没有超过板材厚度这一特点,把线条设计为空间胶粘组合型结构。要想使空间线条制作得完美无缺,关键在于花纹不断,只要花纹连续,视觉上就可以以假乱真,感觉像荒料加工的产品。在工程中,在荒料短缺或用量很小的情况下建议使用这种设计方法。如图 3-29 所示为几种空间胶粘组合线条设计技法。所有胶粘板,都取自同一块大板,只要胶粘顺序不乱,加工制作的产品花纹就不会乱。

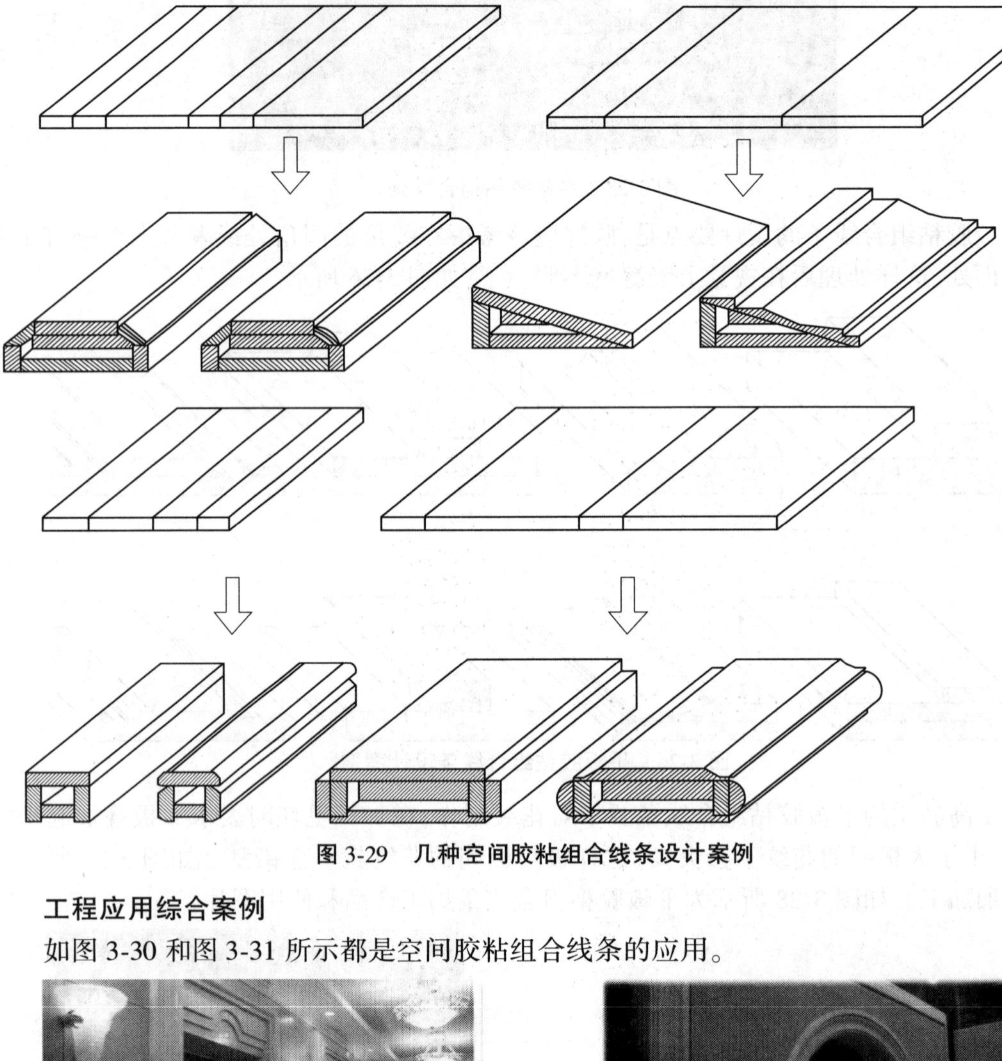

图 3-29　几种空间胶粘组合线条设计案例

工程应用综合案例

如图 3-30 和图 3-31 所示都是空间胶粘组合线条的应用。

图 3-30　空间胶粘组合电梯门套

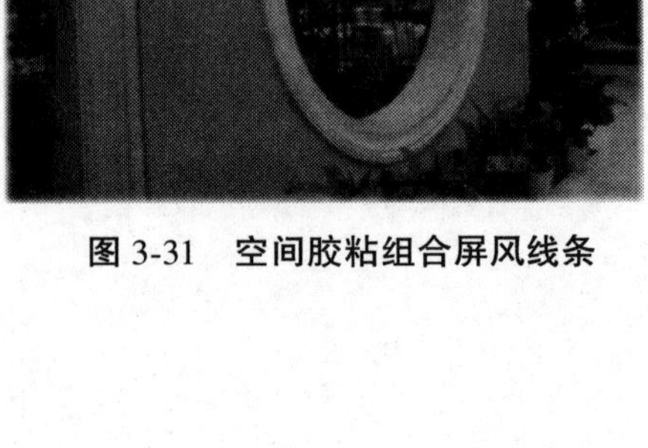

图 3-31　空间胶粘组合屏风线条

三、大型组合线条

(一)应用

大型组合线条是指由若干不同的线条和平板组合而成的大型线条。在外墙装饰工程中的应用非常广泛,在豪华内装饰中的应用也非常普遍。如图 3-32 所示就是一个大型组合线条在外墙装饰工程中的应用图片。如图 3-33 所示是大型组合线条在豪华内装饰中的应用。

图 3-32　大型组合线条在外墙装饰中的应用

图 3-33　大型组合线条在豪华内装饰中的应用

(二)设计要点

组成大型组合线条的各个相关小线条和平板,它们之间的空间层次不同,从而导致组成大型组合线条的各个小线条和平板的几何尺寸发生变化。特别是遇到曲线大型组合线条时,各个组合部件的几何尺寸都会随着空间位置的变化而变化,用立体几何知识进行数学计算则非常麻烦,借助于计算机辅助设计,可以非常便捷地得到各个部位的精确尺寸。

(三)设计举例

以圆弧形欧式大梁为例。

1. 设计平面图和立面图

如图 3-34 所示为平面图和立面图的设计方法。首先设计平面图,标明六根罗马柱的轴心位置(轴心线所在圆弧半径、轴间距和向心角),通过平面图一一对应地绘制立面图的六根罗马柱,在罗马柱的柱冠上,设计大梁的造型,再把大梁的轮廓投影到平面图上。

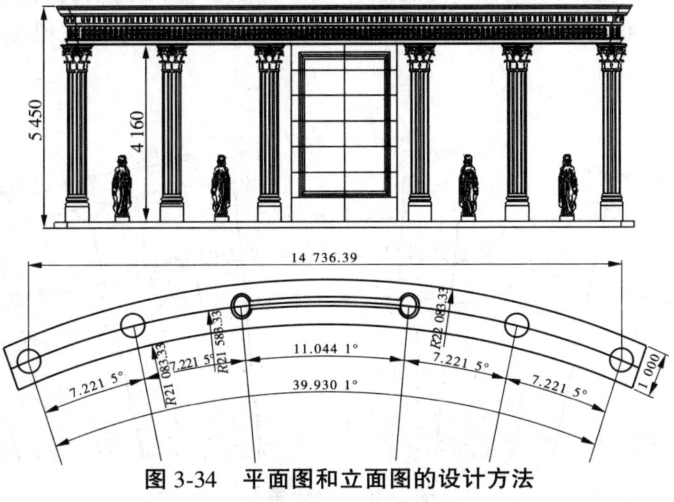

图 3-34　平面图和立面图的设计方法

2. 设计截面图

(1)如图 3-35 所示为大梁截面图。根据立面图中大梁的造型,设计大梁截面的外形轮廓。根据罗马柱冠与大梁的相对尺寸,设计大梁的宽度。有了大梁的外轮廓形状和大梁的宽度,就可以设计大梁的截面图了。

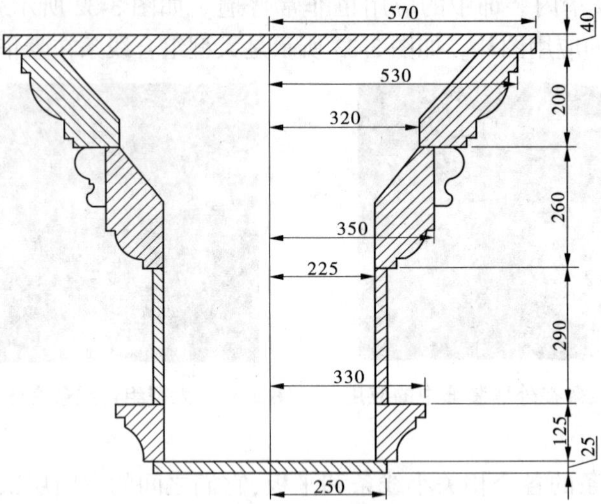

图 3-35 大梁截面图

(2)在设计截面图时一定要把线条和平板或圆弧板区分开来,不能混为一谈,因为它们的造价和加工难度相差很大。

(3)标注各个组成大型线条的小线条极限点到中性线(罗马柱轴心线所在的圆弧线)的距离。请注意:各个极限点到中性线的距离非常重要,只有得到了这个参数,才能设计出组成大型组合线条的各个组成部分的几何参数。

3. 在中性线上等分各段圆周

如图 3-36 所示为从左到右只有 3 号柱和 4 号柱之间的等分角与其他柱间的等分角不同。柱间的等分线非常重要,大梁不可能制作成一根不分段的整梁,要按照石材的加工习惯(一般情况下线条长度不超过 1 200 mm)进行大梁分缝,柱间的大梁要按照等分线进行分缝。

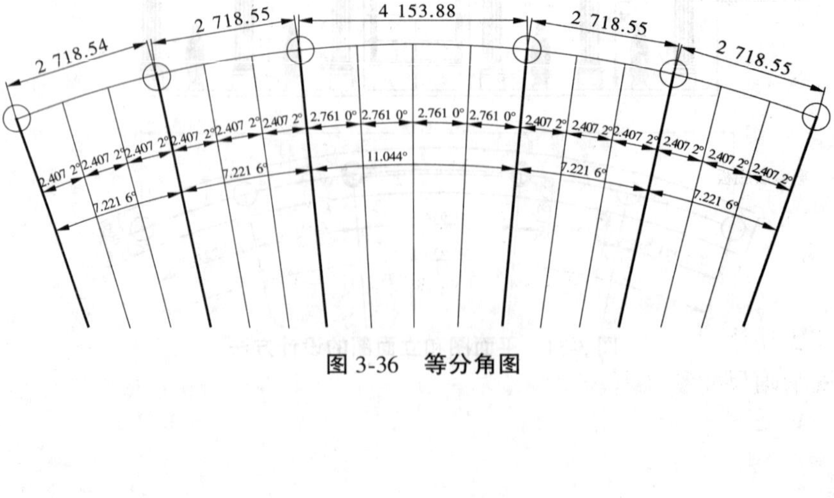

图 3-36 等分角图

4. 各层小线条的精确尺寸设计

取三段有代表性的圆周,按照截面图的尺寸进行偏移,就可以完成各个小线条的俯视精确尺寸。如图 3-37 所示为各层线条的俯视精确尺寸。

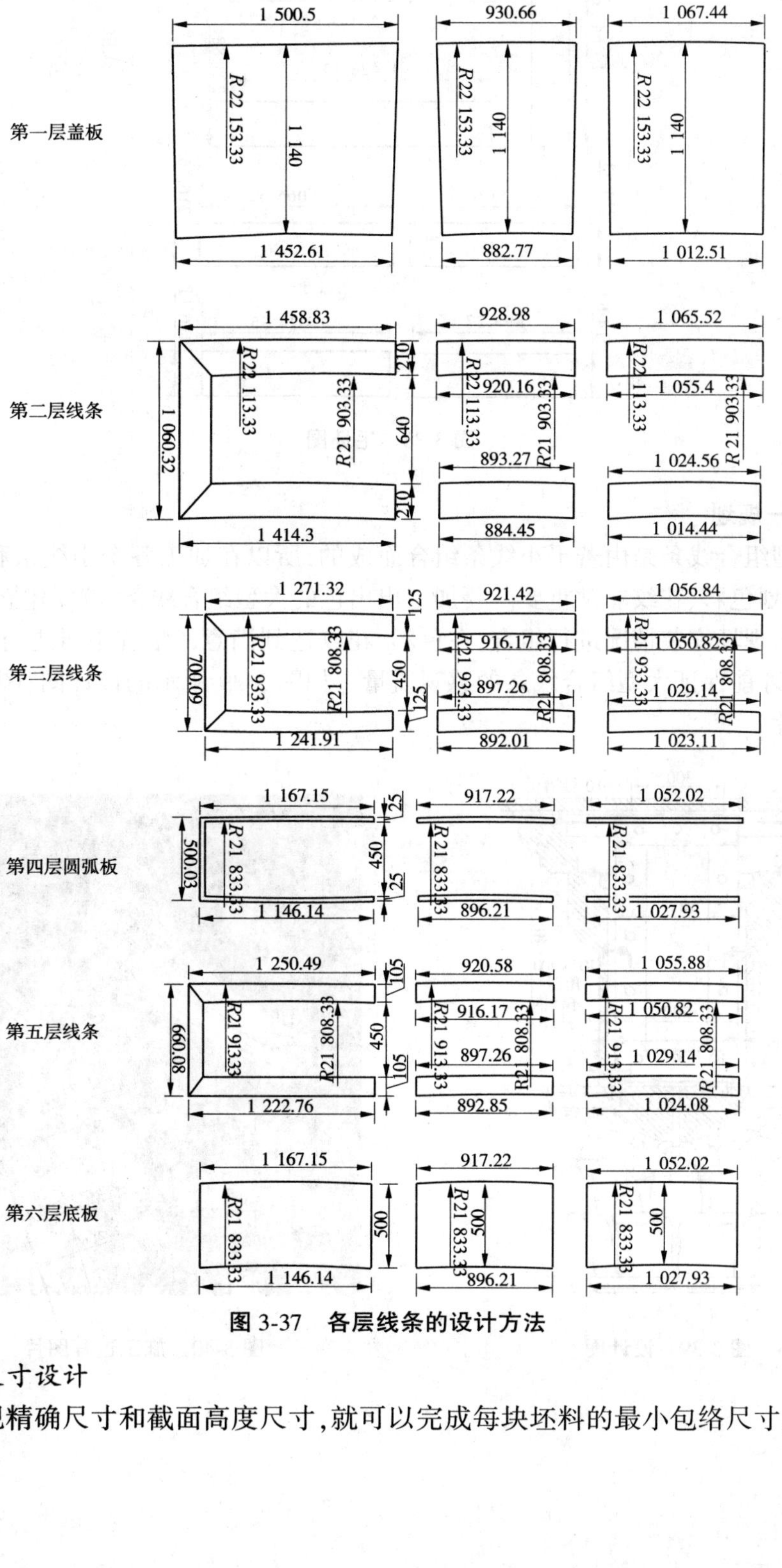

图 3-37　各层线条的设计方法

5. 坯料尺寸设计

通过俯视精确尺寸和截面高度尺寸,就可以完成每块坯料的最小包络尺寸。

以第二层线条为例,如图 3-38 所示。

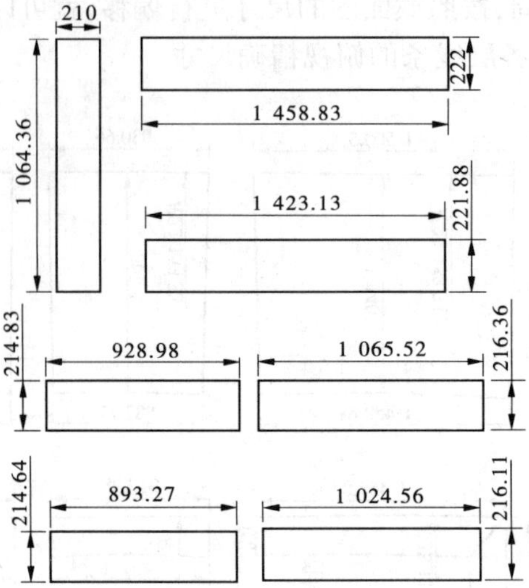

图 3-38　毛坯图

(四)统一规划

由于大型组合线条是由若干小线条组合而成的,所以在加工各个小线条和平板或圆弧板时,统一规划色彩、花纹非常重要。要加工出出色的大型组合线条,就要建立组合工装,把各个线条按照现场安装情况进行组合,在色彩、花纹达到满意的情况下再进行统一配做、打磨,只有这样才能保证大型组合线条的感观质量。如图 3-39 所示的设计图,图 3-40 所示的施工过程图片。

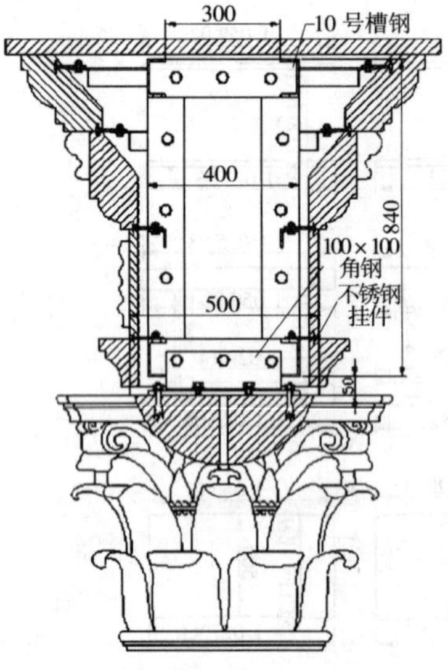

图 3-39　设计图

图 3-40　施工过程图片

(五)组合配做

图 3-41 所示为大型组合线条的组合方式,图 3-42 为设计应用案例。由于组成大型组合线条的小线条,在加工制作的时候,采用的是配做的方法,所以加工出来的产品不具有互换性,由此组合出来的大型组合线条也不具有互换性。这就要求在加工大型组合线条时,必须进行详细的产品编号、标识,同时编制简洁、明白的编号说明,否则施工现场将无法还原制作现场的情况,后果非常严重。

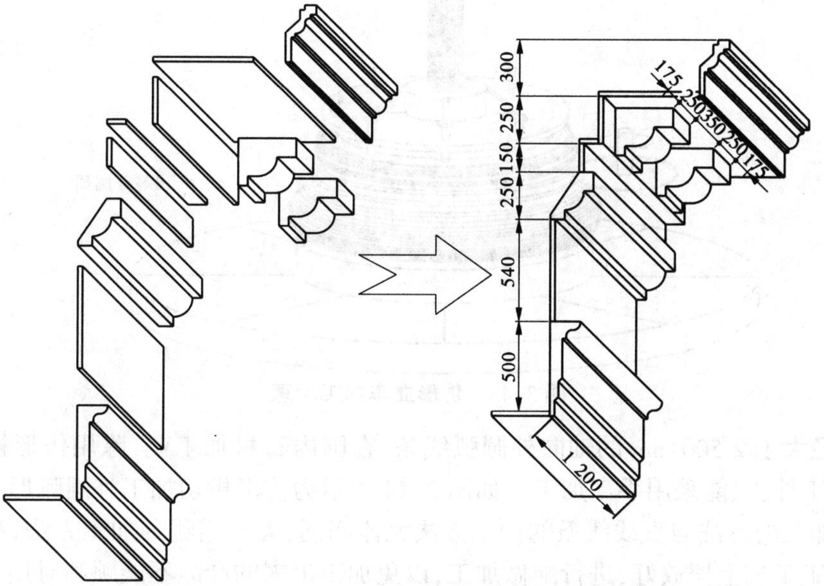

图 3-41 大型组合线条的组合方式

图 3-42 设计应用案例

四、圆弧形线条

(一)轴向圆弧线条

1. 轴向外圆弧线条

线条造型按照轴线方向分布,按照外圆弧方向延伸,线条截面形状垂直于延伸方向。轴向外圆弧线条示意见图 3-12。

（1）直径小于 2 500 mm 的线条可以采用全自动光电感应仿形立车加工。直径受限的原因在于立车装卡工件的花盘直径有限，也有花盘直径超过 2 500 mm 的立车，但不普及。如图 3-43 所示为仿形立车加工示意。

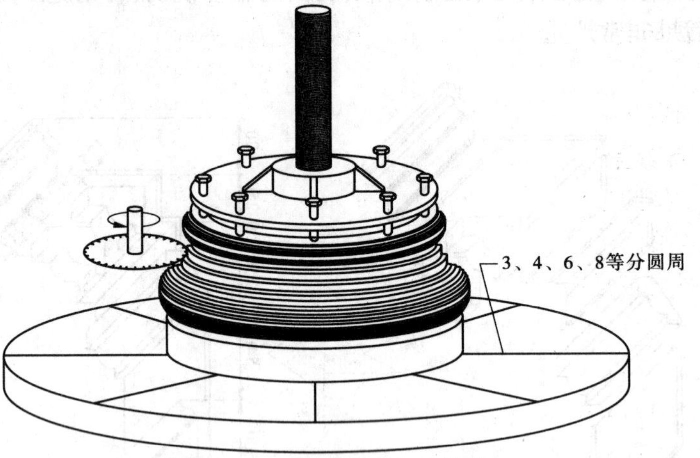

图 3-43　仿形立车加工示意

（2）直径大于 2 500 mm 的轴向外圆弧线条，在国内石材加工业，除用仿形桥切和进口加工中心加工外，只能采用手工加工。如图 3-44 所示为仿形桥切加工外圆弧形线条。

（3）精加工的方法与直线线条的加工方法大体相同，无论用哪种加工方法，都应按照编号在手工加工工位上摆放好，进行配做加工，以免加工出来的产品不能顺利对接。然后再进行整形、粗磨、精磨、抛光加工。

（4）手加工的线条没有互换性，必须进行详细的产品编号、标识，同时编制简洁、明白的编号说明，否则施工现场将无法还原制作现场的情况。

（5）工程应用案例如图 3-45 所示的大型外圆弧屋檐线条。

图 3-44　仿形桥切加工外圆弧形线条

图 3-45　大型外圆弧屋檐线条

2. 轴向内圆弧线条

（1）轴向内圆弧线条造型按照轴向分布，按照内圆弧方向延伸，线条截面形状垂直于延伸方向。轴向内圆弧线条见图 3-11。

（2）目前，国内的石材加工业，加工轴向内圆弧线条只能采用进口的加工中心加工，但由于加工成本太高，在国内普遍采用手工配做的方法加工，完全可以满足要求。

（3）精加工的方法与直线线条的加工方法大体相同，均应按照编号在手工加工工位上摆放好，进行配做加工，以免加工出来的产品不能顺利对接。然后再进行整形、粗磨、精磨、抛光加工。

(4)手加工的线条没有互换性，必须进行详细的产品编号、标识，同时编制简洁、明白的编号说明，否则施工现场将无法还原制作现场的情况，后果非常严重。

(5)工程应用案例如图 3-46 所示。

图 3-46　大型弧形梁

(二)径向圆弧线条

(1)线条造型按照径向分布，按照圆弧方向延伸。径向圆弧线条见图 3-13。大型门套线运用径向圆弧线条的情况非常普遍。

(2)径向圆弧线条，按照直径不同，加工方法有所不同。

①半径小于 6 000 mm 的线条可以采用线条机加弧形线条工装的加工方式。径向圆弧线条加工工装见图 3-47。

②半径大于 6 000 mm 的线条只能采用进口的加工中心加工，但加工成本太高，目前在国内石材加工业，普遍采用手工配做的方法加工，完全可以满足要求。

(3)无论是采用线条机还是手工加工，精加工的方法与直线线条的加工方法大体相同，均按照编号在手工加工工位上摆放好，进行配做加工，以免加工出来的产品不能顺利对接。然后再进行整形、粗磨、精磨、抛光加工。

(4)手工加工的线条没有互换性，必须进行详细的产品编号、标识，同时编制简洁、明白的编号说明，否则施工现场将无法还原制作现场的情况，后果非常严重。

(5)工程应用案例如图 3-48 所示。

图 3-47　径向圆弧线条加工工装

图 3-48　大型圆弧形门套线

五、三维线条

(一)三维建模

加工三维线条和三维曲面板最重要的一个环节就是三维建模。

所谓三维建模，就是把三维空间转化为理论数据计算，通过理论计算的结果指导建立三维空间模型，通过三维空间模型来指导生产三维产品。

1. 理论建模

1) 数学建模

利用数学知识对需要加工的产品进行理论计算，把空间结构转化为数学模型，利用理论计算的结果指导实际建模。

2) 计算机建模

利用计算机的三维设计软件，对三维空间进行设计，在设计出来的三维空间图中，测绘出能够指导三维建模所需要的数据，利用三维设计图和测绘数据指导实际三维建模。

下面以具体案例详细说明三维计算机建模方法。

(1) 详细测绘施工现场的实际情况，按照施工现场的实际情况，利用 CAD 设计软件，建立计算机三维空间架构。如图 3-49 所示为大型三维组合线条计算机模型。

(2) 利用计算机 CAD 软件强大的编辑功能，将三维空间构架按照设计思路进行切割。水平切割按照大型组合线条各个组合单元进行切割，垂直切割按照向心角进行切割。图 3-50 所示为切割三维空间构架。

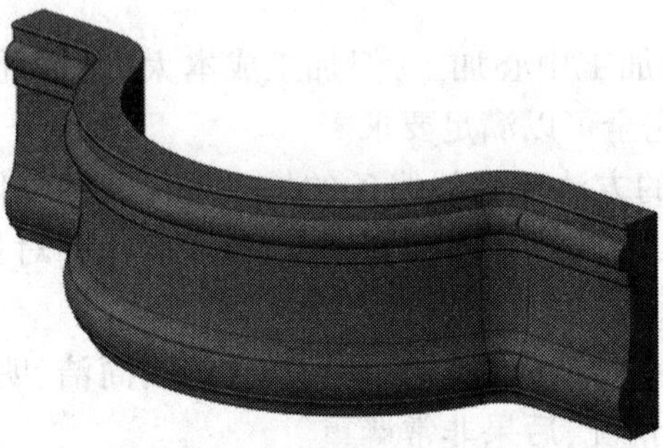

图 3-49　大型三维组合线条计算机模型

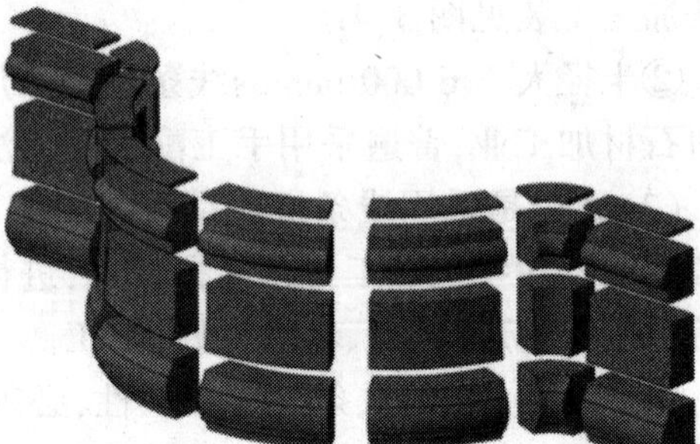

图 3-50　切割三维空间构架

(3) 仅以其中一组做示范。等分切割圆弧线条，得到各个端面的截面图，复制曲线轨迹，测绘、标注所需参数。本案例只用最下面一层做分析，其余方法相同。如图 3-51 可以获得指导加工和施工的全部技术参数。

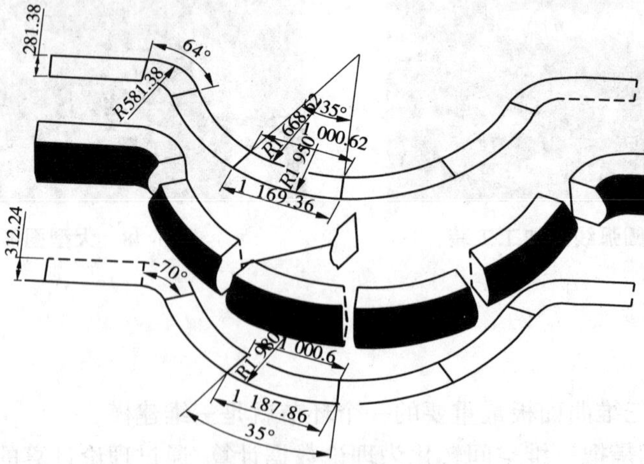

图 3-51　获得技术参数

2. 实际建模

(1)通过上述两种理论建模方法得到的数据,指导实际建模。实际建模是要建立一种使加工产品能够按照施工情况进行装卡的工装,在工装上装卡产品的半成品,这样就可以进行组合配做了。

(2)实际建模首先要考虑的是可操作性,一定要能够指导加工和施工。

(3)由于要在实际建模上安装配做三维产品,三维实际建模要有一定的强度。

(二)三维产品的加工

(1)三维产品基本上是采用手工制作。三维模型建立起来以后,为实际加工提供了直观的加工基准线和加工基准面。

(2)加工的第一步是测绘三维模型进行放样,根据放样的结果进行开坯。

(3)按照三维模型提供的数据在毛坯上加工基准线或基准面。

(4)有了基准线或基准面就可以画线造型了。请看图 3-52,组合配做。

(三)安装过程

(1)三维产品加工出来以后,最重要的是要把它成功地安装上去,要想安装成功就必须依靠基准,要求任何一个空间数据都必须与基准相联系,这样制作和安装用的是相同的基准,结果不会出错。

(2)加工出来具有基准线或基准面的毛坯,要把它安装在模型框架上或安装在工地现场,如图 3-53 所示为现场安装毛坯组合配做过程。

安装完以后就要进行整体造型打磨。

图 3-52 组合配做

图 3-53 现场安装毛坯组合配做过程

(四)三维产品没有互换性

(1)三维产品的加工方法决定了加工出来的产品不具有互换性,必须进行详细的产品编号、标识,同时编制简洁易懂的编号说明,否则施工现场将无法还原制作现场的情况,后果将非常严重。最终完成的作品图片见图 3-54 和图 3-55。

(2)如果三维产品出口,则不可能派技术工人到国外去进行配做加工,只有在工厂进行实际 1 :1建模,模拟现场施工配做,严格规定基准,同时对现场情况进行计算机三维数据建模,与施工现场进行网络技术交流。只要加工配做基准与现场基准趋于吻合,加工出来的产品就可以顺利施工。

图 3-54　工程应用图片(一)

图 3-55　工程应用图片(二)

第四节　圆柱加工

一、普通圆柱(直径 400~2 000 mm)

(一)圆弧板开坯

1. 荒料出材计算

由于各种不同半径圆弧板中间厚度均不相同,用数学的方法很难计算出来,需要借助计算机辅助设计,才能精确地计算出材料利用率。

2. 计算荒料加工的圆弧板面积

下面以半径 600 mm、边沿 25 mm 的圆弧板为例(见图 3-56),具体讲述圆弧板面积的计算。

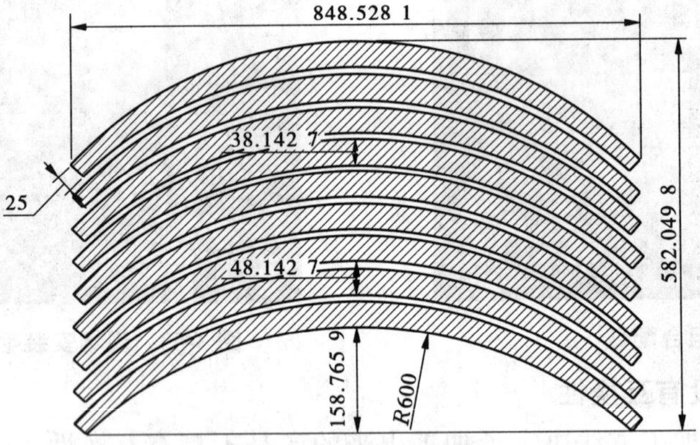

图 3-56　材料规划图

$$单片圆弧板面积=2\times3.14\times600\times H/4$$

$$圆弧板数量=(L-158.77)/48.14$$

$$圆弧板总面积=单片圆弧板面积\times圆弧板数量$$

式中　H——圆弧板高度;

　　　L——荒料长度。

注意:不同半径、不同荒料长度加工的圆弧板面积不同,无公式可以套用,只能通过计算机辅助设计进行计算。

3. 坯料

(1)按照圆弧板的弦长和高度尺寸测算坯料尺寸，一般情况下坯料尺寸余量考虑 20 mm，如图 3-57 所示。

(2)坯料长度尽量越大越好，因为加工圆弧板时由于圆弧板弦高的缘故，第一刀的材料耗损很大，材料越长平均耗损越小。

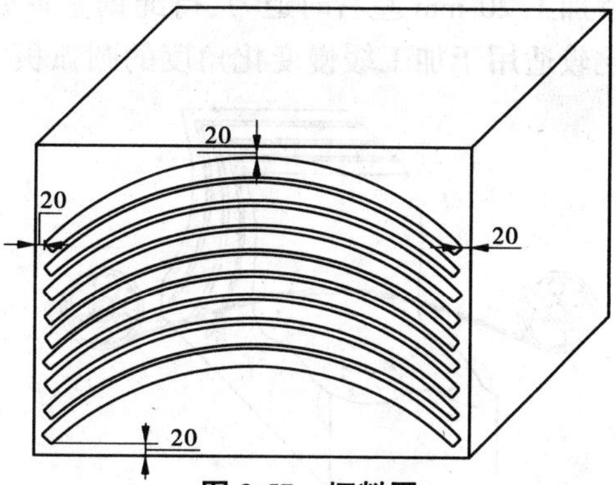

图 3-57　坯料图

(二)圆弧板粗加工

1. 桶锯加工

桶锯加工原理图见图 3-58。

(1)由于桶锯加工时振动大，加工大理石圆弧板时容易破损，所以一般情况下桶锯不考虑加工大理石。

由于花岗石的硬度大、强度高，用桶锯加工的效率高、成本低，所以桶锯最适合加工花岗石圆弧板。

(2)桶锯加工是从上往下进刀的，锯口会出现上宽下窄的现象，因此加工出来的产品要出现上大下小的锥形，必须要有弧板整形设备才能加工出好的产品。

(3)由于桶形刀具的直径不可能无限扩大，限制了圆弧板最大直径一般情况下不能超过 2 000 mm。圆弧板高度一般情况下不超过 1 000 mm。

2. 数控绳锯加工

数控绳锯加工原理图见图 3-59。

图 3-58　桶锯加工原理图

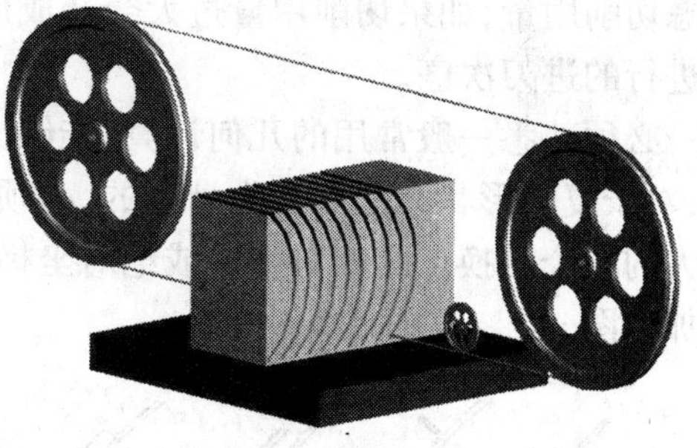
图 3-59　数控绳锯加工原理图

(1)由于数控绳锯加工时振动很小，对于加工强度和硬度相对差的大理石非常适合。用数控绳锯加工花岗石产品，效率低、成本高，一般情况下不考虑用数控绳锯加工花岗石圆弧板。

(2)钢丝绳框架的跨度限制了加工工件不能超过 1 600 mm。

(3)由于钢丝绳的柔性原因，加工的工件越长变形越大，所以不适合加工太长的工件，以长度小于 800 mm 的工件为最佳。钢丝绳柔性变形见图 3-60。

(4)钢丝绳与工件的接触是柔性接触，决定了吃刀抗力很小，所以加工效率很低，同时加工成本很高。

(5)由于绳锯的钢丝绳是柔性接触，特别是加工有转角的工件时，钢丝绳的变形将造成加工工件的极大变形。遇到加工转角及小半径圆弧过渡时，一定要增加停顿时间或继续进刀待加工 20 mm 左右时退刀，待绳锯基本绷紧后，再进行下一个动作。所以，一般情况下绳锯比较适用于加工缓慢变化角度的圆弧板。如图 3-61 所示为绳锯加工转角的处理方法。

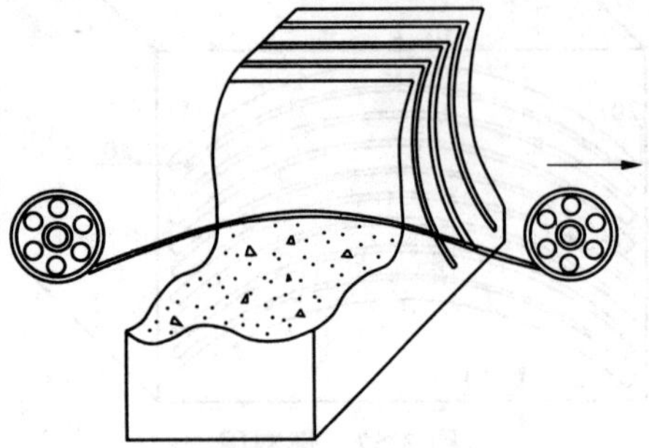

图 3-60　钢丝绳柔性变形

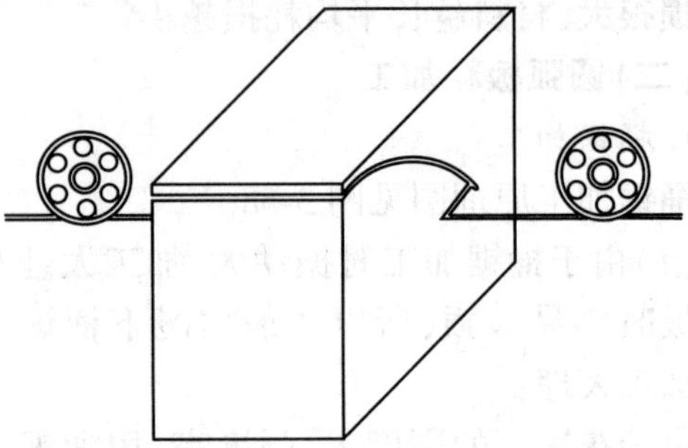

图 3-61　绳锯加工转角的处理方法

3. 绳锯加工圆弧板作业指导书

1) 数控绳锯程序的基本要求

要求操作人员必须熟悉一般常用的几何计算，能够准确计算出相对坐标，准确编制常用的相对坐标程序，如果遇到绝对坐标的程序和难度较大的计算情况必须请示技术部门的指导，利用计算机辅助设计，标明各个相关点的绝对坐标。

2) 毛坯的加工方法

按照计算机设计的毛坯尺寸下料。在开毛坯时要求长、宽均放大 20 mm 余量。

3) 数控程序的编制方法

数控程序编制前必须对加工件进行分析，确保材料利用率最高，同时考虑石材的性质，考虑切削用量，如果切削用量过大会造成形状变异。图 3-62 所示为加工过程中按照图示顺序进行的进刀次序。

必须熟悉一般常用的几何计算，能够准确计算出相对坐标，准确编制常用相对坐标的程序，对于复杂形状无法用人力计算的，必须利用计算机辅助设计。利用计算机辅助计算难度较大的各个转换点的相对坐标或绝对坐标是一种快捷、准确的方法。图 3-63 所示为数控绳锯加工图。

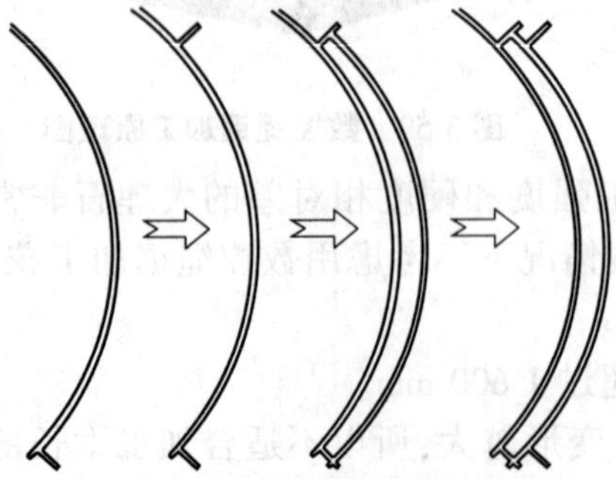

图 3-62　绳锯加工圆弧板的进刀顺序

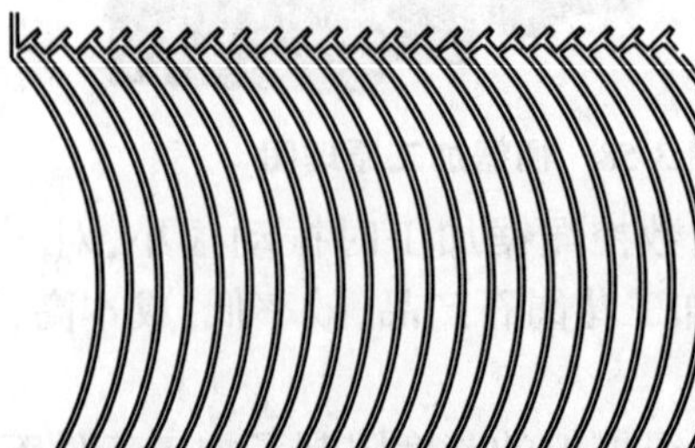

图 3-63　数控绳锯加工图

4)毛坯的找正方法

根据加工件的性质确定上基准面的位置。

绳刀高度以台车面为基准,以等高线高度为参照依据,调整绳刀的高度。

5)试刀过程

正式加工前必须进行试刀,试刀时观察绳刀的弯曲度,以便找出最佳切削用量,调整张紧轮到石材的位置在 150~200 mm。

6)加工过程

加工时必须观察冷却水,随时注意主机电流的变化,在遇到"死角"或小弯时,必须减小切削用量。

加工过程中要不断用木榫头加固,以免工件移位或翻倒。数控绳锯加工过程见图 3-64。

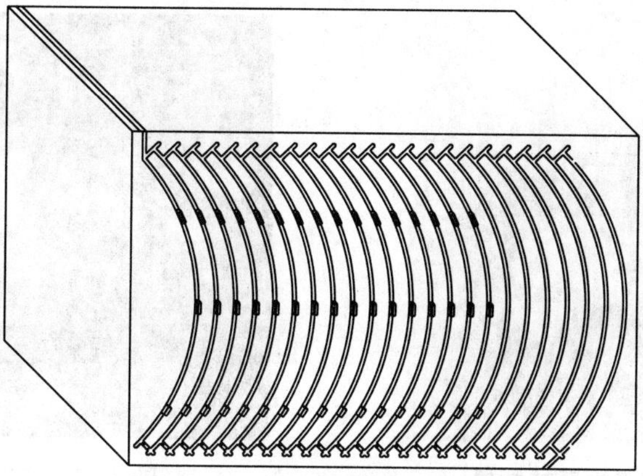

图 3-64 数控绳锯加工过程

(三)圆弧板的精加工

1. 圆弧板的整形

(1)前文在阐述桶锯和绳锯的时候,已经谈到了关于这两种加工方式在加工时要产生圆弧面形状变形,也就是说加工出来的产品不是标准圆弧面,要克服这些缺陷就要对圆弧面进行整形加工。

(2)要想加工出具有互换性的圆弧板,就必须具备圆弧板的整形工艺。利用端面把合钻石刀头的整形盘,调整好旋转工作台的半径,就可以去掉变形的圆弧表面,这种加工方法就叫整形。

圆弧板整形分三种方法,即摆式整形、卧式回转整形和立式回转整形(见图 3-65)。

第一类:摆式类加工。

摆式圆弧板手扶磨机见图 3-66。由于摆动加工的圆弧板两端无法加工,所以只能加工没有切边的圆弧板毛坯,固定磨头高度可以对圆弧板进行整形,但整形精度不高,加工的圆弧板很难具有互换性。

第二类:回转类加工。

立式圆弧板磨机见图 3-67。圆弧板切边以后,整圈装卡在回转工作台上,一次性完成整形、粗磨、精磨、抛光等工序,加工精度高,互换性好。

第三类:划线手工制作。

大部分小型圆弧板加工工厂都是采用这种方法整形加工的,利用标准模板划线作为形

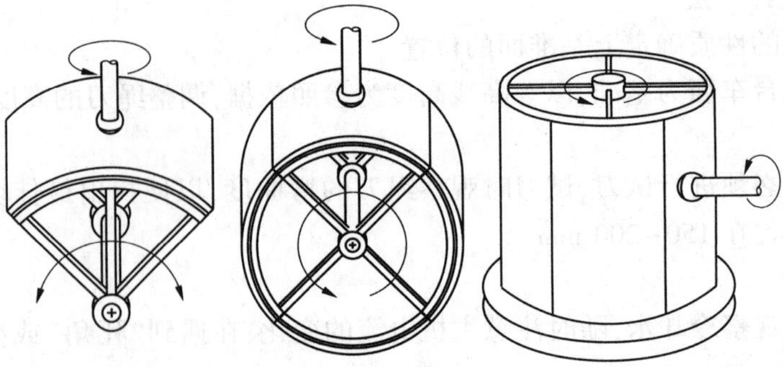

(a)摆式整形　(b)卧式回转整形　(c)立式回转整形

图 3-65　圆弧板的整形方法

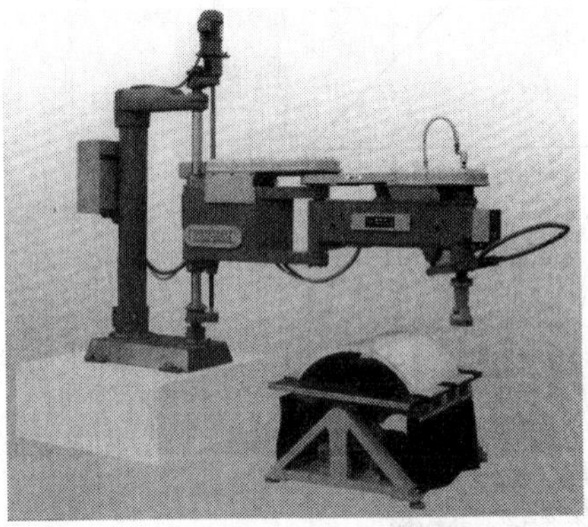

图 3-66　摆式圆弧板手扶磨机

图 3-67　立式圆弧板磨机

状加工基准。利用直尺作为直线加工基准,也可以加工出比较标准的圆弧板来。此种方法的加工质量完全由操作者的技能水平决定,所以加工质量不稳定。

2. 圆弧板的抛磨

(1)将圆弧板装卡在圆柱形框架工装上,框架安放在机器上并可做回转运动,刀架相对于装卡好工件的工装的轴线方向运动,控制好运动速度就可以控制刀具车削工件的螺距,完成圆弧板的整形工序。

(2)在刀架上更换不同型号的磨头,就可以完成粗磨、精磨和抛光工序。

3. 圆弧板切边

(1)圆弧板切边机采用双刀切割圆弧板的轴向和径向四条边,尺寸固定,所以加工精度高,而且效率高、成本低。圆弧板切边机见图 3-68。

(2)只要设备工装调整准确,加工出来的产品就具有互换性。圆弧板切边原理图见图 3-69 和图 3-70。

图 3-68　圆弧板切边机

二、大半径圆弧板

大半径圆弧板按照半径大小可区分为半径为 1 000~4 000 mm 的圆弧板和半径在 4 000 mm 以上的圆弧板,这样划分的目的在于容易区分加工方式。

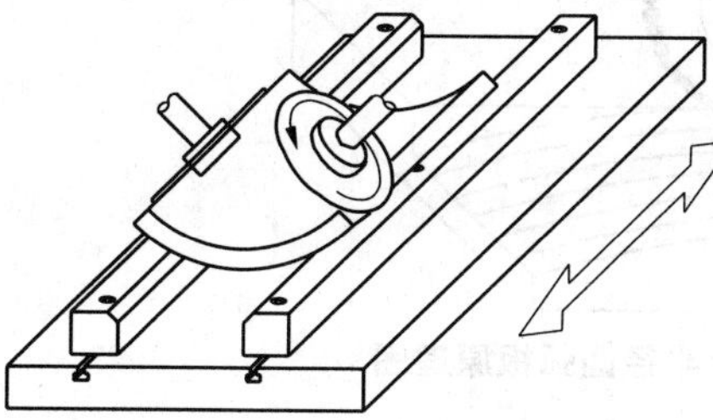

图 3-69　加工圆弧板轴向边

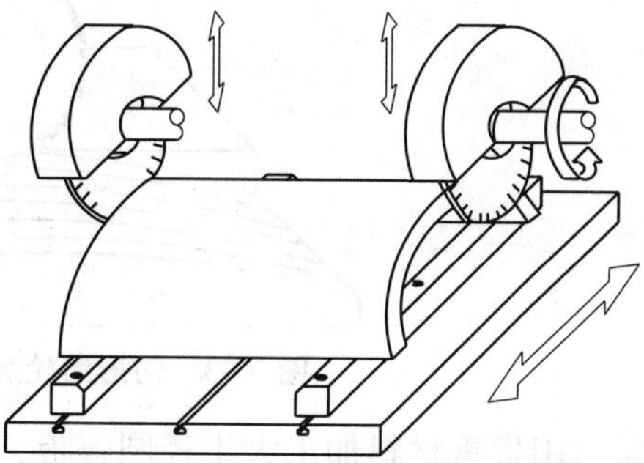

图 3-70　加工圆弧板端面边

(一)半径为 1 000~4 000 mm 的圆弧板

针对高价值品种的大半径圆弧板,大多采用绳锯加工,因为用绳锯加工最节省材料。数控绳锯加工大半径圆弧板见图 3-71。

当加工低档材料,材料价值和加工费相比无足轻重时,可以考虑仿形加工。用仿形机加工大半径圆弧板见图 3-72。

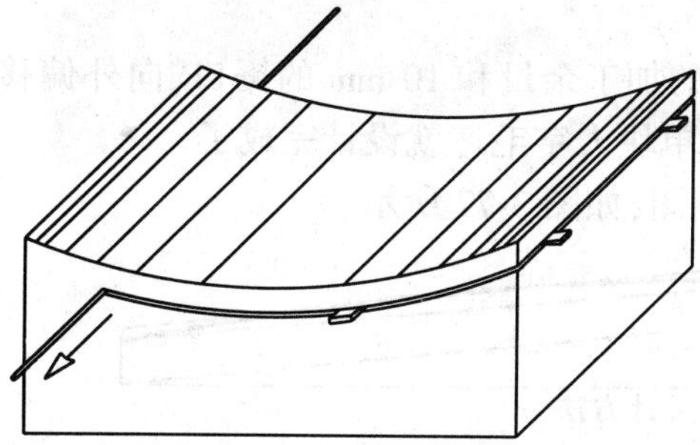

图 3-71　数控绳锯加工大半径圆弧板

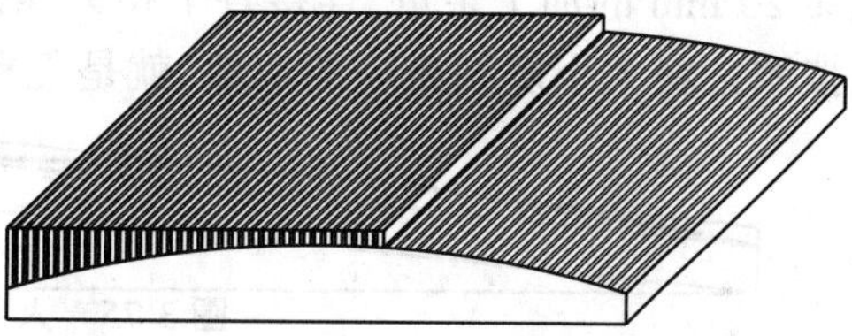

图 3-72　仿形机加工大半径圆弧板

(二)半径在 4 000 mm 以上的圆弧板

半径在 4 000 mm 以上的圆弧板大多采用仿形加工,因为半径很大的圆弧板的弦高很小,消耗材料对成本的影响不大。

1. 仿形加工

仿形加工的方法与前面介绍的仿形加工线条的方法基本一样。

2. 滚轮加工

图 3-73 所示为仿形滚轮加工大半径圆弧板原理图。利用有仿形功能的桥切或者专用机器加工。

仿形滚轮加工效率高,加工精度好,但是由于吃刀抗力很大,加工时产品容易破碎,所以当加工深度较大时要分次进刀,不能一步到位。

3. 人字坯加工大半径圆弧板

1)大半径圆弧板人字毛坯的设计方法

第一步:设计要求。

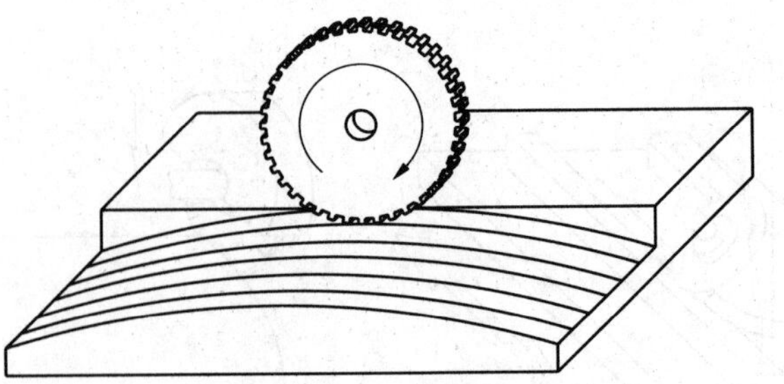

图 3-73　仿形滚轮加工大半径圆弧板原理图

凡遇到用贵重材料加工大半径圆弧板，又没有数控绳锯的情况，为节省材料，可以采用人字毛坯加工方法。

第二步：设计人字毛坯。

原设计大半径圆弧板见图 3-74。

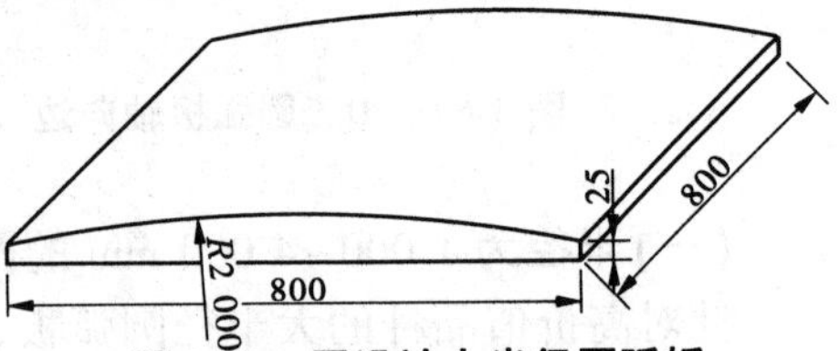

图 3-74　原设计大半径圆弧板

如图 3-75 所示为人字坯的设计方法。连接圆弧线的两个端点和中点，复制两条连线到圆弧切点，分别连通各个相关点，就完成了单片人字坯的设计。

第三步：荒料规划图。

如图 3-76 所示分别向外偏移两条切线 5 mm 的加工余量和 10 mm 的锯口，向外偏移两条端线 20 mm 的加工余量，连接各个相关连接点，单块人字毛坯就设计完成了。

按照荒料大小复制相应的块数，就是荒料规划图，如图 3-77 所示。

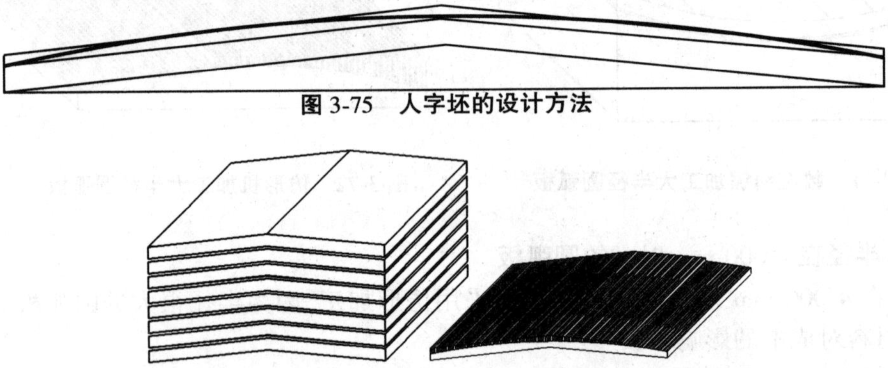

图 3-75　人字坯的设计方法

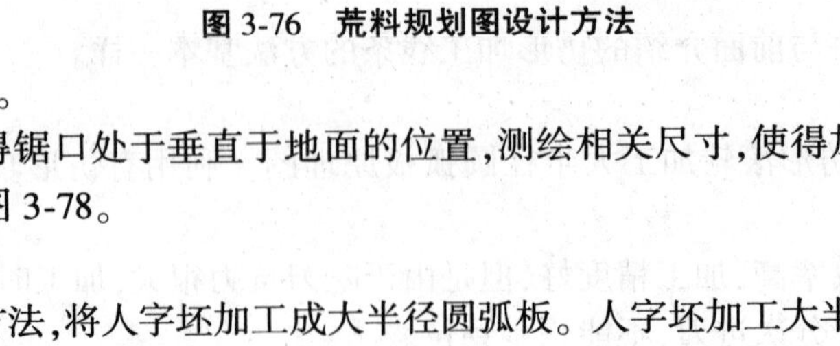

图 3-76　荒料规划图设计方法

第四步：加工图。

旋转毛坯图使得锯口处于垂直于地面的位置，测绘相关尺寸，使得加工调整角度时有数据可查。加工图见图 3-78。

2) 加工方法

采用仿形加工方法，将人字坯加工成大半径圆弧板。人字坯加工大半径圆弧板见图 3-79。

3) 大半径圆弧板应用案例

大半径圆弧板具体应用见图 3-80 和图 3-81。

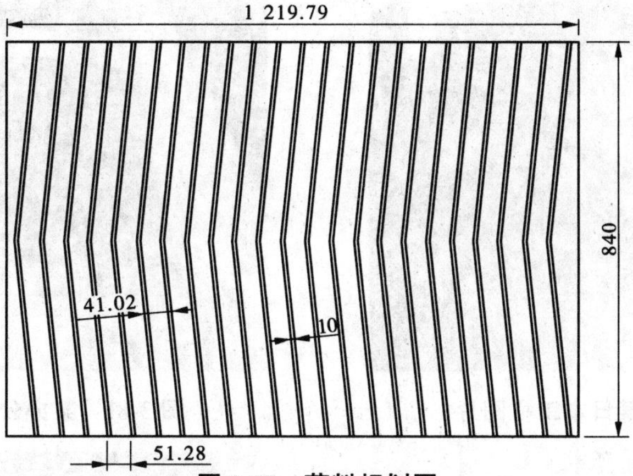

图 3-77　荒料规划图

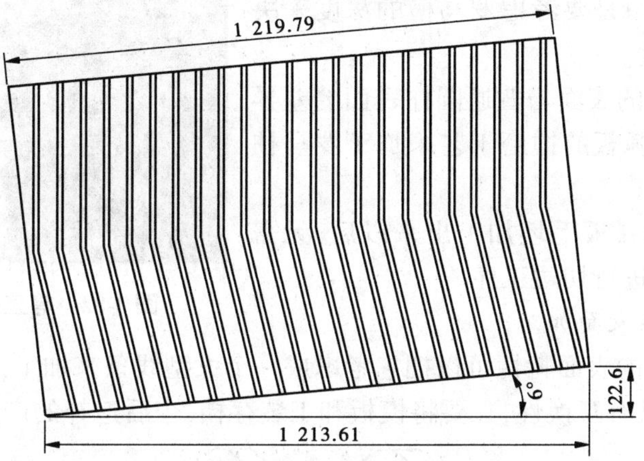

图 3-78　加工图

图 3-79　人字坯加工大半径圆弧板

三、罗马柱

(一) 等直径罗马柱身

直径不变的圆弧板罗马柱见图 3-82。

图 3-80　某日本工程图片

图 3-81　某办公大楼工程图片

图 3-82　等直径圆弧板罗马柱

1. 等直径罗马柱圆弧板

(1)罗马柱圆弧板粗加工与前述圆柱圆弧板的加工方式大体相同,只是要考虑罗马槽的深度来决定圆弧板的边沿厚度。

(2)由于罗马柱的表面与普通圆柱表面的差异较大,所以不能用圆弧板的抛磨工艺来加工罗马柱表面。

(3)罗马柱的圆弧板毛坯加工出来以后,无需进行表面处理,直接进行切边工序。

2. 等直径罗马柱表面加工

(1)按照罗马柱的表面特性可以把它考虑成一个大型线条来加工,如图 3-83 所示。这样加工出来的产品具有互换性,只要将模板和工装存档,今后追补的产品同样具有互换性。

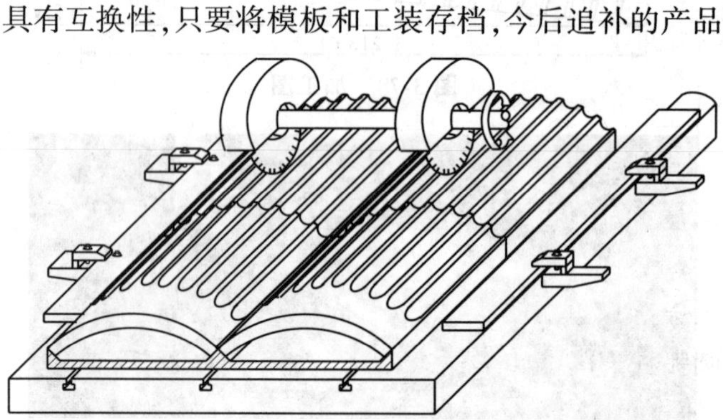

图 3-83　等直径圆弧板罗马柱加工方法

(2)针对罗马槽封头的定位位置,调整好线条机的限位点。

(3)当罗马柱表面粗仿形加工完毕以后,罗马槽封头不是球面(如图 3-84 所示右边两个罗马槽封头),需要技术娴熟的工人用手工打磨而成(如图 3-84 所示左边两槽球形封头)。

(4)目前为止,很多工厂都是采用手工配做加工罗马柱圆弧板,如图 3-85 所示。按照安装顺序组合排列好以后,划线手加工,这样加工出来的产品没有互换性,尤其是出口产品,一旦顾客要追补，很难保证互换性。

(5)其余的加工方式和线条加工的后续工序相同，这里不再赘述。

(二)变直径(古典)罗马柱身

变直径罗马柱由于直径是变化的，所以前面介绍的加工方法都不适用。变直径罗马柱见图 3-86。

图 3-84　等直径圆弧板罗马槽封头的加工方法

1. 加工圆柱形状

由计算机画出分割图，标明各个位置的几何尺寸，计算出毛坯的尺寸。变直径罗马柱分割图见图 3-87。

图 3-85　等直径圆弧板罗马槽手加工方法

图 3-86　变直径罗马柱

在立车上加工的方法后面有详细介绍，这里不再赘述。

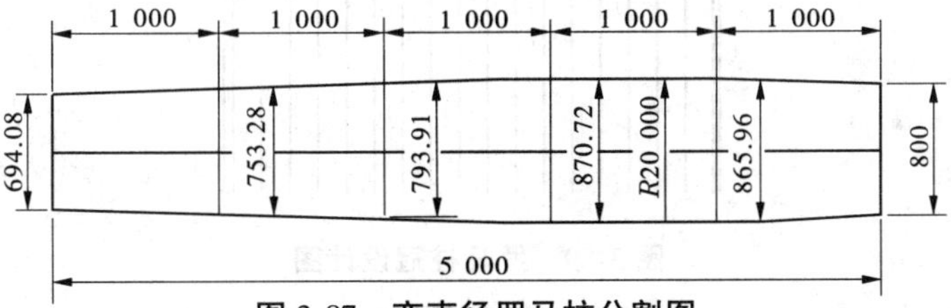

图 3-87　变直径罗马柱分割图

2. 罗马槽的加工方法

变直径罗马柱圆弧板罗马槽的加工方法，只能用手工加工的方法，在手工加工工位上摆放整齐以后，划线整体手工加工配做。变直径圆弧板罗马柱罗马槽的加工方法见图 3-88。

注意：由于手工加工配做没有互换性，加工时必须选色、编号，绘制编号图。

(三)罗马柱冠制作方法

目前，我国的罗马柱花冠的制作方法大多采用手工制作，由于加工的方法已经非常成熟，只需要一张草图规定基本尺寸和基本造型就可以加工出来了。如图 3-89 所示罗马柱冠设计图。

如有特殊要求，可以先请专业人士制作泥稿。如图 3-90 所示为罗马柱冠。如图 3-91 所示为罗马柱冠加工过程。

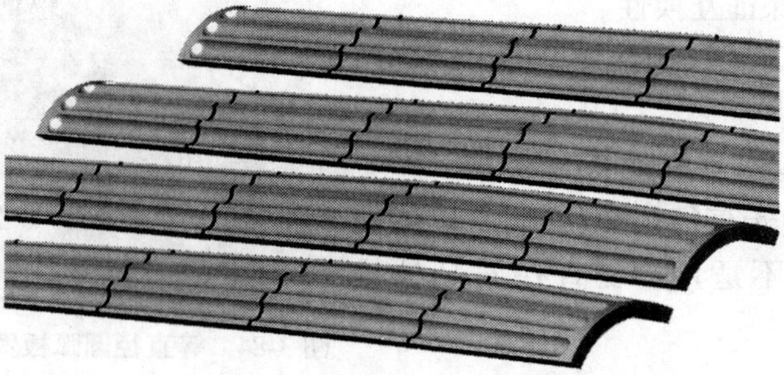

图 3-88　变直径圆弧板罗马柱罗马槽加工方法

图 3-89　罗马柱冠设计图

图 3-90　罗马柱冠

图 3-91　罗马柱冠加工过程

四、实心圆柱

（一）普通实心圆柱

普通实心圆柱见图 3-92。

（1）当直径小于 400 mm 时，一般情况下考虑加工为实心柱。

（2）加工实心柱的方法大多采用卧式车床加工。在圆盘锯上加工的立方体毛坯装卡在卧式车床上，做回转运动，刀架相对于装卡好工件的工装的轴线方向运动，控制好运动速度就可以控制刀具车削工件的螺距，完成圆柱的车削加工工序。

1. 毛坯的加工方法

毛坯图见图 3-93。毛坯要加工成为八边立方体。

图 3-92　普通实心圆柱

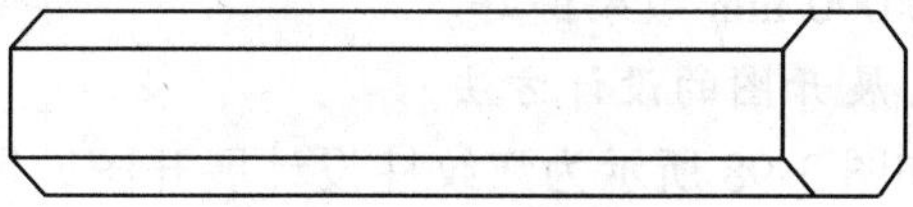

图 3-93　毛坯图

2. 装卡方法

毛坯装卡图见图 3-94。加工大理石时，两头装卡前要胶粘钢板，以免装卡时顶针将石材顶坏。

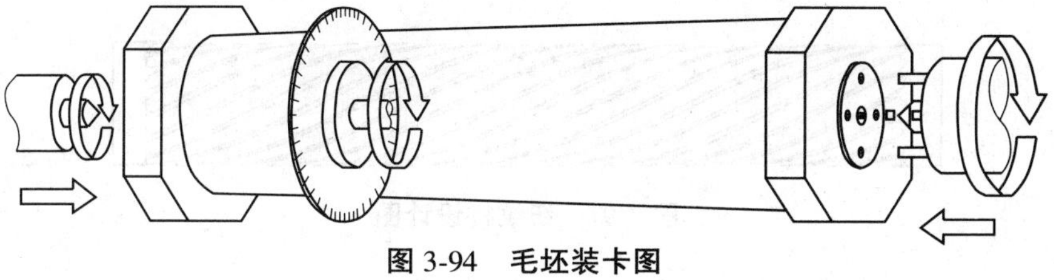

图 3-94　毛坯装卡图

3. 粗车方法

安装切边刀片进行粗车加工，也可以利用硬质合金成形刀进行加工，加工过程如图 3-95 所示。

4. 锥柱的加工方法

如果要加工有锥度的实心柱，调整车床偏心距就可以加工出实心柱的锥度。

5. 整形方法

在刀架上直接用角磨机或者设计专用磨头整形。

6. 抛磨方法

在刀架上更换不同型号的磨头，就可以完成粗磨、精磨和抛光工序。

图 3-95　加工过程

(二)纽纹(螺旋纹)柱

如图 3-96 所示为纽纹柱。在实心柱外表,加工螺旋装饰纹,石材界称为纽纹柱。

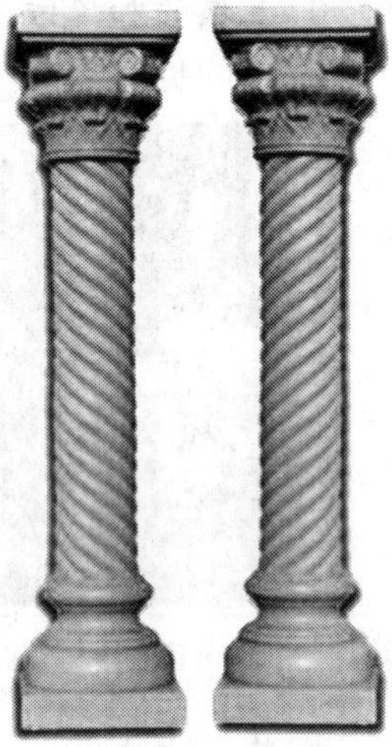

图 3-96　纽纹柱

1. 纽纹柱设计案例

设计要求实心纽纹柱的直径 300 mm,高度 2 000 mm,设计 16 根螺纹,选择感观效果最好的螺距。

如图 3-97 所示为纽纹柱设计图。利用计算机辅助设计,采用螺距为 2 000 mm 效果最好。

2. 展开图的设计方法

如图 3-98 所示为纽纹柱设计展开图。展开图要求与柱面表面积相同大小,以便打印粘贴于圆柱外表面。

3. 外圆加工

用前面阐述的普通卧式车床加工外圆。

4. 螺旋纹加工

将打印好的展开图粘贴于圆柱外表面,用手工加工螺旋纹,如图 3-99 所示。

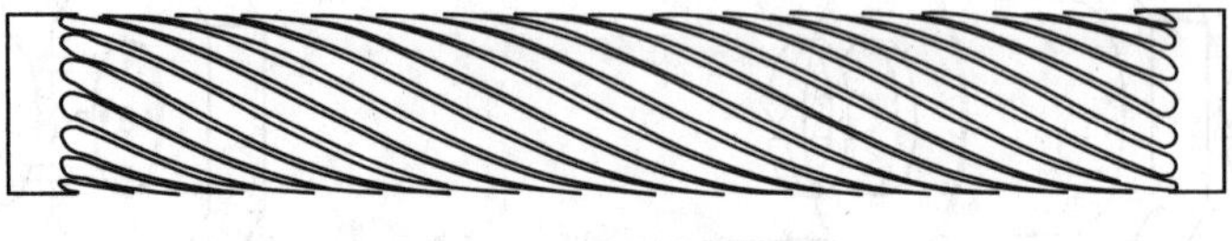

图 3-97　纽纹柱设计图

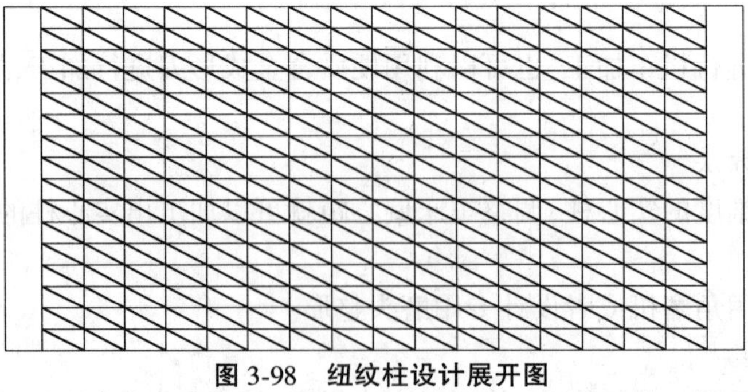

图 3-98　纽纹柱设计展开图

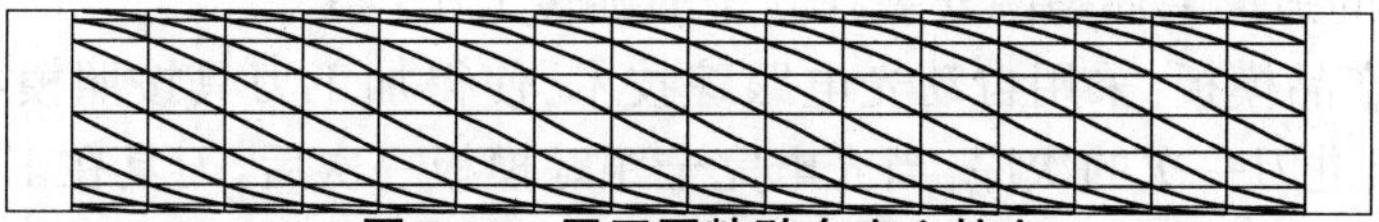

图 3-99　展开图粘贴在实心柱上

五、圆柱脚、帽加工

(一)仿形模的制作

立车仿形模见图 3-100。立车的仿形模的制作方法与线条机的仿形模的制作方法基本相同,这里不再赘述。

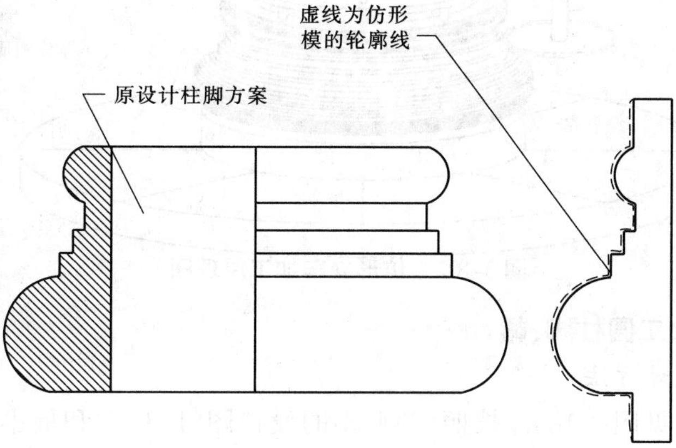

图 3-100　立车仿形模

(二)开坯

(1)按照圆柱脚、帽的弦长和高度,计算要加工立方体毛坯的尺寸,用圆盘锯开坯是最佳的加工方案。

(2)用桶锯加工圆柱脚、帽的弧形毛坯是最佳的加工方案。

(3)用弧板切机把桶锯加工出来的弧形粗毛坯加工成可以组合为一整圈的精毛坯。

(三)立车加工

(1)在立车的花盘上做好三等分、四等分、六等分的基准线,当毛坯装卡时就以它们为基准进行找正。毛坯装卡找正方法见图 3-101。

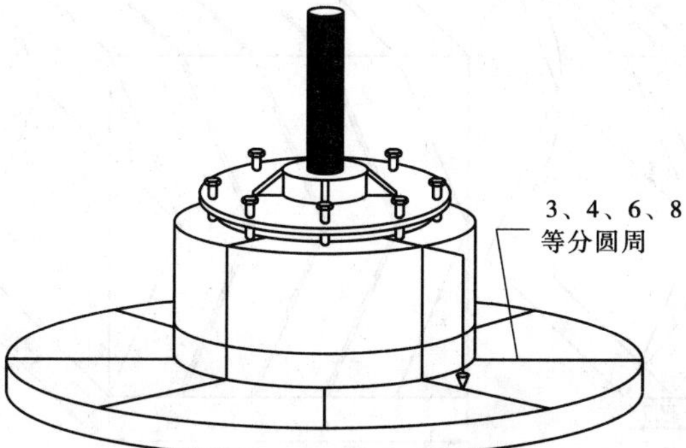

图 3-101　毛坯装卡找正方法

(2)将加工好的弧形毛坯整圈安装在立车的旋转工作台上。

(3)制作1:1产品模板,采用自动光电跟踪技术,使得加工刀具按照模板的轨迹旋转工作台每转一圈刀架进刀一次的次序,当光电完全跟踪模板一次后,刀具在工件上加工的包络线就形成了断面形状和模板完全一样的回转体产品。仿形立车加工原理图见图3-102。

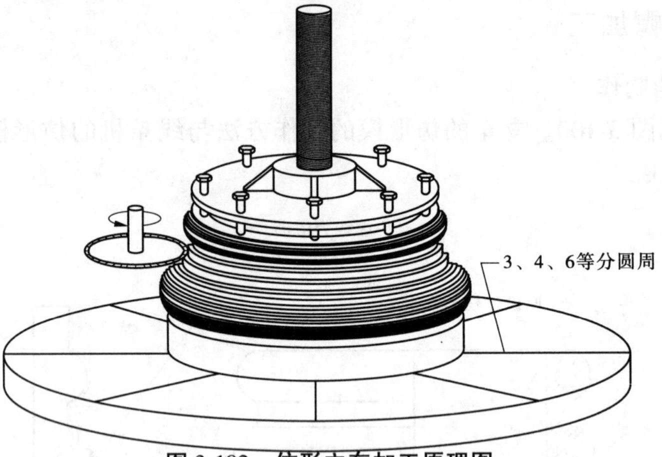

图3-102 仿形立车加工原理图

(四)多组组合加工圆柱脚、帽

1. 人字毛坯的设计方法

人字毛坯设计图见图3-103。按照柱脚、帽的设计图,以最大和最小半径绘制内圆和外圆,按照包络八边形内外放大10 mm绘制内外八边形,截取1/4,测绘详细尺寸,单块柱脚、帽的毛坯图就绘制出来了。有了毛坯图,就可以设计荒料规划图。在图3-103中都有详细体现。

2. 装卡加工

(1)毛坯的装卡找正方法见图3-104。用线锤找正坯料装卡的垂直度,用花盘上的等分线找正坯料摆布的对中情况,用螺栓紧固装卡。

(2)加工原理图见图3-105。加工方法与前述单层柱脚、帽的加工方法是一样的。多层柱脚、帽加工时坯料重量增加很多,要注意设备保养。

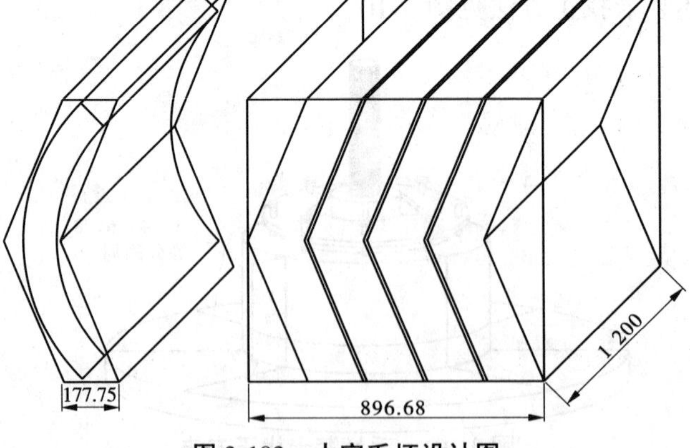

图3-103 人字毛坯设计图

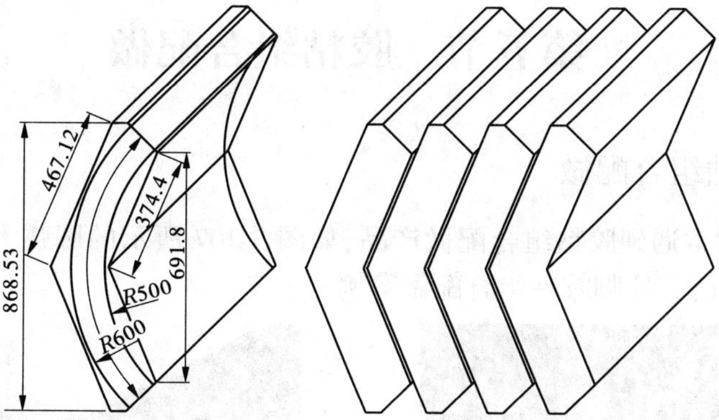

续图 3-103

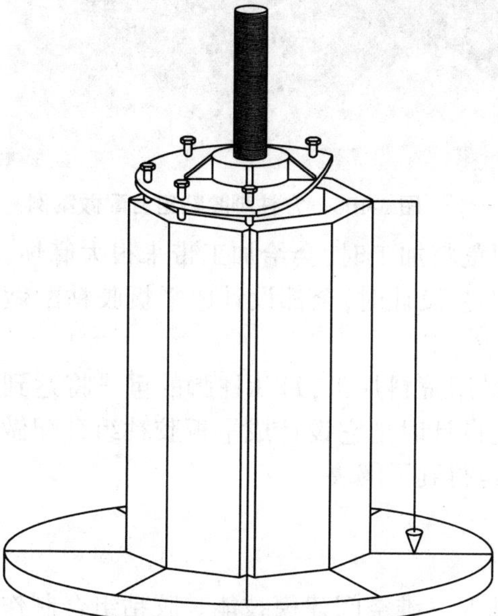

图 3-104　毛坯的装卡找正方法

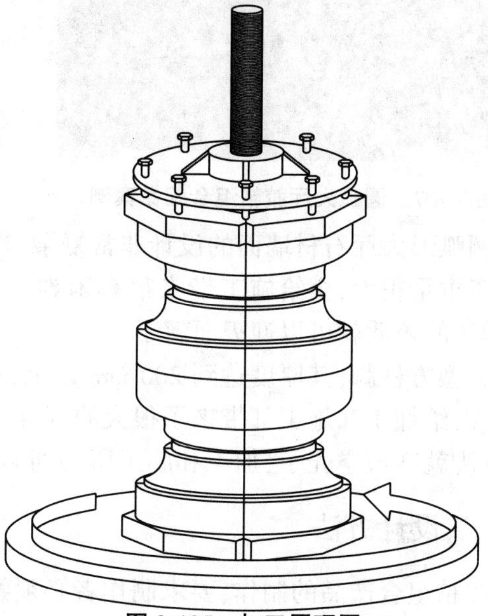

图 3-105　加工原理图

3. 整形及抛磨

(1)由于立车是刀具在工件上加工的包络线形成的造形形状,所以工件表面布满了刀痕,必须进行去刀痕的整形工序。这道工序是用电动或气动角磨机手工完成的。

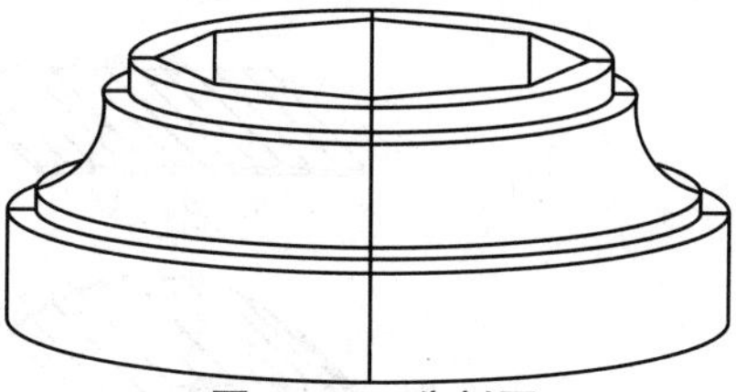

图 3-106　分割图

(2)将多组圆柱脚、帽分割开来,如图 3-106 所示。

(3)将立车加工出来的圆柱脚、帽的初级产品按照编号在手工加工工位上整圈摆放好,进行配做加工,以免加工出来的产品不能顺利对接。

(4)最后再进行整形、粗磨、精磨、抛光加工。

加工出来的产品不具有互换性,编号一定要对号入座。

第五节　胶粘组合配做

一、平板胶粘组合配做

石材工程中常常遇到胶粘组合配做产品，如图 3-107 所示的圆弧大厅胶粘组合配做案例和图 3-108 所示的方柱脚胶粘组合配做案例。

图 3-107　圆弧大厅胶粘组合配做案例

图 3-108　方柱脚胶粘组合配做案例

圆弧形大厅石材墙面的设计非常复杂，当采用荒料加工时，会给加工带来很大麻烦，同时由于重量很大，会给施工带来很多困难。当在工艺设计时，全都设计成平板胶粘配做产品，前述的矛盾就可以迎刃而解了。

大型方柱脚，其厚度达到 200 mm 以上，如果采用荒料加工，每片柱脚的重量将达到数百公斤，给加工和施工都带来了很大的困难。工艺设计时把它设计成平板胶粘组合配做产品，柱脚就变成空壳了，加工和施工所遇到的困难也得到了解决。

二、设计方法

胶粘组合产品的制作，要求制作者必须熟练掌握三维空间建模技能。胶粘组合制作必须是同一块板切割的各个组合元件，以免花纹错乱。图 3-109 所示为胶粘组合配做设计技法。

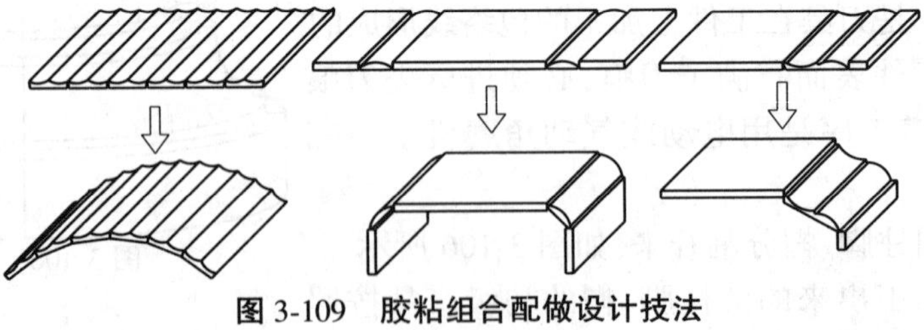

图 3-109　胶粘组合配做设计技法

三、建立胶粘工装的方法

胶粘组合工装的设计技法见图 3-110。

绘制与原设计图相对应的工装图。按照工装图制作工装，工装要求组合胶粘前后，产品都可以无障碍地在工装上放置、取下，同时还要考虑工装的强度和互换性。

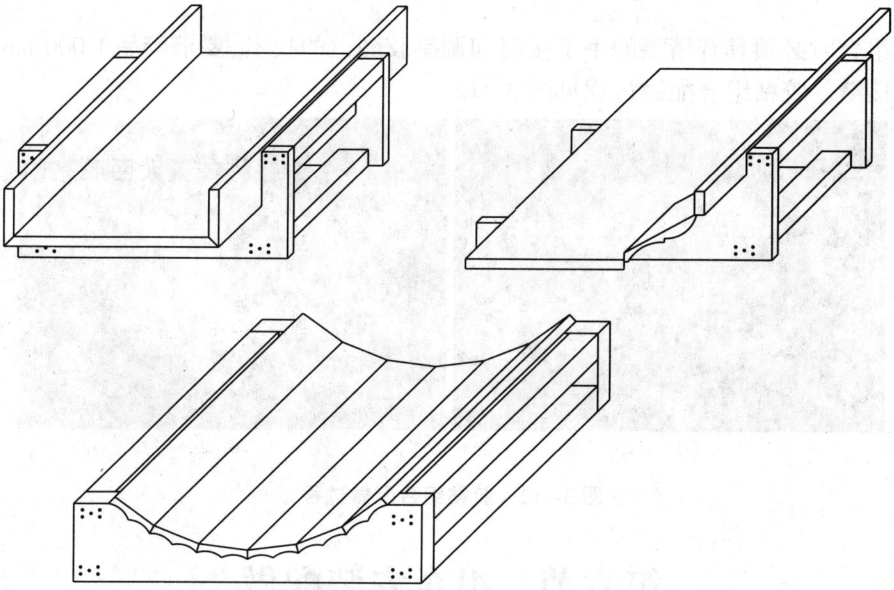

图 3-110　胶粘组合工装的设计技法

四、产品加固方法

如果是水泥砂浆安装，其强度只要保证安装时不至于损坏即可，安装后水泥砂浆固化以后，自然会增加强度。

如果将本技术用于石材钢结构干挂安装，则必须保证足够的强度。如图 3-111 所示是组合胶粘以后产品背面加固情况。

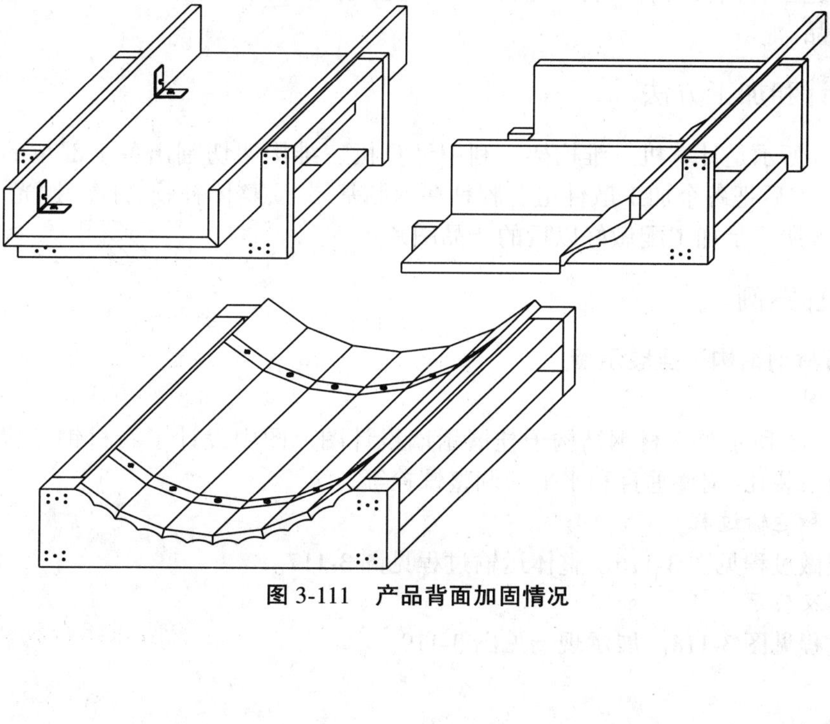

图 3-111　产品背面加固情况

五、加工方法

加工组合时必须具有精湛的手工接缝和调制胶颜色的技术，要求产品 1 000 mm 外基本观察不出接缝。胶粘组合配做过程见图 3-112。

(a) (b)

图 3-112　胶粘组合配做过程

第六节　组合安装配做

一、组合安装配做

石材工程中常常遇到组合安装配做的产品，如高等级酒店的曲线形总服务台，它由曲线线条、直线线条、曲面板、平板等组合而成，如果分别加工各个零部件，则现场安装效果达不到最佳。

将加工好的基层基础运往工厂，在工厂里将组成产品的各个部件直接安装在基层上，然后整体组合造型、打磨，所有石材工序都在工厂完成，运往现场的是在工厂已经安装完毕的完整石材制品。

二、设计和加工方法

图 3-113 所示是计算机三维构架。利用计算机三维构架切割出各个部位的节点图，进行加工制作，然后把各个加工散件组合胶粘在木制基层上，整体补胶、打磨、抛光。

图 3-114 所示是加工配做好以后的产品图片。

三、工程案例

（一）石材钢结构干挂展示墙

1. 设计图

如图 3-115 所示是石材钢结构干挂展示墙设计图。图中设计了石材钢结构干挂方法、整体吊装的吊装孔、调整垂直和水平的调整螺栓等。

2. 加工和运输过程

安装配做过程见图 3-116。整体运输过程见图 3-117。

3. 布展及展示

布展过程见图 3-118。展示现场见图 3-119。

图 3-113　计算机三维构架

图 3-114　组合安装配做产品图片

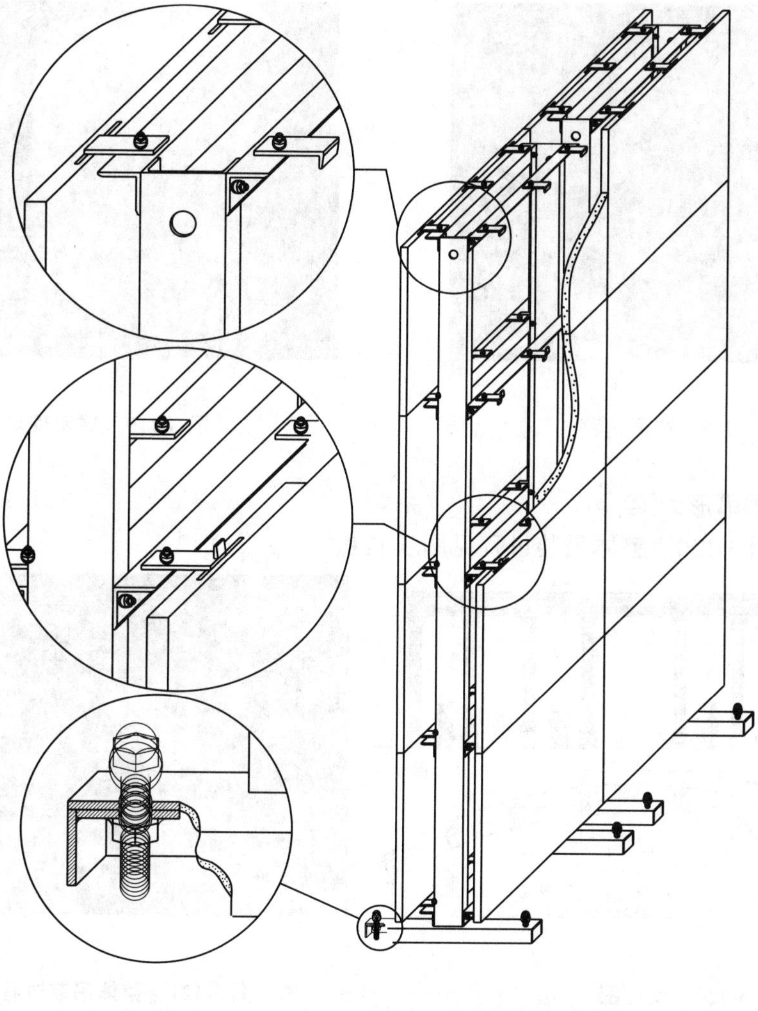

图 3-115　石材钢结构干挂展示墙设计图

图 3-116　安装配做过程

图 3-117　整体运输过程

图 3-118　布展过程

图 3-119　展示现场

(二)大型圆弧形大梁

设计图见图 3-120。整体吊装过程见图 3-121。

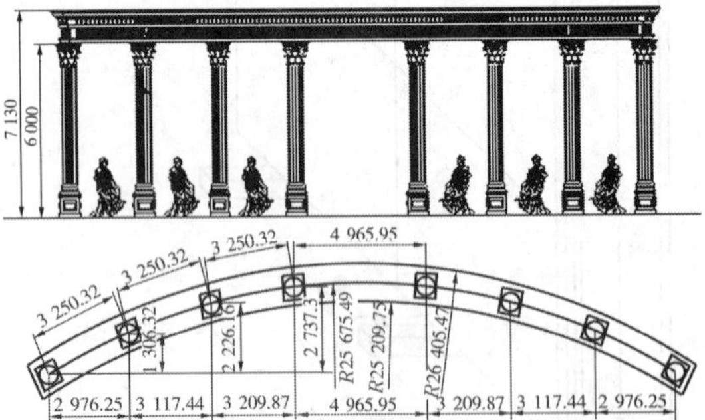

图 3-120　设计图

图 3-121　整体吊装过程

第七节　石材拼花

大型石材拼花的工程设计案例见图 3-122。

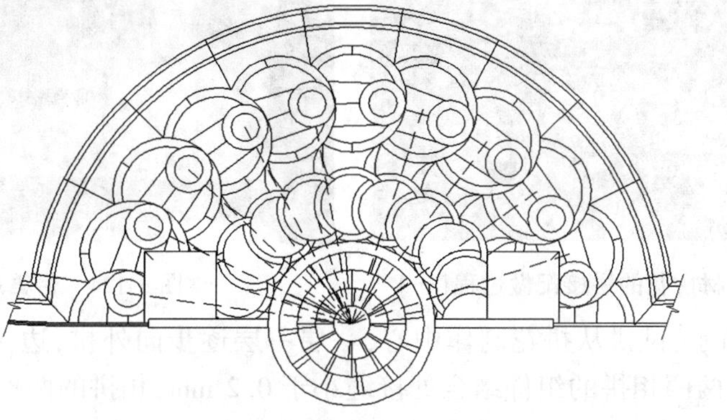

图 3-122　大型石材拼花的工程设计案例

石材拼花按照复杂程度分为手工拼花和水刀拼花两种，按照组合方式分为胶粘整体拼花和分离散件拼花两种。

一、手工拼花

（一）按照图纸放模板

生产加工手工拼花前，必须由有经验的木工师傅根据加工图纸用 3 mm 的三夹板制作加工拼花所用的模板。加工模板必须精确，通过拼接的方法来检查其是否正确，是否符合加工技术要求。模板可根据加工图纸的具体情况分块，可取整个拼花做模板，也可分块做模板。对称性的拼花根据其对称性质可取 1/2、1/4、1/6、1/8、1/12、1/16 部分做加工模板。用带锯加工难度较大的拼花，其分块有一定的特殊性，原因是受带锯锯片宽度的影响。

（二）拼接配做

大型石材拼花的拼接配做过程见图 3-123。试拼就是将加工下来的拼花组件按所加工拼花的图纸要求将拼花组件组装起来。试拼的过程实际上也是对拼花组件加工误差的修正，边修磨，边拼装，边看拼花的组装效果。试拼可以在地上进行，也可在光滑的石材板面上进行。拼装的方法以光面向上为好，因为这样做可以看出拼花组装后拼缝的好坏。在地面上拼时可以在地面上铺上厚厚的一层细砂，也可以在地上铺设一些木条用来垫平拼花，便于拼接。

大型手工拼花的修磨主要用手磨机来进行。先比照拼花的标准模板修磨，边修边拼。拼花的试拼一般采取由里而外的原则进行。

中型及小型由带锯机加工的拼花修磨，图 3-124 所示为带锯加工过程。由于拼花组件的特殊性，一般采用自制的水磨床来修磨。水磨床由台式钻床改装而成，在钻床的钻轴上安装一个电镀金刚砂的磨轮。磨轮根据拼花的加工需要请专业的生产厂家制作，可设计一系列不同直径的磨轮，常见的磨轮直径有 1.2 cm、2.5 cm、3.0 cm、4.0 cm、8.0 cm、10 cm、15 cm。

图 3-123　大型石材拼花的拼接配做过程(一)

图 3-124　带锯加工过程

如图 3-125 所示,试拼从拼花制作中心,一层一层逐步向外拼,边拼边在水磨床修磨两块相拼的组件,当两两相拼的组件结合处接缝小于 0.2 mm,相拼的两件完全吻合时,试拼就基本完工。

(三)手工拼花的先天不足

手工拼花利用的工具主要有小型曲线锯和手提切机。加工刀具就决定了它不能切割小半径圆弧切缝,同时由于加工机具的振动决定了它不能加工非常尖细的小工件,所以手工拼花只适合加工制作简单的拼花产品。如图 3-126 所示为大型石材手工拼花案例图片。

图 3-125　大型石材拼花的拼接配做过程(二)

图 3-126　大型石材手工拼花案例

二、水刀拼花

(一)加工分缝

大型石材水刀拼花的设计方案见图 3-127。如果不考虑加工分缝问题,这个设计方案是无法实施的,因为不可能加工出一个直径 8 m 的整体拼花。

图 3-128 所示是按照加工特性进行的加工分缝,目前为止,国产的水刀大多只能加工 2 000 mm×1 400 mm 的拼花板面,所以每一个拼花单元要尽量按照 1 400 mm 以内的尺寸进行划分。

加工分缝时,一般情况板块不要太大,板块大加工出来好看,可是安装施工的难度增加很多。

图 3-127　大型石材水刀拼花设计方案

图 3-128　设计加工分缝方案

(二)水刀拼花的优势

如图 3-129 所示为数控水刀机。因水刀机是一种技术先进、加工工艺方法独特的设备,其分块的随意性大,不受拼花加工难度的限制,分块后拼花组装的装饰效果具有任何手工、带锯机及其他加工拼花的机械无法比拟的优越性。水刀机在加工效率、加工质量、装饰的美学效果上都是当前加工高难度拼花中最理想的设备,可以带来一场拼花加工工艺技术的革命。

(三)编制加工程序

水刀机出厂时生产厂家都随机带有适合本机使用的专用绘图及加工软件。此绘图软件具有比 CAD 更先进、更优越的性能,能自动排列拼花加工组件,节省原材料,自动优化加工参数和走刀线路,自动修正水刀刀口误差,根据绘好和分解的加工图形自动生成加工程序。

图 3-129　数控水刀机

(四)水刀的加工原理

利用高达 300 MPa 的高压水高速射流作为载体,携带金刚砂锯切石材,加工的锯口小于 1 mm,如果配以数控技术就可以实现自动控制,加工精度和加工质量是用刀具加工无法比拟的。计算机能够设计出来的拼花样式都能够加工出来。如图 3-130 所示是一个复杂系数相当高的石材拼花。

(五)加工过程

1. 图纸编号

如图 3-131 所示为编号图。对组成水刀拼花的各个品种进行编号,以便归类加工后的各个拼花散件。

2. 加工顺序

由于水刀不可能同时加工很多石材品种,所以应严格按照图纸编号归类相同品种的加工零件,编制不同品种的加工程序,按照程序顺序进行加工。水刀加工过程见图 3-132。

图 3-130　高复杂系数的石材拼花

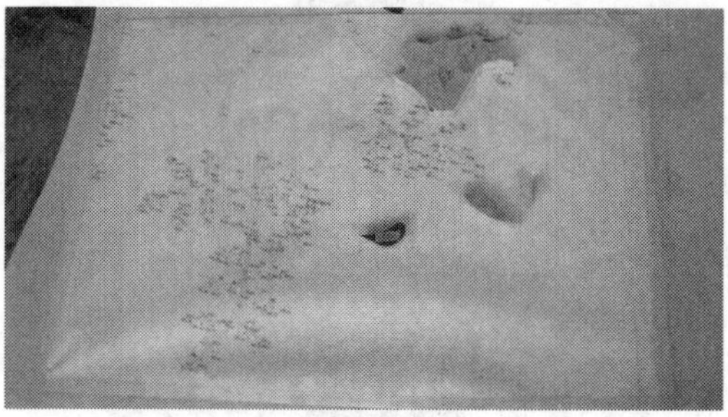

图 3-131　编号图

3. 归类各个加工零件

如图 3-133 所示为归类加工件。按照图纸编号对散件进行编号归类。

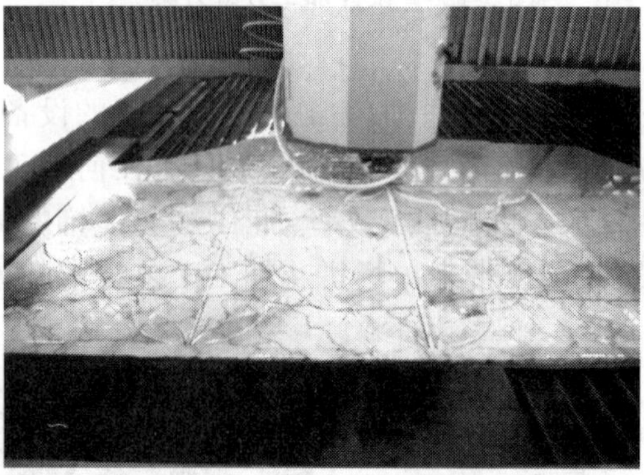

图 3-132　水刀加工过程

图 3-133　归类加工件

4. 拼花组合

水刀拼花组合铺排见图 3-134。按照设计图纸和编号图,对加工出来的各个零件进行组合铺排。

5. 胶粘组合

水刀拼花非常复杂,加工出来用于组合成拼花的散件非常多,一般情况下都要求胶粘组合为整体。

6. 营销人员注意事项

由于水刀拼花和手工拼花的价格差异非常大,正确地区分手工拼花和水刀拼花非常重要。

7. 水刀加工中最容易被忽略的细节

在水刀机的程序设计时,可以利用计算机软件自动消除加工锯口,如果不注意这个细节,组合后的产品接缝会非常明显,影响最终效果。

8. 水刀拼花应用案例

大型水刀拼花应用案例见图 3-135。

图 3-134　水刀拼花组合铺排

图 3-135　大型水刀拼花应用案例

第八节　对花纹组合制作方法

一、发掘石材的艺术价值

要把石材上升到文化层面来考虑，把每一个工程当成艺术作品。把有花纹的大理石和有花纹的花岗石工程，按照对花纹制作的方法进行加工和施工，由于石材的天然纹理无法复制，这样诞生的石材工程，就被打造成永不重复的艺术作品了。

缺陷严重的大理石见图 3-136，缺陷严重的花岗石见图 3-137。两图中石材花纹很乱，胶补的痕迹明显，阴阳色严重，按照一般人的眼光，这种板已经到了报废的边缘。

图 3-136　四种缺陷严重的大理石

图 3-136 和图 3-137 中所示的大理石和花岗石，其主要缺陷是花纹太乱，按照传统方法不经花纹编排直接加工成工程板，由于花纹混乱，将导致无法施工。下面介绍将基本报废的石材打造成具有艺术价值的艺术作品的技法。

（一）八种石材对花纹排版技法

1. 复制排版技法

（1）选择排版的大板图片（见图 3-138），按照大板顺序复制排版。一般情况下，适合于

图 3-137　四种缺陷严重的花岗石

图 3-138　缺陷严重的大板图片(一)

板面无明显缺陷、花纹均匀、比较完好的板材。

(2)根据大板花纹的情况变化,花纹不完美的情况也可以使用复制排版技法。复制排版技法效果图见图 3-139。尽管大板花纹紊乱,但上下、左右的花纹都有顺利对接的可能性,利用计算机排版可以直观地观察花纹编辑效果。

2. 翻转排版技法

(1)选择排版的大板图片(见图 3-140),板面花纹错乱严重,但花纹分部呈现上下分布,把上下或左右的一排或一列板翻转 180°排版。

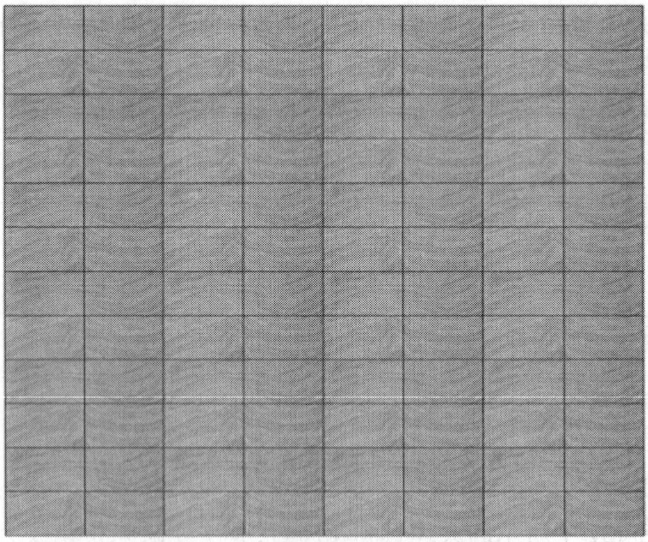

图 3-139　复制排版技法效果图

(2)翻转排版技法适用于板面阴阳色或花纹呈现上下或左右分布的大板。如图 3-141 所示为采用翻转排版技法排版出来的效果图。

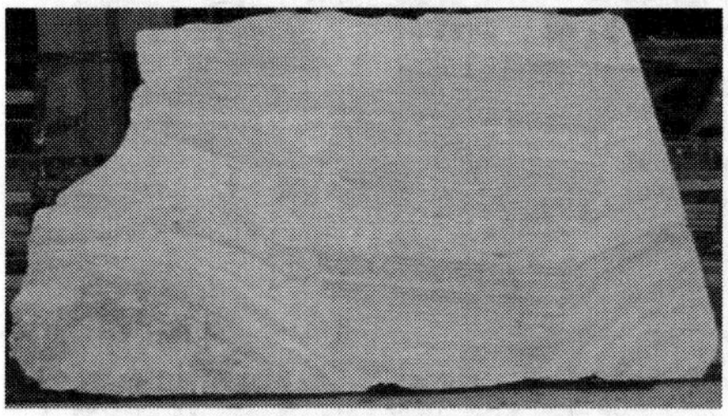

图 3-140　缺陷严重的大板图片(二)

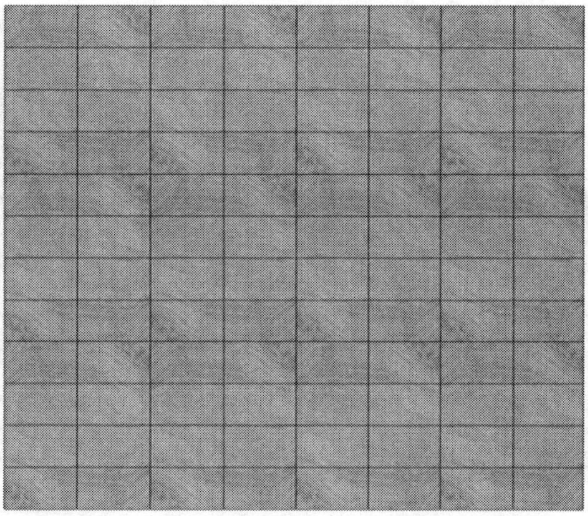

图 3-141　翻转排版技法排版出来的效果图

3. 对角翻转排版技法

(1)选择排版的大板图片(见图 3-142),板面花纹错乱严重,但花纹分部呈现对角分布。

(2)把对角线上的大板旋转 180°排版,发现效果发生了很大的变化,由于每张大板的上下、左右都翻转了 180°,所以有效避免了石材色差造成的强烈反差。如图 3-143 所示为采用对角翻转排版技法排版出来的效果图。

图 3-142　缺陷严重的大板图片(三)

图 3-143　对角翻转排版技法排版出来的效果图

4. 对角翻转平移排版技法

(1)选择排版的大板图片(见图 3-144),板面花纹错乱严重,但花纹分部呈现对角分布。

(2)把对角线上的大板旋转 180°排版,然后再将相邻两排大板平移一个工程板尺寸模数。由于每张大板的上下、左右都翻转了 180°,且按照花纹进行了上下模数平移,所以使得石材花纹更加趋于自然本色。如图 3-145 所示为采用对角翻转平移排版技法排版出来的效果图。

图 3-144 缺陷严重的大板图片(四)

图 3-145 对角翻转平移排版技法排版出来的效果图

5. 对称排版技法

(1)选择排版的大板图片(见图 3-146),板面花纹错乱严重,但花纹分部呈现对角分布。

(2)把单号或者双号大板背面磨光,将花纹排版为对称图案。要专门选择花纹和色差严重不均匀的板面,否则效果不明显。如图 3-147 所示为采用对称排版技法排版出来的效果图。

图 3-146 缺陷严重的大板图片(五)

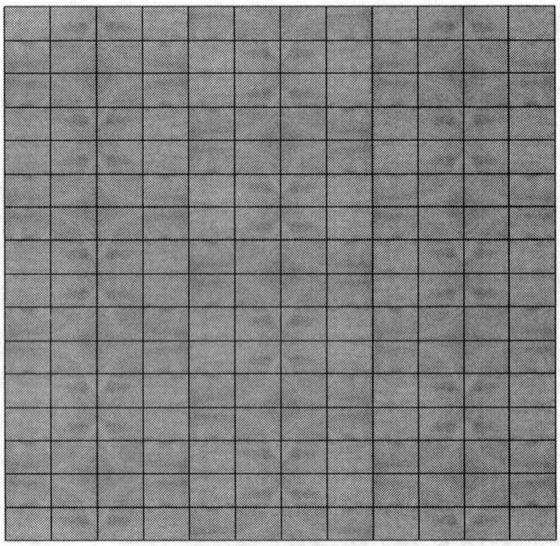

图 3-147 对称排版技法排版出来的效果图

(3)对称排版技法可以解决花纹和色差的一切问题。对于经典工程的作用是无法替代的。

6. 翻转对称复合排版技法

(1)选择排版的大板图片(见图 3-148),板面花纹错乱严重,但花纹分部呈现对角分布。

(2)采用翻转对称复合排版技法编排出来的效果,花纹走向都是统一朝向,在对称结构的场合,装饰效果不如对称排版技法好。而对称排版技法是采用四张大板对称组合而成的,所以面积不大,感觉不大气。把翻转对称复合排版技法和对称排版技法结合起来,就可以达到满意的效果。如图 3-149 所示为采用翻转对称复合排版技法排版出来的效果图。图中白色方框圈定的花纹组合,面积不同,效果都很好。

图 3-148　缺陷严重的大板图片(六)

7. 对角翻转对称复合排版技法

(1)选择排版的大板图片(见图 3-150),板面花纹错乱严重,但花纹分部呈现对角分布。

(2)把对角翻转对称复合排版技法和对称排版技法结合起来,排版出来的效果比较翻转排版技法、翻转对称复合排版技法的排版效果,花纹板块要大气一些,适合大面积安装石材的场合。

(3)如图 3-151 所示为采用对角翻转对称复合排版技法排版出来的效果图。白色方框圈定的花纹组合,一个花纹组合由 16 张大板组成,效果各有千秋,但都很好。

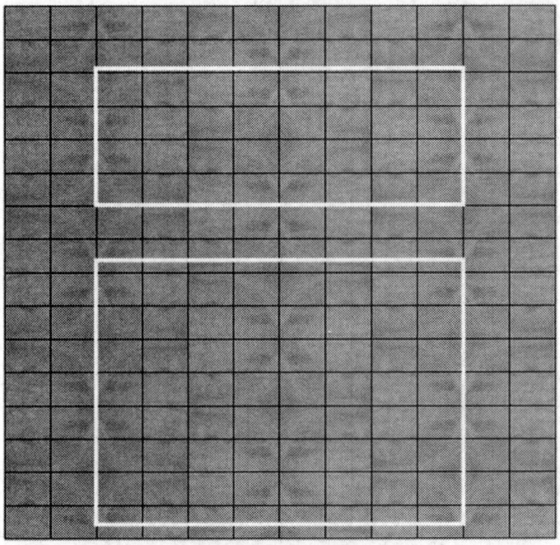

图 3-149　翻转对称复合排版技法排版出来的效果图

图 3-150　缺陷严重的大板图片(七)

8. 对角翻转平移对称复合排版技法

(1)选择排版的大板图片(见图 3-152),板面花纹错乱严重,但花纹分部呈现对角分布。

(2)把对角翻转平移排版技法和对称排版技法结合起来,排版出来的效果比较对角翻转对称复合排版技法的排版效果,花纹板块更大气一些,适合大面积安装石材的场合。

(3)如图 3-153 所示为对角翻转平移对称复合排版技法排版出来的效果图。白色方框圈定的花纹组合,一个花纹组合由 16 张大板组成,效果各有千秋,但都很好。

(二)灵活运用石材对花纹排版技法

上面介绍的八种石材对花纹排版技法,针对不同花纹特点的石材,效果差异很大,不能机械套用,要以效果最佳为目的灵活运用。下面采用同一个品种用前面介绍的八种对花纹排版技法进行排版,就可以把问题充分暴露出来了。如图 3-154 所示,选用一种花纹很乱的花岗石品种进行排版。

1. 复制排版技法

如图 3-155 所示,板与板之间的花纹和色彩界线分明,效果不好,显然该大板不适合采用复制排版技法进行排版。

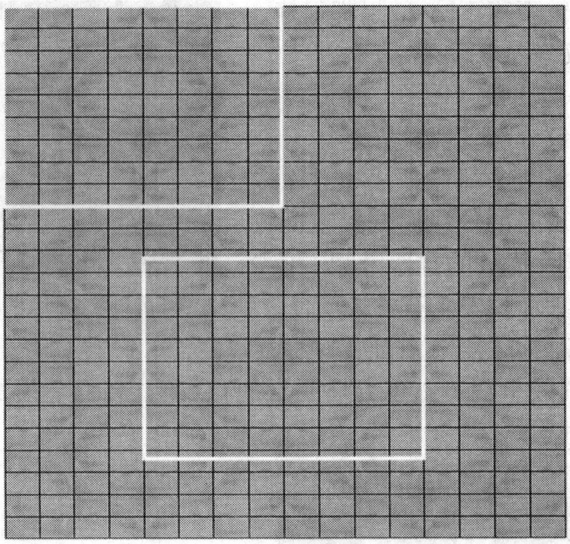

图 3-151　对角翻转对称复合排版技法排版出来的效果图

图 3-152　缺陷严重的大板图片(八)

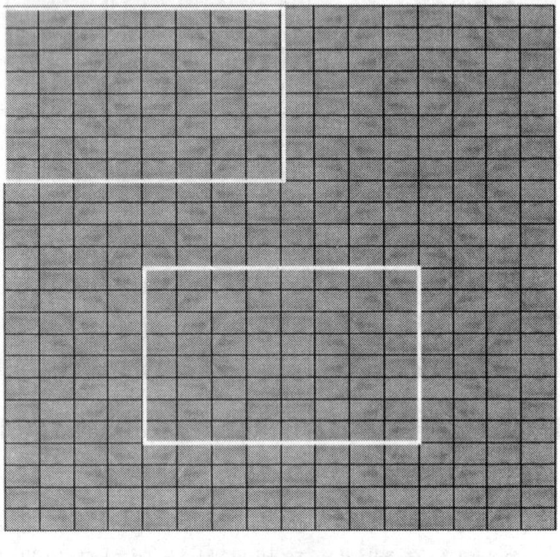

图 3-153　对角翻转平移对称复合排版技法排版出来的效果图

2. 翻转排版技法

如图 3-156 所示为采用翻转排版技法排版出来的效果图。列与列之间采用翻转排版技法,左右两列之间的花纹过渡问题解决了,但上下两排之间的花纹界线分明,效果仍然不好。

3. 对角翻转排版技法

如图 3-157 所示为采用对角翻转排版技法排版出来的效果图。效果有明显改善,上下、左右的花纹对接都趋于自然,故对这种品种采用对角翻转排版技法进行排版是可行的,但突出花纹之间的过渡仍然有点生硬。

4. 对角翻转平移排版技法

如图 3-158 所示为采用对角翻转平移排版技法排版出来的效果图。效果比较理想,上

图 3-154　花纹很乱的花岗石品种

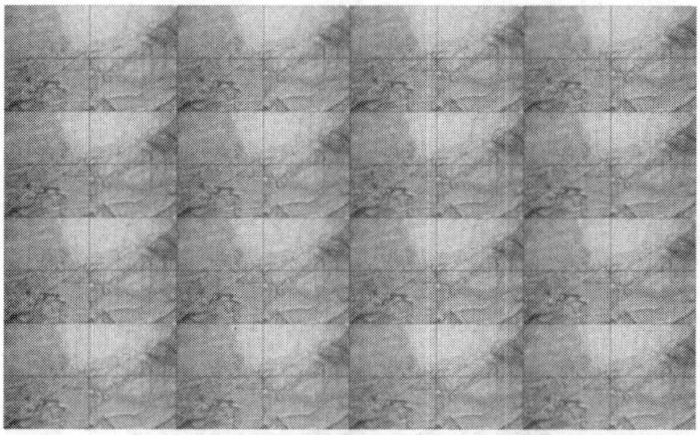

图 3-155　复制排版技法排版出来的效果图

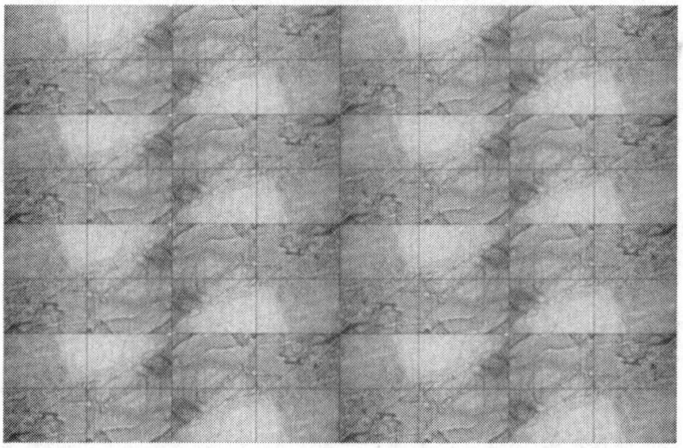

图 3-156　翻转排版技法排版出来的效果图

下、左右的花纹对接都比较自然，故对这种品种采用对角翻转平移排版技法进行排版是可行的。整个排版效果有纹路走向，设计时尽量考虑用在有花纹导向的场所。

5. 对称排版技法

如图 3-159 所示为采用对称排版技法排版出来的效果图。效果理想，上下、左右的花纹对接都很自然。排版出来的花纹单元由 4 张大板组成，设计时尽量考虑用在花纹对称但面

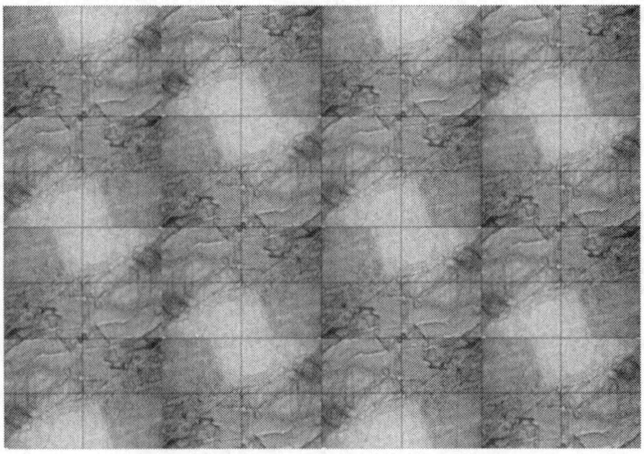

图 3-157　对角翻转排版技法排版出来的效果图

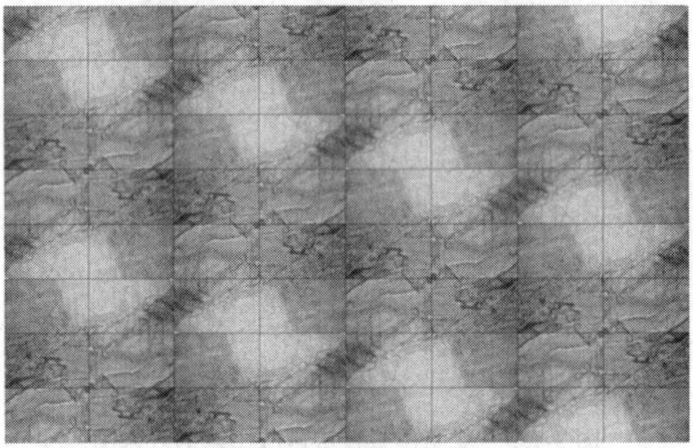

图 3-158　对角翻转平移排版技法排版出来的效果图

积不大的场所,如电梯间地面、背景墙等高档场所。

图 3-159　对称排版技法排版出来的效果图

6. 翻转对称复合排版技法

如图 3-160 所示为采用翻转对称复合排版技法排版出来的效果图,效果理想。组成排版花纹单元的可为 8 张大板,也可划分出 16 张大板组成的花纹单元。设计时适合比较大面积的对称场所，如酒店大堂、办公大楼大堂等高档场所。

图 3-160　翻转对称复合排版技法排版出来的效果图

7. 对角翻转对称复合排版技法

如图 3-161 所示为采用对角翻转对称复合排版技法排版出来的效果图，效果很好。组成排版花纹单元的可为 16 张大板组成的花纹单元。设计时适合大面积对称场所，如大礼堂、酒店大堂、办公大楼大堂、高档会所等高档场所。

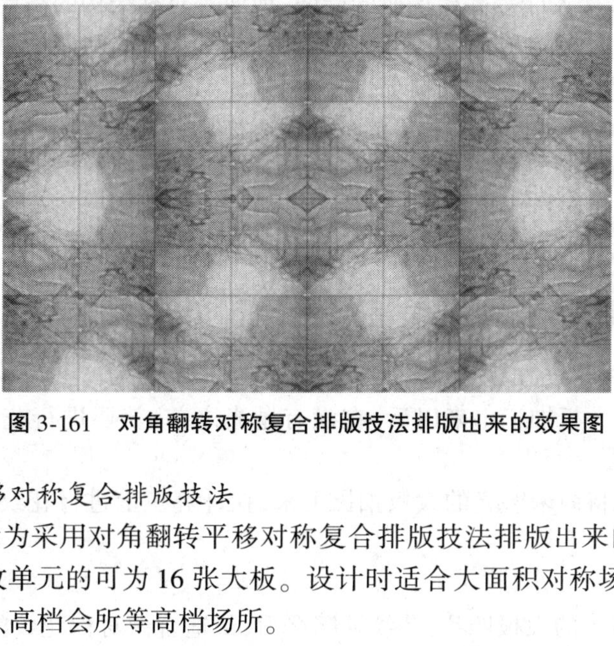

图 3-161　对角翻转对称复合排版技法排版出来的效果图

8. 对角翻转平移对称复合排版技法

如图 3-162 所示为采用对角翻转平移对称复合排版技法排版出来的效果图，效果近乎完美。组成排版花纹单元的可为 16 张大板。设计时适合大面积对称场所，如大礼堂、酒店大堂、办公大楼大堂、高档会所等高档场所。

9. 对花纹排版技法小结

(1) 复制排版技法、翻转排版技法、对角翻转排版技法、对角翻转平移排版技法，这前四种对花纹排版技法，排版出来的效果，其花纹分部不是对称结构，有明显的花纹走向，设计时适用于有花纹导向的非对称场所，如机场，酒店，办公大楼的侧墙面，大型通道的墙面、地面等非对称高档场所。

(2) 前四种对花纹排版技法，主要是针对国内石材加工业加工出来的大板总结设计出来的，因为国内石材加工业加工的大板，没有区分大板的正反面，抛光的每一张大板都是相

图 3-162　对角翻转平移对称复合排版技法排版出来的效果图

同的方向,这样一顺风式的加工方法加工出来的大板无法进行对称结构的花纹排版。

(3)前四种对花纹排版技法,针对不同花纹特点的大板,其排版技法不能一概而论,要在计算机上把四种排版技法都分别排版一次,选择最佳方案。

(4)后四种排版技法,主要是针对进口对称抛光的高档石材大板总结设计出来的。由于后四种排版技法排版出来的效果都是对称图案,主要用于高档对称结构场所,如机场大厅、酒店大堂、办公大楼大厅等高档场所的墙面、地面等对称结构的高档场所。

(5)对于面积不大的情况,可以采用对称排版技法进行排版,排版的对称花纹单元可以使用 4 张大板。对于面积比较大的情况,要根据计算机排版效果选用翻转对称复合排版技法、对角翻转对称复合排版技法或对角翻转平移对称复合排版技法,每一个对称花纹单元可以由 16 张大板组合而成,其效果大气而又豪华。

(6)采用对花纹排版技法加工产品一定要注意:要达到设计效果,是一个系统工程,石材企业在硬件、软件都不具备的情况下,不要轻易涉足对花纹排版加工。

二、对花纹排版的产品加工技法

(一)设计最佳对花纹方案

(1)大理石毛板大板加工出来以后,在没有抛光之前,就要进行花纹评审,以便决定对花纹制作的排版方法。

(2)用数码相机将尚未磨光的大板拍摄下来,在计算机上进行花纹编排,花纹的排版方法见前文。

(3)举例说明。

①如图 3-163 所示的大板照片,花纹缺陷严重,最适合做对称花纹的墙面排版。该大板尺寸 2 600 mm×1 200 mm。

②打开 CAD 设计软件,绘制墙面排版图,如图 3-164 所示。

③在 CAD 中引入大板。点击工具条按钮“插入图像”图标,在文件夹中寻找照片文件,并打开,大板照片就引入到 CAD 中了。在图像文件上绘制分割尺寸图,按照 1 300 mm×600 mm 进行分割。如图 3-165 所示为引入大板图像、编辑分割图、标注尺寸。

④在 CAD 上切割图像。点击工具条按钮“剪切图像”图标,选择剪切起始点和终点,就可以完成对图像的切割。如图 3-166 所示为计算机上模拟切割大板。

图 3-163　大板照片

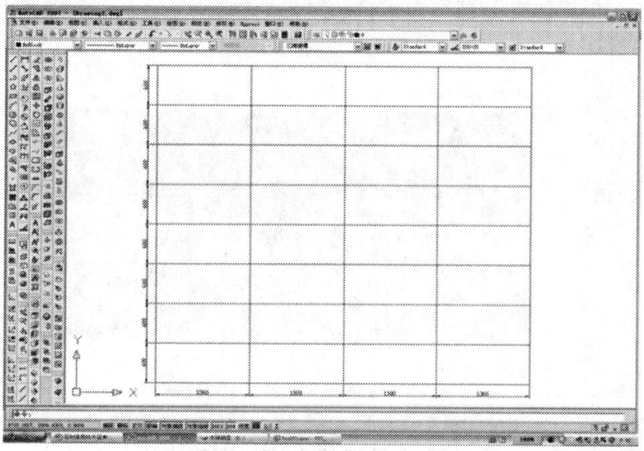

图 3-164　石材排版图

⑤利用 CAD 的“镜像”功能,进行对称图案编辑。点击工具条按钮“镜像图像”图标,选择对称基准线,就可以完成对花纹的编辑了。对称图案方案一及对称图案方案二分别见图 3-167 和图 3-168。

对方案一和方案二进行比较,方案二的图案花纹呈现大板块对称分布,整体性好,方案一的花纹图案零乱、细碎,显得有些杂乱。选择方案二的图案设计比较理想。

(二)板材编号、排版编号图和下料图

1. 板材编号

荒料及大板的编号方法见图 3-169。

(1)按照 5-1、5-2、5-3…的方法编号,5 代表荒料号,1、2、3…代表大板号。

(2)千万不要忘记箭头,以免加工时弄错方向;如果要求对称排版,一定要标识对称符号。

2. 排版编号图和下料图

1)排版编号图

(1)在排版图上直接编号,用于指导生产和工地现场安装,排版编号图必须要和工地现

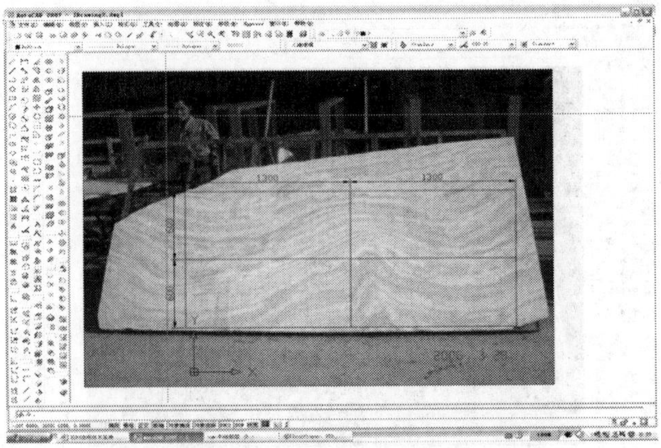

图 3-165　引入大板图像、编辑分割图、标注尺寸

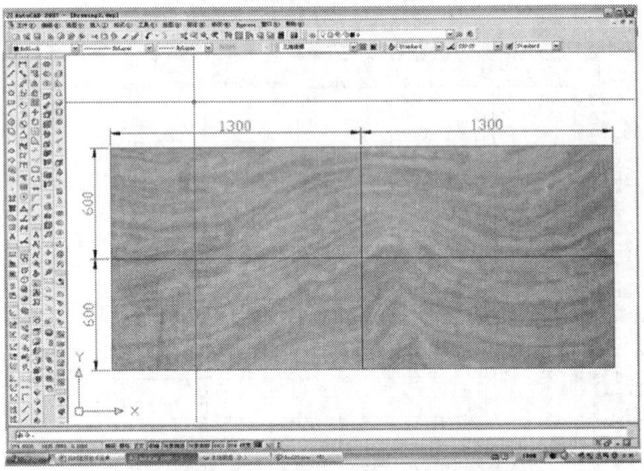

图 3-166　计算机上模拟切割大板

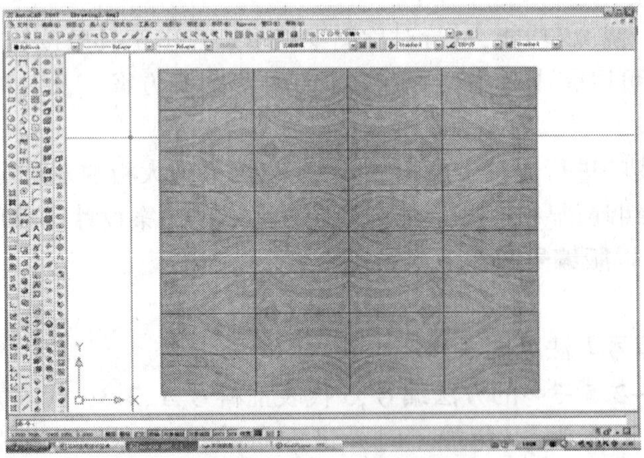

图 3-167　对称图案方案一

场进行技术交底,以便顺利施工。

(2)如图 3-170 所示为对称排版技法排版编号图,编号顺序按照图中规定的原则进行。

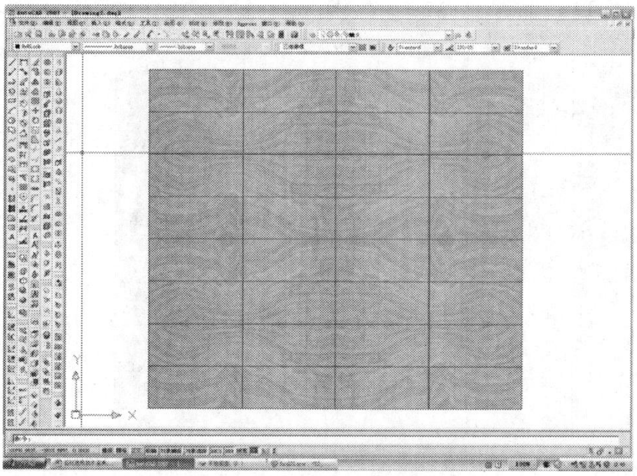

图 3-168　对称图案方案二

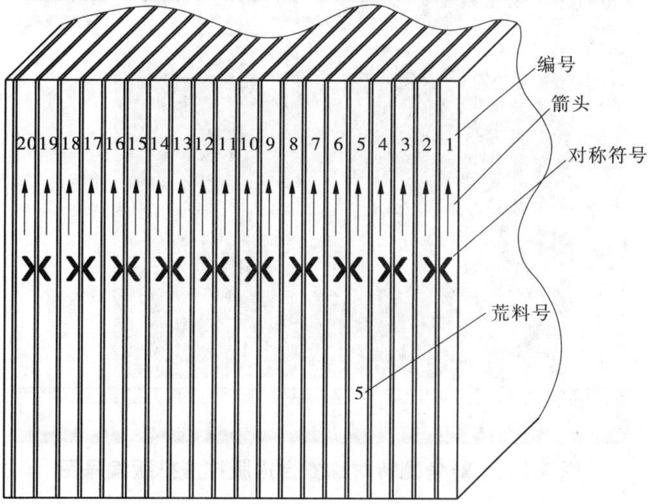

图 3-169　荒料及大板的编号方法

对称排版技法始终是由 4 张大板组成一个完整的对花纹单元。

(3)如图 3-171 所示为对角翻转对称复合排版技法排版编号图。如果遇到需要采用复合法进行对花纹制作的情况,尽量选择 16 张大板花纹变化不大的板材,因为复合排版技法对花纹的排版是 16 张大板组成一个完整的花纹单元,在 16 张大板组成的对花纹单元中,以 4 张大板为一个小单元组合。相邻大板的相对位置对花纹效果影响很大。每一个小花纹单元都必须按照图中的 1、2、3、4 号大板的排布顺序进行,只有这样才能保证对称效果最好,其余小花纹单元的排版方法类推。

2)下料图

下料图是反映每张大板的加工分割方法,能够直接指导工人加工的图纸。在排版图上利用 CAD 的图像编辑功能自动生成下料图。

(1)复制对花纹排版的一个完整花纹单元。如图 3-172 所示为一个对花纹单元排版编号图。

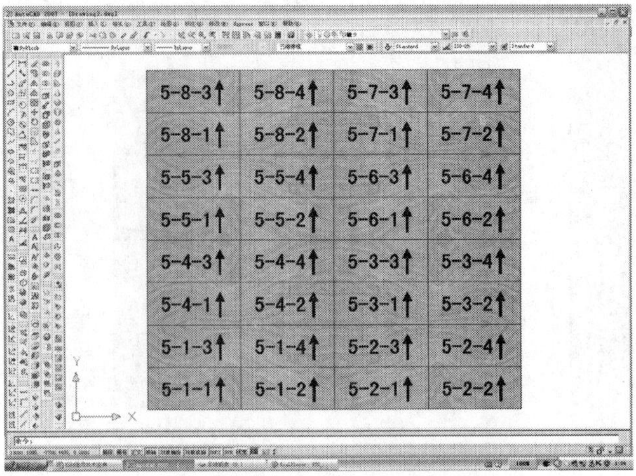

图 3-170　对称排版技法排版编号图

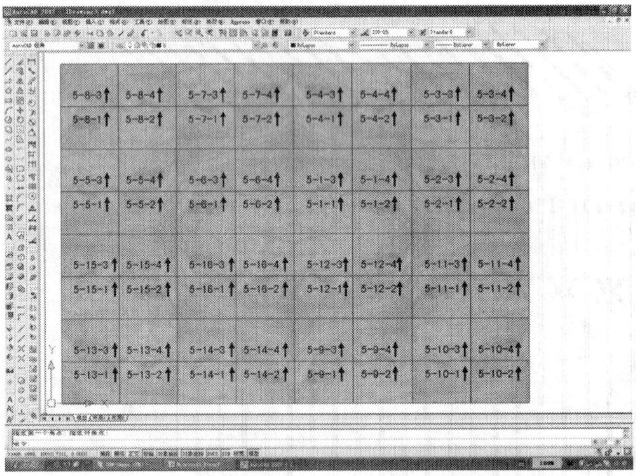

图 3-171　对角翻转对称复合排版技法排版编号图

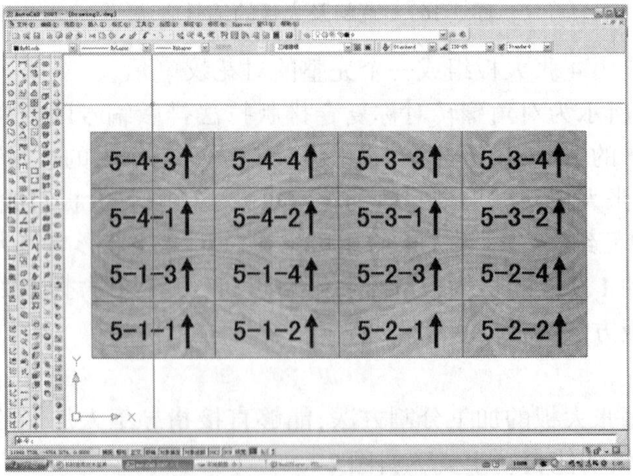

图 3-172　一个对花纹单元排版编号图

(2)取消计算机模拟切割,就可以看到一个花纹单元的大板组合了。如图 3-173 所示为一个花纹单元的大板组合。

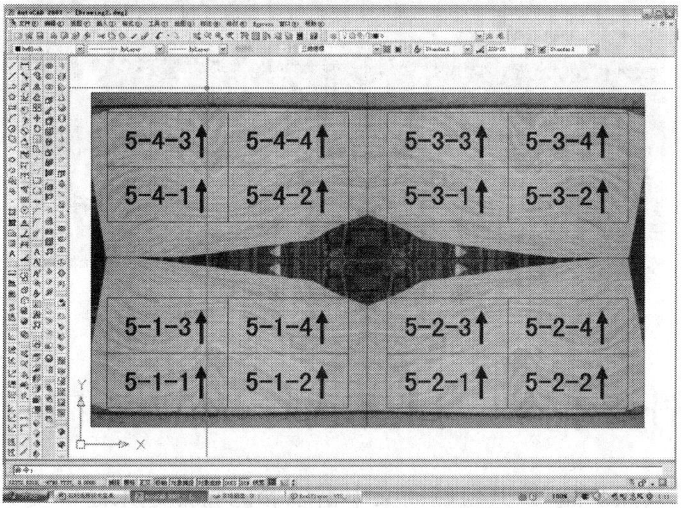

图 3-173　一个花纹单元的大板组合

(3)复原大板全貌。点击工具条按钮"剪切图像"图标,激活复制大板单元,输入 OFF 并回车,CAD 就会自动恢复剪切掉的图像,一张图文并茂的下料图就自动生成了,如图 3-174 所示。依此类推,就可以得到所有大板的下料图了。下料图尽量做到每张大板都要反映出来,千万不能忘记箭头,否则一旦出错就无法弥补。

编制排版编号图和下料图一定要同时进行,在排版编号图上按照要加工的大板顺序直接编号,编排一张大板,就画出一张下料图,这样整个编号图完成的时候,下料图也同时完成了,好处是决不会多或少计划一张大板。

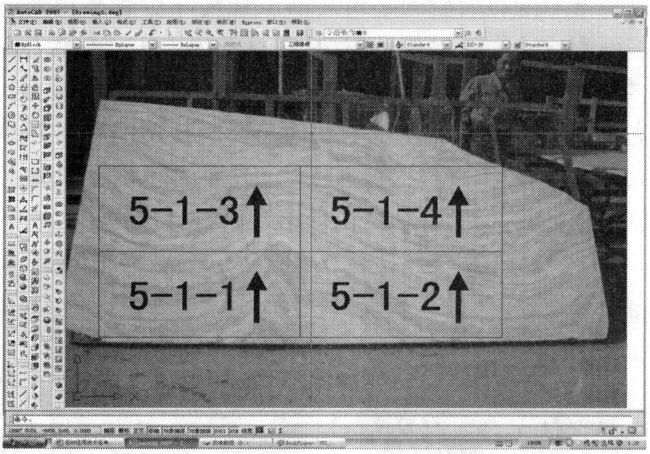

图 3-174　图文并茂的下料图

(三)加工及铺排

要求加工前就把编号标签粘贴好,不要弄错箭头方向。加工的同时就要进行铺排,千万不要等到全部加工完以后再进行铺排,以免遇到错误无法弥补。加工铺排现场见图 3-175。

图 3-175　加工铺排现场

第九节　针对不同石材的不同特点采取不同的加工措施

石材作为一种天然产品，以其自然而又丰富多彩的特点越来越深受大众的喜爱，但是，正是因为石材是天然的产品，才存在许许多多不尽人意的地方，例如石材色彩的深浅、花纹的粗细、花点的大小以及其他方面的一些外观特点。这些普遍存在的现象常常是引起厂家与客户、装修商与装饰业主纷争的重要原因之一。纷争双方如能协商得好则罢，协商得不好则可能造成严重后果。

真正对石材天然特点有充分了解的人，不会对石材的外观质量吹毛求疵，去追求所谓尽善尽美的效果。

如今许多的建筑物不论是外装修还是室内装修，一个立面或地面的面积越来越大。如何保证大面积使用同一种石材而产生好的装饰效果，这是一个较费脑筋的事情。至于使用同一种石材达到上万平方米的特大型的建筑装饰工程现在也越来越普遍，如何解决大面积石材装修与石材缺陷而影响装饰效果的矛盾，是石材业内人士值得深思的一个问题。

客观地说，不论是在中国，还是在其他的国家，可以说几乎难以找到一座大面积石材装饰的高档宾馆或住宅所使用的石材不存在一点缺陷。所使用的石材越多，石材缺陷的问题越容易呈现出来。大多数的石材，尤其是大理石，这方面的问题更加突出。如图 3-176 所示是一个日本经典石材工程，图 3-177 所示是在日本经典石材工程中存在的石材天然缺陷。

图 3-176　日本经典石材工程

图 3-177　经典工程中的石材天然缺陷

事实上，石材许多不尽人意的地方，只要在石材加工前进行有效规划，在生产加工生产及安装施工过程中引起重视，就能基本上解决以上所提到的问题，化不利为有利，甚至变废为宝，使石材能发挥其更美的装饰效果，为美化大众的生活环境增添光彩。

下面介绍一些石材行业常用的应对方法。

一、荒料取样控制色差

借鉴日本石材工程的管理经验，控制色差从荒料规划开始。为避免一个大型工程开料的盲目性，应在开料之前先从每一块荒料上在同一锯切面上敲取样品，将其磨光，相互对比，并编号。按颜色逐渐过渡的分色原则区分浓、中、淡三色。如荒料的颜色种类较多，则用英语字母 A、B、C、D、E…区分。所有样品都要存档，即便是工程已经完工，也要将样品封存一段时间，以便售后服务时借鉴使用。如图 3-178 所示为日本专家考察石材分色。

二、根据工程技术资料进行排版

(1) 一个大型工程由于同种石材用量大，为保证同一空间、同一平面所安装的板材颜色和纹路基本一致，达到良好的装饰效果，锯切大板之前，应先从每一块荒料上所切出的大板中挑出极具代表性的大板按颜色渐变的顺序排列、分色，并用文字标明荒料号，颜色的深浅，用浓、中、浅区分。当石材的颜色分类很多时，则用 A1、A2、A3…区分。如图 3-179 所示为石材分区铺排分色。

图 3-178　日本专家考察石材分色

图 3-179　石材分区铺排分色

(2) 当加工所要选取的石材颜色、纹路差异较大，石材的表面还存在其他缺陷时，则应按照客户所提供的平面布置图和装修立面图上所分割的石材尺寸进行取板，并在石材的板面上用铅笔标示出分界切割线。取板后，用图将板面尺寸及编号分布情况画出。工艺人员或取板人员用文字和图的形式表示所取的板用于加工工程中的哪个部位。图文并茂的加工单见图 3-180。

(3) 按规划锯切出来的板材在磨边和异形加工前仍然要排版，重分色，并标示出磨边的方向，以免磨边和异形加工时弄混已调整好的颜色及纹路。

三、适度染色

(1) 近几年，随着石材染色工艺的发展，石材的染色技术也渐趋成熟。许多以前认为不能染色的石材已突破技术禁区可以染色，而且各种各样的染色剂也已生产出来。经过染色

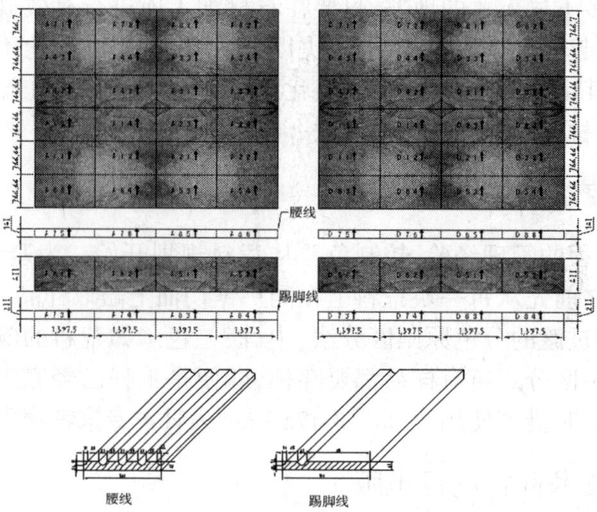

图 3-180 图文并茂的加工单

后的石材可以改变局部色差的问题，使石材安装效果变得更佳。

(2)板材在染色以前，最好先取一块小样进行试验，染色试样与板的原色进行对比，确认效果达到目的后再投入染色工作。

(3)石材染色只能针对局部缺陷，不能对大面积的石材进行染色。

四、适当挖补

(1)有些石材不论是特级料或一级料，由于天然的物性注定存在缺陷，例如紫彩麻、牡蛎珍珠不可避免地存在黑色的色斑。如果在加工此类石材时，客户非要避开黑斑不可的话，生产厂家要顺利进行生产可能相当难，甚至会造成相当大的损失。

(2)如图 3-181 所示为对石材表面缺陷进行局部挖补。采用挖补修复具有色斑、色线的石材，必须认真进行，讲究正确的方法，否则修补的石材很难达到良好的装饰效果。

五、利用区域分割控制色差

(1)对石材有很深了解的设计师，在大型工程中会采取一种隔离设计的方法，将同种石材由另外一种石材来隔断，以保证各个区域的颜色基本一致，如图 3-182 所示。

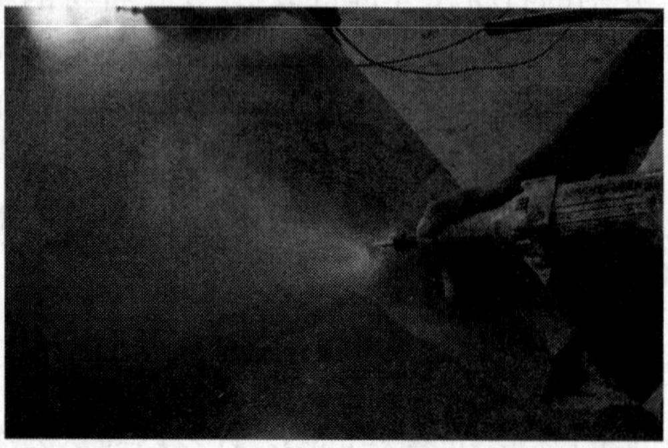

图 3-181 局部挖补

图 3-182 利用区域分割控制色差

(2)我们曾用西班牙米黄加工装饰某工程大厅地面，由于用料色差大，无法保证大厅地面颜色基本一致。因此，我们在充分分析此大厅地面的布置图后，大胆使用了色差很大的西班牙米黄料，恰当地利用了大厅中数道玻璃墙，将地面分割成了几个区域，又利用大厅中几处高于地面的展示台使地面作了进一步的分割，采用分割消除了色差。

六、利用空间层次变化控制色差

(1)石材好加工，也不好加工。好加工是因为石材装修的空间大，被许多的梁、柱、转角、楼层分割成许许多多的小空间，生产加工时可以根据这些小空间来用料，使每一个不同的空间用料不同，相邻能看到的空间用料基本一致。

(2)有许多装修工程，当大面积使用一种石材装饰时，在无法保证同一空间位置颜色相同时，常采取此种方法处理。先保证整个墙面颜色一致，梁的颜色一致，柱的颜色一致。在同一空间内用不同的颜色来产生一种立体感。利用空间层次变化控制色差，如图 3-183 所示。仔细观察可以发现，柱、梁、线条、雕刻板的颜色均不一样，反而突出了层次变化，强化了空间感觉。

(3)通常许多工程的实际运作，不能不考虑空间结构对石材装饰所起的作用，不能一味地强调石材就是不能有这种、那种缺陷。例如，一幢 30 层大楼的外装修，在高于 10 m 以上时，石材即便有很大的缺陷，凭人的双眼则很难看出石材上的一个直径约 20 mm 的色斑。

七、根据光线变化按照颜色渐变法控制色差

如图 3-184 所示为利用光线变化控制色差。图中是按照颜色自下而上由深变浅的原则，完成的一项日本经典工程。下深上浅正好符合光线渐变的视觉误差原则，这种方法适合于所有高层建筑的石材幕墙排版。

图 3-183　利用空间层次变化控制色差

图 3-184　利用光线变化控制色差

八、对花纹制作

许多的石材有一定的纹路走向，加工时如利用好石材这种富于变幻的特点，让前、后、左、右或上、下、左、右的纹路首尾相连，则能创造出极富美感的天然图案。

关于石材对花纹制作方法,在前面已经有详细介绍,这里不再赘述。

九、石材乱拼做法

石材装饰中目前流行一种乱拼的做法,不管颜色的差异与否,随意乱拼,追求一种自然、古朴的效果。这种装饰手法可以任由设计者和装修者凭自己的想象随意发挥,任意创造,装饰的最终效果全凭他人去理解、去解释。

十、分层加工法

有许多的石材(如旧米黄、啡网纹等)在同一块大板上有着截然不同的颜色。如果加工中不采取特殊的方法加工,就不可能收到很好的装饰效果。所谓分层加工就是根据大板表面的颜色,按所分颜色的层次,根据生产加工单上的技术要求及尺寸要求,将同一颜色的板材切割后放在同一区域内和相邻区域。

十一、严格按排版编号安装

石材产品出厂前,一般均有编号,并有箭头标出明确的指向,如果施工方在安装时不严格按生产厂家给予的编号安装,随意打乱了生产厂家的编号,将会使整个空间安装效果变得非常差。

十二、同客户进行良好的沟通与协商

对于石材这种大自然留给我们的不可再生的自然资源,一定要与客户进行良好的沟通与协商。

石材产品的质量检验与验收有其相关的质量标准,但考虑到石材是一种天然的产品,因此在加工的过程中不能照搬照套标准。具体加工、安装石材时,要始终从石材所处的环境、空间位置情况出发,从石材安装的最终装饰效果考虑,兼顾产品的质量与石材综合利用,最大潜力地发挥和挖掘石材价值,利用各种手段解决石材中不可避免出现的缺陷问题,让石材产品闪烁出更加迷人的光芒。

第十节　预安装铺排

在石材工程中整体效果非常重要,往往顾客和供货商争论的焦点就在于此。

预安装铺排现场见图 3-185。把铺排当成安装施工的预演。在供货前要对工程进行全面了解,按照图纸要求,对工程进行区域铺排。要求铺排时完全按照安装施工顺序进行,要完全按照施工要求将施工安装缝也相应铺排出来。设置高度为 4 m 的观察平台,对排版进行观察,以调整色彩和花纹。如图 3-186 所示是预安装铺排过程。

(1)从荒料开始规划:对荒料进行归类、分色,然后开始计划荒料的加工方法和每块荒料加工出来的产品的安装部位,制订出严格的生产计划和供货计划。

(2)加工出来的产品不能直接装箱发运,一定要按照安装图纸严格排版、选色、编号。排版时,要按照安装要求结合安装缝一起紧密铺排,检验时既要检验每一块板或线条的几何尺寸,又要检验总体尺寸,这样做的目的是既可以检验设计失误,又可以检验加工失误,相当

于在工厂里就把产品安装了一遍,可以把很多失误消灭在产品出厂前。如图 3-187 所示为预安装铺排现场检验。

图 3-185　预安装铺排现场

图 3-186　预安装铺排过程

图 3-187　预安装铺排现场检验

(3)严格按照安装顺序装箱,同时附有装箱单和编号图以及技术要求。

预安装铺排法是创造精品工程的好方法,这种方法可以使石材工程中的色差、花纹紊乱、设计错误、加工单错误、加工错误、漏加工等一系列问题都控制在产品出厂前。

第十一节　作业指导书

本节以台面板加工为例,阐述作业指导书的编制方法。

一、面板的分类

(一)用途分类

(1)吧台、灶台台面板:所有看面部分都要磨边。

(2)洗面台:台面板(看面抛光磨边)+挡水板(看面抛光磨边)+吊板+台盆孔+水嘴孔+固定台盆卡孔。如图 3-188 所示为洗面台图片。

(二)板厚分类

(1)20 mm 厚台面板;

(2)30 mm 厚台面板;

(3)38 mm 厚胶粘加厚边台面板。

(三)磨边方式分类

磨边类型花样繁多,边形是以成形磨轮的形状来决定的,根据客户需要采购相应成形磨轮。画图仅以 1/2 圆边为例,其余不再赘述。如图 3-189 所示为 1/2 圆边。

图 3-188　洗面台图片

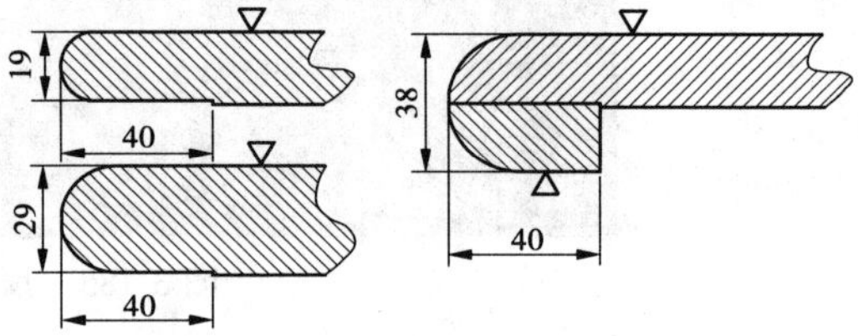

图 3-189　1/2 圆边

(1)20 mm、30 mm 磨单边;

(2)38 mm 磨加厚边。

二、台面板加工工艺

(一)毛光板加工要求

1. 单边洗面台

要求加工尺寸长宽加大余量 20 mm,平整度小于 0.5 mm,厚度公差 0~+1 mm,光泽度 90 度以上。同时,要求对板材编号,用相邻编号的板材加工挡水板和吊板,以免出现色差。

2. 粘加厚磨边台面板

长宽尺寸=台面尺寸+40 mm 胶粘条+20 mm 余量,平整度小于 0.5 mm,厚度公差 0~+1 mm,光泽度 90 度以上。

(二)毛光板边沿定厚

1. 用齿形滚轮定厚

要求对磨边的边沿进行定厚,将定厚边厚度定为 19 mm 或 29 mm 厚。

2. 定厚宽度

单边磨边宽度为 50 mm。

胶粘加厚边宽度为 100 mm。

弧形台面板定厚宽度为弧形拱高+100 mm。

3. 定厚方法

用齿形定厚滚轮定厚时,由于吃刀抗力很大,所以振动也很大,如果吃刀量过大就会造成板材裂缝,所以定厚时不能吃刀太深。如图 3-190 所示为用齿形定厚滚轮定厚方法。

4. 定厚边修整方法

由于定厚滚轮的吃刀抗力很大,所以在定厚时就会产生振动,造成定厚面不平整,所以要对定厚面进行修整,用小磨盘对定厚边进行修整,使得定厚面平整。如图 3-191 所示为用磨盘修整定厚面。

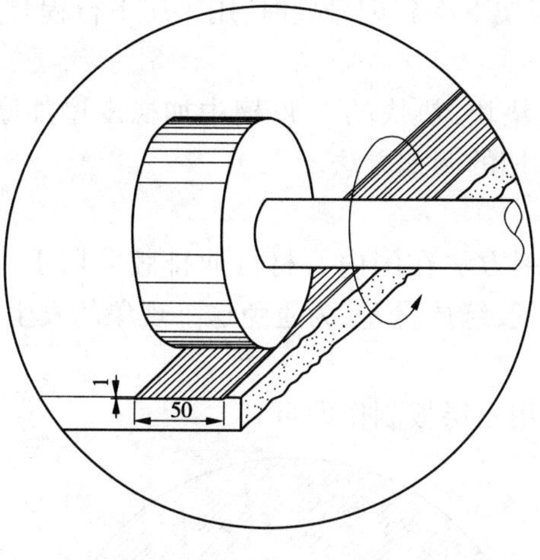

图 3-190 用齿形定厚滚轮定厚方法

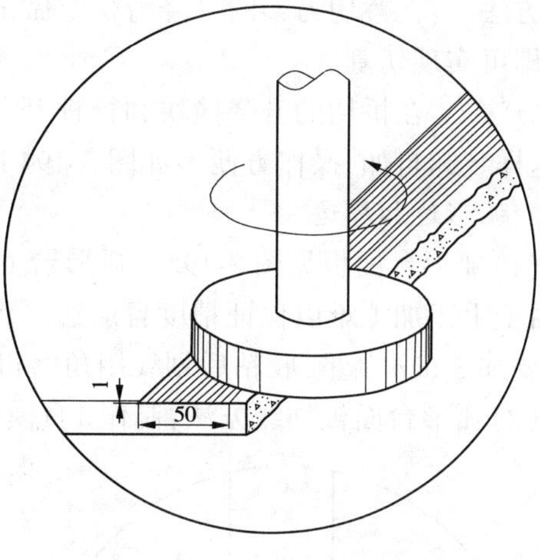

图 3-191 用磨盘修整定厚面

(三)切边加工工艺

要求刀片必须锋利,加工出的锯口崩边不得超过 1 mm,几何尺寸公差不得超过-0.5~+0.5 mm,对角线公差不得超过-0.5~+0.5 mm。

凡要求磨边的台面必须在磨边方向增加+1 mm(补充磨边损耗)。

下面以胶粘加厚边为例阐述加工方法。

1. 直边加厚边

如图 3-192 所示为直边加厚边。在平板边沿,胶粘一层石材边条,使得加厚边显得大气很多。

1)直边加厚边的切割方法

加工胶粘边时,切割深度留 2 mm,不能切断,不切断的目的在于避免切断时的崩边,使得胶粘缝不完美,而且加工后只要轻轻抬起板材就会自然断裂,切割边沿不会向内崩缺,胶粘后磨边时将其磨掉,这样胶粘缝的质量就会很好。如图 3-193 所示为切边不能切断。

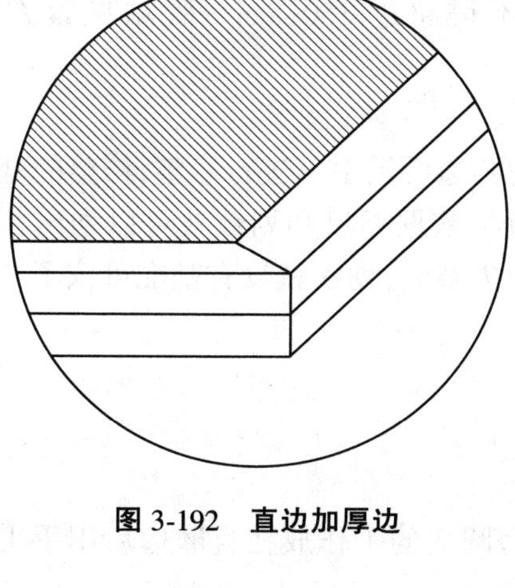

图 3-192 直边加厚边

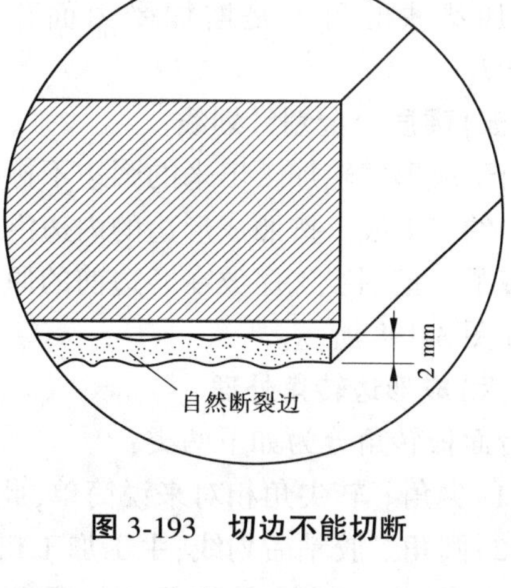

图 3-193 切边不能切断

2)桥切控制不切断的方法

方法一:在桥切刀架的升降滑枕上做记号,当刀架下降到记号处时,用手压下行程开关,桥切即可实现切割。

方法二:在桥切的升降撞块和行程开关之间架垫块,垫块的U形槽中加橡皮增加摩擦力,这样装卸自如,操作方便。如图3-194所示为桥切的调整方法。

2. 弧形边加厚边

(1)弧形台面板见图3-195。弧形台面板的切割方法在国内石材行业排版采用手工切割,由于手工加工难以保证精度且崩边严重,胶粘后胶缝质量差,为避免这一现象的发生,切割时要加3 mm余量,胶粘后划线用角磨机修整。

(2)弧形台面板划线方法:制作1:1模型划线(用三层板制作即可)。

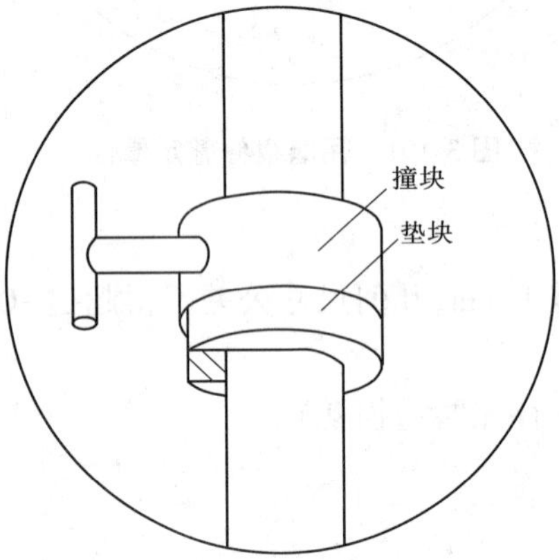

图3-194　桥切的调整方法

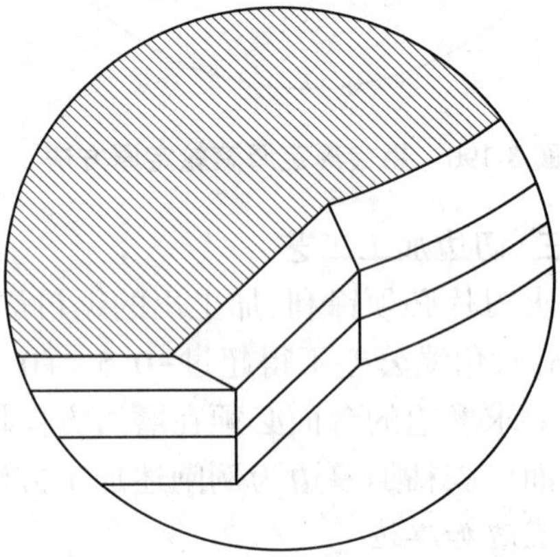

图3-195　弧形台面板

(四)胶粘工艺

(1)将相同板面切割下来的胶粘条和原切割板一一对应地胶粘(不可旋转方向),这样胶粘后的边不会出现色差,同时纹路相连。转角处理方法为45°碰角,胶粘条一一对应见图3-196。

(2)胶粘:采用AB胶进行胶粘(不断探索新胶种),同时用夹具垫垫块(石材垫块即可)压紧,加垫块的目的是增加受力面积,夹具间距不得超过150 mm。胶粘夹紧方法见图3-197。

(五)硬质合金划针划线

由于成形磨轮加工出来的圆边不标准,加工后的圆边要用手工进行修整,修整的基准就是划出的基准线。按照成形边的内边沿尺寸制作靠尺,依据靠尺和划针就可以划出非常细的划痕了。把划线工序放在磨边前的原因是:一旦圆边磨成,划线就没有基准可依了。划线方法如图3-198所示。

(六)成形边转角处理

台面板转角分为如下两类:

(1)尖角。转尖角相对来说简单,此处不再赘述。

(2)圆角。胶粘后划线,手工加工粗圆角,圆角磨圆边的工作放在直磨边后用手工造型抛光。如图3-199所示为圆角的处理方法。

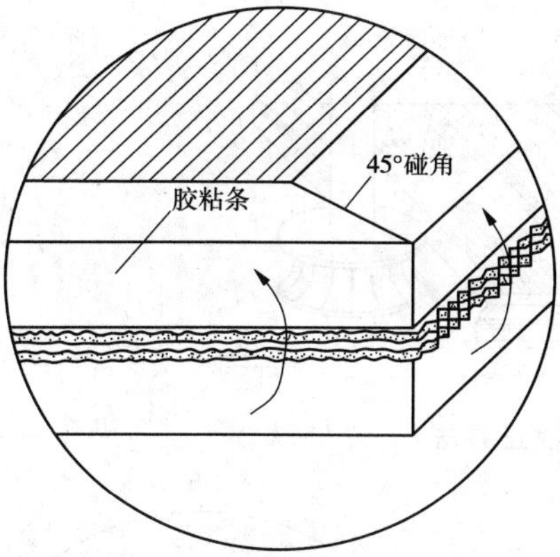

图 3-196　胶粘条一一对应

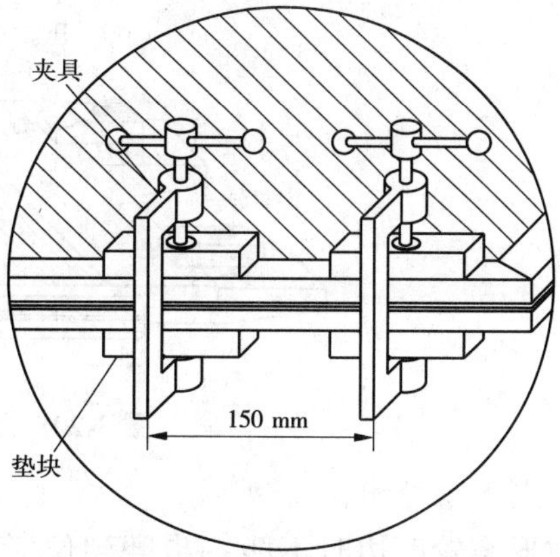

图 3-197　胶粘夹紧方法

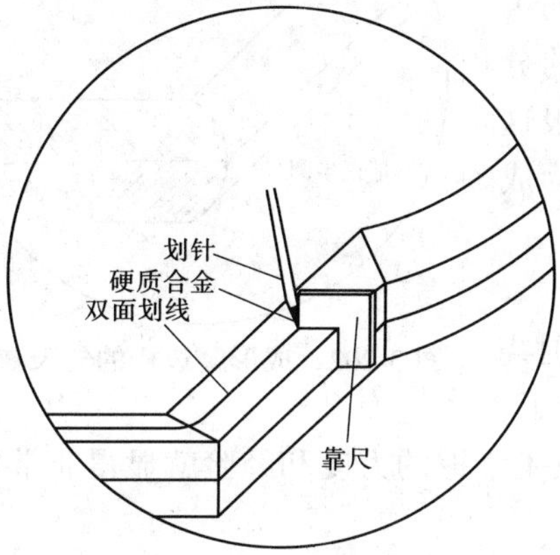

图 3-198　划线方法

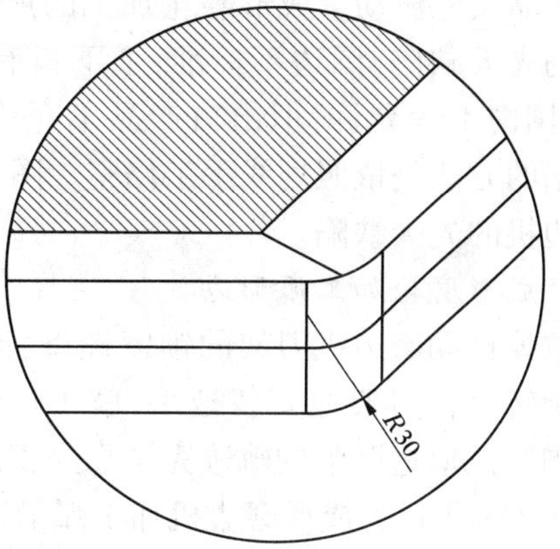

图 3-199　圆角的处理方法

(七)倒边处理

在磨边前为提高加工效率,同时提高磨轮寿命,把加工边进行倒边处理。倒边方法见图 3-200。

(八)成形磨边机的找正方法

如图 3-201 所示为成形磨边机的找正方法。在成形磨边机上建立工装(靠尺),要求台面板紧密靠拢靠尺时,加工尺寸正好等于要求尺寸。靠尺最好采用钢材加工制作,但要注意,长期使用钢材会磨损从而影响加工精度;也可以用石材作靠尺,调整好尺寸后,用压板压紧石材靠尺即可。

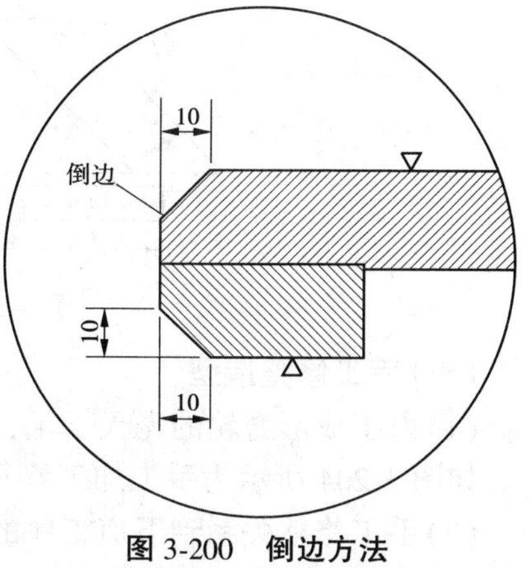

图 3-200　倒边方法

(九)磨边工艺

采用成形磨轮在磨边机上加工(仅以加厚边为例)。

1. 成形磨轮分类

(1)电镀金刚石,适合加工大理石类产品。

(2)成形结块焊接磨轮,适合加工花岗石类产品。

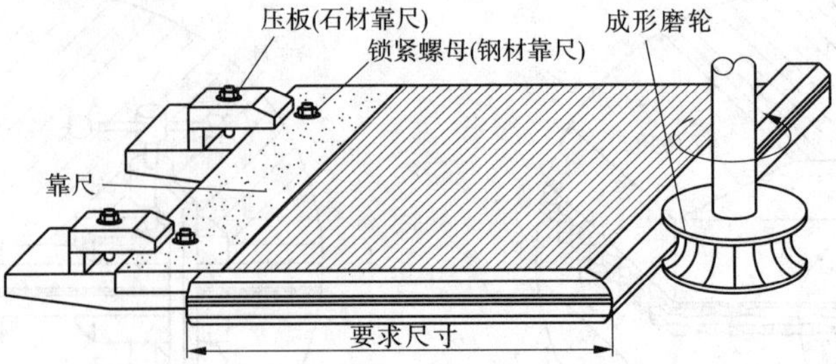

图 3-201　成型磨边机的找正方法

2. 成形磨轮加工直边

成形磨轮磨边时不能一步磨到位，每次进给量不能超过 2 mm，千万记住找正后标准尺寸的刻度值，以免加工的产品尺寸波动。成形磨轮加工的成形边，由于加工方法的先天缺陷，圆边不标准，上下口有一条明显的分界线，国内工程允许，但出口产品不允许出现。克服这种缺陷的方法是依照划线手工修整。图 3-202 所示为成形磨边机的先天缺陷。

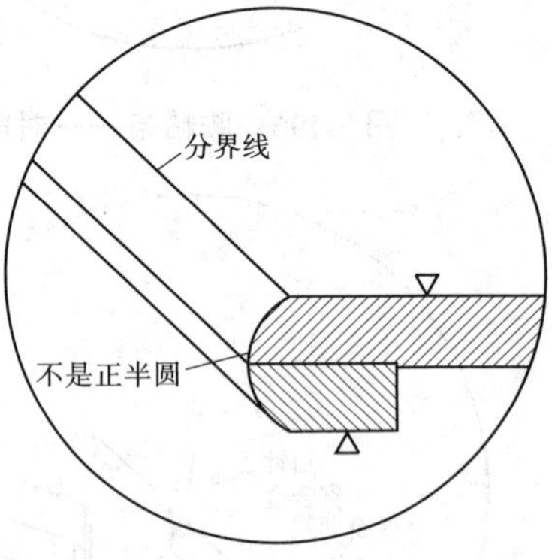

图 3-202　成形磨边机的先天缺陷

3. 成形磨轮加工弧形边

取掉自动磨边机刀架的锁紧螺母，刀架就可以围绕铰链旋转。在刀架上安装把手，就可以用人工加力了，刀架围绕弧形边磨削的轨迹完全靠人工掌握，因此人工掌握的力度和经验就显得非常重要。如图 3-203 所示为成形磨边机加工弧形边。

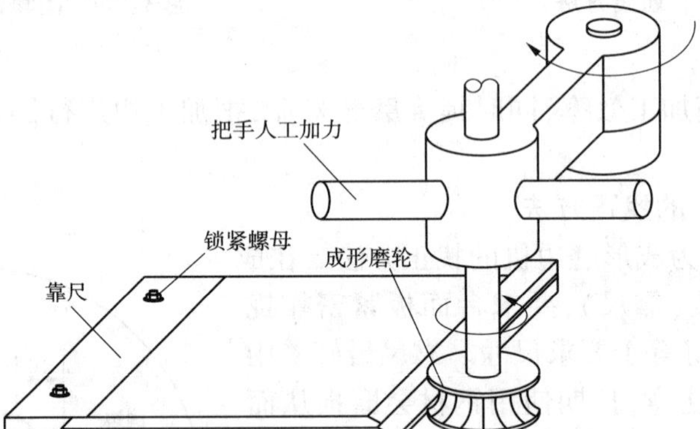

图 3-203　成形磨边机加工弧形边

(十) 手工修整造型

(1) 由于成形磨轮的先天不足，加工出来的形状不标准，只有通过手工按照划线造型修整。如图 3-204 所示为手工加工修复加工缺陷。

(2) 手工修整关系到下道工序的质量，如果本工序没有过关，下道工序将出现严重的水波纹，因此要求打磨时用端面金刚砂磨片线接触打磨，基本形状出来后再用砂轮片修磨。

(十一)水磨抛光

水磨抛光工艺已经非常成熟,这里不再赘述。

(十二)制作洗面台划线模

挖台面板或钻台面板的台盆孔、水嘴孔、固定台盆卡孔的找正依据是划线,划线的依据是台面板划线模,台面板划线模的制作依据是图纸。图 3-205 所示为台面板划线模。

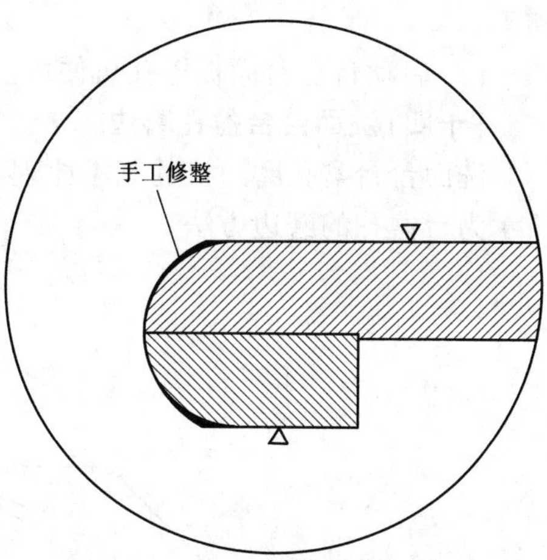

图 3-204 手工加工修复加工缺陷

(十三)挖洗面台台盆孔方法

用全自动洗面台挖孔机挖孔,先在全自动洗面台挖孔机上设置一个标准椭圆靠模,在靠模外沿设置了滚轮,与滚轮连接一个可调整的刀架,当滚轮围绕靠模旋转时,刀片就可以实现一个与靠模完全相同的轨迹。调整刀架与滚轮的距离,就可以实现比例放大,这样就可以加工任意尺寸的台盆孔了。图 3-206 所示为台面板自动挖孔示意图。

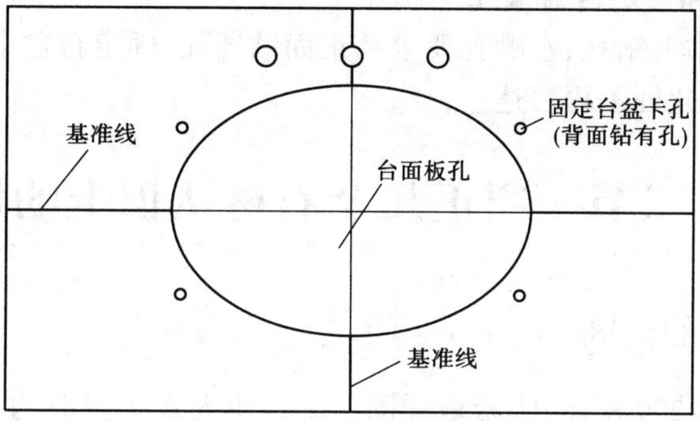

图 3-205 台面板划线模

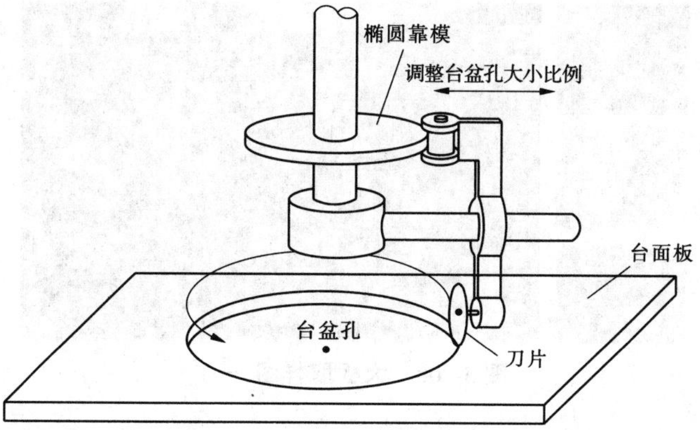

图 3-206 台面板自动挖孔示意图

(1)洗面台划线:按照洗面台划线模用硬质合金划针划线,同时划出基准线。

(2)利用基准线交叉点在自动台面板挖孔机上找正。

(3)利用台盆孔划线调整刀片位置。

(4)夹紧洗面台,同时建立定位工装,以便其他洗面台挖孔时无需找正便可以定位加工。

(5)启动自动台面板挖孔机便可。

(十四)洗面台台盆孔磨边

洗面台台盆孔磨边机的基本原理与弧形磨边机的基本相同,这里不再赘述。如图3-207所示为台盆孔的磨边方法。

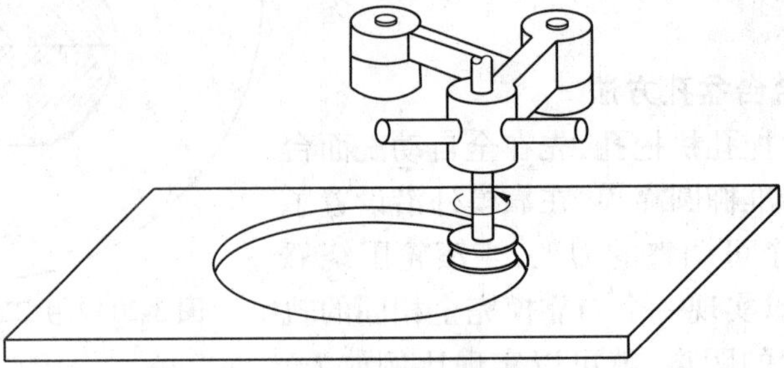

图3-207 台盆孔的磨边方法

(十五)钻水嘴孔和固定台盆卡孔

依照划线在摇臂钻上钻孔,水嘴孔要求从正面钻通孔,固定台盆卡孔要求从背面钻定尺盲孔。由于工艺简单,此处不再赘述。

第十二节 纠正几个石材认识上的误区

一、小样品带来的误区

如图3-208和图3-209所示,大板取样图。同一块大板上提取的不同部位的样品,情况大相径庭,如果甲方按照其中任意一块样品收货,要想满足样品的要求很难。

图3-208 大板取样图(一)

这就提出了一个问题,就是样品误区。往往甲方对石材知之甚少,特别是一些决策者,他们没有时间了解石材品质,脑海里产生的石材概念只是通过样品产生的,一旦甲方心目中产生了由样品想象的石材工程场景的话,那么石材工程完成后,将会令甲方产生极大的失望,因为两者的差异太大。

打破这种误区的办法就是让甲方了解石材全貌,请甲方现场考察。若甲方不到现场,则

图 3-209　大板取样图(二)

要求业务员在送样时,同时还要附上大板照片,如果有工程图片效果更好。

二、小缺陷带来的误区

一旦甲方提出板面小缺陷问题,则很难回答。

如图 3-210 所示是日本东京某标志性建筑石材工程图片。使用的品种是福建产的 623,明显地看到上面的色胆有蚕豆大小。做石材的人都知道日本的石材工程是全世界要求最高的,图 3-210 中的情况在日本可以顺利过关的原因是他们了解这个石材品种,知道色胆是不可避免的,只要规定验收标准就行了。

现实中,业务员为了赢得业务,在送样的时候尽量挑选完美无缺的样品,甲方往往也以样品论英雄,大家都闭口不谈该品种存在的问题和先天不足。大批量的货物送到现场,一旦甲方发现小缺陷,双方争执就开始了,吃亏的必然是供货厂家。

解决上述问题的方法就是说老实话,让甲方充分了解石材的本来面目。邀请他们考察矿山和加工情况,如果请他们不来,就把图片和录像展示给他们,双方规定好质量验收规则,只有这样才能有效地避免由于天然小缺陷造成的误区带来的麻烦。

日本的石材工程是全世界最挑剔的,日本的石材工程中照样存在小缺陷,说明石材的天然缺陷不可避免,关键是如何规划,使石材的天然小缺陷在感观上达到可以接受的程度。

三、大板块带来的误区

当今石材工程出现了一个怪现象,就是板面越做越大,地面石材规格出现了 1 500 mm×1 500 mm 的板面,墙面石材干挂的规格居然出现了 1 500 mm×3 000 mm 的规格。

如图 3-211 所示为大板块石材工程,图中的雕刻部分长 3 200 mm,高 900 mm,厚度 200 mm,单块质量近 1. 5 t,安全很难保证。

如图 3-212 所示为安装大板块雕刻的钢结构,与干挂平板的钢龙骨基本相同。板面越大,单位面积所分摊的挂件或背栓的力越小,而挂件或背栓所承受的力就越大,板材随时承受振动和正负风压的作用,日积月累石材挂接处必然产生疲劳,一旦受到强大负风压作用,后果不堪设想。

大板块的误区后果非常严重,必须予以纠正。

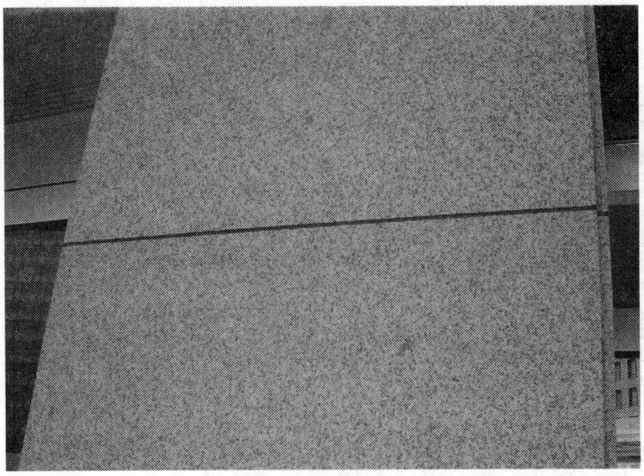

图 3-210　日本东京某标志性建筑石材工程图片

图 3-211　大板块石材工程

图 3-212　安装大板块雕刻的钢结构

第四章　石材安装工程

第一节　水泥砂浆铺装石材施工的措施和方法

一、水泥砂浆安装地面

图 4-1 是典型水泥砂浆安装地面示意图。

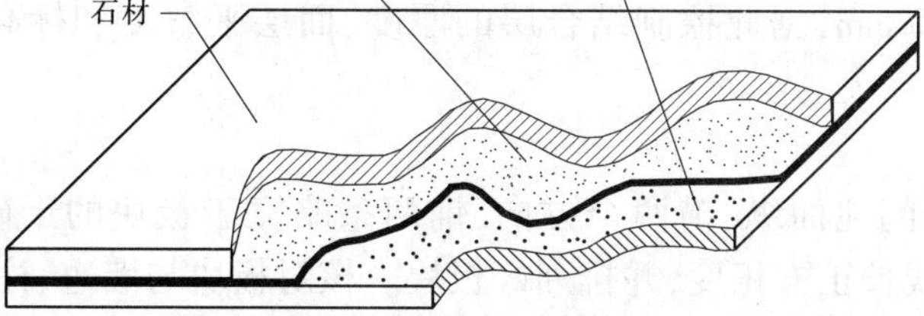

图 4-1　典型水泥砂浆安装地面示意图

(一)施工前的准备工作

1. 材料准备

1)石材

各种石材的品种、规格均应符合设计要求,外观颜色一致,图案花纹正确。运至现场的块材,应逐箱取样,用“品”字法检查方正度,量出几何尺寸,有裂纹、缺棱掉角、表面不平整和不方正等缺陷者不能使用。

2)辅助材料

(1)水泥:宜采用强度等级为 42.5 MPa 的普通硅酸盐水泥、矿渣硅酸盐水泥;强度等级为 32.5 MPa 的勾缝用白水泥。不同品种、不同强度等级的水泥严禁混用。

(2)砂:结合层宜用粗砂或中砂,使用前应过 5 mm×5 mm 孔筛;灌缝宜用中砂或细砂,用窗纱过筛。砂子含泥量应不超过 3%。

(3)具有耐磨、耐光性的矿物颜料和大理石胶粘剂。

2. 工具、机具

切割机、磨石机、磨片、钢卷尺、水平尺、方尺、墨斗、尼龙线、靠尺、木刮子、木锤或橡胶锤、木抹子、铁抹子、小灰铲、喷水壶、茅草刷、擦布或棉纱、合金扁凿和胶刷等。

3. 施工条件

(1)地(楼)面垫层、结构层基体已验收合格。

(2)沟槽、暗管等已安装并验收合格。

(3)门框已抄平、吊直,并留有墙面粉刷厚度,固定牢固。

(4)设有坡度和地漏的地面,按流水坡向已用水泥砂浆找坡。

(5)房间伸缩或沉降缝已处理好,外地面已确定了分仓缝的位置。

(6)卫生间、浴室、小便槽等易渗水部位,其防水层已施工,并经试验不渗漏。

(7)墙面+50 cm 水平基准线已弹好。

(二)施工操作方法

1. 试拼

在正式铺设前,每一房间的大理石或花岗石板块,应按图案、颜色、纹理试拼。试拼后按两个方向编号排列,然后按编号码放整齐。

2. 基层清理

检查基层平整情况,偏差较大的应事先凿平和修补。基层应清洁,把沾在基层上的浮浆、落地灰等用錾子或钢丝刷清理掉,不能有油污,再用扫帚将浮土清扫,并冲洗干净。

3. 弹控制线

根据墙面水平基准线,在四周墙面上弹出楼地面面层标高线和水泥砂浆结合层线,结合层厚度一般为 20 ~ 30 mm,据此控制结合层的厚度、面层平整度和标高。有坡度要求的地面,应弹出坡度线。

4. 试排、试拼

一般方法是在房间地面纵、横两个方向,铺两条略宽于板块的干砂带,砂厚不小于 30 mm,根据大样图,拉线校正方正度,并排列好板块。核对板块与墙边、柱边、门洞口及其他较复杂部位的相对位置;检查接缝宽度,大理石接缝宽度不得大于 1 mm。

大理石、花岗石铺设前,应对板块进行试拼,先对色、拼花编号,以便对号入座,使铺设出来的楼地面色泽一致、美观。

对于非整块面板,应确定相应尺寸,以便切割。

5. 拉十字基准线

根据设计要求和试排的情况,在房间内拉通十字基准线,以控制第一排砖铺贴的位置、铺贴厚度及直线度。

基准线的建立方法:根据设计要求并及时与总包方、监理方取得联系,定出水平标高,在各个基准点上建立等高点,做好基准线标记。

1)基准点的建立

有关基准点的建立方法在前述“梯步测绘”中已有详细阐述。

2)基准线的建立

如图 4-2 所示,用 0. 2~0. 5 mm 的呢绒线或用 0. 1 ~ 0. 2 mm 的细钢丝,通过两个基准点绷紧连线,即可建立基准线。

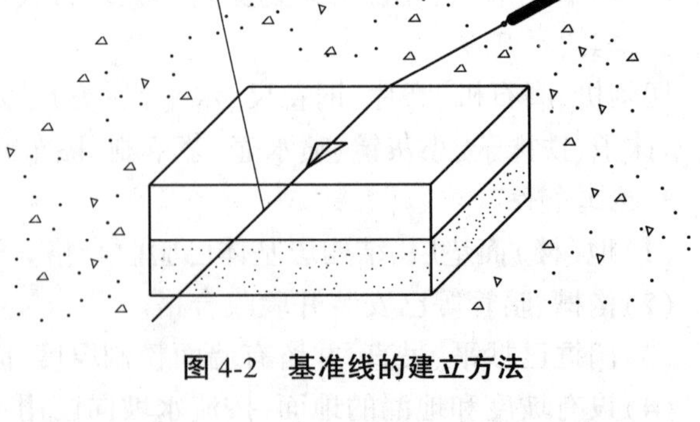

图 4-2　基准线的建立方法

3)复核基准线和排版图的准确性

基准线建立后,不能马上进行安装,要把所有的基准线全部建立起来,然后检验基准线的准确性。通过基准线检验排版图的准确性,可以发现排版图和现场的误差。

6. 水润基体

安装前必须把地面打扫干净，并用清水润湿基体。

7. 涂抹水泥浆

待基体润湿后，开始在地面上涂抹水泥浆，目的在于提高黏结力。

8. 铺水泥砂浆结合层

应严格控制水泥砂浆结合层稠度，以保证黏结牢固及面层平整。干硬性水泥砂浆具有水分少、强度高、密实度好、成型早及硬化过程中收缩率小等优点，因此结合层宜采用干硬性水泥砂浆，以保证板块楼地面的平整度、密实度。干硬性水泥砂浆的配合比应采用 1∶3～1∶4（水泥∶砂），一般采用强度等级不低于 42.5 MPa 的普通硅酸盐水泥配制，相应的砂浆的强度等级为 15 MPa，铺设时的稠度（圆锥体沉入度）以 2～3 cm 为宜。如现场无测试仪器，可以用手捏成团，在手中颠后即散为宜，也可在水泥砂浆中掺入适量的建筑 108 胶。

为了保证干硬性水泥砂浆与基层（或找平层）、石板块的黏结效果，在铺设前，除将板块湿润外，还应在基层单位（或找平层）上刷一遍水灰比为 0.4～0.5 的水泥浆，随刷随摊铺水泥砂浆结合层。

9. 石材铺贴过程

1）安装前板材的处理

凡白色系列、米黄系列大理石和白色、灰色花岗石，安装前一定要处理背面，否则安装后水泥砂浆中的浆水必然浸透石材表面造成污染。处理方法如图 4-3 所示，用白水泥加 107 胶加水搅匀，像墙壁抹灰一样均匀抹在石材背面，厚度不小于 3 mm，一定要阴干以后才能安装。

如果没有对石材背面进行处理，水泥砂浆将渗透过石材表面，造成污染。图 4-4 所示是没有处理好背面造成的水泥浆渗透污染。

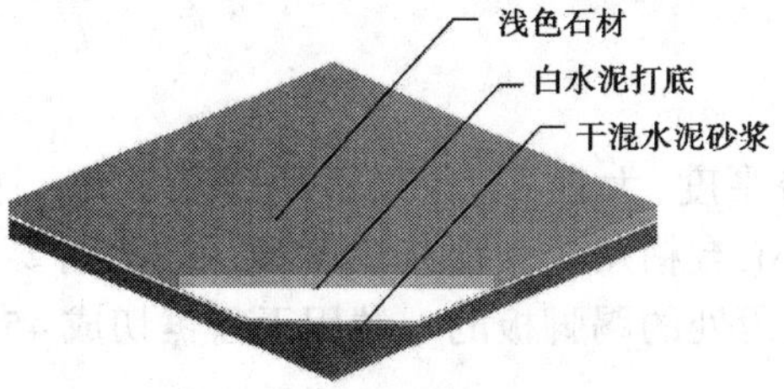

图 4-3　石材背面处理方法

图 4-4　没有处理石材背面的结果

2）安装方法

（1）以基准线为基准进行安装。

（2）用纯水泥浆涂抹花岗石背面，涂抹厚度不小于 3 mm，以提高黏结力。

（3）用橡胶锤振击并不断观察基准线，以调整平整度。

（4）板与板的接缝宽度不得大于 1 mm，板缝高差不得大于 0.5 mm。

（5）边带和踢脚线在转角处要求 45 °碰角。

（6）基准线为十字中轴线，首先安装十字基准板，然后依照横向或者纵向向两边延伸，必须要做到每块板都有基准线作参考。图 4-5 所示为石材安装施工顺序,采用的是不断建立横向基准线,向纵向延伸的安装方法。安装时要不断用水平尺对每张板找平,同时要用靠尺检验板与板之间的平整度。

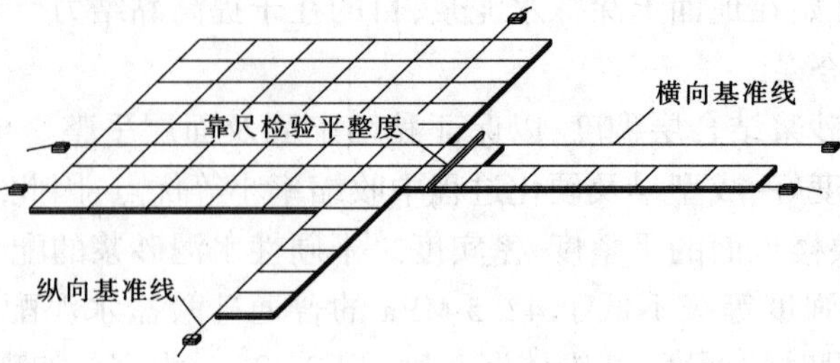

图 4-5　石材安装施工顺序

先试铺:将板块四角同时平稳铺下,对准纵横缝后,用木锤或橡皮锤垫木块轻击,使砂浆振实,缝隙、平整满足要求后,揭开板块(结合层如不密实有空隙,则应填砂浆搓平)。

然后正式铺贴:将板块翻起,背面朝上,将背面满挂一层 3~5 mm 厚的素水泥膏,四边抹出斜坡。然后将板块翻过来,正面朝上,轻轻锤击板块的中间部位,找直找平。拉线检查不合要求时,应再揭开重铺。

对于要求嵌铜条的地面板块铺设,尺寸要求更加严格。铜条镶嵌之前,先将相邻两块板铺贴平整,其拼接间隙略小于镶条宽度,然后向缝隙内灌抹水泥砂浆,灌满后抹平;再将铜镶条敲入缝隙内,使之外部略高于板块平面(以手摸稍有凸感为准),然后擦净挤出的砂浆。

铺好一条,及时拉通线检查各项实测数据。

10. 灌缝、擦缝

一般在板块铺完养护两昼夜后,经检查板块无断裂及空鼓现象,方可进行灌缝。用浆壶将稀水泥浆或 1:1稀水泥砂浆(水泥:砂)灌入缝内 2/3 高度,并用小木条把流出的水泥浆向缝内刮抹。灌缝面层上溢出的水泥浆或水泥砂浆须在凝结之前予以擦除,再用与板面相同颜色的水泥砂浆将缝灌满。待缝内的水泥凝结后,再将面层清洗干净,铺上湿砂子养护,3 d 内禁止上人走动。

11. 镶贴踢脚板

根据墙面抹灰厚度吊线确定踢脚板的出墙厚度,大理石、花岗石踢脚板高度一般为 100~200 mm,厚度一般为 10~15 mm。踢脚板施工有粘贴法和灌浆法两种。施工前要认真清理墙面,提前一天浇水湿润。按需要数量将阳角处的踢脚板的一端用无齿锯切成 45°,并将踢脚板用水刷净,阴干备用。

(1)粘贴法:根据墙面抹灰厚度吊线确定踢脚板的出墙厚度,用 1:3水泥砂浆打底找平并在表面划毛,砂浆硬化后,将浸湿晾干的大理石踢脚板背面刮抹水泥素浆 2~3 mm 厚(可掺加 10%左右的 108 胶),然后拉控制线粘贴,用木锤轻击镶实,靠尺找直找平,方尺找角。24 h 后,用同色水泥浆擦缝。与大理石地面同时打蜡。

(2)灌浆法:根据墙面抹灰厚度吊线确定踢脚板的出墙厚度,在墙两端各安装一块踢脚板,其上棱高度在同一水平线上,出墙厚度一致。然后沿两块踢脚板上棱拉通线,逐块按顺序安装,随时检查踢脚板的水平度和垂直度。相邻两块之间及踢脚板与地面、墙面之间用石膏稳牢。灌 1:2稀水泥砂浆,并随时把溢出的砂浆擦干净,待灌入的水泥砂浆终凝后把石膏铲掉。用棉丝团蘸与大理石踢脚板同颜色的稀水泥浆擦缝。踢脚板的面层打蜡同地面一起进行。踢脚板之间的缝宜与大理石板块地面对缝镶贴。

12. 打蜡

板块铺贴完工后，待结合层浆强度达到60%~70%时即可打蜡抛光。其具体操作方法为：在板面上薄涂一层蜡，待稍干后用磨光机研磨，或用钉有细帆布（或麻布）的木块代替油石装在磨石机上，研磨出光亮后，再涂蜡研磨一遍，直到光滑洁亮为止。

（三）铺贴施工时的注意事项

（1）注意包装上标明的规格和色号，以求规格和色泽一致。厚薄偏差较大的板块常使相邻接缝高低差达不到验收标准。为此，除应用“品”字法验收板块，剔除不合格品外，还可制成板块厚度调整器定出合适的板厚，铺砌时将薄板放入调整器内，在背面抹水泥砂浆刮平再铺砌，其效果较好。基层应充分湿润，铺贴砂浆应饱满，特别是冷热伸缩差异较大的板，铺贴时尤应注意。

（2）冬季施工时，砂浆使用温度不低于5℃，砂浆硬化前，应采取防冻措施。

（3）夏季施工时，应防止暴晒，为防止水分过快蒸发，应加强洒水养护。

（4）必须随铺随将板面上的残余砂浆擦抹干净。

（5）当采用胶粘剂粘贴大理石、花岗石板时，其板厚必须一致，粘贴的地面基层表面必须平整、光洁，以防相邻各板块出现过大高低差。然后，在基层表面和板块的背面满刮胶粘液，稍干后跟线铺下就位，并用手轻轻推动板块，使砖面平整，随即将余胶抹干净。

（四）石材地面的接缝处理方法

1. 板块对接缝

在石材地面工程中，板块与板块之间一定会存在线性接缝，这些接缝是一块接一块挨着铺装板材时形成的，即在板材之间起分割作用。根据地面铺装组合类型和铺装总平面图形，这些接缝在板材之间形成了表面“可视连续性”，也就是这些接缝在几何长度上是连续的而不是交互的。因此，在地面整体图案上它们具有非常重要的美学作用。

板块之间的接缝根据宽度一般有两种，即开放式接缝和闭合式接缝，闭合式接缝是板块之间密贴时的缝隙（一般在2 mm以内），石材板材与板材之间的距离极小，几乎是零时，即为闭合式接缝。闭合式接缝两相邻板材之间的连接几乎看不出来，并且整个饰面具有可见的最好的连续性。开放式接缝是板块之间根据设计有意留出的一定间隙形成的缝隙（一般在3 mm以上），此时两块石材板材之间的距离非常清楚，每一边的间距超过3 mm（或5~8 mm）时，根据情况不同，例如在某些古典化板材铺装的地面上，两块相邻板材之间的距离非常明显，并作为地面图案的一部分，看起来非常显眼。

从技术上看，接缝起着以下有益的作用：

（1）弥补因铺装地面的环境不是正方形而产生的铺装作业不完美。

（2）使石材板块尺寸和标准规定的尺寸不可避免的误差显得微不足道。

（3）减弱由石材板块的颜色不一致带来的色差感。

（4）使相邻两块石材板块之间的灰泥有充分的空间，以便牢固地和底层结合在一起。

（5）便于将来对单块板块进行更换或修补。

不管是开放式接缝还是闭合式接缝，都要求接缝顺直，缝宽均匀一致，避免出现弯曲、偏斜或宽窄不一。为了美观的需要，一般要在板材铺装完成后对接缝进行勾缝处理，比如用白水泥勾缝或用专业勾缝剂进行勾缝处理。

2. 技术性接缝(膨胀缝)

地面体系承受着环境条件和建筑物的其他构件造成的各种性质的张力。如果正确施工,地面就应当没有由结构和下面其他层诱发的张力,并且能够抵消掉将会发生的变形,例如那些由加热和冷却、材料的各种状态、潮湿、地基的活动(沉降、扭曲和收缩)引发的变形。如果这些要求没得到满足,那么地面必然会发生劣化变质,形成裂口、裂隙和断裂、掉角、石材板材开裂。

无论哪种情况,为了抵消可能的张力,做好优良地面,必然会涉及所谓技术性接缝或变形问题。

技术性接缝,不能和石材板材之间的一般的连接缝相混淆,这类接缝是在地面体系的功能层上做的间断,这种间断能够抵消可能的变形和阻断垂直构件所产生的张力的传导;这些间断的位置可以做在地板内部或相关表面的周边或周围。此外,还有地震接缝或结构性分段接缝,这类接缝也应当充分地延伸到地面。设计好技术性接缝,需掌握要点如下:

(1)这类接缝的作用是将地面分割成小尺寸,一般来讲,每块大约不超过 25 m^2(室外地面约 16 m^2)。如果地面暴露在强阳光下(客厅大窗、有天窗)或是有地热系统(地面热设备)的话,室内地面分块面积可以再小一些。

(2)地面下面几层(承载层、校平层、配置层等)已有的功能接缝,要延续到石材饰面板材上,延续长度和下面几层的长度一样。这一规则同样适用于地震接缝。

(3)一定要在地面边缘和与地面边缘交界的垂直构件(周围墙体、柱子等)之间做出周边接缝,周边接缝宽度至少为 10~12 mm,以使地面能自由伸缩。这类接缝可以采用壁脚板或水泥予以遮盖。

(4)技术性接缝的宽度绝不能低于 5~6 mm,并且一般来讲石材饰面接缝宽度不应低于承重层接缝的宽度。

(5)技术性接缝要将整个地面上面部分,即石材板材、下面黏结层(或胶粘剂层)、下铺层分割开来。

(6)铺装地面时,在内部和周边技术性接缝上,应当铺上一适当厚度可压缩并不易损坏材料(如聚苯乙烯)的封边条。其目的是防止密封隔缝所使用的填缝剂在技术性接缝处卡住,从而使技术性接缝不起作用。

(7)可视性技术性接缝应当采用适当的产品,如弹性型材和密封胶予以装饰。弹性型材主要是用 PVC 材料和氯丁(二烯)橡胶,或是各种金属和氯丁(二烯)橡胶做成;密封胶如硅胶,有单组分的和双组分的,颜色也各种各样。弹性型材和铺装地面一起铺装,而密封胶是后来涂抹上的。为接缝预留的空间要保持清洁,无碎屑和其他脏东西。

在进行地面铺装作业时,地面中的技术性接缝,无论是在美学上还是在实际效果上,经常会带来一些工作上的困难,这就是为什么在一开始进行地面设计时就应当考虑到要将技术性接缝作为所铺装地面的构成部分并予以考虑。

(五)大板面(900 mm×900 mm 以上)石材地面安装工艺

现在,大板面石材安装地面已经非常普及,但是大板面石材的地面安装板面平整度成为主要问题。不管工厂里加工得如何平整,由于板面太大,板面自身变形也使得板面极难保证平整。加之施工单位的安装技术水平良莠不齐,一旦板材安装不平整,就会以种种借口,把问题转嫁到供货厂商。大多数供货厂商对此束手无策,往往施工单位和供货厂商争论的焦点也在于此,所以要求供货厂商必须精通石材安装,提供现场技术服务。

下面介绍一种安装大板面石材的施工经验,可以把平整度控制在 0.2 mm 范围以内。

前期要做的工作诸如建立基准点、基准线等工作的方法,与前面介绍的方法相同。下面仅介绍施工工艺。

(1)松软铺撒干混水泥砂浆,干混水泥砂浆厚度与完成面基本相平。水泥砂浆一定要松软,干混水泥砂浆的厚度要求如图 4-6 所示。

(2)试铺装方法:

①将要安装的大板面石材放置于水泥砂浆上,用橡皮锤轻打。不断用手指检查板材边缘的平整度(手指可以感觉出 0.2 mm 的边沿高差)。

②如果板面不平,就将板面四个角找平。记下凹陷或者凸出不平的部位,以便下一步填补砂浆。

③不要把干混水泥砂浆锤打得过紧,否则下一步将无法调整板面平整度。如图 4-7 为试铺装方法。

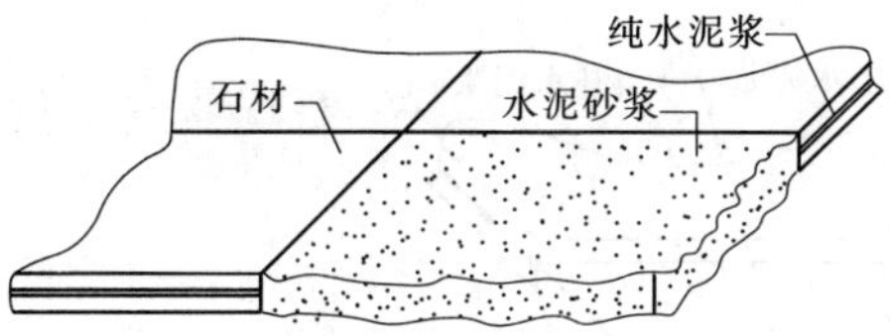

图 4-6　干混水泥砂浆的厚度要求

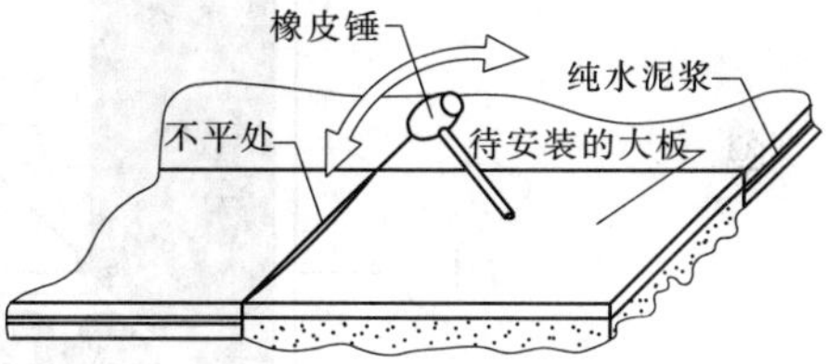

图 4-7　试铺装方法

(3)调整干混水泥砂浆的方法:

①将要四角找平的板材抬起,观察干混水泥砂浆不足的部位(板材背面没有打湿的部位,就是干混水泥砂浆不足的部位)。

②补足干混水泥砂浆。在原不平的凹陷处填补一定的水泥砂浆,在凸出部位刮去一部分干混水泥砂浆,以便在下一步安装时通过板材的变形,修正板材的平整度(一般不平度在 1~2 mm 范围内均可校平)。图 4-8 所示为调整干混水泥砂浆的方法。

(4)在板材背面涂抹 3~5 mm 厚的纯水泥浆。大板面石材背面的处理方法见图 4-9。

(5)将板材平放于安装部位,与周边板材的接缝宽度不得超过 1 mm。用橡皮锤轻打,锤击时要从板面中间向四周蔓延,不可锤击原大板面石材的凹陷处,要围绕原不平凹陷处的周边锤击,否则安装出来的板面又会不平。

二、水泥砂浆安装墙面

图 4-10 所示为水泥砂浆安装墙面示意。

(一)施工准备

1. 材料准备

(1)花岗石饰面板、大理石饰面板:均有出厂合格证及性能检测报告,抗压、抗折及品种、规格、花色、图案和产品等级均符合设计要求及有关规定。外观颜色一致、纹理一致、表面平整、边角齐整、无翘曲裂纹等缺陷。

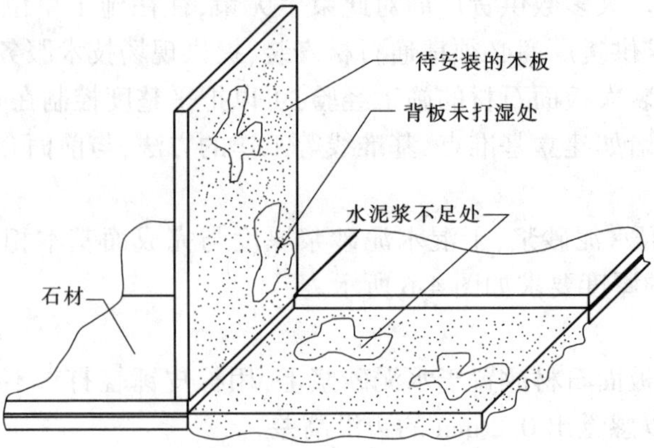

图 4-8　调整干混水泥砂浆的方法

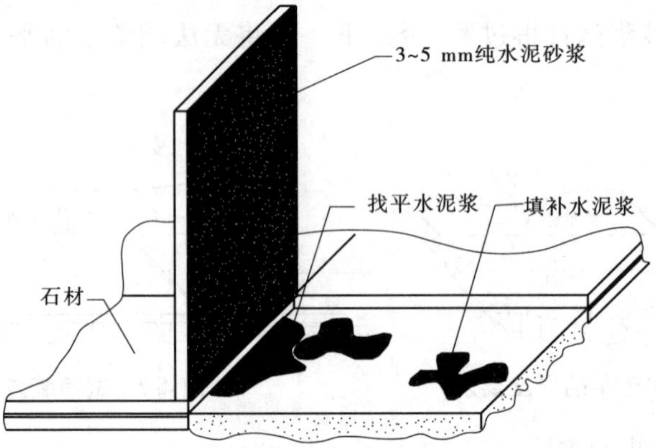

图 4-9　大板面石材背面的处理方法

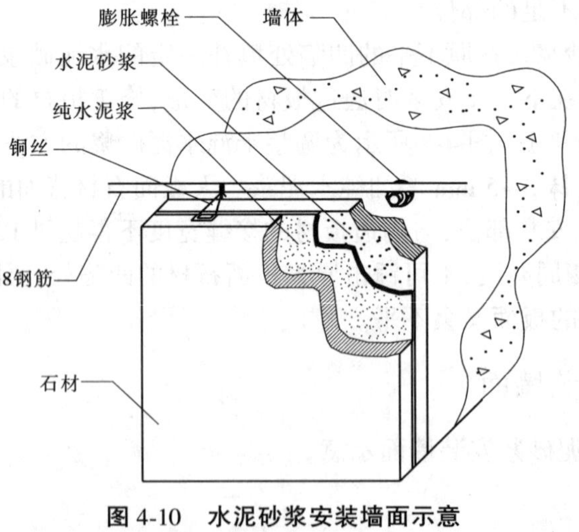

图 4-10　水泥砂浆安装墙面示意

(2)水泥:强度等级为 42.5 MPa 的普通硅酸盐水泥和强度等级为 32.5 MPa 的白色硅酸盐水泥,其强度、安定性、凝结时间取样复验应合格,无结块现象。

(3)砂:应使用中粗砂,含泥量不大于 3%,并应过筛。

(4)108 建筑胶:用于配制黏结砂浆或灌注砂浆。

(5)高强建筑石膏:用于黏结石材的缝隙,临时固定石材。

(6)碱背涂处理剂:湿挂法施工时用于处理天然石材的背面,防止返碱现象。

(7)其他材料:钢筋、铜丝或不锈钢扎丝、U 形钉、膨胀螺栓等均应符合设计要求。

2. 主要施工工具、机具

1)手工工具

(1)开刀:镶贴饰面砖拨缝用。

(2)木锤或橡皮锤、硬木拍板:镶贴饰面板敲击拍实用。

(3)铁铲:涂抹砂浆及嵌缝用。

(4)合金錾、钢錾、小手锤:用于饰面砖手工切割,剔凿用。

(5)磨石:用于磨光饰面板,分为 60~400 号。其中 60~80 号为粗磨石,120~280 号为细磨石,320~400 为抛光石。

(6)合金钻头:用于饰面板钻孔,一般直径有 5 mm、6 mm、8 mm 几种。

(7)墨斗、抄平管、水平尺、方尺、靠尺、手锤、活动扳手、手钳等。

2)机具

(1)型材切割机:用于切割各种型材。

(2)砂浆搅拌机:用于搅拌砂浆。

(3)冲击电钻(电锤):可对钢制品、混凝土等进行冲孔。

(4)角向磨光机:用于石材的切槽或石材的局部加工磨削。

(5)云石机:用于石材的切割。

(6)手电钻:用于石材钻孔。

(二)施工作业条件

(1)墙面隐蔽工程及抹灰工程已完成并已通过验收,有防水要求的墙体其防水工程已通过验收。

(2)预留孔洞、排水管等已处理完毕,门窗框扇已安装完毕,且门窗框与洞口缝隙已堵塞严实,并采取了成品保护措施。

(3)墙面基层清理干净,脚手眼、窗台、窗套等已砌堵严实。

(4)已进行了施工排图,并做出粘贴面砖样板墙,已向操作者做好施工工艺及操作要点技术交底。

(三)作业施工工艺

传统湿法工艺,即在混凝土墙面或砖墙面上按设计要求事先绑扎好钢筋网,钢筋网与结构预埋件焊接牢固,安装之前将饰面石材按照设计要求用钻头在板侧钻出孔,将铜丝穿入孔内并与钢筋网绑扎牢固,在石材与基层墙面之间用 1:2.5 水泥砂浆灌缝。

这种施工方法的缺点是墙面平整度、垂直度不易控制,板缝易泛盐霜,影响美观,基层处理不好则易引起空鼓脱落现象。

1. 施工工艺流程

基层处理→测量放线→绑扎钢筋网→建立基准线→预拼选板、编号→防碱背涂处理→石材背面粘贴玻璃纤维网布→板材钻孔→安装前板材的处理→饰面板安装→分层灌浆→嵌缝、清洁板面→抛光、打蜡。

2. 施工要点

1) 基层处理

(1) 混凝土表面处理。当基层为混凝土时,先剔凿混凝土基体上凸出的部分,使基体基本保持平整,表面毛糙可增加黏结力。然后用火碱水或相应“洗洁精”类洗涤剂,配以钢丝刷将表面上附着的脱模剂、油污等清除干净,最后用清水刷净。

基体表面如有凹的部位,则需用 1:2或 1:3水泥砂浆补平。如为不同材料的结合部位,例如填充墙与混凝土面结合处,还应用钢板网压盖接缝,射钉钉牢。为防止混凝土表面与抹灰层结合不牢,发生空鼓,须采用 108 胶拌和的水泥素浆,满涂基体一道,以增加结合层的附着力。

(2) 砖墙表面处理。当基体为砖砌体时,应用钢錾子剔除砖墙上多余的灰浆,然后用钢丝刷清除浮土,并用清水将墙体充分湿润,润湿深度 2~3 mm。

(3) 在基体表面处理的同时,内隔板、阳台阴角以及给水排水穿墙洞眼应封堵严实,脚手眼亦应填塞严密,尤其是光滑的混凝土面,须用钢尖或扁錾凿坑处理,使表面粗糙。打点凿毛应注意:

①受凿面积应≥70%(即每平方米打点 200 个),打点凿毛深度≥0.5~1.5 mm,绝不能象征性地打坑。

②凿点后,应清理凿点面,由于凿打中必然产生凿点局部松动,必须用钢丝刷清刷一道,并用清水冲洗干净,防止产生隔离层。

③要认真检查和校对基体上的预留孔洞、预埋件及预埋管线是否合乎要求,如有遗漏、错位应及时更正。门窗框安装位置要准确、牢固,框与洞口的填缝要适当,以保证饰面板安装后与门窗框两侧相平,一般填缝为 40~50 mm。

2) 测量放线、施工排图

(1) 饰面板安装前,应根据设计图纸,认真核实结构实际偏差。应先检查基体墙面垂直平整情况,偏差较大的应剔凿或修补,超出允许偏差的,则应在保证基体与饰面板表面距离不小于 50 mm 的前提下,重新排列分块。

(2) 对于柱面,先测出柱的实际高度,柱子中心线,柱与柱之间距离,柱与上部、中部、下部拉水平通线后的结构尺寸,然后定出柱饰面板看面边线,依此计算出饰面板排列分块尺寸。

(3) 对外形变化较复杂的墙面(如多边图形、双曲弧形墙面、墙裙等),特别是需异形饰面板镶嵌的部位,尚须用黑铁皮或三夹板进行实际放样,以确定其实际的规格尺寸。

(4) 在排板计算时应将拼缝宽计算在内,然后绘出分块图与节点加工图,并按安装顺序编号,绘制方块大样图以及节点大样详图,作为加工和安装的依据。

3) 绑扎钢筋网

(1) 先凿出墙、柱内预埋钢筋使其裸露,按施工排版图要求焊接或绑扎直径 6 mm 的钢筋骨架,先焊接竖向筋,并用预埋筋弯压于墙面;后焊接横向筋,作为绑扎大理石或花岗石、水磨石板所用。例如:若板材高度为 60 cm,在地面以上 10 cm 处将第一道横筋与竖筋绑扎牢固,用以绑扎第一层板材的下口固定铜丝;第二道绑在 50 cm 水平线上 7~8 cm 处,比石板上口低 2~3 cm 处,用以绑扎第一层石板的上口固定铜丝;再往上每 60 cm 绑扎一道横筋即可。钢筋网绑扎示意如图 4-11 所示。

(2)如果墙上未设预埋钢筋，需在墙上钻孔埋 M10～M16 膨胀螺栓(膨胀螺栓出头端部与钢筋焊接)，如图 4-12 所示。将Φ 6～Φ 8 粗头短钢筋用环氧树脂填入孔内固定钢筋。

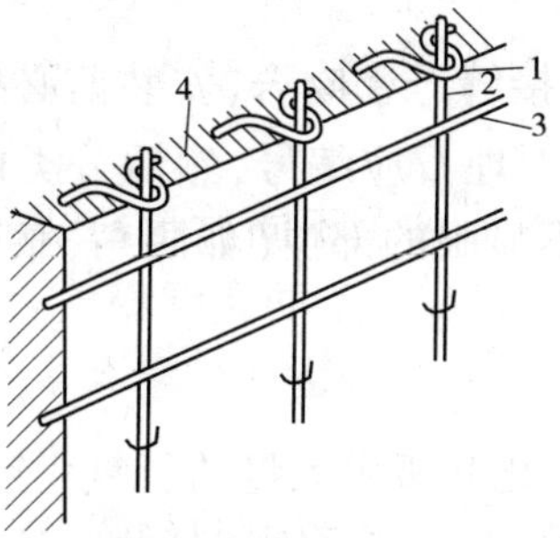

1—预埋铁环；2—竖筋；
3—横筋；4—墙体

图 4-11　钢筋网绑扎示意

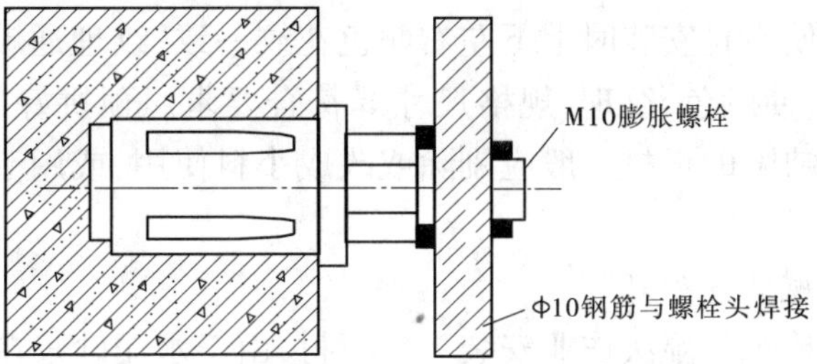

图 4-12　用膨胀螺栓固定竖筋

4)建立基准线

(1)建立基准点。

根据设计要求并及时与土建方、监理方取得联系，定出水平标高，在各个基准点上建立等高点，做好基准线标记。

(2)建立横、竖基准线。

按照排版图的水平分缝尺寸，通过标高基准点引出每个水平缝两端的高度基准点，用膨胀螺栓固定于墙上，焊接钢筋于膨胀螺栓上，钢筋上做出标记，就是水平缝两端的基准点。

按照排版图的垂直分缝尺寸，通过与总包方和监理方确认的基准点引出每个垂直缝两端的基准点，用膨胀螺栓固定于墙上，焊接钢筋于膨胀螺栓上，钢筋上做出标记，就是垂直缝两端的基准点，用线锤找正垂直度，可以校正各个垂直和水平缝基准点。用 0.2～0.5 mm 的呢绒线或用 0.1～0.2 mm 的细钢丝，通过两个基准点绷紧连线建立基准线。图 4-13 所示为建立基准线的方法。

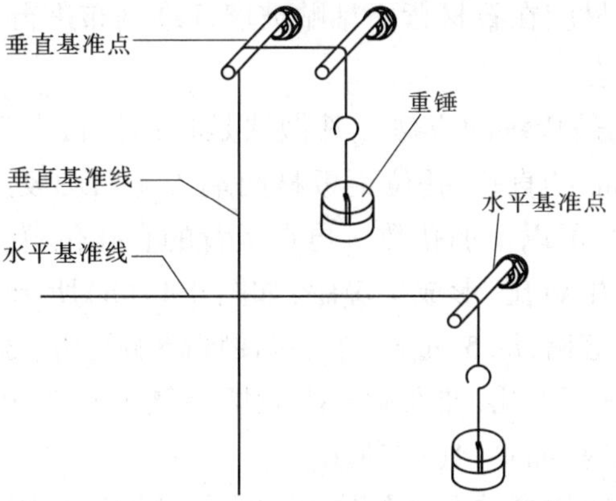

图 4-13　建立基准线的方法

(3)复核基准线和排版图。

基准线出来后，不能立即进行安装，要先把所有的基准线全部建立起来，然后检验基准线的准确性。通过基准线检验排版图的准确性，这样可以找出排版图和现场的误差。

(4)应考虑石材的厚度、灌注砂浆的空隙和钢筋网所占尺寸。一般大理石板或磨光花岗石、水磨石预制板外皮距结构面的厚度应以50~70 mm为宜。

5)预拼选板、编号

为了使石材安装时上下左右颜色花纹一致、纹理通顺、接缝严密吻合,安装前必须按大样图预拼,使颜色、纹理、规格尺寸等符合要求。预拼好的大理石应编号,然后分类码放备用。对有缺陷的板材一般应剔除或改成小料使用,或用于不显眼的部位(如阴角、靠近地面的部位)。

6)防碱背涂处理

采用传统的湿法作业安装天然石材,由于水泥砂浆在水化时析出大量的氢氧化钙,在石材表面产生不规则的花斑,俗称返碱现象,严重影响建筑物室内外石材饰面的装饰效果。为此,在天然石材安装前,必须采用防碱背涂处理剂对石材饰面进行背涂处理。涂布方法如下:

(1)清理饰面石材板,如果板表面有油迹,可用溶剂擦拭干净,然后用毛刷清扫石材表面的尘土,再用干净的棉丝仔细地把石材装饰板背面和侧边擦拭干净。

(2)将石材处理剂搅拌均匀后,倒入塑料小桶内,用毛刷在饰面石材板的背面和侧边涂布石材处理剂。涂饰时,应注意不得将石材处理剂涂布或流淌到饰面石材板的正面。如污染了表面,应及时用棉丝反复擦拭干净,不得留下任何痕迹,以免影响饰面石材板的装饰效果。

(3)第一遍石材处理剂干燥时间,一般需要20 min左右,干燥时间的长短主要取决于环境的温度和湿度。待第一遍石材处理剂干燥后,方可涂布第二遍石材处理剂。涂布时应注意:避免出现气泡和漏刷现象;在石材处理剂未干燥时,应防止尘土等杂物被风吹到表面;气温5 ℃以下或阴雨天应暂停施工;已经处理的饰面石材板在现场需切割时,应及时在切割处涂刷石材处理剂。

7)石材背面粘贴玻璃纤维网布

较薄或强度较低的石材应在石材背面粘贴玻璃纤维网布进行加强。

8)板材钻孔、剔凿、挂丝

在石材饰面板上钻孔是传统的方法。其做法是将饰面板上下两侧面用电钻各打2~4个孔径5 mm、深15~20 mm的直孔,孔位距板材两端1/4~1/3处,孔中心距石板背面以10 mm为宜,若板材宽度较大,可以增加孔数。再在板背的直孔位置,距板边8~10 mm打一横孔,使直孔与横孔连通成“牛鼻孔”形成牛鼻眼,如图4-14(a)所示。钻孔后用金刚石錾子把石板背面的孔壁轻轻剔一道槽,深5 mm左右,以便埋卧铜丝用。此种方法较烦琐。

另一种钻孔方法是:只打直孔,挂丝后孔内充填环氧树脂或用铅皮卷好挂丝挤紧,再灌入黏结剂将挂丝嵌固于孔内,如4-14(b)所示。

目前采用较多的是工效较高的开卧丝槽的方法。其做法是用石材切割机在板侧面距背面10~12 mm处开深度10~15 mm的槽,位置距板材两端1/4~1/3处,再在槽的两端板背位置斜着开两个槽,其间距为30~40 mm,以此代替一个牛鼻眼,如图4-15所示。

挂丝应用镀锌铅丝或铜丝,其长度在20 cm左右,一端用木楔、环氧树脂将其紧固在孔内,另一端顺槽弯曲卧入槽内。

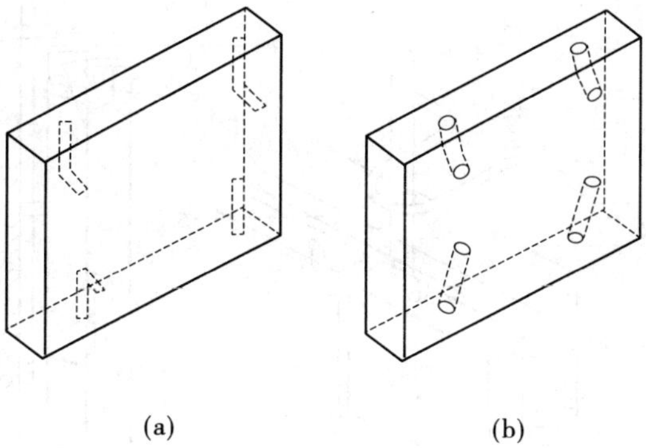

图 4-14　石材钻孔形式

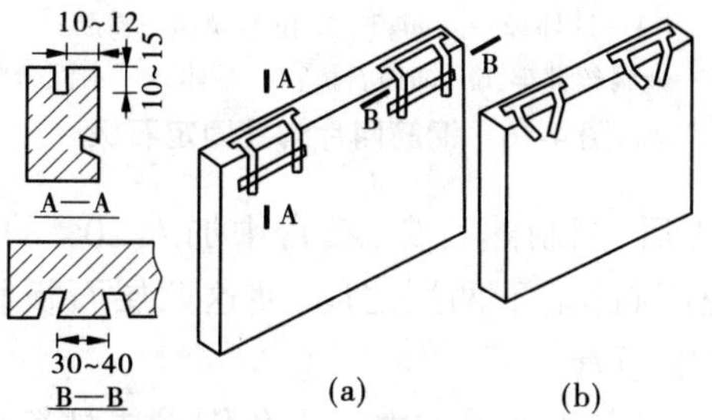

图 4-15　石材开卧丝槽的方法

9)安装前板材的处理

(1)表面养护处理。

(2)石材背面处理。凡白色系列、米黄色系列大理石和白色、灰色花岗石,安装前一定要处理背面,否则安装后水泥砂浆中的浆水必然浸透石材表面造成污染。处理方法是用白水泥加 107 胶并加水搅匀,像墙壁抹灰一样均匀抹在石材背面,厚度不低于 3 mm,阴干以后才能安装。

(3)安装前检查石材板材的编号与图纸编号是否吻合,检查板材质量。如遇到加工几何尺寸超差,板面有缺陷,如缺边、缺角、严重色胆、严重色线、严重色差的板材,一律不得安装,应及时与工厂取得联系并协商解决办法。

10)饰面板安装

(1)板材的安装顺序是自下而上的,从最下一层的一端开始固定板材。

(2)将石板就位,石板上口外仰,右手伸入石板背面,把石板下口金属丝绑扎在横筋上,绑时不要太紧,只要拴牢即可(灌浆后便会锚固)。钢筋网片绑扎固定做法如图 4-16 所示。

(3)把石板竖起,便可绑石板上口金属丝,并用木楔垫稳,石板与基体间的缝隙一般为 30~50 mm(灌浆厚度),见图 4-16。

(4)用靠尺检查调整木楔,达到质量标准后再拧紧金属丝。

(5)柱面按顺时针方向安装,一般先从正面开始。

(6)第一层安装固定完毕再用靠尺板找垂直,水平尺找平整,方尺找阴阳角方正。在安装石板时如发现石板规格不准确或石板之间缝隙不符,应用铅皮垫牢,使石板之间缝隙均匀一致,并保持第一层石板上口的平直。

(7)临时固定。

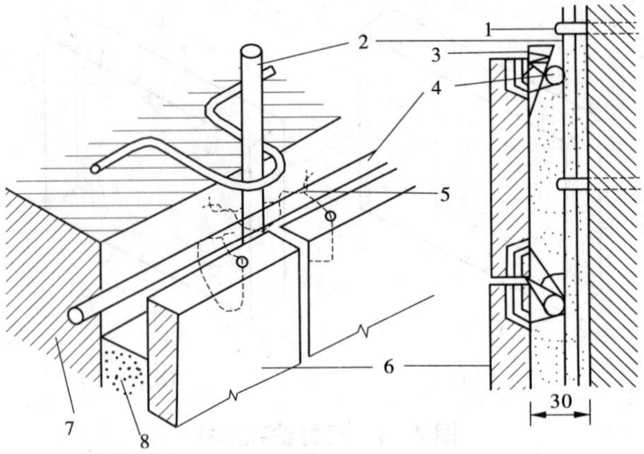

1—铁环;2—立筋;3—定位木楔;4—横筋;
5—金属丝绑牢;6—饰面石板;7—基体;8—水泥砂浆

图 4-16 钢筋网片绑扎固定石板

①校完垂直、平整、方正后,调制熟石膏(石膏中加入 20%的水泥),并把调成粥状的石膏贴在大理石板(或磨光花岗石)上下两层之间,使这两层石板黏结成一整体,以避免灌浆时石材移位,木楔处也可粘贴石膏。

②柱面安装石材的临时固定还可用方木或小角钢做成柱箍作为夹具夹牢石板块,小截面柱可用麻绳缠裹以达到临时固定的目的。

③在脚手架上安装板材时,则以脚手架杆件为支撑点,在板面上设置横撑木,然后用斜撑木予以撑牢。

④临时固定的板块,应用靠尺检查板面是否平整,用直角尺检查四角的方正,发现问题,应立即调整。

(8)用靠尺检查有无变形,待石膏硬化后方可灌浆(如设计有嵌缝塑料、软管,应在灌浆前塞放好)。

11)灌浆

(1)施工时应将石材背面和基层充分湿润。

(2)灌浆一般采用 1:2.5 水泥砂浆,稠度控制在 8~15 cm,用铁簸箕舀浆将砂浆从几处分层徐徐灌入板背与基体间的缝隙,注意不要碰石板。

(3)第一层灌浆很重要,应小心操作,防止碰撞和猛灌。第一层灌浆高度为 150 mm,不能超过石板高度的 1/3;边灌边用橡皮锤轻敲石板面或用短钢筋轻捣,使灌入砂浆排气、捣密实。如发现石板外移错动,应立即拆除重新安装。

(4)第一层灌浆后待 1~2 h 砂浆初凝,应检查一下是否有移动,再灌第二层(灌注高度一般为 200~300 mm,且灌至板材的 1/2 高度)砂浆。

(5)待第二层灌浆初凝后再灌第三层,第三层灌浆至低于板上口 50~100 mm 为止。必须注意防止临时固定石板用的石膏灰块掉入砂浆内,否则将因石膏膨胀导致外泛白、泛浆。

(6)灌浆时应注意:不要只在一处灌注,应沿水平方向均匀灌注;每次灌注的高度不宜过高,否则易使板材移位。

(7)每排板材灌浆完毕,应养护不少于 24 h,再进行上一排板材的绑扎和分层灌浆。

(8)安装白颜色的板材时,灌浆应采用白水泥和白石屑,以免透底而影响美观。

(9)要求板与板的接缝不得大于 1 mm,板缝高差不得大于 0.5 mm。

12)安装顺序

(1)第一排石材安装完毕以后,要养护不低于 24 h 后,才能安装第二层,以此类推。

(2)无论安装第几排,都要依照纵横基准线进行安装。图 4-17 即为墙面石材安装示意图。

(3)安装完一排石材以后,要及时清理干净,以免污染且渗透到石材内部。

13)嵌缝与清洁

全部石板块安装完毕后,应将其表面清理干净,然后按板材颜色调制水泥砂浆嵌缝,边嵌边擦干净,使缝隙密实干净,颜色一致。

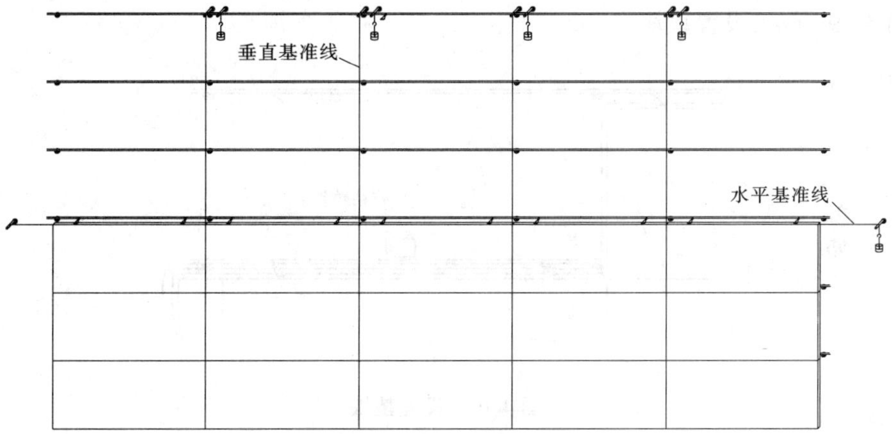

图 4-17　墙面石材安装示意

14)抛光、打蜡

用清水和清洁剂将石材表面擦洗干净,并按要求打蜡或涂饰保护剂。

3. 夏期施工

夏期安装外墙面石板时,应有防暴晒的可靠措施。

4. 冬期施工

冬期施工应有防冻措施,例如:灌缝砂浆应采取保温措施,砂浆的温度不宜低于 5 ℃;气温低于 5 ℃时,应掺入防冻剂,其掺入量应由试验确定;用冻结法砌筑的墙应待其解冻后方可施工;冬期施工,镶贴饰面板一般采用暖棚供暖,保温养护 7~9 d。

(四)大板面(长度超过 1 200 mm)墙面石材安装法

现在,大板面石材安装墙面已经非常普及,但是大板面石材的墙面安装板面平整度成为主要问题,不管工厂里加工得如何平整,由于板面太大,板面自身变形也使得板面极难保证平整。加之施工单位的安装技术水平良莠不齐,浇筑水泥砂浆时如果方法不得当,水泥砂浆的压力照样使板面变不平,往往问题都会转嫁到加工工厂,所以要求生产厂家必须精通墙面石材安装。

下面介绍一套大板面石材安装墙面的经验,可以把平整度控制在 0.2 mm 范围以内。

(1)将板材按照前面介绍的方法预铺排上去,如图 4-18 所示为预铺板材。若发现板面不平，用钢板尺测绘出不平的数据，取下板材。

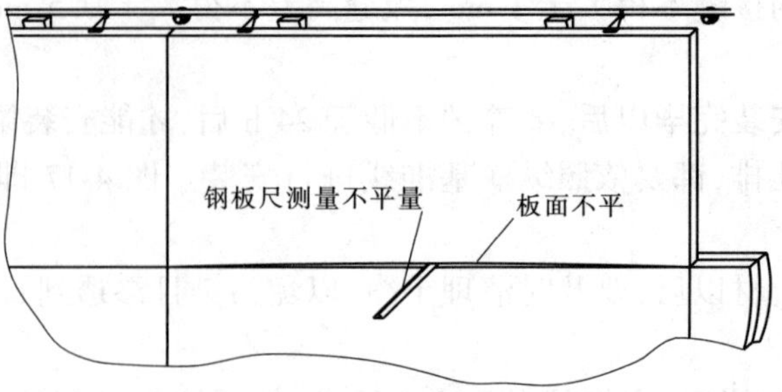

图 4-18　预铺板材

(2)根据钢板尺的读数、石材板厚和水泥砂浆层厚度，计算出垫块的厚度，胶粘在墙面上。如图 4-19 所示，设置垫块。

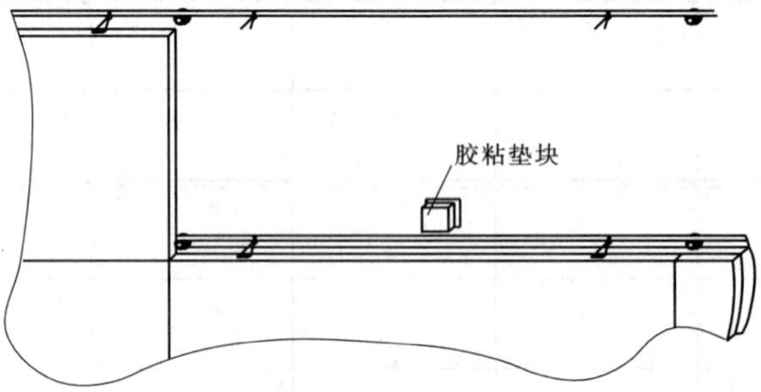

图 4-19　设置垫块

(3)石材上口用铜丝拉、用木尖顶，以调平石材上口；石材下口用垫块顶、用顶木压，这样就可以把整个板面调平。如图 4-20 所示为板材校平的方法。调平后用纸胶带沿接缝粘贴，粘完纸胶带后用云石胶补缝。

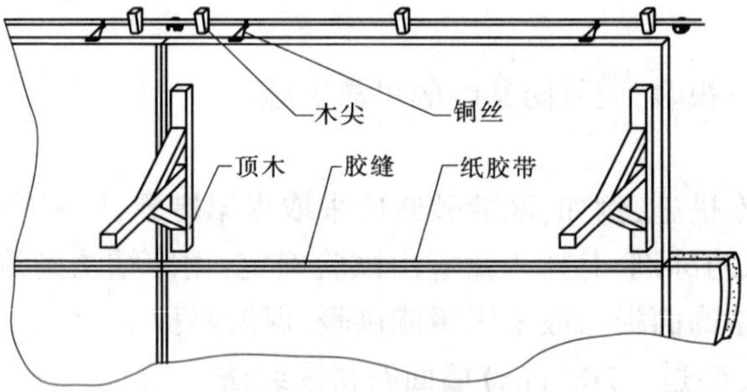

图 4-20　板材校平的方法

(4)补缝胶干后要及时撤掉不干胶带，以免污染石材。此时就可以灌浆，要分 2~3 次灌浆，每灌一次浆就要用干水泥吸一次水分。一般情况下，一天只能安装一层。图 4-21 所示为灌浆方法。

(5)灌浆后要及时打扫卫生，将板面擦拭一新。按照这样的施工程序，既可以保证板面平整，灌浆时又不会“流泪”，决不会污染板面和板缝，适用于高档石材安装。板面清理如图 4-22 所示。

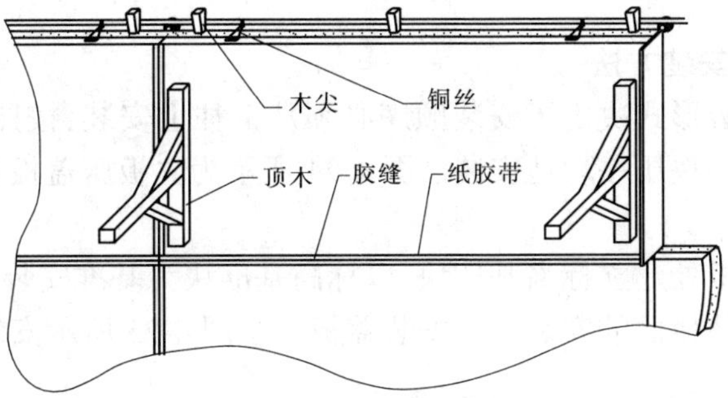

图 4-21　灌浆方法

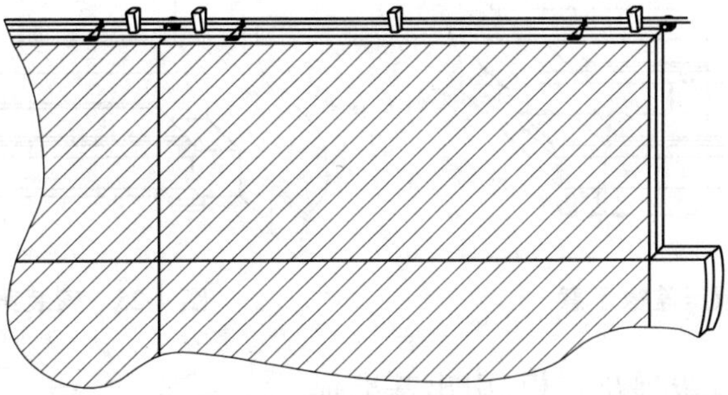
图 4-22　板面清理

三、水泥砂浆安装梯步

在石材工程的梯步安装中，不能依靠建筑设计图纸，要通过现场测绘，得出真实的数据，用以校核排版图，检验到货产品的加工尺寸。

（一）现场复核尺寸建立基准点

（1）要得出梯步的步宽与步高的真实数据，必须测绘出实际的标准总宽度和标准总高度。

（2）标准层高不能现场随便测绘，一定要向建筑方或装饰公司请教，弄清楚每层的标高基准，将标高基准（通过水准仪或刻度玻璃加连接管）引到可以测绘的地方，建立标高基准块，通过楼层之间的标高基准块测绘楼层的层高。得到层高参数后除以总步数就得到了每一步梯步的步高。

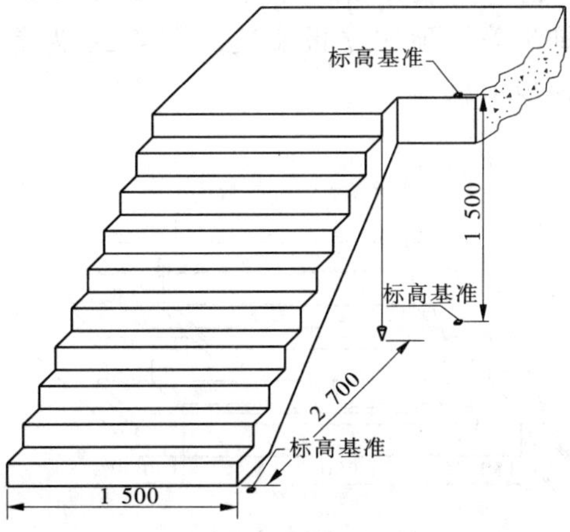

图 4-23　现场复核梯步尺寸的方法

（3）总步宽要在最上面一步梯步的边沿，通过吊线锤测绘其到第一步边沿的距离，得到数据后除以总步数减一步就得到了每一步梯步的步宽数据。图 4-23 所示为现场复核梯步尺寸的方法。

（4）得到步宽和步高的实际数据以后，要参照标准规范的步宽和步高数据，如果数据差异很大，就要与设计部门商量，决不能自作主张。

(二)立板压盖板安装方法

立板压盖板的安装形式决定了安装顺序必须从下往上安装,按照安装立板—盖板—立板—盖板……的顺序一块压一块地安装。图4-24所示为立板压盖板示意。

1. 放基准线

在最下面一步立板处建立标高基准块,以标高基准块为基准安装立板。

按照水泥砂浆安装地面的安装工艺安装盖板。按图4-25所示安装第一步踢步板。

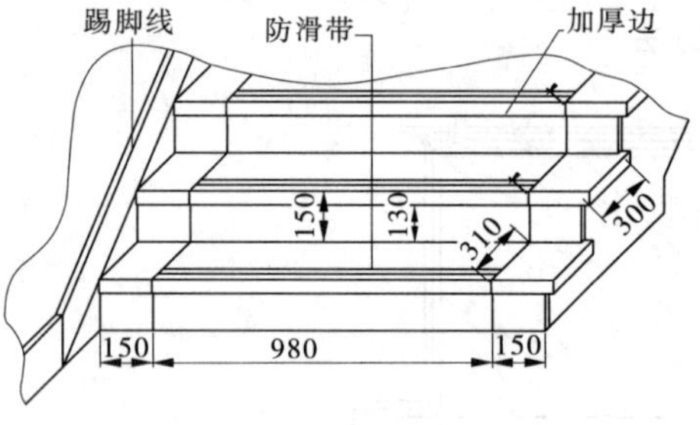

图4-24　立板压盖板示意

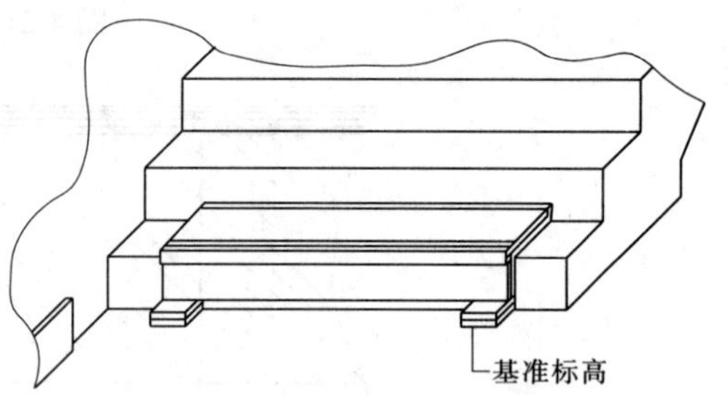

图4-25　安装第一步踢步板

用砂铺摆最上面一步梯步盖板,引出基准标高,利用线锤分别测量出总高度和总宽度,建立基准线。图4-26所示为建立基准线的方法。

2. 按照基准线,从下往上安装

尽量参照基准线把梯步边带和踢脚线一起安装。

安装梯步盖板时要用水平尺不断检验盖板水平情况,用角尺检验立板垂直情况,以免产生累计误差。图4-27所示为梯步安装方法。

(三)盖板顶立板的安装方法

这种安装方法的特点是,先安装梯步立板,再用梯步盖板顶住立板安装。图4-28为盖板顶立板梯步示意。

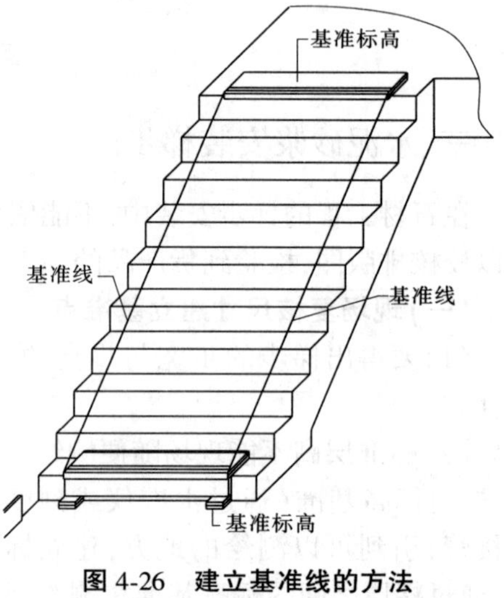

图4-26　建立基准线的方法

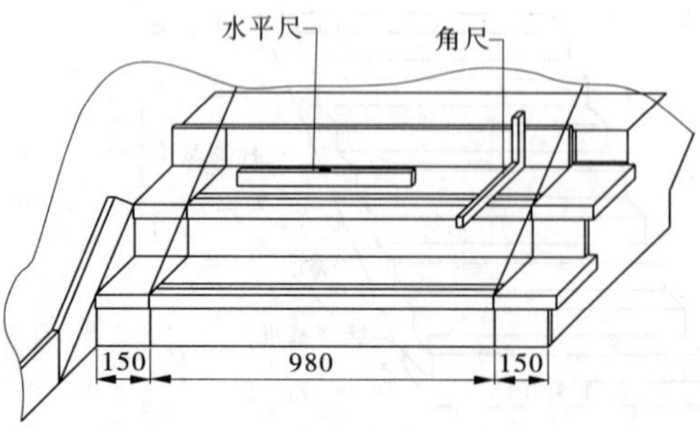

图4-27　梯步安装方法

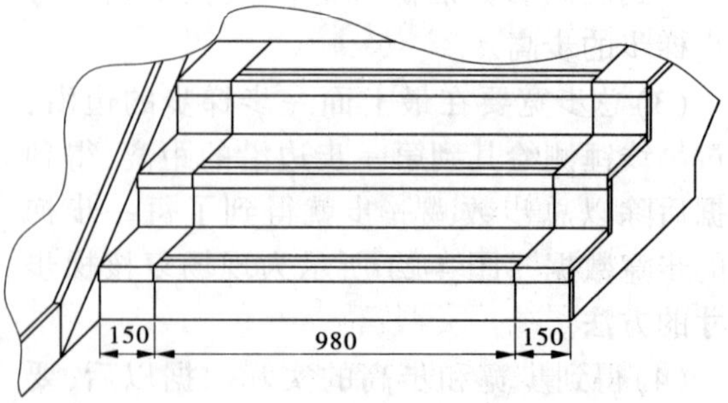

图4-28　盖板顶立板梯步示意

1. 放基准线

在最下面和最上面一步立板处建立标高基准块，以标高基准块为基准安装立板。

利用安装好的梯步立板建立基准线。图 4-29 所示为建立基准线的方法。

2. 按照基准线安装

尽量参照基准线把梯步立板全部安装完，然后再安装盖板和边带、踢脚线。

安装梯步盖板时要用水平尺不断检验盖板水平情况，用角尺检验立板垂直情况，以免产生累计误差。

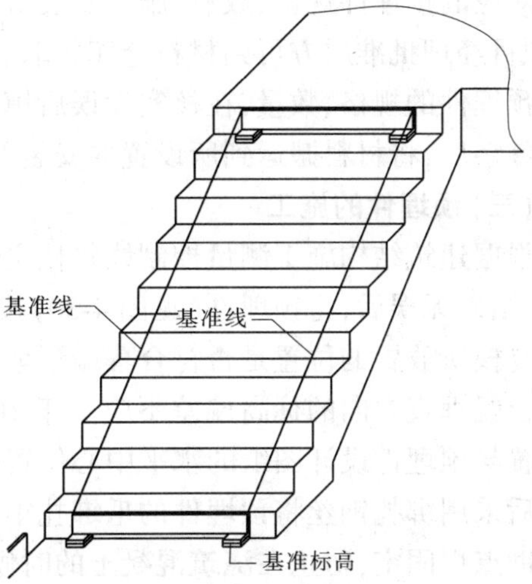

图 4-29　建立基准线的方法

第二节　钢结构石材幕墙施工工艺

一、幕墙预埋件的施工

预埋件的施工是外装饰幕墙施工的第一个环节，对于石材幕墙同样如此。预埋件施工的准确度直接影响下一道施工工序的进展，同样由于预埋件的设置偏差将会影响后置预埋件的安装，这将直接影响整个施工进度计划，同样也会增加建筑幕墙成本。

综上所述，在预埋件施工安装前必须与相关的幕墙设计负责人进行沟通，根据施工需要做好对项目施工人员的预埋件安装技术交底。

根据项目的特点，交底工作要做到准确无误。交底内容包括预埋件的设计规格（必要时根据每个部位的特点，交底说明每个部位预埋件的具体规格）、预埋件的埋设水平标高、预埋件埋设的水平方向的间距尺寸。如果石材幕墙的设计效果特殊，与建筑结构之间的距离、幕墙的水平方向标高、建筑结构楼板的标高、建筑结构楼板或结构梁等的规格尺寸不一致，都会造成预埋件的安装位置有所不同，对于这些特殊部位，交底时一定要特殊说明，避免造成埋件设置错误，直接影响石材幕墙的整体施工安装。

预埋件的埋设正常状态下分为以下几个步骤。

（一）读懂预埋件设置图纸、分清材料

结合设计师的预埋件设置技术交底，项目部组织所有预埋件设置人员共同读懂预埋件设置图纸，读懂不同规格预埋件的施工安装位置、不同建筑结构的预埋件安装位置等。

除读懂预埋件的施工安装图纸外，项目部与所有施工安装人员，还需要深入了解（通过预埋件设置图纸）不同规格预埋件的设计数量，对到场的预埋件根据设计图纸认真核实数量、规格等是否符合设计要求，将材料分类堆放，对不同的规格做出明显标识。

（二）预埋件设置

根据建筑结构所施工绑扎结构钢筋的位置，核实预埋件施工图中所对应的部位，从中找出所对应的预埋件规格、数量，施工安装班组长填写材料领取申请单，经过施工生产经理审核、项目经理批准后方可到材料仓库领取。材料管理员同样根据预埋件施工图纸计算出该部位预埋件的规格、数量，在核实无误后填写材料出库领料单，在施工班组长与材料管理员互相签字后，将材料搬运到所设置的安装部位。

（三）预埋件的施工

根据建筑结构施工测量控制线复核主体结构钢筋绑扎的位置是否符合建筑结构图纸的要求，结果无误后，将预埋件（见图 4-30）按照幕墙施工图纸放置在所设置的位置，根据设计图纸复核所放置的位置是否符合幕墙预埋件施工图纸的要求。复核时注意测量预埋件安装中心位置垂直方向的标高偏差不应大于 10 mm，如图 4-31 所示；预埋件安装的水平方向中心位置与预埋件设计图纸的水平中心位置距离偏差不应大于 20 mm，如图 4-32 所示。复核无误后采用绑扎钢丝将预埋件的爪绑扎牢固，必要时可以将预埋件的爪与主体结构钢筋进行辅助点焊固定，防止在浇筑混凝土的时候预埋件位置移动。

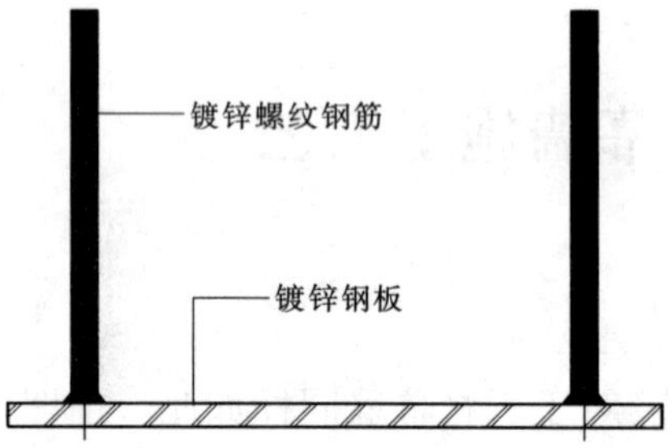

图 4-30　预埋件截面样式示意

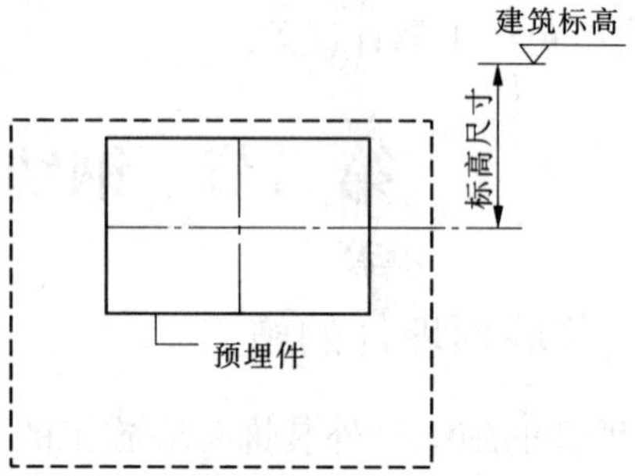

图 4-31　预埋件在垂直方向的标高偏差示意

在复核无误后，为了不影响建筑主体结构施工进度计划，要及时填写预埋件施工安装自检记录。自检记录仔细说明自检的位置（检查的楼层数、检查的轴线位置、预埋件的规格、预埋件安装的数量等），参加检查的班组长、专职质量检验员等在自检记录单上签字。

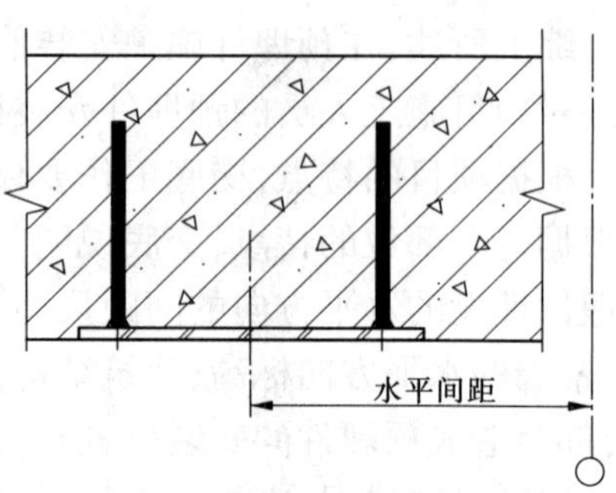

图 4-32　预埋件在水平方向与轴线的间距偏差示意

在自检记录单填写完整后，及时填写预埋件安装隐蔽工程记录单，会同建筑施工总承包单位质量检验员、项目施工管理监理单位专职监理工程师共同参加预埋件安装隐蔽工程验收。

预埋件施工安装隐蔽工程验收合格后，要及时协调专项监理工程师在隐蔽工程验收单上签字，将经过签字确认的验收单派专职工程资料管理员进行管理，单独放置在档案盒里。

预埋件施工安装隐蔽工程验收合格后及时通报建筑结构施工总承包单位进行混凝土浇筑。待结构模板拆除后要及时安排预埋件施工人员进行预埋件的再次检查，主要检查预埋件是否全部外露、是否有被混凝土覆盖的，如果有被混凝土覆盖的预埋件，要趁着模板刚刚拆除将预埋件表皮的混凝土敲掉，使预埋件完全外露，便于下一步幕墙施工时利用。

所有的预埋件施工安装过程都要按照此程序严格进行，否则就有可能造成预埋件施工完成后隐蔽工程验收手续不齐全、预埋件有漏埋、预埋件没有完全外露等现象出现，这样将直接给下道工序的正常进行带来不利影响。

《金属与石材幕墙工程技术规范》(JGJ 133—2001)第7.2.4条强制性规定：石材幕墙与主体结构连接的预埋件，应在主体结构施工时按设计要求埋设。预埋件应牢固，位置准确，预埋件的位置误差应按设计要求进行复查。当设计无要求时，预埋件的标高偏差不应大于10 mm，预埋件位置差不应大于20 mm。

二、幕墙材料选择

幕墙材料的选择，首先经过幕墙结构计算，并结合现行的相关规范以及标准设计出的施工图纸(该图纸已经经过公司内部审核及外部审核确认)，幕墙结构计算书经过专业结构师审核确认，依据这些技术文件去选择幕墙所使用的材料。

材料是保证幕墙质量和安全的物质基础。幕墙所使用的材料基本上有四大类型，即骨架材料、装饰板材、密封材料和结构黏结材料。这些材料由于目前生产厂家较多，质量有着较大的差别。为了保证幕墙在安装后安全可靠，要求幕墙所使用的材料必须符合国家或行业现行标准的质量规定。总之，不合格的材料严禁在幕墙施工中使用。

由于幕墙安装于建筑物的外表面，经常会受到自然环境不利因素的影响，因此幕墙所使用的材料必须具有足够的耐候性及耐久性。

(一)立柱材料

石材幕墙的竖立柱材料，经常是以钢材为主，其次是铝合金材料。

幕墙立柱所用的钢材一般是碳素结构钢。当幕墙的高度超过40 m时，钢材宜采用高耐候钢。

当使用钢型材作为立柱材料时，钢型材主要受力部位的壁厚不应小于3.5 mm，具体截面壁厚还要符合结构计算书的要求，当结构计算书中材料壁厚大于3.5 mm时，就要根据结构计算书中的材料厚度进行选择。钢型材表面需经过防腐处理，常规情况下是热浸锌处理。

当使用铝合金材料作为立柱材料时，铝合金截面主要受力部位的壁厚不应小于3.0 mm。当安装采用螺纹受力连接时，螺纹连接部位的截面壁厚不应小于螺钉的公称直径。铝合金材料的表面通常是采用氧化处理。

(二)横向龙骨材料

石材幕墙的横向龙骨材料，一般与立柱材料相同，通常是以钢材为主，其次是铝合金材料。

幕墙横向龙骨所用的钢材一般是碳素结构钢。当幕墙的高度超过40 m时，钢材宜采用高耐候钢。

当使用钢型材作为横向龙骨材料时，钢型材主要受力部位的壁厚不应小于3.5 mm，具体截面壁厚还要符合结构计算书的要求，当结构计算书中材料壁厚大于3.5 mm时，就要根据结构计算书中的材料厚度进行选择。钢型材表面需经过防腐处理，常规情况下是热浸锌处理。

当使用铝合金材料作为横向龙骨材料时，铝合金横向龙骨的主要受力部位截面壁厚，与竖向主立柱的水平方向安装间距有着直接的关系。当竖向立柱的安装间距不大于 1.2 m 时,横向铝合金龙骨主要受力部位截面壁厚不应小于 2.5 mm;当竖向立柱的安装间距大于 1.2 m 时,横向铝合金龙骨主要受力部位截面壁厚不应小于 3.0 mm;当横向铝合金龙骨采用螺钉连接固定时,螺钉连接部位的主要截面壁厚不应小于螺钉的公称直径。铝合金材料的表面通常是采用氧化处理。

(三)石材安装挂件

石材幕墙施工所采用的安装挂件,通常有不锈钢及铝合金两种材料。

石材幕墙装饰板材的安装方式,目前通常采用短槽或通槽两种方式,无论采取哪一种方式,对于石材安装挂件都明确规定,不锈钢材料的截面壁厚不应小于 3.0 mm,铝合金材料的截面壁厚不应小于 4.0 mm。挂件板材的截面宽度由幕墙结构计算书确定,但最小截面宽度不宜小于 40 mm。截面壁厚的具体选择还要根据幕墙结构计算书的厚度去选择,但是最小截面壁厚不应小于以上规定。铝合金材料的表面通常是采用氧化处理。

(四)石材板材

石材幕墙的板材主要是花岗岩类石材。

花岗岩的表面处理方式主要概括有两种,一种是光面,一种是毛面。用于幕墙的石材板块截面最小厚度不应小于 25 mm,毛面石材由于在生产过程中破坏了表面强度,因此当选择毛面石材作为装饰板材时,它的截面厚度要比光面厚 3 mm。

此外,在选择厚度的同时,还需要石材生产单位提供相应的物理性能检测报告,以此来作为参考,选择石材的吸水率应小于 0.8%,石材的弯曲强度不应小于 8.0 MPa。

(五)五金材料

石材幕墙所用的五金材料,主要指连接螺栓、螺钉。五金材料的材质为不锈钢。

石材幕墙横向龙骨与竖向龙骨连接所用的螺钉,直径不得小于 4.0 mm,具体直径的大小结合幕墙结构计算书去选择。

石材幕墙竖向龙骨与建筑主体的连接,通常是采用螺栓连接固定,连接螺栓的直径不得小于 10.0 mm,具体直径的大小结合幕墙结构计算书去选择。

当石材幕墙的连接螺钉、螺栓使用铆钉时,铆钉的材质必须使用不锈钢材料,严禁选择及使用铝质铆钉。

(六)防火材料

石材幕墙防火材料的选择与玻璃幕墙相类似,防火材料应该选择耐火等级符合建筑设计要求的防火岩棉,防火岩棉采用厚度 1.5 mm 的镀锌钢板作为托板。此外,在防火托板安装后,托板与建筑结构的接触位置还应选择符合国家规范所要求的防火密封胶封堵。

(七)防雷材料

当石材幕墙龙骨采用钢材时,优先选用扁钢或圆钢作为防雷安装体系,扁钢的截面尺寸不宜小于 5 mm×40 mm,圆钢的截面直径不宜小于 12 mm;当石材幕墙龙骨采用铝合金材料时,优先选用铜质或铝质导线作为防雷安装体系,铜质导线截面面积不宜小于 25 mm^2,铝质导线截面面积不宜小于 30 mm^2。

(八)结构黏结材料

石材板块的结构黏结系统,应根据其连接形式(短槽、通槽、背槽等),石材板块与挂件之间应选择环氧树脂型专用石材结构胶黏结并填充。同时在选择时应注意,该黏结结构密封胶不应对石材造成污染,结构胶的使用时间应该是在有效期以内。

(九)接缝密封材料

接缝密封材料主要为石材接缝密封胶,其在选择的时候,应注意以下内容:

(1)密封胶的生产应符合国家标准的规定;

(2)密封胶应具有国家建筑材料检测的对石材不造成污染的报告;

(3)密封胶的使用时间要在有效期以内;

(4)同一个项目的石材要选用同一个品牌的密封胶。

(十)石材防护材料

装饰石材在安装前要使用防护剂进行防护,其直接目的是提高石材本身的抗污能力,防止在安装和使用过程中出现污染。但是由于对石材防护剂的认识不足,往往没有正确地选择和使用石材防护剂,反而造成一些严重的甚至是不可逆的污染,因此石材防护剂的选择和使用必须引起石材界和使用者的重视。

石材幕墙的防护剂按照使用部位分为两大类型。第一类是饰面型石材防护剂,第二类是底面型石材防护剂。石材幕墙应选用中性的水性防护剂,不应选用膜型防护剂。

选择防护剂应坚持"四个具体"的原则,即具体的石材、具体的使用方位和安装方法、具体要防止的污染源、具体的防护剂选定。

(1)具体的石材:可以按三个方面考虑,颜色(深、浅、白等)、外表(光面、毛面)和石材本身的含铁量高低等。

(2)具体的使用方位和安装方法:应按墙面、地面、干挂、湿铺、卫生间、灶台等具体的情况区分。

(3)具体要防止的污染源:可按防止水泥浆的返渗,防止使用中的酸雨侵蚀,防止日常的水性污染及防止油污等方面。

(4)具体的防护剂选定:要根据以上三个方面的因素,选择水性、溶剂型、饰面型、底面型或特殊型防护剂。

举例1:光面山东白麻(含铁量较高或经酸洗脱色)用于地面湿铺,要防止水泥浆的返渗和日常使用中的水性污染。选择CHJ石材渗透型防护剂单项防护(也可添加CHJ石材底面防护剂,以提高黏结力)。

举例2:福建603花岗岩烧毛(含铁量不高,未经酸洗脱色)用于外墙干挂,要防止施工中及以后的水性及酸雨污染。选择CHJ硅氧水性防护剂或CHJ多功能水性防护剂。

举例3:山东樱花红50 mm厚烧毛及光面混合拼图,用于外广场地面湿铺,要防止施工中的水泥污染和日后水性白桦及油污,并有利于日常清洗。选用CHJ硅氧化水性防护剂或CHJ多功能水性防护剂和CHJ8765复合型防护剂复合做法,并且在铺装后的水泥缝上加做水性防护剂,以防止水溶性水泥白桦出现。

举例4:光面西班牙米黄有背网,用于室内墙湿贴,要防止施工中水泥浆返渗,且要日后利于清洁。选用CHJ石材渗透型防护剂做光面,CHJ石材底面防护剂做背面(可加强网面黏结力,防止空鼓和提高抗水压能力)。

总之,石材防护剂的选择很重要,为使石材安装和使用中尽量少出问题,应选择可信度高的防护剂,不要选择无品质可靠性、无检验连续性的产品。在选择时应向国家建筑材料工业石材质量监督检验测试中心查询一下该品牌产品的检验情况,以防假冒产品,给使用者造成不必要的损失。

(十一)石材清洗材料

目前,国内有许多品牌的石材清洗剂材料,但是主要分为两大类,第一类是花岗石清洗剂,第二类是大理石清洗剂。

石材幕墙的安装会有各种原因引起的变色,例如水斑、锈斑、植物颜色、油脂、酸性物质、碱性物质等原因都会给石材带来色变,在选择前需要仔细查看生产厂家提供的产品说明书,再结合石材幕墙的实际情况去选择适合于该项目石材幕墙清洗的材料。

三、测量放线

测量放线工作是外装饰幕墙施工的一个关键环节。

测量放线是外装饰幕墙施工工序的第一步,也是关键的步骤。测量放线的结果将会不同程度地给下一步施工材料的生产、定货、安装带来影响,因此测量放线工作一定要安排技术、经验相当丰富的施工人员去负责。

(一)常用测量仪器

1. 水准仪

水准仪的主要构成部件有望远镜、管水准器(也叫补偿器)、垂直轴、基座、脚螺旋,如图4-33所示。

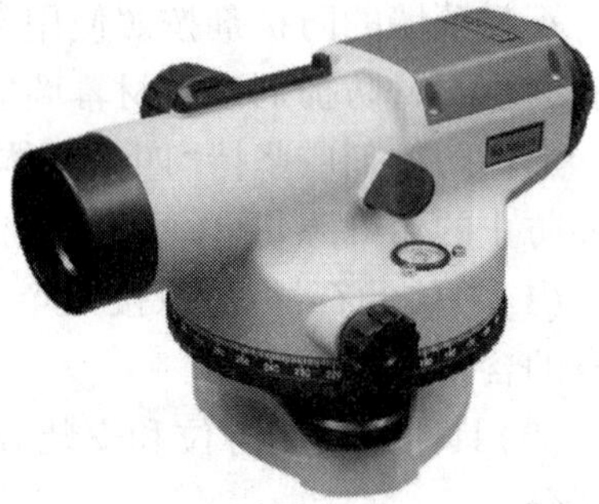

图4-33 水准仪

使用方法:首先调节两个脚螺旋使平衡气泡在两个脚螺旋的中间连线上,再按照同样的方法调节第三个脚螺旋,使平衡气泡处于两个脚螺旋的中间连线上。

水准仪的主要作用是建立水平视线测视地面两点之间的高差,使用时安装在三角架上。水准仪的圆水准气泡只是粗略整平,一般情况下,只要未偏出圈外就没什么影响,因为自动安平水准仪内置有补偿器,稍有偏移补偿器就会起到作用,补偿器的特点主要是当望远镜视线有微量倾斜时,在重力作用下对望远镜做相对移动,从而能自动而迅速地获得视线水平时的标尺读数。

2. 经纬仪

经纬仪是测量水平角和竖直角的仪器,由望远镜、水平度盘、竖直度盘、水准器、基座等组成,如图4-34所示。

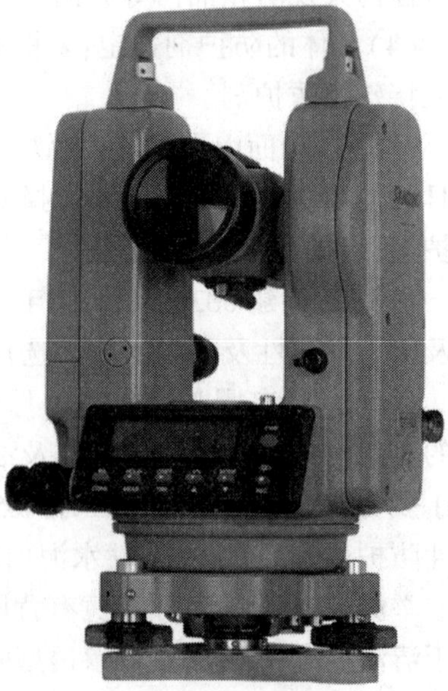

图4-34 经纬仪

测量时,将经纬仪安置在三脚架上,用垂球或光学对点器将仪器中心对准地面测站点,和水准仪定平一样,用水准器将仪器定平,用望远镜瞄准测量目标,用水平度盘和竖直度盘测量水平角和竖直角。

望远镜是经纬仪的机械部分,使望远镜能指向不同方向。经纬仪具有两条互相垂直的转轴,以调校望远镜的方位角及水平高度。

经纬仪在幕墙施工中广泛用于定线、定位、测视已知角度。

3. 激光垂准仪

垂准仪(见图 4-35)是测量建筑物的垂直度、变形度的仪器,被广泛用于建筑幕墙的测量放线,用于测出建筑结构、幕墙施工的垂直位置,是一种将激光束置于铅直方向以进行竖向准直的仪器。

图 4-35　垂准仪

垂准仪的主要构成有望远镜、水准器、激光管、水平度盘、竖直度盘、基座等。

工作原理:利用激光束方向性好、发射角小、亮度高、红色可见等优点,形成一条鲜明的准直线,作为定向定位的依据。

4. 全站仪

全站仪即全站型电子速测仪(见图 4-36),是一种集光、机、电为一体的高技术测量仪器,是集水平角、竖直角、距离(斜距、平距)、高差测量功能于一体的测绘仪器系统。因为其一次安置仪器就可完成该测量部位全部测量工作,所以称为全站仪。

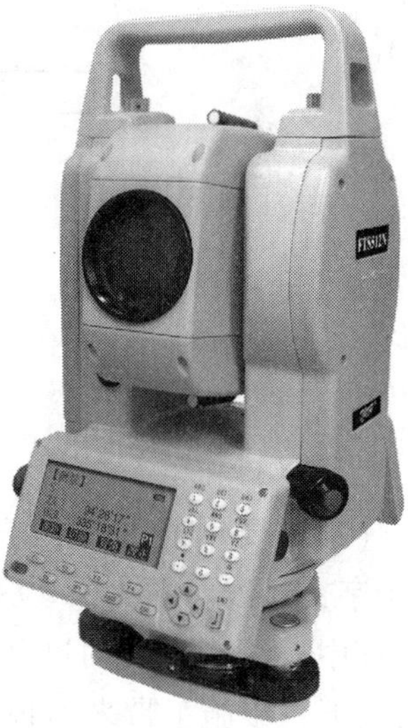

图 4-36　全站仪

全站仪集多功能、高精度、自动化于一身,可直接测出地面点的空间坐标,激光测距还可以测量净距离,随时监控外装饰幕墙墙面尺寸。功能上,电子数显,无需人工读数,人机对话操作简便,最大限度地消除了人为误差,两到三人即可完成测量工作,效率高。

(二)测量放线

1. 检查测量仪器

在正式开始项目测量放线前,项目技术员要认真检查测量仪器是否有国家计量单位检测合格标识,合格标识是否与测量仪器相对应等。如果没有检测合格标识,要抓紧将测量仪器送国家计量检测单位进行检测,直到检测合格具有合格标识后方可使用在项目上做测量放线工作。

如果已有的测量仪器经过检测、调试不合格,要抓紧购置新的合格测量放线仪器,避免由此造成施工进度计划的拖延。

2. 测量技术交底

项目技术员组织由幕墙设计师、项目生产经理、测量放线人员参加的技术交底会。

幕墙设计师出具测量放线图纸,图纸中详细标出建筑结构梁高、墙面、每层建筑结构标高等尺寸,同时详细标出幕墙与建筑结构之间的位置关系、幕墙安装与每层建筑标高之间的关系、幕墙与建筑轴线之间所对应的位置关系等。

项目技术员结合设计师出具的测量放线图纸、幕墙施工图纸,做出测量放线规划,详细说明测量放线应注意的关键环节,测量放线所使用的机械、仪器,测量放线所使用的材料,应该制作出什么样的测量放线稳定支架,如何在建筑结构上做出测量放线标记。例如,以每层的建筑结构标高为±0.000,高出建筑结构标高的标记为"+",低于建筑结构标高的标记为"-"。同时,必须测量建筑结构的垂直度偏差以及平面度偏差,所有的测量放线均要求必须是闭合的结果,否则将会给下一步正常施工生产带来不必要的麻烦。

测量放线技术交底清楚以后,需要形成书面技术交底记录,交底人、接受交底人互相签字确认形成交底记录,根据需要份数复印存档,完成测量放线交底工作。

3. 测量放线准备

(1)测量放线工作开始前,测量放线人员需要根据建筑规模的大小、建筑幕墙的难易程度等特殊因素制作出测量放线用的三角支架,一般三角支架采用施工用的镀锌角钢制作而成。

将三角支架制作以后,根据测量位置需要安装在不影响施工安装的结构梁、墙的外部立面。图 4-37 为三脚支架与结构固定示意。

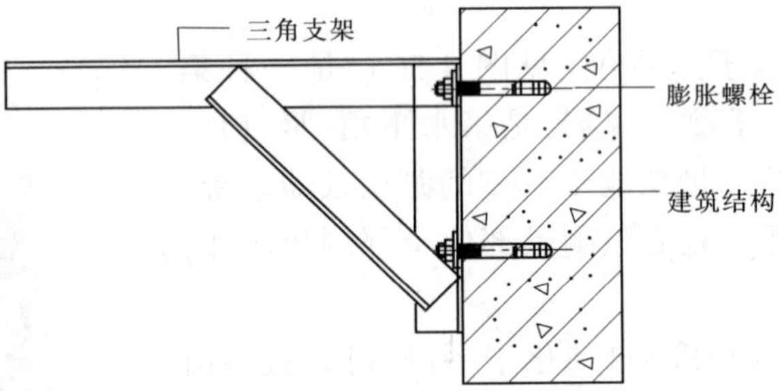

图 4-37　三脚支架与结构固定示意

(2)需要用透明效果好的有机玻璃制作十字放线板,在该透明玻璃板的中间刻画出中心十字交叉线。图 4-38 为有机玻璃放线板示意。测量时该交叉线的位置对准垂直中心放好,该中心线一定要对准建筑结构图中的轴向,防止由于轴线的走向偏差造成测量放线错误,给下一步施工带来不必要的麻烦。

(3)需要准备测量放线用 50 m 甚至更长的卷尺、绘图用三角尺、弹线用墨斗、粉笔、测量标杆等常用工具,同时具有检测合格标识。

(4)需要绘制出测量放线图纸,这是测量放线的必要工作。如果只是沿着外装饰图纸,简单地测量出外装饰幕墙能否满足于现有建筑结构的安装,这样将不能够准确地测量出实际建筑结构与建筑结构图纸之间的施工偏差,也就不能够提前预知或提前给设计人员提供出一套完整的测量放线数据,结果将给下一步设计带来不必要的误差。

如图 4-39 所示,按照不同的幕墙位置结合幕墙墙身施工图纸,绘制出墙身结构梁测量放线图纸,图纸中标明施工图中结构梁的高度尺寸与结构标高之间的关系。测量时注意一定要将测量的实际数据标注在相对应的测量图纸中。

图 4-40 为建筑结构平面测量示意。按照不同的幕墙平面施工图绘制出平面测量放线图纸,图纸中详细标明建筑幕墙施工图的建筑结构平面尺寸,在适当的位置标明实际测量的数据。此外,根据建筑幕墙施工平整度、垂直度的需要,在每层建议每隔 3~5 m 的位置测量

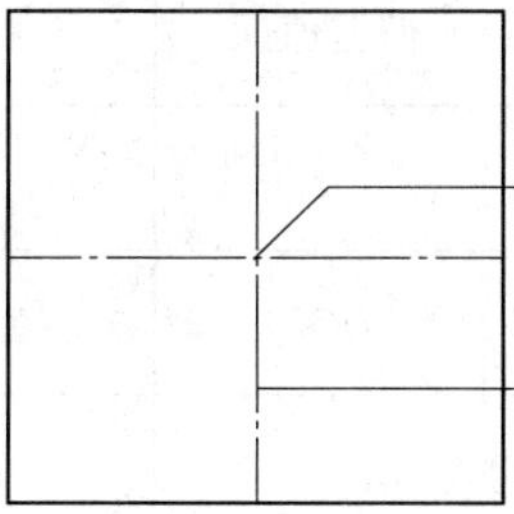

图 4-38　有机玻璃放线板示意

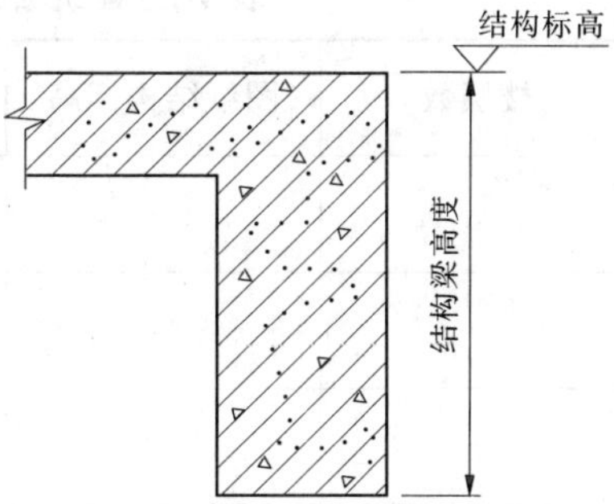

图 4-39　建筑结构梁测量示意

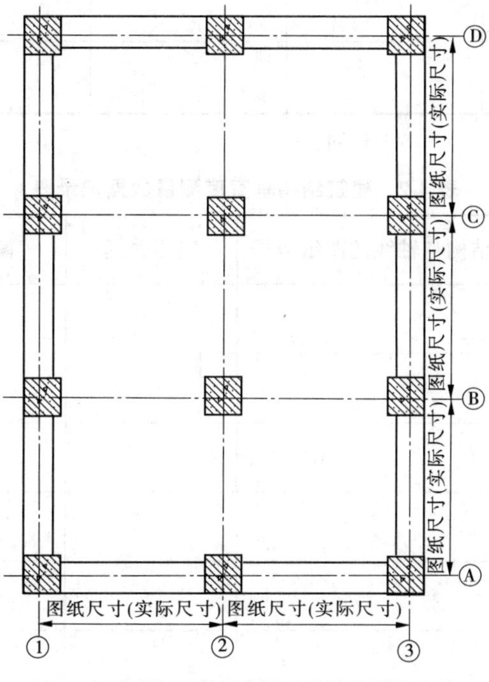

注：1. 括号内记录的是实际建筑结构测量结果。

2. 记录时同时测量结构柱、梁的截面尺寸。

图 4-40　建筑结构平面测量示意

出建筑轴线距离结构外口的实际尺寸。

4. 测量放线

根据已经做好的测量准备，结合建筑结构施工单位所提供的结构放线图、结构定位点开始测量。

根据已经绘制出的测量图纸，结合详细的测量结果作出详细的测量结果记录，这样记录出的实际结果将会给下一步施工生产带来极大的好处，所以测量结果一定要反映出真实结果。

根据记录详细的测量图纸，再列出测量数据表(见表 4-1、表 4-2)，与测量图纸共同作为存档的记录。

表 4-1　建筑结构标高测量数据记录表

序号	楼层数	图纸结构标高	实测数据	偏差值	备注
1					
2					
3					
4					
5					
⋮					

编制：　　　　　　　　　　校对：　　　　　　　　　　审核：

表 4-2　建筑结构垂直度测量数据记录表

序号	楼层数	结构与轴线的图纸数据	实测数据	偏差值	备注
1					
2					
3					
4					
5					
⋮					

编制：　　　　　　　　　　校对：　　　　　　　　　　审核：

说明：表 4-1、表 4-2 是示意表，在编制测量数据表的时候，需要将实际测量结果在测量记录表中反映出来。在记录偏差值的时候，需要特别分清楚，将理论建筑结构标高确定为±0. 00，在记录的时候统一以 mm 为单位，如果高出理论数据就记录为“+”（例如实际数据超出理论数据 100 mm，就记录为+100 mm），反之就记录为“-”。这样的记录将会清楚地反映出实际建筑结构的具体数据，当然这个数据一定要与测量图纸的数据一一对应。

5. *测量放线的要求*

（1）石材幕墙分格轴线的测量应与主体结构测量相互配合，其偏差应该及时调整，不得累积。

（2）应定期对施工安装定位基准线进行校核。

（3）高层建筑幕墙的施工测量应在风力不大于 4 级的时间进行。

四、材料制作加工

石材幕墙在施工安装前，应对石材幕墙的施工图纸进行核对。根据施工测量放线图纸，调整石材幕墙施工图纸中的偏差，同时将此偏差通知设计部门，根据实际作出材料加工的准确判断。

为了确保将石材幕墙安装施工的偏差降到最低，确保安装质量，要将幕墙构件的加工作为一个关键环节。

（一）金属材料、构件的加工

1. 金属材料在加工前需要注意的环节

（1）金属材料是否符合设计要求。

（2）金属材料幕墙施工图纸材料规格是否一致。

（3）金属材料是否具有材料材质检测合格证书。

（4）金属材料是否具有材料质量保证书。

2. 金属竖向、横向龙骨的加工

（1）金属竖向、横向龙骨在加工前首先要将金属材料认真核查，核查是否有弯曲变形或不平直的现象，对有此现象的材料需要进行调直、调正，直至满足加工需要。

（2）根据金属材料的加工特点，如果石材幕墙龙骨采用的是碳素结构钢材，竖向龙骨宜根据钢材特性的实际长度（$L=6\ 000$ mm）安装，横向龙骨根据竖向龙骨的安装间距分段加工。

（3）当一支竖向龙骨（$L=6\ 000$ mm）跨度是两个或两个以上建筑层高时，要根据实际需要加工安装孔位，图4-41为竖向龙骨上端转接孔示意，图4-42为竖向龙骨下端转接孔示意。

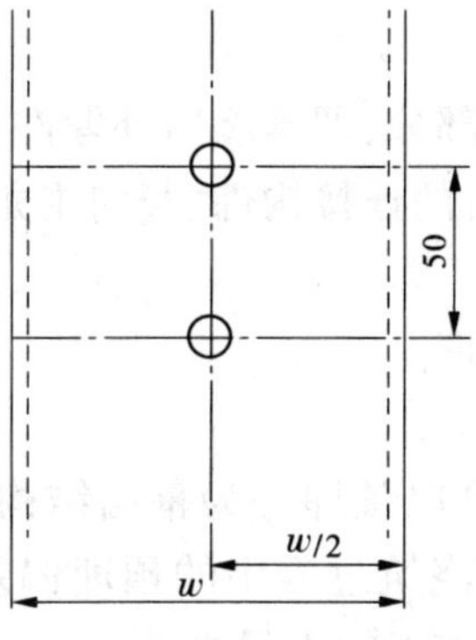

图4-41　竖向龙骨上端转接孔示意

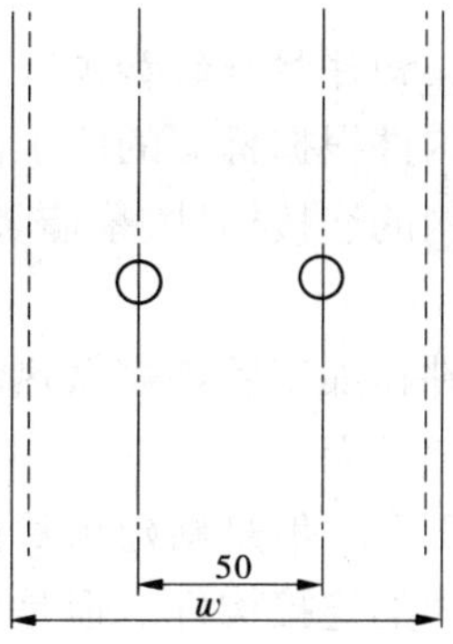

图4-42　竖向龙骨下端转接孔示意

常规情况下，应在每层的建筑结构梁处设置一个竖向龙骨与主体结构梁的固定支点，注意区分孔位的方向性，以满足龙骨在安装后的变形需要。

（4）如果一支竖向龙骨跨越的建筑结构楼层较高或跨越的建筑位置只有一个建筑结构梁，但是为了结构安全需要，必须设置两个支点，可以采取以下方案进行加工。当有建筑二次结构时，可以结合幕墙结构计算书，在二次结构位置设置穿墙螺栓与结构固定，当无建筑二次结构时，可以采用上、下通过结构梁做出二次钢结构梁，以满足幕墙结构需要。

（5）幕墙竖向龙骨加工长度的允许偏差应为±1.0 mm，端头斜度的加工允许偏差应为-15′。

(6)幕墙竖向龙骨加工长度的允许偏差应为±0.5 mm,端头斜度的加工允许偏差应为-15′。

(7)竖向、横向龙骨在加工后端头部位不应有变形,不应有加工毛刺出现。

(8)竖向、横向龙骨孔位加工的允许偏差应为±0.5 mm,孔距加工的允许偏差应为±0.5 mm,累计加工的允许偏差不得大于±1.0 mm。

(9)横向龙骨在加工前检查龙骨的平直度,根据质量验收要求结合幕墙水平安装缝隙的需要进行调直。

(10)根据竖向龙骨的安装间距尺寸,进行横向龙骨的切割,切割质量、长度允许偏差等与竖向龙骨一致。

(11)为了满足龙骨在安装后的温度变形和材料在受力等其他因素影响下的伸缩需要,横向龙骨与竖向龙骨连接的端头必须加工出长圆孔,以满足横向龙骨的伸缩需要。图4-43为横向龙骨两端长圆孔三维线型示意,图4-44为横向龙骨两端长圆孔正视示意。

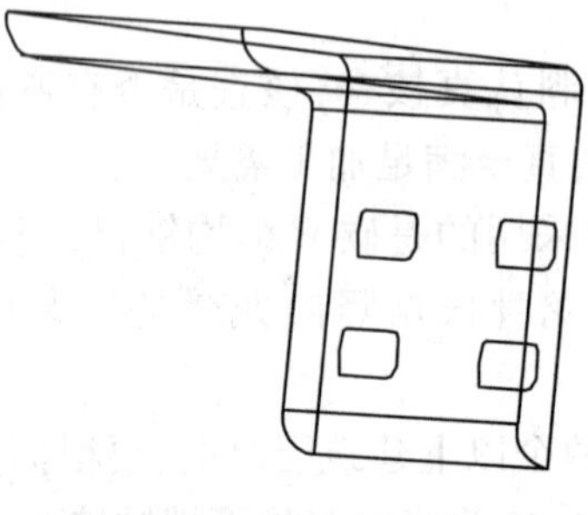

图4-43 横向龙骨两端长圆孔三维线型示意

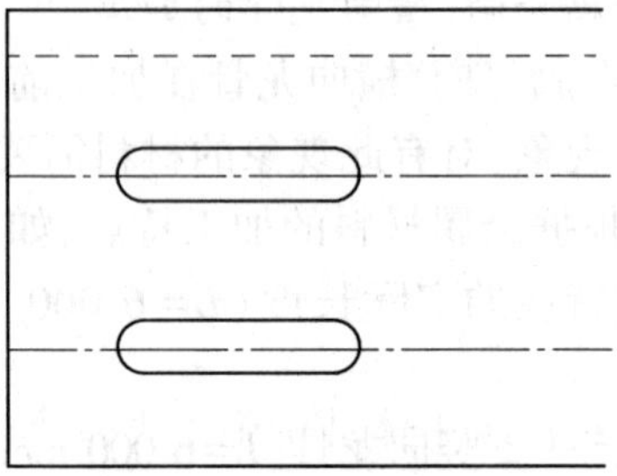

图4-44 横向龙骨两端长圆孔正视示意

3. 金属转接构件材料的加工

金属转接构件根据幕墙的施工需要主要分为四个部分,即幕墙后补埋件、幕墙主体结构与建筑主体结构的连接构件、幕墙竖向龙骨与横向龙骨的连接构件、竖向主龙骨温度变形伸缩构件。

所有钢构件在加工后均需做热浸锌或其他防腐处理。

1)后补埋件的加工

在幕墙施工中一般是新建项目比较多,新建项目是以预埋件为幕墙结构体系与建筑主体结构体系之间的连接构件。但是由于建筑结构施工浇筑过程中的预埋偏差,往往在幕墙施工过程中增加设置后补埋件来弥补建筑结构预埋件施工的不足之处。

后补埋件的加工必须满足幕墙结构施工的需要,同时还必须满足结构安装的需要,考虑到后补埋件的安装方便,往往后补埋件的加工需要充分考虑建筑主体施工结构钢筋的布置,需要尽可能地避免与结构主体钢筋的冲突,因此后补埋件的加工需要制作成满足几个方向可以调节的长圆孔,如图4-45所示。

由于幕墙是建筑物的外围护结构,常常是全部或部分包封建筑主体的外立面,是平行于建筑主体外立面的一种特殊建筑结构,因此无论是预埋件还是后补埋件,都必须完全承受建筑幕墙所产生的任何结构荷载,从而传递给建筑主体结构。通过受力分析,埋件往往受三个方向结构荷载的共同作用,预埋件或后补埋件必须将三个方向的荷载传递给建筑主体,所以埋件在加工的时候需要考虑 4 根锚筋分成上下两排平行布置。如图 4-46 所示,图中 V 代表剪力设计值,N 代表法向拉力设计值,M 代表弯矩设计值。

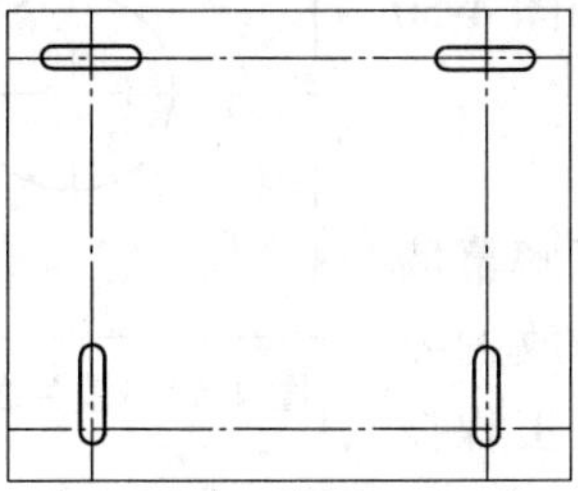

图 4-45　后补埋件加工示意

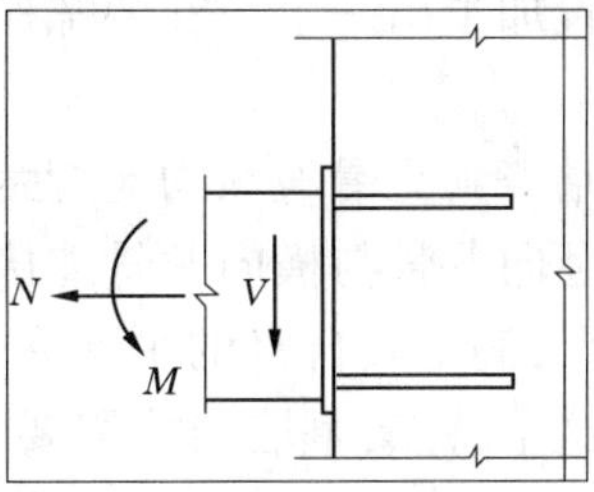

图 4-46　幕墙埋件受力示意

在后补埋件实际施工过程中,经常会遇到一种特殊情况,就是一个后补埋件无论怎么调节,都会有一个锚栓孔与建筑主体的主结构钢筋或箍筋相重合。在实际安装后补埋件之前,针对这些问题我们要做好充分的构件加工准备,当遇到这种情况的时候,就将利用预想到的结果,将已经有所准备的构件利用上,这就是后补埋件附件。

后补埋件附件的加工材料材质与原后补埋件一致,只需要加工出一个长圆孔,满足安装一个锚栓的需要,如图 4-47 所示。材料的厚度、长圆孔的规格与原后补埋件保持一致。

2)幕墙主体结构与建筑主体结构的连接构件的加工

幕墙主体结构与建筑主体结构之间通常是采用简支梁的结构型式,上端采用刚性支座连接固定,下端采用铰支座连接固定。

考虑到建筑主体结构施工垂直度的偏差,为便于调节幕墙主体结构与建筑主体结构之间的偏差关系,通常情况下,我们将上端的刚性支座加工成垂直于建筑主体外立面的长圆孔形式,如图 4-48 所示,满足调节幕墙结构与建筑主体结构之间的位置关系。

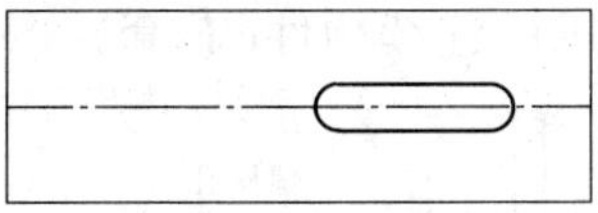

图 4-47　幕墙埋件附件加工示意

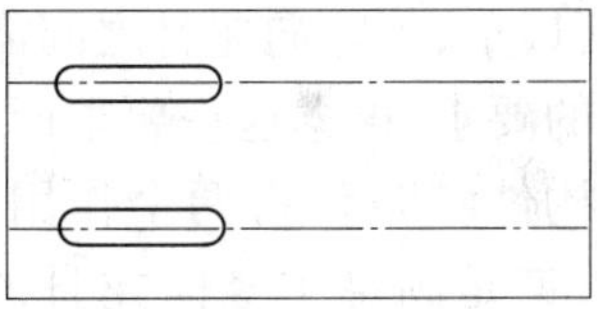

图 4-48　幕墙刚性支座加工示意

通常情况下,幕墙的竖向龙骨采用碳素结构钢材料,钢材的成品长度以 6 m 为主。根据建筑层间高度,正常情况下,一支 6 m 长的钢龙骨常常跨越 2 层建筑结构,也就是跨越 2 层建筑结构梁,因此根据建筑幕墙的结构计算转接跨度,在一支 6 m 长竖向龙骨的下端设置一段铰支座连接支点。

铰支座支点的主要作用,在幕墙中首先是满足幕墙结构所承受的荷载作用,其次是满足竖向龙骨在结构温度变形时的伸缩需要。因此,铰支座支点构件的加工也需要做出长圆孔,但是长圆孔的方向却与刚性连接支座恰恰相反,如图 4-49 所示。

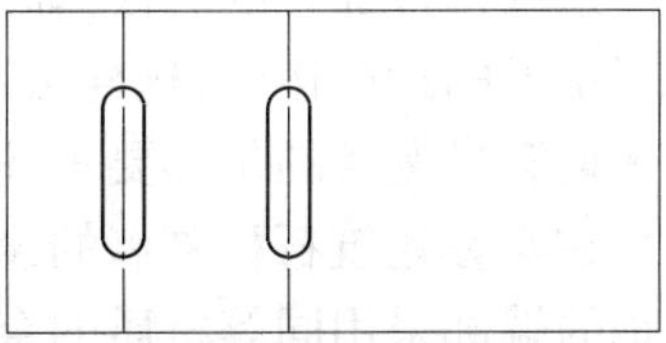

图 4-49　幕墙铰支座加工示意

由于幕墙的刚性支座和铰支座在加工的时候都是长圆孔,考虑幕墙在施工后的结构安全性,因此所使用的构件还需要加工以满足结构安全的钢构件垫片。垫片加工所使用的材料与幕墙连接支座构件使用同一种材质的碳素结构钢，加工材料的厚度不宜小于 3 mm，在垫片的居中位置加工出一个与安装螺栓组配套规格的圆孔，如图 4-50 所示。

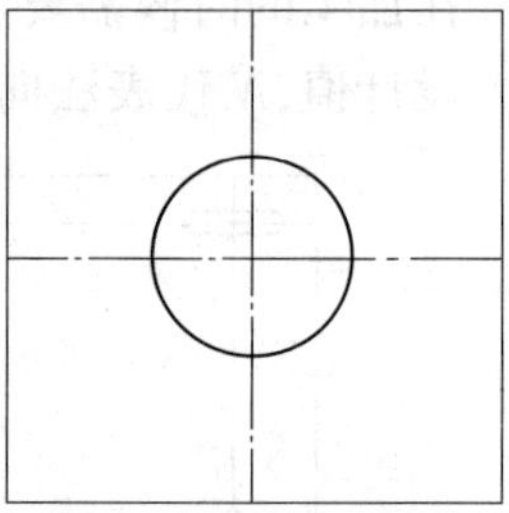

图 4-50　垫片加工示意

3）幕墙竖向龙骨与横向龙骨的连接构件的加工

幕墙竖向龙骨与横向龙骨连接件的加工，需要充分了解幕墙结构的特点，满足其自身的平面变形、建筑结构位移等释放的要求。根据这个特点，幕墙结构需要满足《金属与石材幕墙工程技术规范》（JGJ 133—2001）及《玻璃幕墙工程技术规范》（JGJ 102—2003）中对于相关技术的说明，同时也要满足其他金属结构相关规范的需要。横向龙骨与竖向龙骨的两端连接构件，既可以按照规范采用螺栓连接的方法进行加工，也可以按照一端采用焊接的方式另一端采用螺栓连接的方式进行加工。

如图 4-51 所示，当转角结构角码与横向龙骨、竖向龙骨都同时采用螺栓连接时，在转接角码的两个侧边都加工安装螺栓的圆孔。

螺栓孔的大小（直径）应不小于幕墙施工图纸所使用安装螺栓的有效直径，螺栓孔之间的间距以及距离端部的距离应该满足规范要求，同时满足螺栓的安装需要。

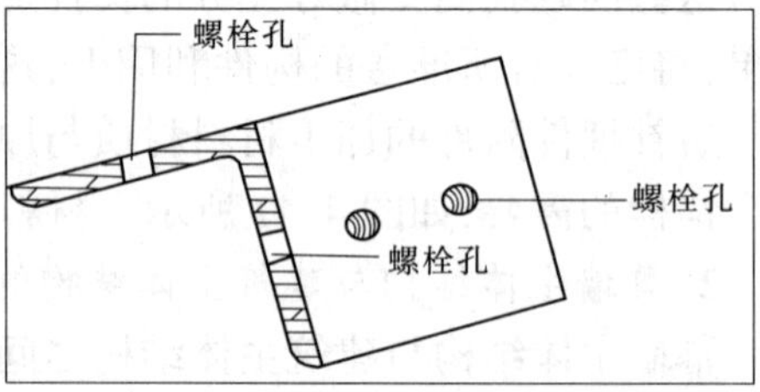

图 4-51　横向龙骨转接角码加工示意

4）竖向龙骨之间滑移（芯套）构件的加工

建筑幕墙（特别是大面积的幕墙）在实施设计、加工过程中，为了满足幕墙结构主体受力构造要求，同时满足幕墙结构构件位移变形的要求，由于幕墙的主竖向龙骨是简支梁安装结构模型，所以上、下竖向龙骨之间需要有连续性，同时必须满足结构主竖向龙骨的温度、结构变形位移的要求，根据这一要求而设置、加工满足位移要求的连续构件（芯套）。

连续构件（芯套）有两个作用：一是连接上下主竖向龙骨，二是满足主竖向龙骨的位移要求。根据这一特点要求，连续构件在加工的时候需要考虑位移的方向是自上而下，因此需要至少在其中的一端加工出上下垂直且互相平行的长圆孔，另一端可以加工出两个平行圆孔（见图 4-52、图 4-53）或直接与另一只主竖向龙骨的端部焊接固定。

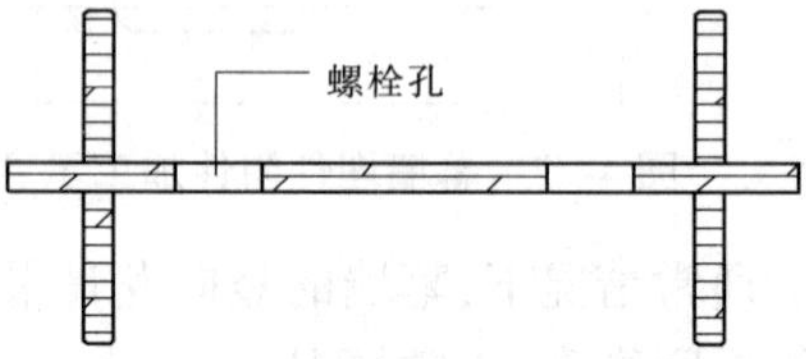

图 4-52　工字形连续构件截面加工示意

连续构件加工的时候，如果幕墙设计选用的主竖向龙骨是封闭腔体的金属材料，建议加工工字形的连续构件，这样可以降低连续构件与封闭主竖向龙骨腔体之间的摩擦，可以更加有效地满足龙骨的位移要求。

在实际建筑石材幕墙的设计、施工中，往往采用槽钢作为主竖向龙骨，此时，建议首先将槽钢的端部采用同等材质的金属板封堵，将槽钢端部改变成封闭腔体的形式，采用工字形连续构件进行连接。

此外，当使用槽钢作为主竖向龙骨，根据施工需要或施工进度采用加工工字形连续构件时，也可以采用同等材质中同一批次的槽钢材料进行连续构件加工。

当采用同一批次、同等材质的槽钢加工连续构件时，应特别注意，加工连续构件圆孔的孔直径，需要通过幕墙结构构件计算、验算，根据满足幕墙结构抗拉、抗剪要求所使用的螺栓直径的要求进行加工。如图 4-54、图 4-55 所示。

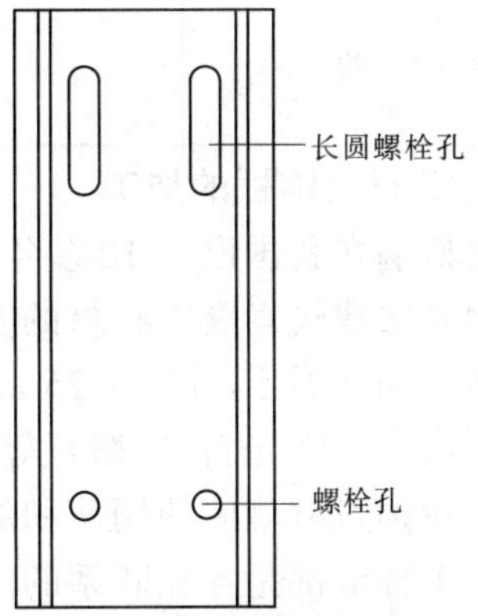

图 4-53　工字形连续构件立面加工示意

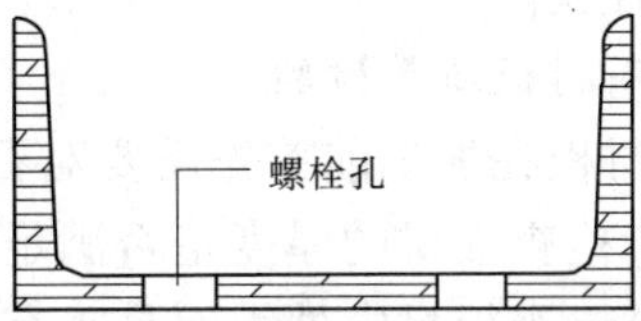

图 4-54　同等材质槽钢连续构件截面加工示意

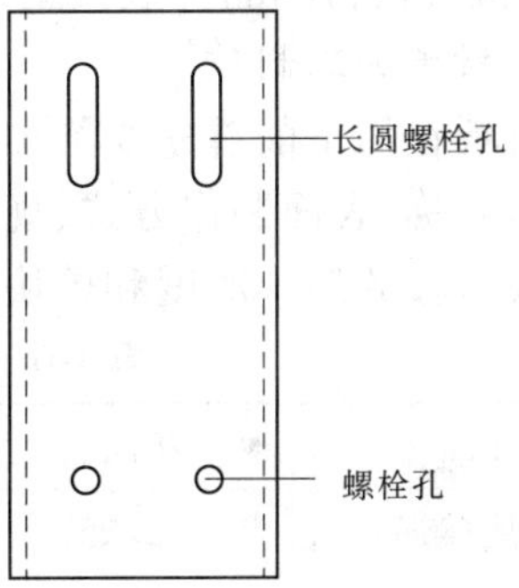

图 4-55　槽钢连续构件立面加工示意

5）加强结构龙骨安全构件金属板材料的加工

在建筑幕墙施工中，经过幕墙结构计算，往往会为了降低建筑幕墙的加工成本，在主竖向龙骨的建筑层间增设一个或两个等控制主竖向龙骨挠度的支点安装结构。当遇到这种施工方案时，就需要在建筑结构的外侧增加幕墙结构安装所需要的固定钢板，当满足结构施工预埋时往往采用预埋钢板的方案。有时会遇到在增加结构安装支点的位置是属于建筑结构的二次墙体，则在材料加工时就需要注意，扩大结构支点安装钢板的表面面积。

特别注意的是，由于建筑幕墙属于建筑的一种外围护结构，包封建筑主体结构，需要重点考虑建筑幕墙在抗拉条件下的结构安全性。因此，增加结构支点钢板的表面面积，用于建筑室外与室内的面积是不同的，用于建筑室内的钢板的面积建议最好是建筑室外钢板的面积的 2 倍，按照此建议去加工，尽可能地去满足建筑幕墙结构的安全性。

建筑幕墙金属构件在铣槽、铣豁、铣榫加工时应符合表 4-3～表 4-5 的要求

表 4-3　材料铣槽加工质量允许偏差

（单位：mm）

项目	a	b
允许偏差	+0.5 0	+0.5 0

表 4-4　材料铣豁加工质量允许偏差　（单位：mm）

项目	a	b	c
允许偏差	+0.5 0	+0.5 0	±0.5

表 4-5　材料铣榫加工质量允许偏差　（单位：mm）

项目	a	b	c

允许偏差	0 -0.5	0 -0.5	±0.5

(二)石材装饰板的加工

石材幕墙在我国已有10多年的发展历史,在此期间石材从用于建筑商业裙楼装饰,一步一步向高层建筑发展。石材的安装从最初的湿贴工艺转向现在的干挂工艺,石材的使用厚度从20 mm发展到当今的25 mm、30 mm等,石材的表面处理方式从最初的蘑菇石、剁斧石发展到当今的磨光石、机凿石等。

随着我国石材幕墙使用面积的不断增加,石材幕墙从设计、材料加工、施工安装这一过程中的每个环节都是互相联系的。由于石材被人们广泛应用于外装饰材料,加上该材料具有其自身的材质特殊性,因此石材幕墙在施工、使用过程中的安全性极为重要,石材加工过程不可轻视。

1. *石材板质量检验*

石材板在加工前首先需要对石材板进行质量检查验收。

(1)检查板材的厚度是否满足设计要求以及国家规范和地方规范、规程的要求;

(2)检查板材内外表面是否有裂纹、暗裂或有石材沉积明显的断纹;

(3)检查板材表面的斑点是否满足国家和地方相应规范、规程的要求;

(4)检查板材的品种或类型是否符合设计图纸或项目建设单位要求等。

2. *石材板加工制作*

石材板在加工前首先要给加工人员下达加工任务单,在加工任务单中详细说明加工板材的种类名称、表面制作方式、规格、施工安装编号等。

单块石板的最小厚度和单块面积应满足表4-6的要求。

表4-6 单块石板的最小厚度和单块面积要求

项目	花岗岩	大理石	其他石材	
最小厚度(mm)	≥25	≥35	≥35	≥40
单块面积(m^2)	不宜大于1.5	不宜大于1.5	不宜大于1.5	不宜大于1.0

单块石材板的弯曲强度不得小于8.0 MPa,当单块板的弯曲强度小于8.0 MPa时,加工时应注意采取附加构造措施保证面板的可靠性。

3. *石材板开槽、加工要求*

石材板的加工、安装方法,目前在我国主要有不锈钢短槽、铝镁或铝合金短槽、通槽、背栓等常见的加工、安装方法。

无论是哪一种加工方法,对于石材板的加工都应该符合下列规定:

(1)石材板连接部位应无崩裂、暗裂等缺陷;

(2)对于崩边不大于5 mm×20 mm或缺角不大于20 mm的部位修补后使用,且加工时宜将这些修补的板块特殊标明;

(3)石材板规格尺寸等应按照设计加工排版的要求加工;

(4)石材板加工的允许偏差应符合一等品的要求。

(5)石材板开短槽时,短槽的长度不宜小于100 mm,短槽居中的有效安装深度不宜小于 15 mm,弧形的有效长度宜为 80 mm,短槽的截面宽度宜为 6 mm 或 7 mm,槽口应该打磨成 45°倒角,槽内应光滑、洁净,如图 4-56、图 4-57 所示。短槽开槽的允许偏差要符合表 4-7 的规定。

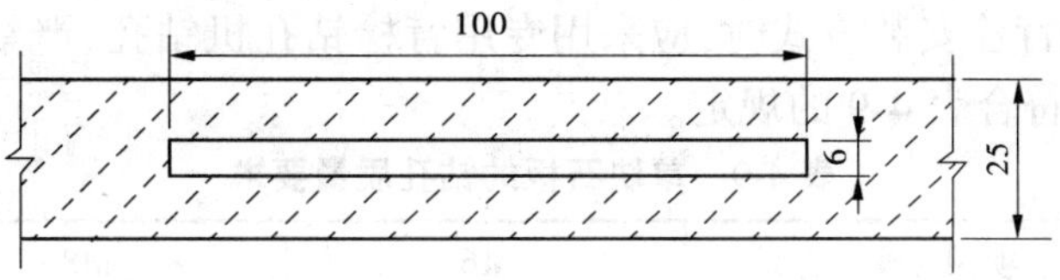

图 4-56 石材板槽口尺寸加工示意(一)

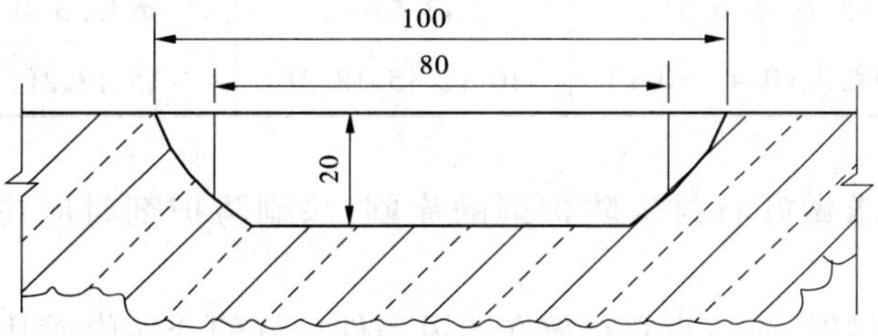

图 4-57 石材板槽口尺寸加工示意(二)

(6)石材板开通槽时,通槽的截面加工宽度宜为 6 mm 或 7 mm,槽口应打磨成 45°倒角,槽内应光滑、洁净。通槽开槽的允许偏差要符合表 4-8 的规定。

表 4-7 短槽开槽的允许偏差 (单位:mm)

序号	项目	允许偏差
1	砂轮直径允许偏差	+1,-2
2	槽长度允许偏差 B_1	±2
3	槽外边到板边距离 B_3	±2
4	槽内边到板边距离 B_4	±3
5	两短槽中心线距离 B_5	±2
6	槽宽 B_6	±0.5
7	槽深角度偏差	矢高/20
8	槽任一端侧边到板外表面距离 B_7	±0.5
9	槽任一端侧边到板内表面距离 B_8(含板厚偏差)	±1.5

表 4-8 通槽(短平槽)开槽的允许偏差 (单位:mm)

序号	项目	允许偏差
1	槽宽	±0.5
2	槽任一端侧边到板外表面距离	±0.5
3	槽任一端侧边到板内表面距离(含板厚偏差)	±1.5
4	槽深角度偏差	槽深/20
5	(短平槽)槽长(槽底处)	±2.0
6	两(短平槽)槽中心线距离	±2.0

7	(短平槽)外边到板端边距离	±2.0
8	(短平槽)内边到板端边距离	±3.0

(7)当石材采用背栓安装方式时,应采用专用背栓钻孔机钻孔,严禁使用手提式钻孔机具设备,钻孔质量应符合表 4-9 的规定。

表 4-9　单块石板的钻孔质量要求

序号	项目	M6	M8	M10~12
1	d_z(允许偏差为+0.4、-0.2)	ϕ11	ϕ13	ϕ15
2	d_h(允许偏差为±0.3)	ϕ13.5±0.3	ϕ15.5±0.3	ϕ18.5±0.3
3	H_v(允许偏差为+0.4 、-0.1)	10、12、15、18、21	15、18、21、25	5、18、21、25

(8)按照设计要求做好石材板防护剂的涂刷,涂刷防护剂时应注意选择良好的通风位置。

(9)加工好的石材板,应该直立存放在通风条件良好的仓库内或其他场所,其放置角度不应小于 85°,确保板块存放期间的安全性,严防挤压破碎及变形。

五、施工组织

任何一个幕墙项目,在施工前都需要首先组建一支强有力的项目领导班子。项目经理需要具备非常全面的技术素质、综合协调素质、管理素质,幕墙项目的施工管理是否成功与项目经理有着不可分割的关系。

在有好的项目经理的基础上,还需要配备称职的专职安全员、专职质量管理员、专职施工技术员、专职材料管理员、专职预算员、专职档案管理员,这些专职人员都需要有专业资格证书,做到持证上岗。除以上项目管理组织机构人员外,一个好的项目管理部还需要配备一名好的施工生产经理,做好项目经理的助手工作,在项目经理的统一领导下,齐心协力共同做好项目的管理工作。

(一)建立、健全各项管理职责

为了做好项目施工生产的管理工作,在项目管理班子组建好以后,要制定出项目班子管理人员的各项职责与权力。通常建立以下职责:

(1)项目经理的职责;

(2)项目生产经理的职责;

(3)项目专职安全员的职责;

(4)项目专职质量管理员的职责;

(5)项目专职施工技术员的职责;

(6)项目专职材料管理员的职责;

(7)项目专职预算员的职责;

(8)项目专职档案管理员的职责。

项目管理班子中各项管理职责的制定,需要遵循全面、便于执行、便于实施的原则,让全体项目管理人员都能够尽职尽责。

(二)施工组织方案的编制

在施工组织的第一步完成后,要使项目生产实施得井井有条,第二步关键问题就是编制出切实可行的施工组织方案。施工组织方案的内容必须全面,针对项目的特点编制,要具有代表性。一个项目的施工组织方案包含以下内容。

1. 项目概况

项目概况包含工程名称、工程特点、工程建设地点及建设环境特征、工程建设规模、建筑楼层数、建筑高度、建筑结构型式、施工条件、工程建设用途、项目管理的特点及总体要求等。

2. 项目施工方案编制所依据的技术要求或标准

编制幕墙的施工组织方案不是凭着项目经理或某个人的经验去组织编制,它的编制必须依据项目施工生产的时间段,当时国家正在实施或已经实施但废止的规范、规程、专业标准。

项目施工方案编制所依据的技术要求或标准通常分为以下几类:

(1)建筑设计规范(主要是国家标准或项目所在地的地方标准);

(2)专业性技术规范(主要指关于石材幕墙的专业规范或规程);

(3)幕墙材料的标准或规范(主要指石材、钢材、铝合金材料);

(4)幕墙的各项性能检测标准;

(5)幕墙的各项性能设计要求;

(6)幕墙的结构型式及外观要求;

(7)幕墙的安全性能要求。

3. 项目管理目标

项目管理目标包含安全管理目标、质量管理目标、施工进度管理目标和施工成本管理目标等。

4. 项目管理体系及组织说明

项目管理体系就是管理项目的组织构架,组织说明就是对组成结构的各个职能单元的岗位描述。

5. 项目施工进度计划

项目施工进度计划包括:施工测量放线计划,施工图纸深化设计计划,不同阶段劳动力使用计划,材料订货、生产及进场计划,施工用水及用电计划,施工机械设备进场及退场使用计划,项目资金不同阶段使用计划,相关项目材料的检测计划,规范(或合同约定)所要求的幕墙性能检测计划,竣工验收计划等。

6. 项目施工程序

项目施工程序也就是施工步骤,它一定要根据不同项目的特点去制定,项目施工程序的制定水准充分显示一个公司项目管理班子的技术水平。

7. 项目施工工艺流程

一个项目的施工工艺流程,需要从幕墙的转接件开始制定,严格按照国家规范、行业规范以及生产工艺流程的规定去组织。项目的施工工艺流程通常包含以下内容:

(1)预埋件、转接件的制作工艺流程及技术、质量保证措施;

(2)预埋件、转接件的安装工艺流程及技术、质量保证措施;

(3)龙骨生产、制作工艺流程及技术、质量保证措施;

(4)进场材料验收流程及技术、质量保证措施;

(5)防雷(如果有)安装工艺流程及技术、质量保证措施;
(6)装饰板材生产、制作工艺流程及技术、质量保证措施;
(7)打胶施工工艺流程及技术、质量保证措施。

8. 项目所使用材料的相关技术说明

项目所使用材料的相关技术说明通常包含以下材料:
(1)钢材(预埋件、转接件、钢龙骨等)的技术说明;
(2)五金件辅材(安装用螺栓、螺钉等)的技术说明;
(3)防火、保温材料的技术说明;
(4)装饰板材的技术说明;
(5)密封材料的技术说明。

9. 项目施工保证措施及其他说明

(1)施工安全保证措施及方法;
(2)施工质量保证措施及方法;
(3)施工进度计划保证措施及方法;
(4)现场文明施工保证措施及方法;
(5)现场施工环境保护措施及方法;
(6)主要材料的选择、检验、采购和贮存的质量保证措施;
(7)冬季和雨季施工进度计划保证措施及方法;
(8)消防和保卫方案措施及方法;
(9)成品保护的方案措施及方法;
(10)与施工总承包及相互配合的其他单位之间的协调方法。

10. 维护、保养技术手册

维护、保养技术手册,需要根据国家规范、规程并结合项目的特点进行编制,所编制的技术措施、使用要求一定要简单,便于操作和实施。

11. 售后服务措施及承诺

将售后服务的内容以书面形式体现,要把售后服务的内容进行详细阐述。要对必须提供售后服务的条款以承诺书的形式进行体现。

六、石材幕墙施工安装

(一)幕墙施工所具备的条件

安装建筑幕墙的主体结构,应符合有关结构施工质量验收规范的要求。安装建筑幕墙的钢结构、混凝土结构及砌体结构主体工程,必须按有关施工验收规范及质量评定标准验收合格;还要对建筑物安装幕墙部分的外形尺寸进行复查,要求达到与幕墙配合尺寸在允许偏差的范围,如果偏差过大就要进行处理,使其达到要求。

施工之前,幕墙安装公司(厂商)应会同土建总承包商检查现场施工操作部位清洁情况、脚手架和起重运输设备运行情况,确认是否具备幕墙施工条件。因主体结构施工偏差而妨碍幕墙施工安装时,应会同业主和土建总承包商采取相应措施,并在幕墙安装前实施。

(二)施工准备

幕墙构件安装前均应进行检验与校正,不合格的构件不得安装使用。只允许有合格证件的杆件上墙安装。杆件运到工地后,应存放在专设的仓库,要求四面能封闭、开启,地面无尘埃,温、湿度适中,杆件应存放在有软垫的货架上,避免变形或损伤表面的氧化膜,上墙安装前应包好保护胶带。

幕墙构件储存时应依照安装顺序排列,储存架应有足够的承载能力和刚度。在室外储存时应采取保护措施。

(三)主体龙骨的安装

幕墙主体龙骨是将杆件(竖向、横向)一件件安装在建筑物主框架上而形成的框格体系。它为下一步安装石材面板创造条件,是幕墙安装中最重要的环节,它的施工质量对幕墙的安全至关重要,要认真对待。

1. 主体龙骨安装的注意事项

(1)在幕墙施工安装过程中,构件在存放、搬运、吊装时不应碰撞或损坏,半成品应及时保护,对型材保护膜应采取保护措施。

(2)幕墙连接件与预埋件的连接需要预安装,使连接件与立梃连接的螺孔中心线的位置达到以下要求:标高±3 mm;连接件上开孔中心线垂直方向±2 mm,左右方向±3 mm。按上述要求预安装后安装立梃,将连接件三维方向调整,使立梃在立面与侧面的垂直度与标高达到设计要求。

(3)焊接作业时,应采取保护措施防止烧伤型材。不允许采取先用钢板对夹立梃,再将钢板焊接定位的施工工艺,因为先固定立梃再施焊时,电弧及火花会烧坏立梃氧化膜,同时用施焊定位的工艺不能保证立梃就位准确,也无法进行三维调整。

(4)在一层立梃安装完毕后可进行横梁安装。需特别强调的是,横梁安装偏差并非取决于横梁安装本身,而是取决于立梃上固定横梁角码的位置的准确程度。因此,横梁质量控制要从立梃上角码安装孔定位及立梃安装角码水平位置抓起才有成效,一旦立梃上角码定位超过偏差,用安装横梁来调整,其效果微乎其微。每层立梃与横梁安装后均应对每个连接点进行隐蔽工程验收并作好记录。

(5)幕墙金属钢构件安装、焊接完成后,应采取有效的防腐措施。

2. 石材幕墙立柱的安装规定

立柱安装标高偏差不应大于 3 mm,轴线前后偏差不应大于 2 mm,左右偏差不应大于 3 mm;相邻两根立柱安装标高偏差不应大于 3 mm,同层立柱安装的最大标高偏差不应大于 5 mm,相邻两根立柱安装的距离偏差不应大于 2 mm。

当石材幕墙主立柱龙骨按照建筑楼层分层安装时,主立柱龙骨按照每层楼层的建筑标准高度减去预留主立柱伸缩变形余量的长度去安装,主立柱龙骨伸缩变形余量一般是预留 20 mm。

如图 4-58 所示,上一层主立柱龙骨与下一层主立柱龙骨之间预留出 20 mm 的伸缩余量(伸缩缝),在伸缩缝位置采用连接芯套将上、下层主立柱龙骨连接起来,安装时注意连接芯套一定要满足上层主立柱龙骨能够沿着连接芯套自由滑动的要求,当连接芯套插入上层主立柱龙骨的下端不能够自由滑动时要及时进行修整,直到满足能够自由滑动条件时,上层的主立柱龙骨方可进行转接构件与预埋件(后置埋件)固定安装。安装时注意测量龙骨的安装标高。

当石材幕墙主立柱龙骨没有按照建筑楼层分层安装时,也就是为了减少幕墙金属构件的生产时间或进一步提高幕墙用金属构件的利用率,根据实际金属钢构件的厂家生产长度

(市场上可以采购到的金属构件长度一般是 $L=6\ 000$ mm,特殊条件下金属构件厂商可以根据实际需要生产一定的长度,如 $L=7\ 500\sim10\ 000$ mm)进行跨层安装。此时,主立柱的上端位置靠近预埋件(后置埋件)的转接金属构件按照图 4-59(b)所示的安装方法施工,主立柱龙骨的下端位置靠近预埋件(后置埋件)的转接金属构件按照图 4-59(a)所示的安装方法施工。需特殊说明的是,图 4-59 中的安装转接金属构件的安装螺栓组件的长圆孔一定要平行于建筑结构外立面方向。

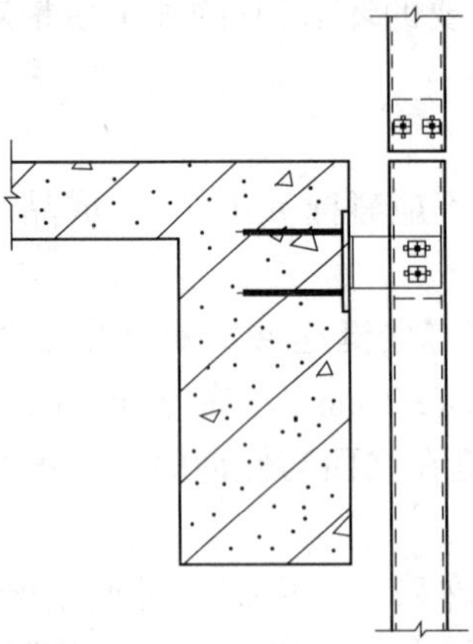

图 4-58 标准立柱安装示意(一)

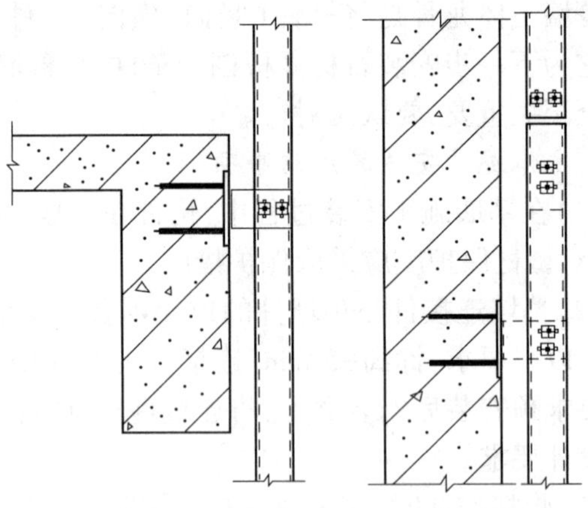

(a) (b)

图 4-59 标准立柱安装示意(二)

当采用幕墙金属主立柱跨层通长安装时,往往会出现金属主立柱龙骨的接头位置不与主体连接固定的转接构件重叠,如图 4-59(b)所示,此时应注意金属主立柱与主体建筑结构的转接固定点位置和金属主体立柱之间的预留伸缩缝位置应分别安装,建议伸缩缝的下端固定点采用螺栓固定,当安装条件不完全具备时也可以采用伸缩缝下固定焊接的方式。

常规条件下,一般石材幕墙的主立柱是闭口金属材料,此时伸缩预留缝隙的连接固定芯套安装在闭口型材腔体内侧,按照要求一般采用螺栓组件安装固定,在定位调节后将固定螺栓组件拧紧达到一定的牢固程度满足刚性连接固定的要求,如图 4-60 所示。

如图 4-61 所示,当金属构件不能满足采用螺栓组件进行固定安装时,可以在实施安装主立柱龙骨安装伸缩芯套时采用直接焊接的方式,需要注意的是,金属芯套构件的下端与主立柱闭口腔体的内侧焊接,焊接后将焊接所产生的药渣清理干净并做好防腐处理。金属芯套构件的上端插入上一支主立柱的腔体内,以满足直线伸缩位移的需要,按照规范、工艺要求采用螺栓组件连接固定,如果因某种材料不能够满足安装螺栓组件固定,也可以检查、检测只满足在垂直直线方向会伸缩位移,在其他方向不会产生位移的变化,此时芯套的上端可以不采用螺栓组件固定。

在实际施工过程中,经常会遇到生产的伸缩芯套金属构件规格偏差较大,不能够满足施工安装需要,但是施工工期、进度计划又没有可以调整等待的时间。当遇到这类问题的时候,建议用石材幕墙的横向龙骨(一般是角钢比较多,材料的壁厚、材质也满足规范要求)代替金属芯套构件临时使用,将石材幕墙用角钢横向龙骨切割至满足规范要求的长度(一般是 $L=400$ mm),在主立柱腔体内如图 4-62 所示,采用前后对角焊接的方式固定伸缩缝的下端口,焊接后注意按照规范要求作好防腐处理,角钢的上端口直接插入主立柱闭合腔体

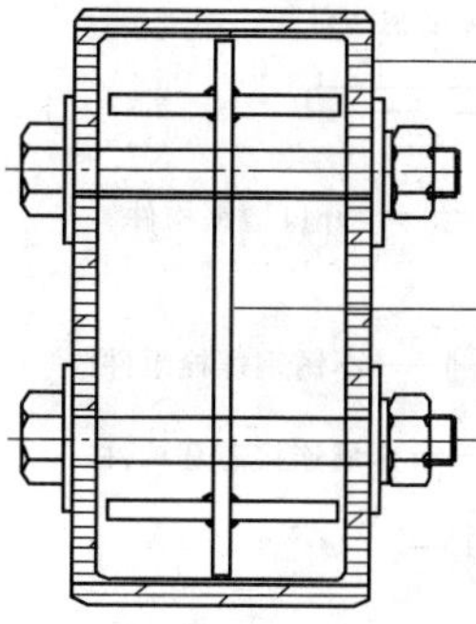

图 4-60　标准立柱伸缩芯套安装示意

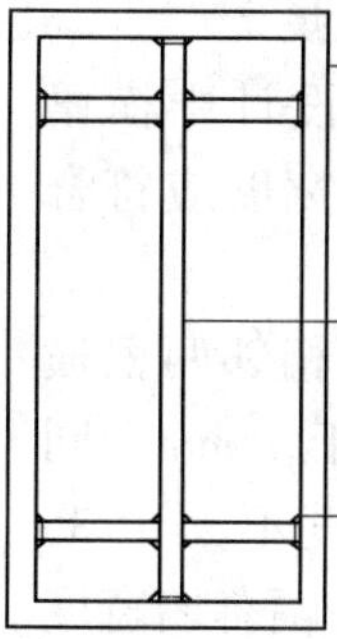

图 4-61　立柱伸缩芯套与立柱腔体焊接安装示意

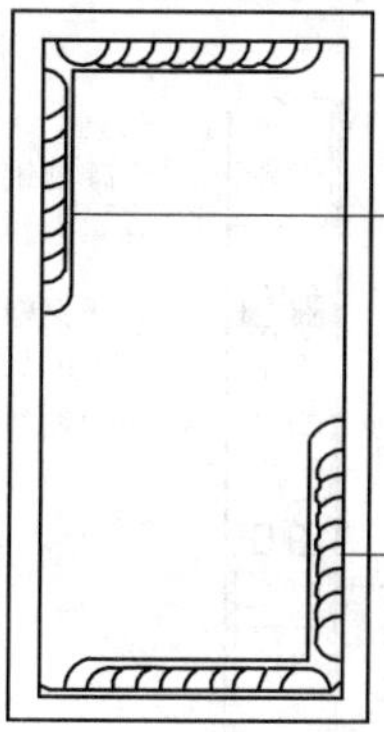

图 4-62　角钢代替伸缩芯套与立柱腔体焊接安装示意

内侧。

需要注意的是，这种方式只允许部分面积的石材幕墙安装结构龙骨使用，不提倡整个项目的石材幕墙龙骨安装都采用这种方式。

当石材幕墙的主立柱龙骨采用开口型材料时（如开口槽钢），为了控制主立柱安装后的扭曲变形问题，参照规范要求，一般是在转接固定安装位置点处生成闭合腔体，这种方式比较容易安装固定转接金属构件以及伸缩芯套金属构件，如图 4-63、图 4-64 所示。

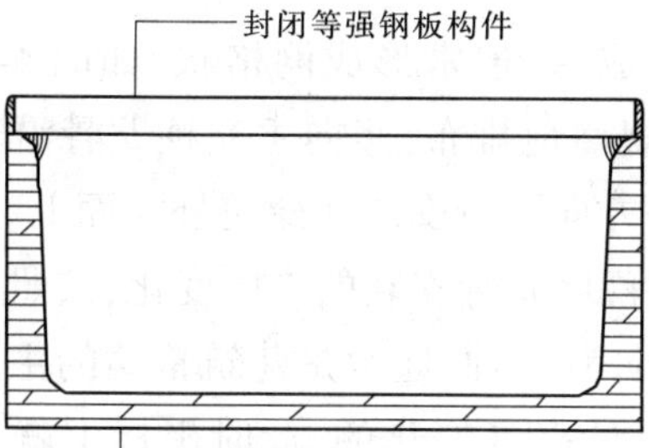

图 4-63　开口型立柱转换成闭口型立柱示意

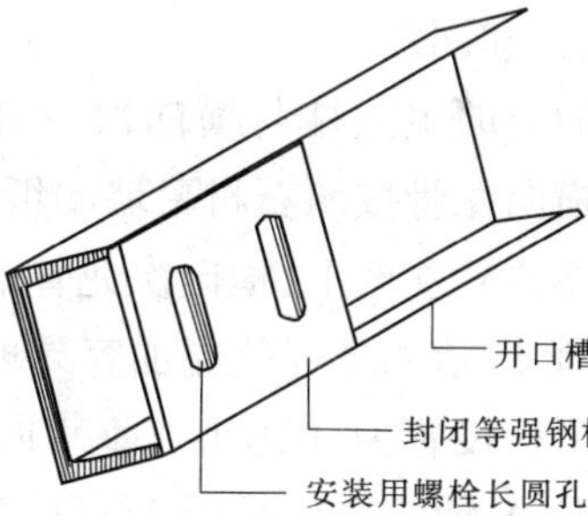

图 4-64　开口型立柱转换成闭口型立柱三维示意

无论是闭口型幕墙主立柱还是开口型幕墙主立柱，按照标准，每层单独设置安装主立柱时，都可以参照图 4-65 的原理进行施工。

当使用开口型幕墙主立柱时，在每个需要转接特别是与主体结构通过埋件（后置埋件）之间的转接固定，都参照图 4-65 所示的原理施工。当采用的幕墙金属主立柱安装长度是金属构件的出厂原长度，也就是跨层安装时，幕墙主立柱垂直方向的沿直线伸缩转接构件的安装点位置往往不会与层间梁、柱的安装点位重叠，此时就可以根据幕墙主立柱是开口形式的特点进行连接固定，如图 4-66 所示，但是必须满足幕墙开口型主立柱的伸缩变形位移要求，同时必须满足幕墙在荷载作用下的强度要求。

3. 石材幕墙横梁的安装规定

(1)横梁应安装牢固,设计中横梁和立柱间留有空隙时,空隙宽度应符合设计要求。

(2)同一根横梁两端或相邻两根横梁的水平标高偏差不应大于 1 mm。同层标高偏差当一幅幕墙宽度不大于 35 mm 时,不应大于 5 mm;当一幅幕墙宽度大于 35 mm 时,不应大于 7 mm。

(3)当安装完成一层高度时,应及时进行检查、校正和固定。

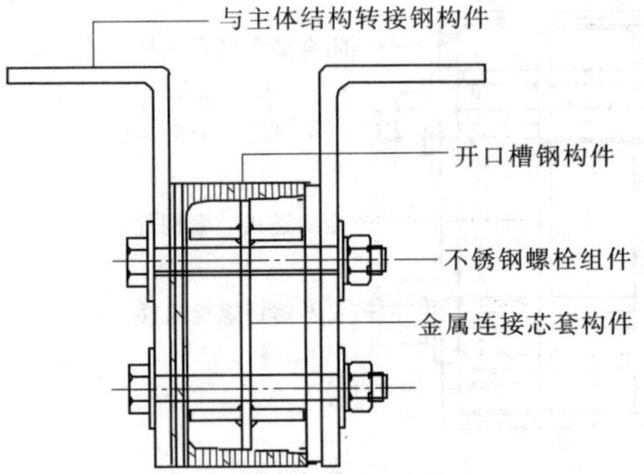

图 4-65 开口型立柱与主体结构、连接芯套安装示意

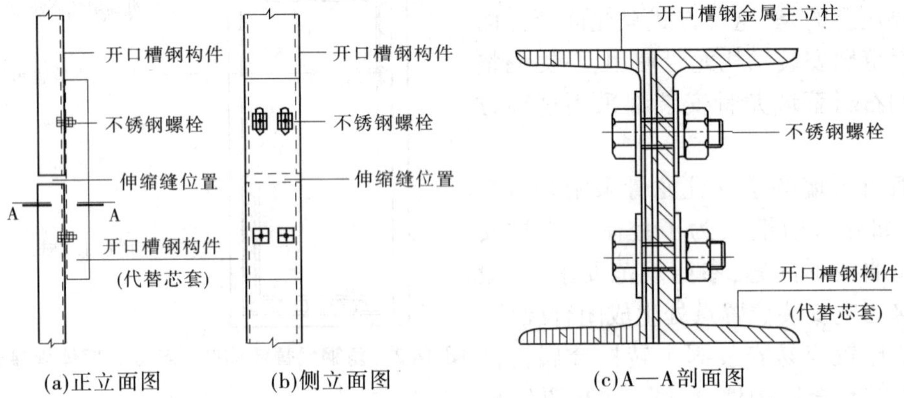

图 4-66 开口型立柱连接芯套安装示意

石材幕墙的竖向主立柱与横向次龙骨安装完成后,通常形成网格状,如图 4-67 所示。竖向主立柱与横向龙骨按照石材幕墙图纸要求有规律地排布,竖向主立柱龙骨沿着垂直方向平行安装在建筑外立面上,横向次龙骨沿着水平方向平行安装在建筑外立面上。

通过图 4-68 所示的坐标就更加容易理解石材幕墙龙骨安装的走向变化,按照人们的常规规律将起点坐标设置为(0,0,0),垂直向上的方向为 *Y* 轴,通常是建筑幕墙的主竖向立柱龙骨的安装方向,*Y* 轴的变化是沿着石材幕墙的设计高度变化的,此时坐标上就会反映出(*Z* 轴、*X* 轴坐标没有变化都是 0)只有 *Y* 轴的高度随着石材幕墙的设计安装高度在变化着,水平方向通常设置为 *X* 轴,所有的幕墙横向次龙骨都沿着 *X* 轴水平安装在竖向主立柱龙骨之间,此时我们将每一层横向次龙骨的起点都设置为坐标原点,从坐标轴上就会反映出沿着水平方向每一层横向次龙骨的安装,都会沿着一个规律(*Z* 轴、*Y* 轴坐标没有变化,都是 0),即只有 *X* 轴的水平长度会随着石材幕墙的设计跨度在不断变化着。

如图 4-69 所示,石材幕墙的横向次龙骨安装在竖向主立柱的内侧,横向次龙骨在安装时采用机械螺栓(螺丝)的连接固定方式,同时满足横向次龙骨的变形伸缩要求,一般是横向次龙骨的两端都采用机械连接的方式安装,也可以按照图 4-70 所示的方式安装,一端采用机械连接,另一端采用焊接安装的方式,但一定要在焊接固定后作好防腐处理。

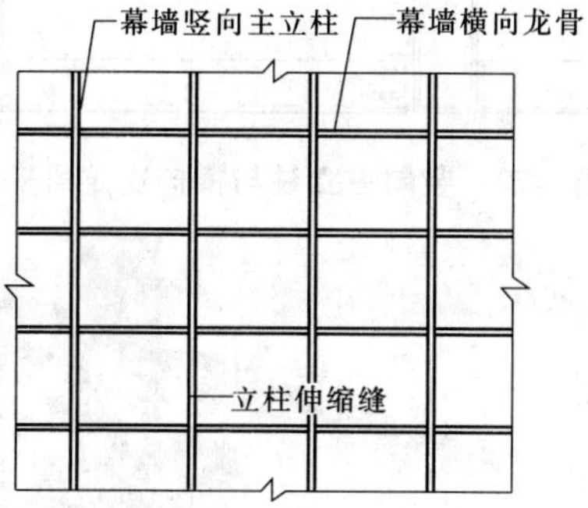

图 4-67　石材幕墙龙骨安装示意

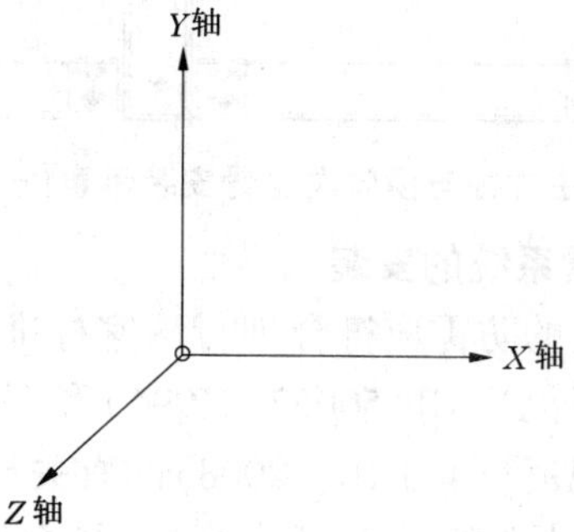

图 4-68　石材幕墙龙骨三维安装示意

图 4-71 为钢结构干挂示意图。图中形象地反映出了主龙骨与预埋件、主龙骨与次龙骨、次龙骨与挂件、挂件与石材之间的连接方法。

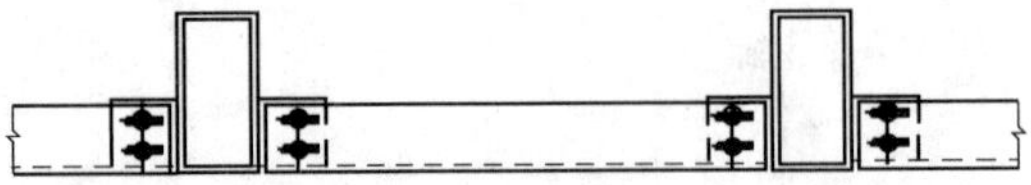

图 4-69　竖向主立柱与横向次龙骨安装示意(一)

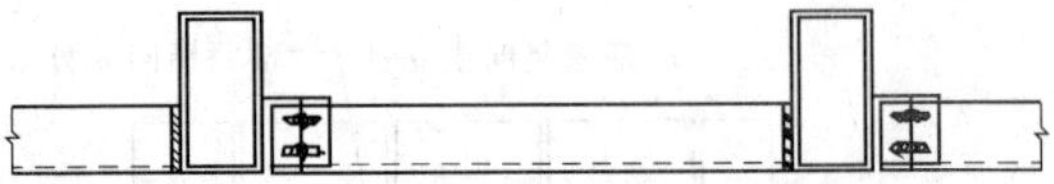

图 4-70　竖向主立柱与横向次龙骨安装示意(二)

(四)防雷系统的安装

建筑幕墙的防雷应符合现行国家标准《建筑物防雷设计规范》(GB 50057—1994)和《民用建筑电气设计规范》(JGJ 16—2008)的有关规定。

建筑幕墙的防雷安装还应当参照《金属与石材幕墙工程技术规范》(JGJ 133—2001)和《玻璃幕墙工程技术规范》(JGJ 102—2003)的有关规定。

图 4-71　钢结构干挂示意图

建筑幕墙是附属于建筑主体的围护结构,因此建筑幕墙的金属框架一般不单独设置防雷接地,而是直接利用主体建筑结构的防雷体系,按照设计要求,将建筑幕墙的防雷体系与建筑主体的防雷体系可靠连接,确保导电通畅。在施工安装中应严格注意以下几个方面:

(1)建筑幕墙一定要形成自身的防雷网,确保与主体防雷体系的连接,而且接地电阻不宜超过 10 Ω。

(2)严格按照现行国家标准《建筑物防雷设计规范》(GB 50057—1994)确定均压环安装的适当标高位置,以此位置为开始点每隔三层设置一圈闭合的均压环,同时满足沿建筑高度垂直方向的距离不应大于 12 m,沿建筑高度方向的垂直接地引下线(钢筋)必须采用焊接方式与建筑主体接地装置连通,确保与均压环所在位置的幕墙立柱连通,垂直接地引下线的间距应与建筑主体引下线(建筑屋顶女儿墙接闪器)位置相吻合。

(3)注意检查位于均压环位置的预埋件(后置埋件),保证其与主体结构的梁的纵向钢筋(主筋)有效连通。

(4)位于均压环位置的幕墙立柱必须与均压环连通,同时此位置的幕墙横梁与立柱有效连通。

(5)安装前注意将金属龙骨表面的氧化层、镀锌层清理干净再进行防雷体系的安装。

(6)防雷连接件应具有防锈功能,材料的最小截面应满足铜 16 mm^2、铝 32 mm^2、钢材 25 mm^2。

(7)不宜采用单股线绳作为防雷的接地连线。

(8)安装完毕后,必须检查所有的防火节点是否密封严密,如有遗漏必须立即修复。

(9)安装合格的防雷体系,必须自检形成记录,及时做好隐蔽验收。

建筑幕墙防雷施工立面示意(参见图 1-90),建筑物的顶部十字交叉线代表建筑电气专业工程师设置的防雷接闪器位置。在幕墙防雷系统实施安装时,一定不能够破坏或改变接闪器的位置,分别找出距离接闪器最近的一支幕墙竖向主立柱,将此立柱作为幕墙防雷系统垂直引下线的安装立柱。

如图 4-72 所示,垂直方向的防雷系统沿着幕墙的主竖向立柱安装。当采用柔性防雷连接导线时,导线跨越主竖向立柱的伸缩缝将上下两支立柱连接起来,导线的下端口利用固定立柱芯套的螺栓直接固定,在安装导线之前首先将立面表面的热浸锌层或氧化膜层清理干净,导线的上端采用机械螺丝将导线端口固定安装。

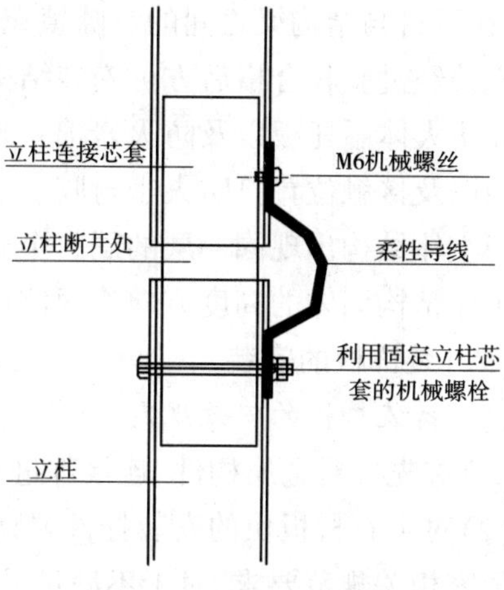

图 4-72　防雷导线安装示意

如图 4-73 所示,幕墙沿着水平方向的闭合均压环首先要与建筑主体的防雷导线相互连通,由于建筑物顶部的接闪器位置和建筑结构垂直导线所引出线的位置在同一个垂直线上,因此沿着建筑物外立面,只要有建筑结构防雷引出线,就在此位置将幕墙的均压环与幕墙的主立柱连通。按照规范,幕墙的横向次龙骨采用机械螺栓、螺钉安装,为了进一步保证幕墙结构体系的防雷安全系数,沿着闭合均压环的方向,靠近均压环的横向次龙骨与均压环应相互连通。

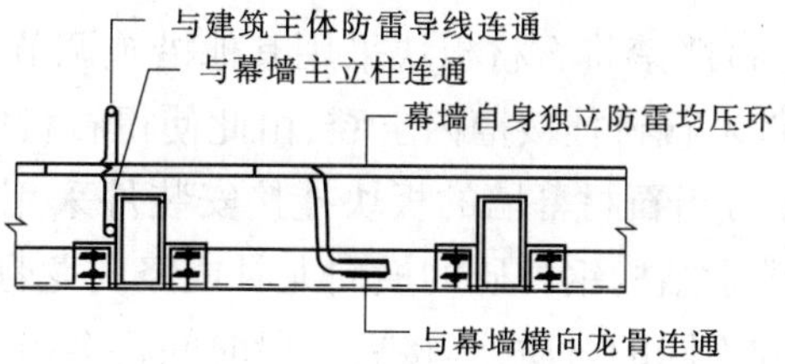

图 4-73　防雷导线安装示意

(五)防火系统的安装

石材是一种脆性材料,其抗火性能差,在高温情况下容易发生变形、炸裂破碎等状况,因此易造成板块的脱落,火焰会沿着破碎位置向上窜至上层墙面而进入室内。此外,如果防火层处理不到位,火焰所产生的烟雾会窜至上层,造成上层人员的窒息。

(1)幕墙的防火层托板必须使用经过防腐处理(镀锌)而且厚度不小于 1.5 mm 的耐热钢板,严禁使用铝质板材代替。

(2)耐热钢板安装必须有一定的搭接余量,所有的搭接位置必须采用防火密封胶封堵,防火密封胶要提供法定检测机构出具的防火检测合格报告。

(3)防火棉的安装要做到不松懈、不遗漏、不留缝隙,防火棉的铺设厚度应不小于 100 mm,严禁采用水泥砂浆等干硬性材料来代替防火棉。

(4)安装完毕后,必须检查所有的防火节点是否密封严密,如有遗漏必须立即修复。

(5)安装合格的防火体系,必须自检形成记录,及时做好隐蔽验收。

石材幕墙通常是安装在建筑实体结构位置,有时也会安装在结构洞口的位置,当遇到这种情况时,为了防止建筑物在突发火灾时危害到人员或财产的安全,通常在实施石材幕墙的施工安装时采取必要的防火安装措施。

由于石材幕墙与玻璃幕墙的装饰板材安装具有一定的特殊性,也就是石材板块在安装时通常与幕墙的主体结构龙骨之间预留出一定的安装调节缝隙,因此石材幕墙的防火材料安装必须在石材板块安装后才可以进行。

在主体结构水平梁的位置,沿着水平梁的长度方向安装防火板(按照规范采用厚度为 1.5 mm 的镀锌钢板),防火板与石材板块之间预留出一定的调节空间,在梁底部防火板安装后，在石材与结构梁之间的空隙填充防火岩棉，防火岩棉的厚度不宜小于 100 mm，防火岩棉填充并经过验收合格后方可安装结构梁顶部防火钢板。

在防火体系托板以及防火岩棉安装后，必须将防火托板与结构梁和石材板块之间的预留空间以及接触位置打防火密封胶。

当主体结构出现同一层的同一个开间或不同的开间之间结构墙体两侧都敞开时，必须沿着主体结构墙体的高度方向将两侧边共同封闭，两个侧边都必须填充防火岩棉。

（六）装饰板的安装

1. 石材装饰板的安装规定

（1）首先应对金属构件、连接件进行检查、测量、调整。

（2）对于石材板块的安装挂件要认真核对其质量是否符合设计要求，其生产质量是否符合国家相关规范要求，对于不满足或不合格的材料应重新生产或订货。

（3）对于短槽石材安装方式，首先必须在石材安装短槽内满涂石材干挂专用胶，在充分满涂后再进行石材安装定位，在定位、调节好以后再次涂抹石材干挂专用胶。

（4）严禁将石材板块采用其他措施调节、固定定位后再进行石材干挂专用胶的填充，这样会带来石材挂接槽内空腔，由此使得石材安装后存在安全脱落隐患。

（5）当石材幕墙的板块挂接安装件采用不锈钢材料时，严禁将不锈钢材质的挂接件直接与碳素结构钢材质的横向龙骨或竖向龙骨焊接固定，必须采用机械螺栓固定安装，因为这是两种不同的材质，焊接后一段时间将会出现焊缝开裂脱落，直接给石材幕墙带来严重的安全隐患。

（6）在石材板块安装时，石材板块的固定点下口应直接与连接固定的专用挂件体系接触，严禁石材的固定点下口与连接固定的专用挂件体之间预留一定的空隙，并在石材板块之间采用螺母、垫片或其他硬质材料来调节设计装饰缝隙，这样将会自上而下地使石材板块重力的一部分或者全部通过硬质垫材传递到底部石材，几乎没有将板块的重力通过幕墙龙骨传递给主体建筑结构，长此以往将会给石材板块带来受力挤压破碎的安全隐患。

（7）石材板块安装时，左右、上下的缝隙大小和高低偏差不应大于 1.5 mm。

（8）当石材幕墙是开缝系统施工时，应及时安装防水层材料，严格按照设计方案的要求有组织排水。

（9）石材面板安装质量应该符合表 4-10～表 4-14 的要求。

表 4-10　钢销式石材面板安装允许偏差

序号	项目	允许偏差（mm）	检查方法
1	托板标高	±1.0	水准仪
2	托板前后高差	≤0.5	水平尺
3	相邻两托板高低差	≤0.5	2 m 靠尺
4	钢销位置	±1.0	钢尺

表 4-11　通槽（通长勾）式石材面板安装允许偏差

序号	项目	允许偏差(mm)	检查方法
1	勾长(两端比板宽小的尺寸)	≤1.0	钢尺
2	挂勾锚入深度	±1.0	钢尺

表 4-12　短槽式(通槽短勾式)石板面板安装允许偏差

序号	项目		允许偏差(mm)	检查方法
1	挂勾中心线与弧形短槽中心偏差		≤2.0	钢尺
2	挂勾锚入深度允许偏差		±1.0	钢尺
3	同一行石材上端水平偏差	相邻两板块	≤1.0	2 m 靠尺
		长度≤35 m	≤2.0	
		长度>35 m	≤3.0	
4	同一列石材边部垂直偏差	相邻两板块	≤1.0	2 m 靠尺
		高度≤50 m	≤2.0	
		高度>50 m	≤3.0	
5	石材外表面平整度	相邻两块高低差	≤1.0	2 m 靠尺
		整幅幕墙	≤3.0	
6	相邻两石材缝宽(与设计值比)		±1.0	钢尺

表 4-13　背栓式石材面板安装允许偏差

序号	项目	允许偏差(mm)	检查方法
1	挂勾与挂件搭接量(不得小于 5 mm)	±1.0	钢尺
2	插件与插槽搭接量(不得小于 5 mm)	±1.0	钢尺

表 4-14　立柱、横梁安装允许偏差

项目		允许偏差(mm)	检查方法
石材幕墙立柱、横梁允许偏差	宽度高度不大于 30 m	≤10	经纬仪
	宽度高度大于 30 m,不大于 60 m	≤15	
	宽度高度大于 60 m,不大于 90 m	≤20	
	宽度高度大于 90 m	≤25	

2. 石材干挂施工工艺

1) 结构检查

在花岗石干挂前，应根据图纸要求，同时应与土建方、监理方取得联系，对基础进行检查，确定基础在允许偏差范围内，方可施工。根据土建方提供的测量基准点构成的线控制网示意图，以基准点坐标为基准，利用激光经纬仪、铅垂仪垂直测量，并传递至各楼层，在各层楼面重新测设井字形线控制网，将其平移至外梁上。作竖向测点联结，即可建立垂直基准线并由此构成立面控制网，将其平移至立面梁柱，确定各楼层的固定件位置并做好标记，各层立面以此标记为准，采用钢丝线确定立面位置，各楼层的立柱以此立面位置为准进行安装。

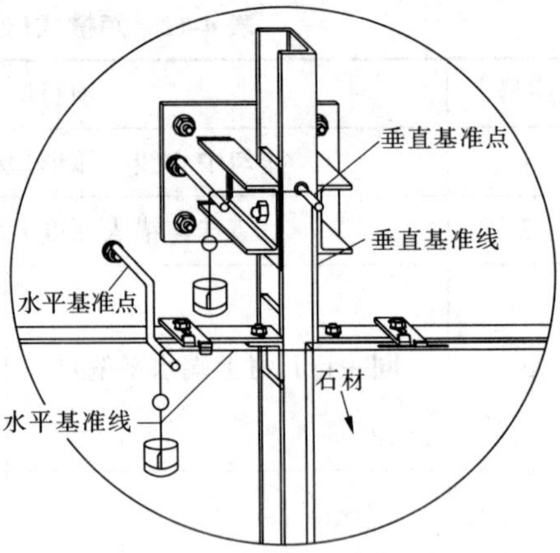

图 4-74　基准线的建立方法

2) 建立基准线

(1) 建立基准点的方法上面已经介绍得很清楚了。

(2) 按照基准点用细钢丝建立水平、垂直基准线。图 4-74 为基准线的建立方法。

3) 排布钢结构龙骨

(1) 按照图纸清理预埋件，如果没有预埋件就要按照图纸要求打膨胀螺栓孔，把合连接钢板。

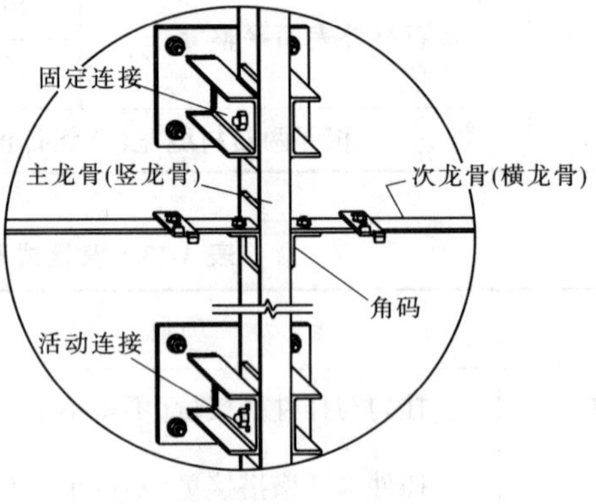

图 4-75　安装钢龙骨

(2) 安装连接件、主龙骨。按图 4-75 所示方法安装钢龙骨。注意主龙骨的安装有固定连接点(不能相对移动的连接点)和活动连接点(考虑热胀冷缩的原因把连接点设计为可以相对移动的连接)的区分。在连接构件安装后复测定位偏差的基础上，进一步根据幕墙基准面调整安装桁架或柱及柱梁体系柱，使其精确就位，分段控制，以免误差积累。

桁架或柱为竖向构件，是幕墙安装施工的关键之一，其安装精度和质量直接影响幕墙的安装质量。应将安装允许偏差控制在 2 mm 以内。特别是建筑平面呈弧形、椭圆形或四边封闭形的幕墙，其平面内、外偏差会影响到幕墙周长。安装质量要求：标高±3 mm；前后±2 mm；左右±3 mm。

横梁或柱梁体系皆由于横向距离较大而要设置横梁来支撑玻璃，横梁是受力构件。横梁与桁架或柱一般采用焊接连接。要求测量就位，分段控制，最后满焊。

(3) 按照石材的每层水平高度，用螺栓把合安装次龙骨，按照每块石材板最少安装 2 个挂件(一般情况下长度小于 1 200 mm 的板材考虑两个挂件，挂件设置在石材左右两边缘 100~150 mm 处)，在次龙骨上钻孔。

4) 开干挂槽

在石材上、下口左右两边缘 100~150 mm 处用手提切机开槽或者在工厂里开槽。

5）设置横竖基准线、干挂石材

安装前检查花岗石板材的编号与图纸编号是否吻合。检查板材质量，如遇到加工几何尺寸超差、板面有缺陷，如缺边、缺角、严重色胆、严重色线、严重色差的板材，一律不得安装，应及时与工厂取得联系，协商解决办法。

6）石材挂法工艺

图 4-76 为石材干挂图。

（1）用挂件挂在石材上下开好的槽中，把合在钢龙骨上。

（2）按照横竖基准线进行找正，找正好以后，拆下石材。

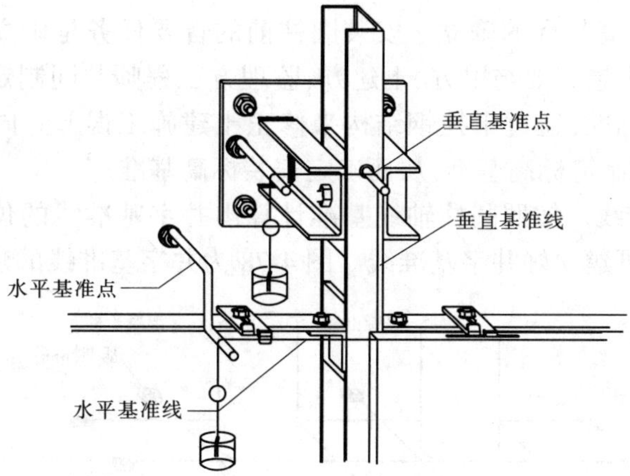

图 4-76　石材干挂图

（3）在上下端面的槽中和挂件的挂接处涂抹干挂胶。板材安装过程中，按照“横平竖直”的要求，用垂线垂直调平，垂缝偏差值不能超过（或少于）1 mm/m。用钢丝线拉直，用插尺检查竖面，偏差值不能超过（或少于）1 mm/m，横缝用平水管调平，偏差值不能超过（或少于）1 mm/m。

（4）进行二次挂接，找正好以后，拧紧所有不锈钢螺栓，单块石材干挂完毕。

（5）依此类推就可以完成整个干挂过程。

7）圆柱干挂工艺

A. 混凝土圆柱上干挂石材圆柱

图 4-77 为混凝土圆柱干挂圆柱示意。

图 4-77　混凝土圆柱干挂圆柱示意

(1)轴线基准和标高基准的确立。安装圆柱前的首要任务是确立轴线基准，否则圆柱安装的移位后果不堪设想。要与甲方、土建方、监理方工程师共同制定基准，从而确定轴线基准。以轴线基准为标准，通过干挂钢结构来修正土建施工误差。同时要通过甲方、土建方、监理方工程师共同制定标高基准，从而确定安装标高基准。

(2)建立井字基准线。按照圆柱轴线基准计算出井字基准线的位置，建立等高标高基准块，连接基准线，便可建立好井字基准线。图 4-78 为井字基准线的建立方法示意。

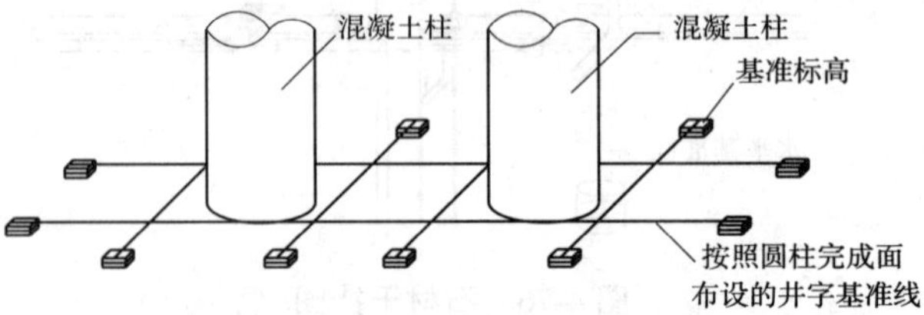

图 4-78　井字基准线的建立方法

(3)制作并安装环形角钢抱箍。图 4-79 所示为环形抱箍的制作方法。将角钢按照混凝土圆柱的周长下料，角钢每间隔 50~100 mm 距离，切割一个缺口，将有缺口的角钢按照混凝土圆柱的形状弯曲加工成环形抱箍。用膨胀螺丝将其安装在混凝土圆柱上，补焊各个缺口，环形抱箍便加工安装完毕。

(4)圆弧板安装。图 4-80 所示为圆弧板的安装方法。利用井字基准线找正圆弧板边沿，利用线锤找正圆弧板垂直度。安装方法与平板安装基本相同。

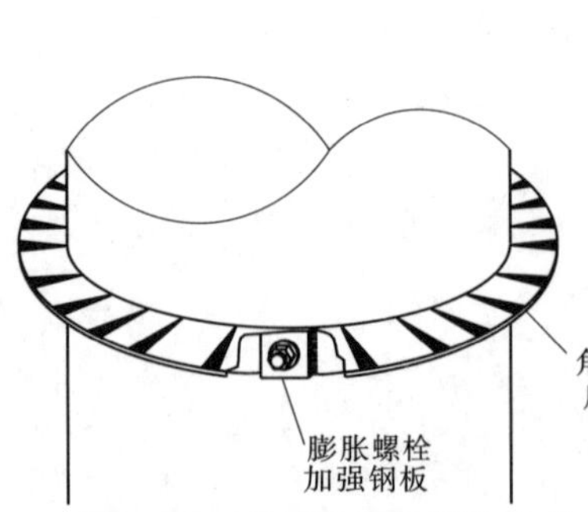

图 4-79　环形抱箍的制作方法

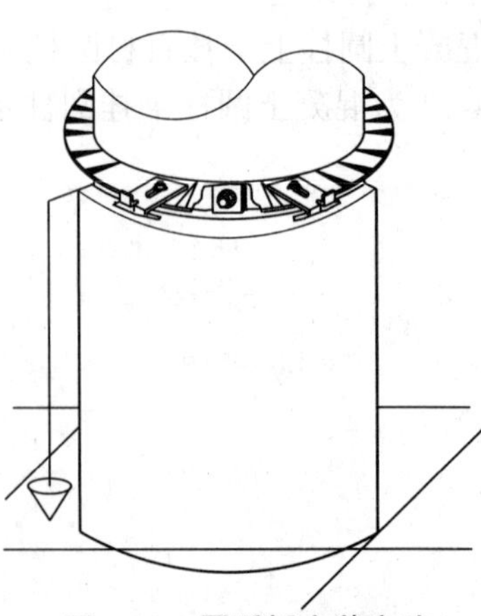

图 4-80　圆弧板安装方法

B. 在混凝土方柱上干挂石材圆柱

图 4-81 为混凝土方柱上干挂圆弧板示意。

(1)轴线基准和标高基准的确立。安装圆柱前的首要任务是确立轴线基准,否则圆柱安装移位的后果不堪设想。要找到甲方、土建方、监理方工程师共同制定基准,从而确定轴线基准。以轴线基准为标准,通过干挂钢结构来修正土建施工误差。通过甲方、土建方、监理方工程师共同制定标高基准,从而确定安装标高基准。

(2)建立井字基准线。图 4-82 所示为井字基准线的建立方法。按照圆柱轴线基准计算出井字基准线的位置,建立等高标高基准块,连接基准线,便可建立好井字基准线。

图 4-81　混凝土方柱上干挂圆弧板示意

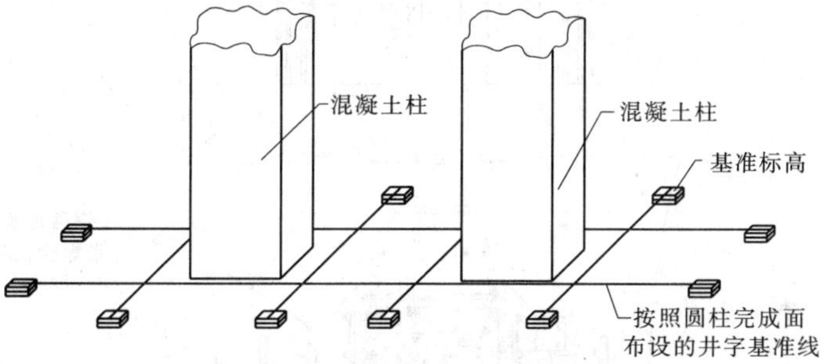

图 4-82　井字基准线的建立方法

(3)制作钢结构并安装环形角钢抱箍。钢结构的基本结构与墙面基本相同,只是把横龙骨的连接改为抱箍。

(4)圆弧板安装。利用井字基准线找正圆弧板边沿,利用线锤找正圆弧板垂直度,开槽上挂件,开始安装。

(5)对于吸水性强的石材或者甲方有要求的,进行表面防水养护。

(6)圆弧板石材干挂的接缝分为密缝和预留缝两种。

8)罗马柱花冠柱头干挂工艺

在石材工程现场,安装罗马柱花冠的方法五花八门,究竟用什么方法安装最好,目前还没有一个定论。

图 4-83 所示为通常采用的罗马柱冠的安装方法。

预埋钢板上焊接角码,角码上钻孔连接膨胀螺栓,这样角码的承载能力远远大于不锈钢挂件,同时膨胀螺栓又限制了罗马柱花冠的移动自由度。

在罗马柱花冠上部接缝处开槽钻孔,利用 U 形螺纹钢加干挂胶连接,这样有效地吞吐

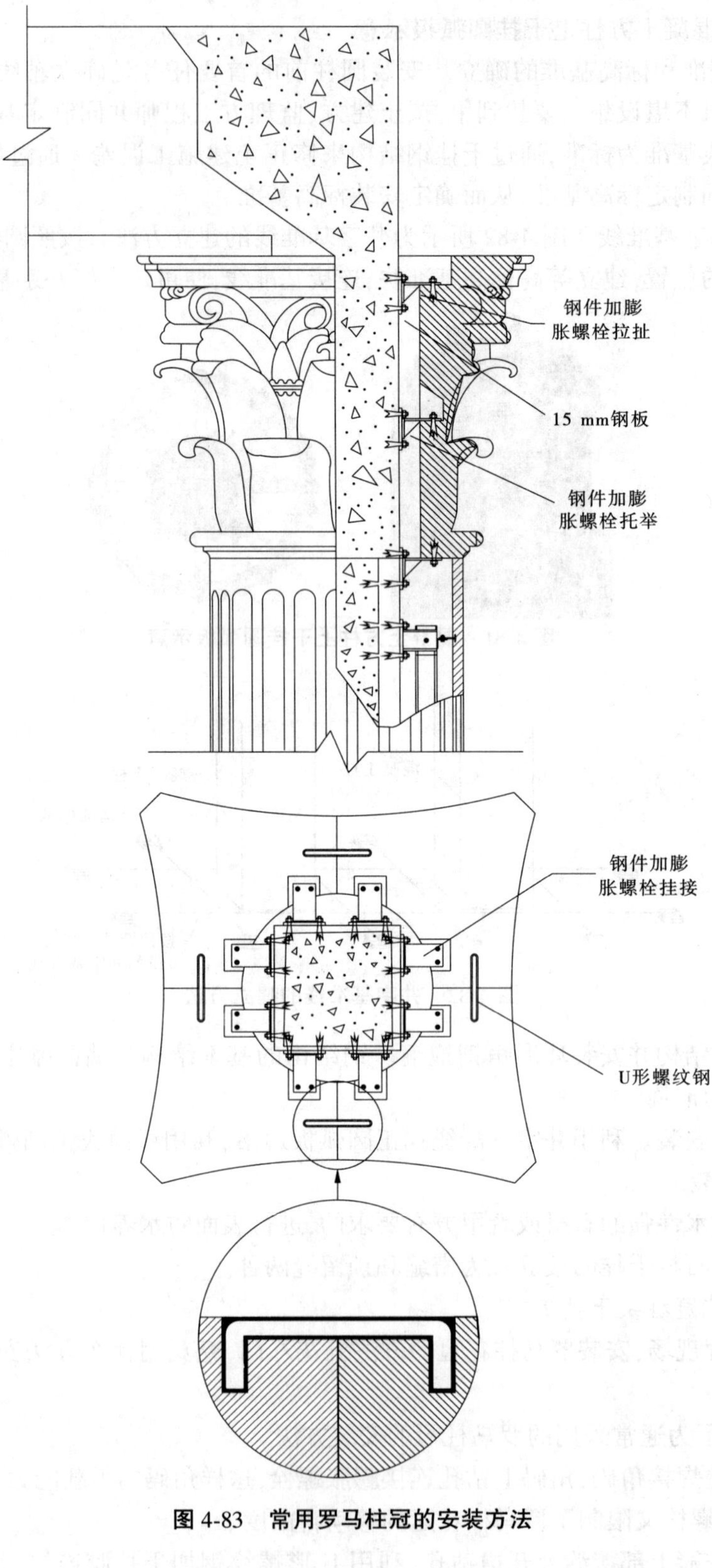

图 4-83　常用罗马柱冠的安装方法

掉了罗马柱花冠的倾覆力矩,使得整个罗马柱花冠的重心转移到混凝土柱的中心点。安装顺序应为先安装罗马柱花冠,再安装罗马柱身圆弧板。

3. 石材干挂胶使用的注意事项

(1)对金属干挂件要进行除油、除尘,必要时对不光滑的表面进行打磨等处理;

(2)对于生锈的干挂件必须进行打磨处理;

(3)彻底吹净石材槽口内的粉尘、灰层,保持槽口干燥;

(4)按照石材干挂胶的使用说明,现场按照比例配备,搅拌均匀满足使用要求即可;

(5)对于黏附在石材外表面的干挂胶,在石材调整、固定后,要及时清理干净,最好是在20 min 以内清理掉;

(6)干挂胶的搅拌操作温度不应低于 0 ℃,当低于该温度时要采取必要的保温措施;

(7)操作人员要佩戴好劳动保护用品,避免给操作人员带来对皮肤、眼睛的刺激;

(8)石材板块在挂接安装后短时间内(夏季 12 h 以内,冬季 24 h 以内)不宜扰动。

4. 石材密封胶的施工要求

密封材料是指能承受接缝位移以达到气密、水密目的而嵌入建筑接缝中的定形和非定形的材料。

建筑幕墙用密封胶密封的成功完全依赖于严格正确地按照密封胶的施工程序进行施工。施工不仅需要正确熟练的操作技巧,而且必须认真负责、有耐心,从而避免发生缺陷。大量事实表明,接缝施工缺陷和密封施工不慎是造成渗透的重要原因,况且查找漏源、恢复密封十分困难,既费时、费工,又增加不必要的费用。

无论是对结构密封胶还是对耐候密封胶,制定严格的施工程序都是非常必要的。通用的施工程序如下。

1)技术准备

(1)编制施工进度计划。根据施工进度总计划的要求和规定的施工期限以及与其他工序相互协调配合的关系,确定本工序的施工方法和所需施工人员的数量,编制本工序施工进度计划。

(2)对黏结基层的检查与清理。检查黏结基层的表面情况、干燥程度以及接缝的尺寸是否与图纸相符,是否符合施工要求。对于不符合要求的基层要进行处理。

2)辅助材料准备

不定型密封材料施工中所用的辅助材料有背衬材料、隔离条、防污条等。

(1)施工前的检查。确认施工条件、接缝的尺寸、是否有缺陷等。

(2)被粘基材的清洁、干燥。确认被粘基材表面是否干燥,为防止黏结失败,对表面的油渍、污垢等必须用布加溶剂擦拭法进行清洁。通常使用的溶剂为甲苯、二甲苯、丁酮,如须溶解涂面则使用正己烷。

(3)施打密封胶。先将石材之间的缝隙用聚氨酯填充材料填充密实、平整,深度控制在4 mm 左右,缝隙填满密封胶,在修整接缝前借助外力将密封胶向接缝内压实,将需要修整的接头切割出适当的新黏结口,确保密封胶与被黏结面的充分接触。

(4)修饰。施打密封胶完成后应立即修整接缝,修整时须使修整压力均匀沿一个方向一次完成;然后迅速除去防污条,防止防污条被粘于密封胶或基材之上。

(5)密封胶的养护。对于耐候密封胶应避开施工现场灰尘较大的交叉施工时期；对于结构密封胶的养护，尤其对单组分结构密封胶应有一定保证环境温度、湿度的场所，在冬季较为寒冷地区尤为重要。

石材幕墙其他主要附材的安装应符合下列规定：

(1)防火、保温材料应铺设平整且可靠固定，拼接处不应留缝隙；

(2)冷凝聚水排出管及其附件应与水平构件预留孔连接严密，与内衬板出水孔连接处应密封；

(3)其他通气槽孔及雨水排出口等应按设计要求施工，不得遗漏；

(4)封口应按设计要求进行封闭处理；

(5)建筑幕墙安装用的临时螺栓等，应在构件紧固后及时拆除；

(6)采用现场焊接或高强螺栓紧固的构件，应在紧固后及时进行防锈处理。

七、施工安全规定

(1)建筑幕墙安装施工应符合现行行业标准《建筑施工高处作业安全技术规范》(JGJ 80—2016)、《建筑机械使用安全技术规程》(JGJ 33—2012)、《建筑与市政工程施工现场临时用电安全技术标准》(JGJ/T 46—2024)的有关规定。

(2)安装好的施工机具在使用前应进行严格检查。电动工具应进行绝缘电压试验；手持玻璃吸盘及玻璃吸盘机应进行吸附重量和吸附持续时间试验。

(3)采用外脚手架施工时，脚手架应经过设计，并应与主体结构可靠连接。采用落地式钢管脚手架时，应双排布置。

(4)施工操作人员必须佩戴安全带、安全帽，穿防滑鞋，必要时配备操作工具袋。

(5)坚持每天对施工操作人员进行班前安全教育，做到操作人员时刻牢记安全第一，没有安全就没有一切。

(6)在操作过程中发现不安全的构件坚决不能安装，且及时退货或采取其他调整措施进行补救。

(7)当高层建筑的建筑幕墙安装与主体结构施工交叉作业时，在主体结构的施工层下方应设置防护网；在距离地面约 3 m 高度处，应设置挑出宽度不小于 6 m 的水平防护网。

(8)采用吊篮施工时，应符合下列要求：

①吊篮应进行设计，使用前应进行安全检查；

②吊篮不应作为竖向运输工具，且不得超载；

③不应在空中进行吊篮检修；

④吊篮上的施工人员必须配系安全带。

(9)现场焊接作业时，应采取防火措施。

(10)施工安全应该做到以下步骤：

以建筑安装工程安全技术规程和施工现场安全生产十项措施等各项安全管理规章制度为准绳，实施安全生产管理。杜绝“三违”现象，做到谁负责生产谁负责安全。安全生产是关系到工程能否顺利进行的关键，是保障劳动者生命安全的大事，直接涉及广大职工切身利益，因此在工程施工中应认真贯彻“安全第一，预防为主”的方针。

①成立以项目经理为组长,项目副经理、专职安全员为副组长,各专业班组长为组员的巡回安全生产小组,并制定安全管理的奖罚条例。

②建立完善的安全生产管理体系。

③建立每周一班前一小时的安全活动制度,各班级设一位兼职安全员,配合班组长进行活动,使安全生产意识深入人心,每周活动要记录,定期或不定期地进行安全生产监督检查。

④建立完善的安全奖惩制度和各级安全生产责任制,从项目部经理部逐级签字书面安全责任书,使每个人都对安全生产负责,并把安全生产同经济利益挂钩。

⑤建立项目特殊工种台账,设专人负责安全资料收集管理工作。

⑥现场布置大幅安全标语,凡"四口、临边、机械"等关键部位设立安全标志牌,经常开展安全宣传教育工作。

⑦新工人进场应做好三级安全教育,坚持特殊工种持证上岗制度,坚持事故的"三不放过"原则。

⑧脚手架、井架作业时,头戴安全帽,脚穿软底鞋,系好安全带,不得站在钢管或毛竹上作业,应配备站立板。

⑨工具、材料要放好,不得在高处将物件碰落,防止伤人。高空作业时,下方要设人看护和围护,防止行人误入。工作时需要一步一清,自下而上进行。

⑩保持通道畅通,以满足紧急情况时的需要。

⑪洞临边必须设置醒目的安全警告牌,并按国家标准进行安全防护。

⑫施工现场用电及电线架设、电箱设置等均执行国家标准。

八、幕墙保护及清洗

(一)保护和清洗总体要求

幕墙的保护是幕墙施工过程中十分值得注意,恰恰又是比较容易忽视的问题。对于幕墙施工的结构主材、板材、密封材料都应采取必要的保护措施,使其不会发生变形、变色、破碎等现象。

当幕墙施工进展到龙骨安装已基本完成,或装饰板块已经部分安装的时候,要开始派出专人对已经完成的施工部位采取保护措施,必要时派专人进行循环巡视,特殊情况下可以设置警示线,确保已经完成施工部位的材料不被破坏。

幕墙施工过程中所产生的黏附物,应采取措施及时清洗干净,避免时间相隔太久再进行清洗,否则会带来对装饰板材表面的破坏,因此在幕墙施工过程中应及时制定清洗方案。

在幕墙工程竣工验收前,应对整个工程从上至下进行一次彻底清洗,主要是清洗石材表面的污渍、返碱、水泥残渣、锈迹等。

根据幕墙施工后外表面的污染特点选择该工程所适用的清洗剂,严禁使用不合格的产品进行石材清洗。

(二)清洗材料

石材污渍清洗剂一般采用不含酸、碱的材料加溶剂制成,该材料容易被石材幕墙的板块所吸收,进而与石材中的硅酸盐类物质发生反应,使石材表面不被各种物质污染,达到保护材料、使其美观的作用。

石材表面在施工过程中受到污染的因素多种多样，根据常见的石材污染状况，石材清洗材料分为以下类型。

1. 污渍清洗材料

该材料主要是清除石材表面不易清洗的各种污染源所带来的顽固污渍，其具有以下特点：

(1)对被污染的石材表面污渍具有极强的溶解和清洁作用；

(2)对于因水泥返碱所带来的严重颜色变化，采用毛刷或纤维棉纱轻轻擦洗就可清洗干净；

(3)该材料不会因石材幕墙的表面装饰效果、凹凸不平等因素而影响清洗施工作业；

(4)该材料溶于水，在将石材表面顽固污渍清洗干净后，极其容易将该材料用水冲洗掉。

2. 除锈清洗材料

该材料主要是清除石材表面的金属污染锈斑，使其在清洗后变回原来的自然外观，其具有如下特点：

(1)该材料是一种无机酸物质，不含强酸；

(2)对于石材因金属锈斑污染所带来的颜色变化具有特殊功效；

(3)必须将出现锈斑变化的石材板块满涂该材料，同时保证石材板块的潮湿度，这样会加快颜色改变的速度，在适当的时候用水将该材料冲洗掉；

(4)当石材板块锈斑变化不是太满足要求时，可以重复上述操作步骤，直到满足要求为止。

九、石材幕墙工程验收

建筑石材幕墙在竣工验收前应将幕墙外表面的污渍、灰尘等擦拭干净，彻底清理干净打胶所粘贴的附材(专用美纹纸、胶带等)，彻底清理打胶所出现的翘边、凹凸等。

石材幕墙竣工验收依据《建筑装饰装修工程质量验收标准》(GB 50210—2018)和《金属与石材幕墙工程技术规范》(JGJ 133—2001)。

石材幕墙竣工验收适用“建筑高度不大于 100 m，抗震设防烈度不大于 8 度”的石材幕墙工程。

石材幕墙在进行竣工验收的时候，幕墙的施工安装已经全部完成，许多部位的施工做法、施工工艺已经被相关装饰材料所遮住，但是有可能这些关键点、关键部位对于幕墙的结构安全性、使用功能性等起着至关重要的作用，因此在进行竣工验收的时候，必须认真审查隐蔽工程验收记录，尤其是隐蔽工程中的材料使用、关键节点做法等。

当一个项目有 2 栋以上建筑幕墙时，根据幕墙属于外围护结构的特殊性，在竣工验收时，要求对每栋建筑幕墙单独检查验收。

建筑石材幕墙工程竣工验收时应提交以下资料：

(1)石材幕墙竣工图纸，幕墙系统结构计算书；

(2)施工过程中所发生的设计变更文件；

(3)石材幕墙结构材料、五金材料、特殊生产构件材料出厂合格证；

(4)装饰石材生产出厂合格证；

(5)对该项目所用石材弯曲强度、冻融性、污染性、放射性等复检报告；

(6)石材用结构胶、密封胶的常规试验合格报告、物理性能合格报告；

(7)后置锚栓现场拉拔力检测报告；

(8)施工安装自检记录；

(9)结构龙骨安装、防水安装、防火安装、保温安装、防雷接地系统安装等隐蔽工程验收记录。

建筑石材幕墙施工后的观感应符合以下规定：

(1)装饰石材板块的规格应符合设计图纸要求；

(2)装饰石材板块的颜色、样式应符合设计图纸要求；

(3)装饰石材板块之间的缝隙大小应符合设计图纸要求，允许偏差符合现行规范、行业标准的要求；

(4)当建筑石材幕墙面积较大时，会出现建筑沉降缝、伸缩缝等结构缝隙，其部位的处理应不影响外装饰效果，符合设计图纸要求；

(5)独立的石材板块不应出现凹坑、缺角、裂缝、色斑等缺陷，即使有也应在规范允许的范围内；

(6)石材板块缝隙注胶饱满、密实、连续、均匀、无气泡，宽度和厚度符合设计要求。

石材幕墙的施工安装质量验收标准与检验方法见表4-15～表4-23。

表4-15　层间石材板块的施工安装验收标准与检验方法

项目		允许偏差(mm)	检查方法
竖缝及墙面垂直度	幕墙层高≤3.0 m	≤2	经纬仪
	幕墙层高>3.0 m	≤3	
幕墙层高水平度		≤2	2 m靠尺、钢板尺
幕墙层高竖缝直线度		≤2	2 m靠尺、钢板尺
幕墙层高横缝直线度		≤2	2 m靠尺、钢板尺
板块之间接缝宽度		≤1	游标卡尺

表4-16　独立项目石材板块的施工安装验收标准与检验方法

项目		允许偏差(mm)		检查方法
		光面	毛面	
每平方米石材板块的安装质量	明显划伤和长度>100 mm的轻微划伤	不允许		观察
	长度≤100 mm的轻微划伤	允许8条		钢卷尺
	划伤、擦伤总面积	≤500 mm^2		钢卷尺
板块水平度		3		水平仪
板块垂直度		2		垂直检测尺
相邻板块角错位		1		钢卷尺

续表 4-16

项目	允许偏差(mm)		检查方法
	光面	毛面	
石材表面平整度	2	3	检测尺、塞尺
石材阳角方正	2	4	角度尺
接缝直线度	3	4	拉线用钢卷尺
接缝高低差	1	—	钢直尺、塞尺
接缝宽度差	1	2	钢直尺

表 4-17 石材幕墙工程质量验收的主控项目

项次	质量要求	检验方法
1	石材幕墙工程所用材料的品种、规格、性能和等级应符合设计要求及国家现行产品标准和技术规范的规定;石材的弯曲强度不应小于 8.0 MPa,吸水率应小于 0.8%;石材幕墙的铝合金挂件厚度不应小于 4.0 mm,不锈钢挂件厚度不应小于 3.0 mm	观察,尺量检查;检查产品合格证书、性能检测报告、材料进场验收记录和复验报告
2	石材幕墙的造型、立面分格、颜色、光泽、花纹和图案应符合设计要求	观察
3	石材孔、槽的数量、深度、位置、尺寸应符合设计要求	检查进场验收记录或施工记录
4	石材幕墙主体结构上的预埋件和后置埋件的数量、位置及后置埋件的拉拔力必须符合设计要求	检查拉拔力检测报告和隐蔽工程验收记录
5	石材幕墙的金属框架立柱与主体结构预埋件的连接、立柱与横梁的连接、连接件与金属框架的连接、连接件与石材板面的连接必须符合设计要求,安装必须牢固	手扳检查,检查隐蔽工程验收记录
6	金属框架及连接件的防腐处理应符合设计要求	检查隐蔽工程验收记录
7	金属框架的防雷装置必须与主体结构的防雷装置可靠连接	观察,检查隐蔽工程验收记录和施工记录
8	金属幕墙的防火、保温、防潮材料的设置应符合设计要求,填充密实、均匀、厚度一致	检查隐蔽工程验收记录
9	各种结构变形缝、墙角的连接节点应符合设计要求和技术标准的规定	检查隐蔽工程验收记录和施工记录
10	石材表面和板缝的处理应符合设计要求	观察
11	石材幕墙的板缝注胶应饱满、密实、连续、均匀、无气泡,宽度和厚度应符合设计要求和技术标准的规定	观察,尺量检查,检查施工记录
12	石材幕墙应无渗漏	在易渗漏部位进行淋水检查

表 4-18　石材幕墙工程质量验收的一般规定

项次	质量要求	检验方法
1	石材幕墙表面应平整、洁净，无污染、缺损和裂痕；颜色和花纹应协调一致，无明显色差，无明显修痕	观察
2	石材幕墙的压条应平直、洁净，接口严密，安装牢固	观察，手扳检查
3	石材接缝应横平竖直、宽窄均匀；阴阳角石板压向应正确，板材合缝应顺直；凹凸线出墙厚度应一致，上下口应平直；石材面板上洞口、槽边应套割吻合，边缘应整齐	观察
4	石材幕墙的密封胶缝应横平竖直、深浅一致、宽窄均匀、光滑顺直	观察
5	石材幕墙上的滴水线、流水坡向应正确、顺直	观察，用水平尺检查

表 4-19　每平方米石材的表面质量和检验方法

项次	项目	质量要求	检验方法
1	明显划伤和长度>100 mm 的轻微划伤	不允许	观察
2	长度≤100 mm 的轻微划伤	≤8 条	用钢尺检查
3	擦伤总面积	≤500 mm^2	用钢尺检查

表 4-20　石材幕墙安装的允许偏差和检验方法

项次	项目		允许偏差(mm)		检验方法
			光面	麻面	
1	幕墙垂直度	幕墙高度≤30 m	10		用经纬仪检查
		30 m<幕墙高度≤60 m	15		
		60 m<幕墙高度≤90 m	20		
		幕墙高度>90 m	25		
2	幕墙水平度		3		用水平仪检查
3	板材立面垂直度		3		用垂直检测尺检查
4	板材上沿水平度		2		用 1 m 水平尺和钢直尺检查
5	相邻板材板角错位		1		用钢直尺检查
6	幕墙表面平整度		2	3	用 2 m 靠尺和塞尺检查
7	阳角方正		2	4	用直角检测尺检查
8	接缝直线度		3	4	拉 5 m 线，不足 5 m 拉通线，用钢直尺检查
9	接缝高低差		1	—	用钢直尺和塞尺检查
10	接缝宽度		1	2	用钢直尺检查

表 4-21　竖向主要构件安装质量和检验方法

项目			允许偏差(mm)	检验方法
1	构件整体垂直度	幕墙高度≤30 m	≤10	用经纬仪检测垂直于地面的幕墙，垂直度应包括平面内、平面外
		30 m<幕墙高度≤60 m	≤15	
		60 m<幕墙高度≤90 m	≤20	
		幕墙高度>90 m	≤25	
2	竖向构件直线度		≤2.5	用 2 m 靠尺、塞尺检测
3	相邻两竖向构件标高偏差		≤3	用水平仪和钢直尺检测
4	同层构件标高偏差		≤5	用水平仪和钢直尺以构件顶端为测量面进行测量
5	相邻两竖向构件间距偏差		≤2	用钢卷尺在构件顶部测量
6	构件外表面平面度	相邻三构件	≤2	用钢直尺和尼龙线或激光全站仪测量
		幕墙宽度≤20 m	≤5	
		幕墙宽度≤40 m	≤7	
		幕墙宽度≤60 m	≤9	
		幕墙宽度>60 m	≤10	

表 4-22　横向主要构件安装质量和检验方法

项目			允许偏差(mm)	检验方法
1	单个横向构件水平度	构件长≤2 m	≤2	用水平尺测量
		构件长>2 m	≤3	
2	相邻两横向构件间距差	构件长≤2 m	≤1.5	用钢卷尺测量
		构件长>2 m	≤2	
3	相邻两横向构件端部标高差		≤1	用水平尺、钢直尺测量
4	横向构件高度差	间距≤35 m	≤5	用水平尺测量

表 4-23　石材的表面质量

项目	质量要求
0.1~0.3 mm 宽划伤	长度小于 100 mm，不多于 2 条
擦伤	不大于 500 mm^2

石材幕墙的保养与维护应注意以下几点：

(1)石材幕墙在竣工验收时，应向建设单位(建设单位委托的物业管理单位)提供建筑石材幕墙的日常保养及维护说明书,定期对幕墙进行保养及维护。

(2)幕墙的保养应根据项目的幕墙面积、建筑所在地点环境的污染程度,确定幕墙的清洗次数和周期,但对一个项目而言应至少每年清洗一次。

(3)石材幕墙在正常使用的保养和维护的同时,还应每隔 2 年进行一次全面检查。幕墙的检查应注意以下几点:①当连接件、紧固安装件发现松动、锈蚀时,要及时进行拧紧、除锈补漆,严重者要及时进行更换;②当发现石材板块松动、破损时,要及时进行修补或根据严重程度落实更换;③当发现密封胶开裂、脱落等现象时,要及时进行修复;④当遇到不可抗力所带来的自然灾害时,在灾害过后应对幕墙进行彻底大检查,对发生的变化及时处理。

(4)在石材幕墙的日常保养和维护中,应达到以下安全要求:①不得在风力大于 4 级以及大雨天气下进行幕墙的保养和维护作业;②保养和维护所使用的机械设备,应通过专业人员检查运行良好后方可使用,做到安装牢固、安全可靠、操作方便;③当使用机械设备高处作业时,操作人员应具备特种作业上岗证;④高处作业人员必须遵守现行行业标准《建筑施工高处作业安全技术规范》(JGJ 80—2016)的有关规定。

十、石材幕墙工程计算实例

(一)计算依据及说明

1. 工程概况说明

工程名称:[北京×××工程]

工程所在城市:北京

工程所属建筑物地区类别:C 类

工程所在地区抗震设防烈度:Ⅷ度

工程基本风压:0.45 kN/m^2

工程强度校核处标高:97 m

2. 设计依据

《建筑结构荷载规范》(GB 50009—2012)

《建筑幕墙》(GB/T 21086—2007)

《不锈钢棒》(GB 1220—2007)

《混凝土用机械锚栓》(JG 160—2017)

《铝合金结构设计规范》(GB 50429—2007)

《建筑抗震设计标准(2024 年版)》(GB 50011—2010)

《建筑结构可靠度设计统一标准》(GB 50068—2018)

《钢结构设计标准(附条文说明[另册])》(GB 50017—2017)

《金属与石材幕墙工程技术规范(附条文说明)》(JGJ 133—2001)

《建筑制图标准》(GB/T 50104—2010)

《铝合金建筑型材 第 1 部分:基材》(GB/T 5237.1—2017)

《铝合金建筑型材 第 2 部分:阳极氧化、着色型材》(GB/T 5237.2—2017)

《铝合金建筑型材 第 3 部分:电泳涂漆型材》(GB/T 5237.3—2017)

《铝合金建筑型材 第 4 部分:粉末喷涂型材》(GB/T 5237.4—2017)

《铝合金建筑型材 第 5 部分:氟碳漆喷涂型材》(GB/T 5237.5—2017)

《铝合金建筑型材 第6部分:隔热型材》(GB/T 5237.6—2017)
《建筑幕墙层间变形性能分级及检测方法》(GB/T 18250—2015)
《建筑幕墙抗震性能振动台试验方法》(GB/T 18575—2017)
《紧固件机械性能 螺栓、螺钉和螺柱》(GB 3098.1—2010)
《紧固件机械性能 螺母》(GB 3098.2—2015)
《紧固件机械性能 自攻螺钉》(GB 3098.5—2016)
《紧固件机械性能 不锈钢螺栓、螺钉和螺柱》(GB 3098.6—2023)
《紧固件机械性能 不锈钢螺母》(GB 3098.15—2023)
《螺纹紧固件应力截面积和承载面积》(GB/T 16823.1—1997)
《焊接结构用耐候钢》(GB/T 4171—2008)
《一般工业用铝及铝合金板、带材 第1部分:一般要求》(GB/T 38801—2023)
《混凝土接缝用建筑密封胶》(JC/T 881—2017)
《石材用建筑密封胶》(GB/T 23261—2009)
《天然花岗石建筑板材》(GB/T 18601—2009)
《混凝土结构后锚固技术规程》(JGJ 145—2013)
《不锈钢和耐热钢 牌号及化学成分》(GB/T 20878—2007)
《建筑物防雷装置检测技术规范》(GB/T 21431—2023)
《混凝土结构加固设计规范》(GB 50367—2013)
《小单元建筑幕墙》(JG/T 216—2024)
《冷弯型钢通用技术要求》(GB/T 6725—2017)
《热轧型钢》(GB/T 706—2016)

3. 基本计算公式

1)场地类别划分

根据地面粗糙度,场地可划分为以下类别:

A类指近海海面、海岛、海岸、湖岸及沙漠地区;

B类指田野、乡村、丛林、丘陵以及房屋比较稀疏的乡镇和城市郊区;

C类指有密集建筑群的城市市区;

D类指有密集建筑群且房屋较高的城市市区。

本工程按C类地区计算风压。

2)风荷载计算

幕墙属于薄壁外围护构件,根据《建筑结构荷载规范》(GB 50009—2012),采用风荷载计算公式

$$W_k = \beta_{gz}\mu_z\mu_{s1}W_0$$

式中 W_k——作用在幕墙上的风荷载标准值,kN/m^2;

β_{gz}——瞬时风压的阵风系数,按《建筑结构荷载规范》(GB 50009—2001)(2006年版)取定,根据不同场地类型,按公式$\beta_{gz}=K(1+2\mu_f)$计算,其中K为地区粗糙度调整系数,μ_f为脉动系数,A类场地$\beta_{gz}=0.92\times(1+2\mu_f)$,其中$\mu_f=0.387\times\left(\frac{z}{10}\right)^{-0.12}$,B类场地$\beta_{gz}=0.89\times(1+2\mu_f)$,其中$\mu_f=0.5\times\left(\frac{z}{10}\right)^{-0.16}$,C类场地$\beta_{gz}$

$=0.85\times(1+2\mu_f)$，其中 $\mu_f=0.734\times\left(\frac{z}{10}\right)^{-0.22}$，D 类场地 $\beta_{gz}=0.80\times(1+2\mu_f)$，其中 $\mu_f=1.2248\times\left(\frac{z}{10}\right)^{-0.3}$；

μ_z——风压高度变化系数，按《建筑结构荷载规范》(GB 50009—2001)取定，根据不同场地类型，按以下公式计算，A 类场地 $\mu_z=1.379\times\left(\frac{z}{10}\right)^{0.24}$，B 类场地 $\mu_z=\left(\frac{z}{10}\right)^{0.32}$，C 类场地 $\mu_z=0.616\times\left(\frac{z}{10}\right)^{0.44}$，D 类场地 $\mu_z=0.318\times\left(\frac{z}{10}\right)^{0.60}$，本工程属于 C 类场地；

μ_{sl}——风荷载体型系数，按《建筑结构荷载规范》(GB 50009—2001)(2006 年版)取定；

W_0——基本风压，按全国基本风压图，北京地区取 0.45 kN/m^2。

3)地震作用计算

$$q_{EAk}=\beta_E\alpha_{max}G_{Ak}$$

式中 q_{EAk}——水平地震作用标准值；

β_E——动力放大系数，按 5.0 取定；

α_{max}——水平地震影响系数最大值，按相应设防烈度取定，Ⅵ度 $\alpha_{max}=0.04$，Ⅶ度 $\alpha_{max}=0.08$，Ⅷ度 $\alpha_{max}=0.16$，Ⅸ度 $\alpha_{max}=0.32$，北京地区设防烈度为Ⅷ度，根据本地区的情况，故取 $\alpha_{max}=0.16$；

G_{Ak}——幕墙构件的自重，N/m^2。

4)荷载组合

结构设计时，根据构件受力特点、荷载或作用的情况和产生的应力(内力)作用方向，选用最不利的组合，荷载和效应组合设计值按下式采用

$$\gamma_{GSG}+\gamma_w\psi_wS_w+\gamma_E\psi_ES_E+\gamma_T\psi_{TST}$$

各项分别为永久荷载：重力；可变荷载：风荷载、温度变化；偶然荷载：地震。

水平荷载标准值：$q_k=W_k+0.5\times q_{EAk}$，围护结构荷载标准值不考虑地震组合。

水平荷载设计值：$q=1.4\times W_k+0.5\times1.3\times q_{EAk}$。

荷载和作用效应组合的分项系数，按以下规定采用：

(1)对永久荷载采用标准值作为代表值，其分项系数满足：

①当其效应对结构不利时：对由可变荷载效应控制的组合取 1.2，对由永久荷载效应控制的组合取 1.35。

②当其效应对结构有利时：一般情况取 1.0；对结构倾覆、滑移或是漂浮验算，取 0.9。

(2)可变荷载根据设计要求选代表值，其分项系数一般情况取 1.4。

(二)荷载计算

1. 风荷载标准值计算

W_k：作用在幕墙上的风荷载标准值(kN/m^2)；

z：计算高度 97 m；

μ_z:97 m 高处风压高度变化系数(按 C 类区计算)

$$\mu_z = 0.616 \times \left(\frac{z}{10}\right)^{0.44} = 1.674\ 02$$

μ_f:脉动系数

$$\mu_f = 0.734 \times \left(\frac{z}{10}\right)^{-0.22} = 0.445\ 287$$

β_{gz}:阵风系数

$$\beta_{gz} = 0.85 \times (1 + 2\mu_f) = 1.606\ 99$$

μ_{spl}:局部正风压体型系数;

μ_{snl}:局部负风压体型系数,通过计算确定;

μ_{sz}:建筑物表面正压区体型系数,按照 GB 50009—2001 取 0.8;

μ_{sf}:建筑物表面负压区体型系数,按照 GB 50009—2001 取-1,对于封闭式建筑物,考虑内表面压力,按照 GB 50009—2001 体型系数可取-0.2 或 0.2;

A_b:面板构件从属面积,取 1.26 m^2;

A_v:立柱构件从属面积,取 3.96 m^2;

A_h:横梁构件从属面积,取 1 m^2;

μ_{sl}:围护构件从属面积不大于 1 m^2 的局部体型系数

$$\mu_{slz} = \mu_{sz} + 0.2 = 1$$

$$\mu_{slf} = \mu_{sf} - 0.2 = -1.2$$

围护构件从属面积大于或等于 10 m^2 的体型系数计算

$$\mu_{sl0z} = \mu_{sz} \times 0.8 + 0.2 = 0.84$$

$$\mu_{sl0f} = \mu_{sf} \times 0.8 - 0.2 = -1$$

按照规范,取面板面积对数线性插值计算得到

$$\begin{aligned}\mu_{saz} &= \mu_{sz} + (\mu_{sz} \times 0.8 - \mu_{sz}) \times \lg A_b + 0.2 \\ &= 0.8 + (0.64 - 0.8) \times 0.100\ 371 + 0.2 \\ &= 0.983\ 941\end{aligned}$$

$$\begin{aligned}\mu_{saf} &= \mu_{sf} + (\mu_{sf} \times 0.8 - \mu_{sf}) \times \lg A_b - 0.2 \\ &= -1 + [(-0.8) - (-1)] \times 0.100\ 371 - 0.2 \\ &= -1.179\ 93\end{aligned}$$

同样,取立柱面积对数线性插值计算得到

$$\begin{aligned}\mu_{savz} &= \mu_{sz} + (\mu_{sz} \times 0.8 - \mu_{sz}) \times \lg A_v + 0.2 \\ &= 0.8 + (0.64 - 0.8) \times 0.597\ 695 + 0.2 \\ &= 0.904\ 369\end{aligned}$$

$$\begin{aligned}\mu_{savf} &= \mu_{sf} + (\mu_{sf} \times 0.8 - \mu_{sf}) \times \lg A_v - 0.2 \\ &= -1 + [(-0.8) - (-1)] \times 0.597\ 695 - 0.2 \\ &= -1.080\ 46\end{aligned}$$

按照以上计算得到:

对于面板有

$$\mu_{spl} = 0.983\ 941 \qquad \mu_{snl} = -1.179\ 93$$

对于立柱有

$$\mu_{svpl} = 0.904\ 369 \qquad \mu_{svnl} = -1.080\ 46$$

对于横梁有

$$\mu_{shpl} = 1 \qquad \mu_{shnl} = -1.2$$

面板正风压风荷载标准值计算如下

$$\begin{aligned} W_{kp} &= \beta_{gz} \times \mu_z \times \mu_{spl} \times W_0 \\ &= 1.606\ 99 \times 1.674\ 02 \times 0.983\ 941 \times 0.45 \\ &= 1.191\ 12(\mathrm{kN/m^2}) \end{aligned}$$

$$W_0 < 1.191\ 12\ \mathrm{kN/m^2}, \text{取 } W_{kp} = 1.191\ 12\ \mathrm{kN/m^2}$$

面板负风压风荷载标准值计算如下

$$\begin{aligned} W_{kn} &= \beta_{gz} \times \mu_z \times \mu_{snl} \times W_0 \\ &= 1.606\ 99 \times 1.674\ 02 \times (-1.179\ 93) \times 0.45 \\ &= -1.428\ 37(\mathrm{kN/m^2}) \end{aligned}$$

同样,立柱正风压风荷载标准值计算如下

$$\begin{aligned} W_{kvp} &= \beta_{gz} \times \mu_z \times \mu_{svpl} \times W_0 \\ &= 1.606\ 99 \times 1.674\ 02 \times 0.904\ 369 \times 0.45 \\ &= 1.094\ 79(\mathrm{kN/m^2}) \end{aligned}$$

立柱负风压风荷载标准值计算如下

$$\begin{aligned} W_{kvn} &= \beta_{gz} \times \mu_z \times \mu_{svnl} \times W_0 \\ &= -1.307\ 96(\mathrm{kN/m^2}) \end{aligned}$$

同样,横梁正风压风荷载标准值计算如下

$$\begin{aligned} W_{khp} &= \beta_{gz} \times \mu_z \times \mu_{shpl} \times W_0 \\ &= 1.210\ 56(\mathrm{kN/m^2}) \end{aligned}$$

横梁负风压风荷载标准值计算如下

$$\begin{aligned} W_{khn} &= \beta_{gz} \times \mu_z \times \mu_{shnl} \times W_0 \\ &= -1.452\ 67(\mathrm{kN/m^2}) \end{aligned}$$

2. 风荷载设计值计算

W:风荷载设计值,$\mathrm{kN/m^2}$;

γ_w:风荷载作用效应的分项系数,取 1.4;

按《玻璃幕墙工程技术规范》(JGJ 102—2003)第 5.1.6 条规定采用;

面板风荷载作用计算

$$W_p = \gamma_w \times W_{kp} = 1.4 \times 1.191\ 12 = 1.667\ 57(\mathrm{kN/m^2})$$

$$W_n = \gamma_w \times W_{kn} = 1.4 \times (-1.428\ 37) = -1.999\ 72(\mathrm{kN/m^2})$$

立柱风荷载作用计算

$$W_{vp} = \gamma_w \times W_{kvp} = 1.4 \times 1.094\ 79 = 1.532\ 71(\mathrm{kN/m^2})$$

$$W_{vn} = \gamma_w \times W_{kvn} = 1.4 \times (-1.307\ 96) = -1.831\ 14(\mathrm{kN/m^2})$$

横梁风荷载作用计算

$$W_{hp}=\gamma_w\times W_{khp}=1.4\times 1.210\ 56=1.694\ 78(\text{kN/m}^2)$$

$$W_{hn}=\gamma_w\times W_{khn}=1.4\times(-1.452\ 67)=-2.033\ 74(\text{kN/m}^2)$$

3. 水平地震作用计算

G_{Ak}:面板和构件平均每平方米重量,取 0.5 kN/m²;

α_{max}:水平地震影响系数最大值,取 0.16;

q_{Ek}:分布水平地震作用标准值,kN/m²

$$q_{Ek}=\beta_E\times\alpha_{max}\times G_{Ak}$$
$$=5\times 0.16\times 0.5=0.4(\text{kN/m}^2)$$

γ_E:地震作用分项系数取 1.3;

q_{EA}:分布水平地震作用设计值,kN/m²

$$q_{EA}=\gamma_E\times q_{Ek}=1.3\times 0.4=0.52(\text{kN/m}^2)$$

4. 荷载组合计算

幕墙承受的荷载作用组合计算,按照规范,考虑正风压、地震荷载组合

$$S_{zkp}=W_{kp}=1.191\ 12\ \text{kN/m}^2$$

$$S_{zp}=W_{kp}\times\gamma_w+q_{Ek}\times\gamma_E\times\psi_E=1.191\ 12\times 1.4+0.4\times 1.3\times 0.5=1.927\ 57(\text{kN/m}^2)$$

考虑负风压、地震荷载组合

$$S_{zkn}=W_{kn}=-1.428\ 37\ \text{kN/m}^2$$

$$S_{zn}=W_{kn}\times\gamma_w-q_{Ek}\times\gamma_E\times\psi_E$$
$$=-1.428\ 37\times 1.4-0.4\times 1.3\times 0.5=-2.259\ 72(\text{kN/m}^2)$$

综合以上计算,取绝对值最大的荷载进行强度演算:采用面板荷载组合标准值为 1.428 37 kN/m²,面板荷载组合设计值为 2.259 72 kN/m²,立柱荷载组合标准值为 1.307 96 kN/m²,横梁荷载组合标准值为 1.452 67 kN/m²。

(三)水密性计算

根据《建筑幕墙》(GB/T 21086—2007)第 5.1.2.1 条要求,水密性能指标应按照下述方法确定。对于ⅢA 和ⅣA 地区,即热带风暴和台风多发地区,水密性能指标 P 按照下面公式计算

$$P=1\ 000\times\mu_z\times\mu_c\times W_0$$

其中:计算高度 97 m。

97 m 高度处风压高度变化系数(按 C 类区计算)μ_z 为

$$\mu_z=0.616\times\left(\frac{z}{10}\right)^{0.44}=1.674\ 02$$

风力系数 μ_c 可取 1.2。

北京地区基本风压 W_0 取 0.45 kN/m²,北京地区所属气候区域为ⅡA 类气候,所以有

$$P=1\ 000\times\mu_z\times\mu_c\times W_0=1\ 000\times 1.674\ 02\times 1.2\times 0.45=903.97(\text{Pa})$$

由于该地区所属气候区域为ⅡA 类气候,根据 GB/T 20186—2007 第 5.1.2.1(b)条规定,实际水密性能按照上式的 75%进行设计,即

$$P\times 0.75=677.978(\text{Pa})$$

(四)石材计算

1. 石材面板荷载计算

B:该处石板幕墙分格宽,0.9 m;

H:该处石板幕墙分格高,1.4 m;

该处石板板块面积 A 为

$$A = B \times H = 0.9 \times 1.4 = 1.26(\mathrm{m}^2)$$

石板的体积密度,28 kN/m^3;

t:石板板块厚度,30 mm;

G_{Ak}:石板板块平均自重

$$G_{Ak} = 28 \times t/1\,000 = 28 \times 30/1\,000 = 0.84(\mathrm{kN/m^2})$$

实际板块以及框架重量取为 0.5 kN/m^2;

水平荷载设计值:$S_z = 2.259\,71$ kN/m^2;

水平荷载标准值:$S_{zk} = 1.428\,37$ kN/m^2。

2. *石材面板强度计算*

选定面板材料为:花岗石-MU150;

校核依据:$\sigma \leqslant 4.7$ N/mm^2。

H:石板高度,1.4 m;

B:石板宽度,0.9 m;

a_0:短边计算长度,0.7 m;

b_0:长边计算长度,1.4 m;

t:石材厚度,30 mm;

m:四点支撑板弯矩系数,按短边与长边的边长比($a_0/b_0 = 0.5$),查表得 m 为 0.130 3;

S_z:风荷载标准值取 2.259 71 kN/m^2。

按四点支撑板计算,应力设计值为

$$\sigma = \frac{6 \times m \times S_z \times b_0^2 \times 10^3}{t^2}$$

$$= \frac{6 \times 0.130\,3 \times 2.259\,71 \times 1.4^2 \times 10^3}{30^2} = 3.847\,35(\mathrm{N/mm^2}) \leqslant 4.7\ \mathrm{N/mm^2}$$,强度满足要求。

3. *石材剪应力计算*

校核依据:$\tau \leqslant 2.3$ N/mm^2。

S_z:组合荷载设计值,2.259 71 kN/m^2;

a:石板短边长度,0.9 m;

b:石板长边长度,1.4 m;

n:连接边上的挂件数量,2;

β:应力调整系数,取值 1.25;

t:石板厚度,30 mm;

c:槽口宽度,7 mm;

s:单个槽底总长度,100 mm;

τ:挂件在石板中产生的剪应力

$$\tau = \frac{S_z \times a \times b \times \beta}{n \times (t - c) \times s}$$

$$= \frac{2.25971 \times 0.9 \times 1.4 \times 1.25}{2 \times (30 - 7) \times 100} \times 10^3$$

$= 0.773705(\mathrm{N/mm^2}) \leqslant 2.3\ \mathrm{N/mm^2}$,石材剪应力满足要求。

4. 石材挂件剪应力计算

校核依据:$\tau_p \leqslant 55\ \mathrm{N/mm^2}$。

挂件材料为铝-6063-T5。

S_z:组合荷载设计值,2.259 71 $\mathrm{kN/m^2}$;

a:石板短边长度,0.9 m;

b:石板长边长度,1.4 m;

n:连接边上的挂件数量,取 2;

β:应力调整系数,取值 1.25;

A_p:挂件截面面积,19.6 $\mathrm{mm^2}$;

τ_p:挂件承受的剪应力

$$\tau_p = \frac{S_z \times a \times b \times \beta}{2 \times n \times A_p}$$

$$= \frac{2.25971 \times 0.9 \times 1.4 \times 1.25}{2 \times 2 \times 19.6} \times 10^3 = 45.396(\mathrm{N/mm^2})$$

$$\leqslant 55\ \mathrm{N/mm^2}$$

石材挂件剪应力满足要求。

(五)立柱计算

1. 立柱荷载计算

1)风荷载线分布最大荷载集度设计值(矩形分布)

q_w:风荷载线分布最大荷载集度设计值,kN/m;

r_w:风荷载作用效应的分项系数,取值 1.4;

W_k:风荷载标准值,1.307 96 $\mathrm{kN/m^2}$;

B_l:幕墙左分格宽,1.2 m;

B_r:幕墙右分格宽,1.2 m。

$$q_{wk} = W_k \times \frac{B_l + B_r}{2} = 1.30796 \times \frac{1.2 + 1.2}{2} = 1.56955(\mathrm{kN/m})$$

$$q_w = 1.4 \times q_{wk} = 1.4 \times 1.56955 = 2.19737(\mathrm{kN/m})$$

2)分布水平地震作用设计值

G_{Akl}:立柱左边幕墙构件(包括面板和框)的平均自重,1.98 $\mathrm{kN/m^2}$;

G_{Akr}:立柱右边幕墙构件(包括面板和框)的平均自重,1.98 $\mathrm{kN/m^2}$。

$$q_{EAkl} = 5 \times \alpha_{max} \times G_{Akl}$$

$$= 5 \times 0.16 \times 1.98 = 1.584(\mathrm{kN/m^2})$$

$$q_{EAkr} = 5 \times \alpha_{max} \times G_{Akr}$$

$$= 5 \times 0.16 \times 1.98 = 1.584(\mathrm{kN/m^2})$$

$$q_{ek} = \frac{q_{EAkl} \times B_l + q_{EAkr} \times B_r}{2} = \frac{1.584 \times 1.2 + 1.584 \times 1.2}{2} = 1.9008(\mathrm{kN/m})$$

$$q_e = 1.3 \times q_{ek} = 1.3 \times 1.900\ 8 = 2.471\ 04(\mathrm{kN/m})$$

3）立柱荷载组合

立柱所受组合荷载标准值为

$$q_k = q_{wk} = 1.569\ 55\ \mathrm{kN/m}$$

立柱所受组合荷载设计值为

$$q = q_w + \psi_E \times q_e = 2.197\ 37 + 0.5 \times 2.471\ 04 = 3.432\ 89(\mathrm{kN/m})$$

立柱计算简图如图 4-84 所示，受力简图如图 4-85 所示。

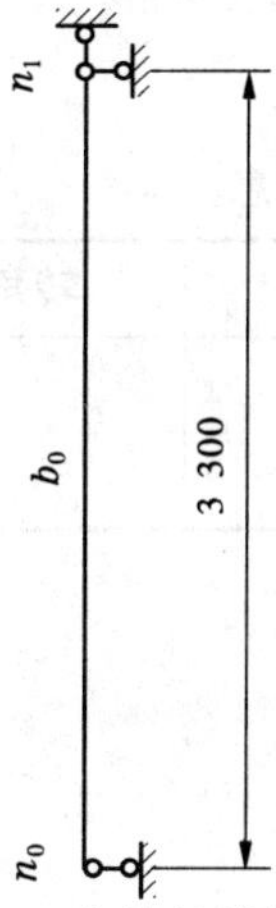

图 4-84　立柱计算简图

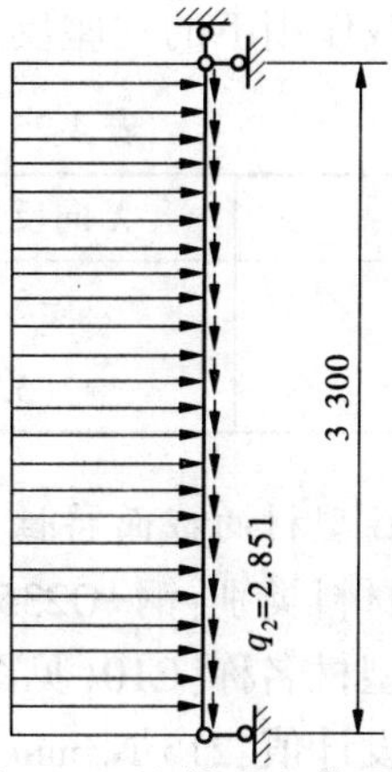

图 4-85　立柱受力简图

4）立柱弯矩

通过有限元分析计算得到立柱的弯矩图如图 4-86 所示，轴力图如图 4-87 所示。

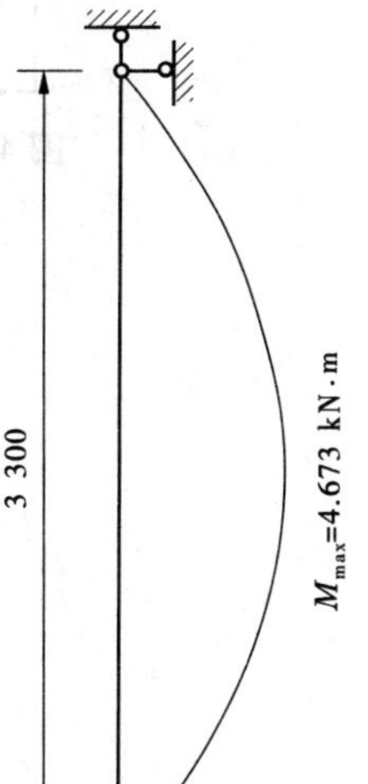

图 4-86　立柱的弯矩图

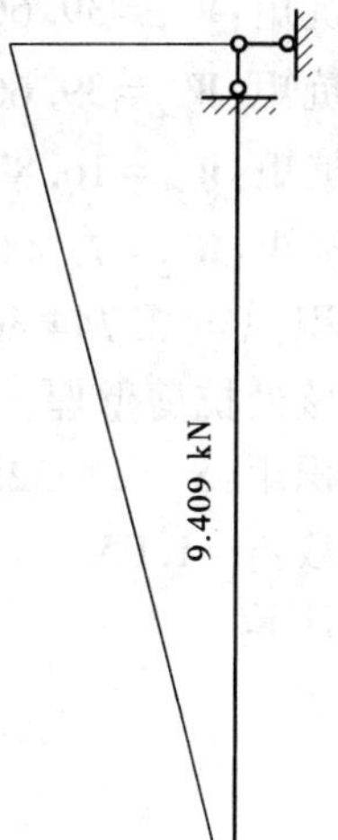

图 4-87　立柱的轴力图

立柱弯矩分布见表 4-24。

表 4-24　立柱弯矩分布

项目	1	2	3	4	5	6	7	8	9	10
偏移(m)	0	0. 371	0. 743	1. 114	1. 485	1. 815	2. 186	2. 557	2. 929	3. 300
弯矩(kN · m)	0	1. 866	3. 259	4. 179	4. 626	4. 626	4. 179	3. 259	1. 866	0

最大弯矩发生在 1. 65 m 处。

M:幕墙立柱在风荷载和地震作用下产生弯矩为 4. 673 03 kN · m。

立柱在荷载作用下的支座反力信息见表 4-25。

表 4-25　立柱在荷载作用下的支座反力信息

支座编号	X 向反力(kN)	Y 向反力(kN)	转角反力(kN · m)
n_0	-5. 664	—	—
n_1	-5. 664	-9. 409	—

2. 选用立柱型材的截面特性

选定立柱材料类别:钢-Q235;

选用立柱型材名称:C10(见图 4-88);

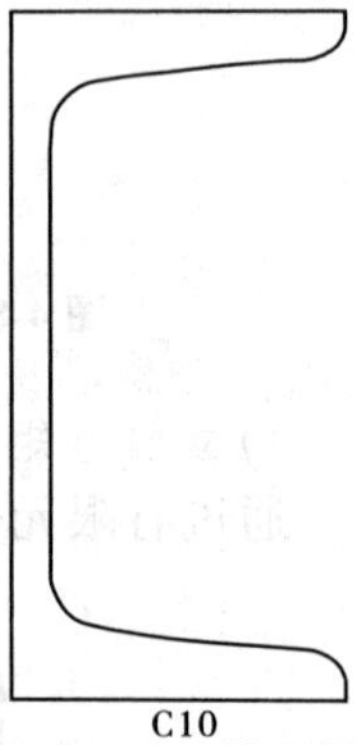

图 4-88　立柱型材

型材强度设计值:215 N/mm^2;

型材弹性模量:E=206 000 N/mm^2;

X 轴惯性矩:I_x=198. 334 cm^4;

Y 轴惯性矩:I_y=25. 605 3 cm^4;

X 轴上部抵抗矩:W_{x1}=39. 666 7 cm^3;

X 轴下部抵抗矩:W_{x2}=39. 666 7 cm^3;

Y 轴左部抵抗矩:W_{y1}=16. 871 5 cm^3;

Y 轴右部抵抗矩:W_{y2}=7. 800 97 cm^3;

型材截面面积:A=12. 744 cm^2;

型材计算校核处抗剪壁厚:t=8. 5 mm;

型材截面面积矩:S_s=23. 528 cm^3;

塑性发展系数:γ=1. 05。

3. 立柱强度计算

校核依据

$$\frac{N}{A}+\frac{M}{\gamma \times w} \leqslant f_a$$

B_l:幕墙左分格宽,1. 2 m;

B_r:幕墙右分格宽,1. 2 m;

H_v:立柱长度;

G_{Akl}:幕墙左分格自重,1. 98 kN/m^2;

G_{AKr}:幕墙右分格自重 1. 98 kN/m^2;

幕墙自重线荷载

$$G_k = \frac{G_{Akl} \times B_l + G_{Akr} \times B_r}{2} = \frac{1.98 \times 1.2 + 1.98 \times 1.2}{2} = 2.376(\text{kN/m})$$

r_G:结构自重分项系数,取值 1.2;

G:幕墙自重线荷载设计值,2.851 2 kN/m;

f:立柱计算强度,N/mm²;

A:立柱型材截面积,12.744 cm²;

N_l:当前杆件最大轴拉力,kN;

N_y:当前杆件最大轴压力,kN;

M_{max}:当前杆件最大弯矩,kN·m;

W_z:立柱截面抵抗矩,cm³;

γ:塑性发展系数,取值 1.05。

立柱通过有限元计算得到的应力校核数据见表 4-26。

表 4-26 立柱通过有限元计算得到的应力校核数据

编号	N_l	N_y	M_{max}	W_z	A	f_z
b_0	9.409	0	4.673	39.666 7	12.744	119.580

通过上面计算可知,立柱杆件 b_0 的应力最大为 119.58 N/mm² $\leqslant f_a = 215$ N/mm²,所以立柱承载力满足要求。

4. 立柱的刚度计算

校核依据

$$U_{max} \leqslant \frac{L}{250}$$

D_{fmax}:立柱最大允许挠度,通过有限元分析计算得到立柱的挠度图如图 4-89 所示。

立柱挠度分布见表 4-27。

表 4-27 立柱挠度分布

编号	1	2	3	4	5	6	7	8	9	10
偏移(m)	0	0.371	0.743	1.114	1.485	1.815	2.186	2.557	2.929	3.300
挠度(mm)	0	2.085	3.887	5.193	5.861	5.861	5.193	3.887	2.085	0

由表 4-27 可知,最大挠度发生在 1.65 m 处,最大挠度为 5.932 06 mm。

$$D_{fmax} = \frac{H_{vmax}}{250} \times 1\,000 = \frac{3.3}{250} \times 1\,000 = 13.2(\text{mm})$$

5.932 06 mm≤13.2 mm,挠度满足要求。

5. 立柱抗剪计算

校核依据:$\tau_{max} \leqslant [\tau] = 125$ N/mm²。

通过有限元分析计算得到立柱的剪力图如图 4-90 所示。

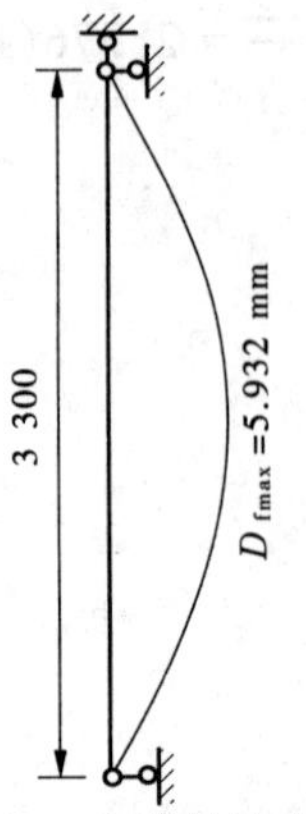

图 4-89　立柱的挠度图

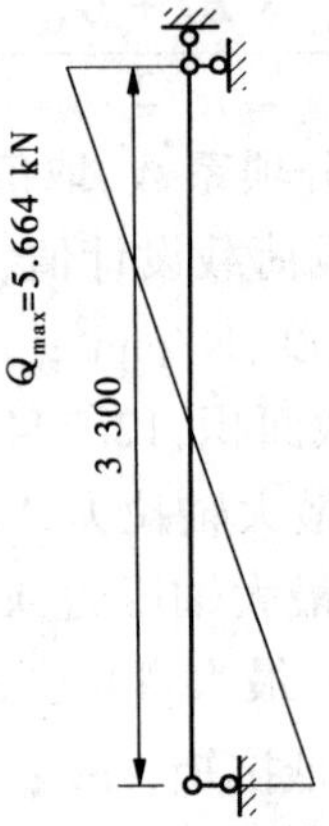

图 4-90　立柱的剪力图

立柱剪力分布见表 4-28。

表 4-28　立柱剪力分布

编号	1	2	3	4	5	6	7	8	9	10
偏移(m)	0	0.371	0.743	1.114	1.485	1.815	2.186	2.557	2.929	3.300
剪力(kN)	-5.664	-4.390	-3.115	-1.841	-0.566	0.566	1.841	3.115	4.390	5.664

由表 4-28 可知,最大剪力发生在 3.3 m 处。

τ:立梃剪应力;

Q_{max}:立梃最大剪力,5.664 27 kN;

S_s:立柱型材截面面积矩,23.528 cm^3;

I_x:立柱型材截面惯性矩,198.334 cm^4;

t:立柱抗剪壁厚,8.5 mm;

$$\tau=\frac{Q_{max}\times S_s\times 100}{I_x\times t}=\frac{5.664\ 27\times 23.528\times 100}{198.334\times 8.5}=7.905\ 2(\mathrm{N/mm^2})$$

7.905 2 $N/mm^2 \leqslant 125$ N/mm^2,立柱抗剪强度可以满足。

(六)立梃与主结构连接计算

连接处角码材料:钢-Q235;

连接螺栓材料:C 级普通螺栓-4.8 级;

L_{ct}:连接处角码壁厚,6 mm;

D_v:连接螺栓直径,12 mm;

D_e:连接螺栓有效直径,10.36 mm;

N_h:连接处水平总力,N,$N_h=Q=-5.664\ 27$ kN;

N_g:连接处自重总值设计值,N,$N_g=-9.408\ 96$ kN;

N:连接处总合力,N

$$N=\sqrt{N_g{}^2+N_h{}^2}=\sqrt{(-9.408\ 96)^2+(-5.664\ 27)^2}=10.982\ 4(\mathrm{kN})=10\ 982.4\ \mathrm{N}$$

N_b:螺栓的承载能力;

N_v:连接处剪切面数,取 2;

$$N_b = 2 \times 3.14 \times \left(\frac{D_e}{2}\right)^2 \times 140$$

$$= 2 \times 3.14 \times \left(\frac{10.36}{2}\right)^2 \times 140 = 23\ 591(\mathrm{N})$$

N_{num}:立梃与建筑物主结构连接的螺栓个数;

$N_{num} = \frac{N}{N_b} = \frac{10\ 982.4}{23\ 591} = 0.465\ 533$(个),取 2 个;

N_{cbl}:立梃型材壁抗承压能力,N;

N_{vl}:连接处剪切面数,2×2;

t:立梃壁厚,8.5 mm;

$N_{cbl} = D_v \times 2 \times 325 \times t \times N_{num}$

$= 12 \times 2 \times 325 \times 8.5 \times 2 = 132\ 600(\mathrm{N}) \geqslant 10\ 982.4\ \mathrm{N}$,立梃型材壁抗承压能力满足;

N_{cbg}:角码型材壁抗承压能力,N

$N_{cbg} = D_v \times 2 \times 325 \times L_{ct} \times N_{num}$

$= 12 \times 2 \times 325 \times 6 \times 2 = 93\ 600(\mathrm{N}) \geqslant 10\ 982.4\ \mathrm{N}$,角码型材壁抗承压能力满足。

(七)横梁计算

1. 选用横梁型材的截面特性

选定横梁材料类别:钢-Q235;

选用横梁型材名称:∟56×4(见图 4-91);

型材强度设计值 215 $\mathrm{N/mm^2}$;

型材弹性模量:$E = 206\ 000\ \mathrm{N/mm^2}$;

X 轴惯性矩:$I_x = 13.184\ \mathrm{cm^4}$;

Y 轴惯性矩:$I_y = 13.184\ \mathrm{cm^4}$;

X 轴上部抵抗矩:$W_{x1} = 3.237\ 58\ \mathrm{cm^3}$;

X 轴下部抵抗矩:$W_{x2} = 8.629\ 24\ \mathrm{cm^3}$;

Y 轴左部抵抗矩:$W_{y1} = 8.629\ 24\ \mathrm{cm^3}$;

Y 轴右部抵抗矩:$W_{y2} = 3.237\ 58\ \mathrm{cm^3}$;

型材截面面积:$A = 4.389\ 63\ \mathrm{cm^2}$;

型材计算校核处抗剪壁厚:$t = 4$ mm;

型材截面绕 X 轴面积矩:$S_{sx} = 3.301\ 1\ \mathrm{cm^3}$;

型材截面绕 Y 轴面积矩:$S_{sy} = 3.301\ 1\ \mathrm{cm^3}$;

塑性发展系数:$\gamma = 1.05$。

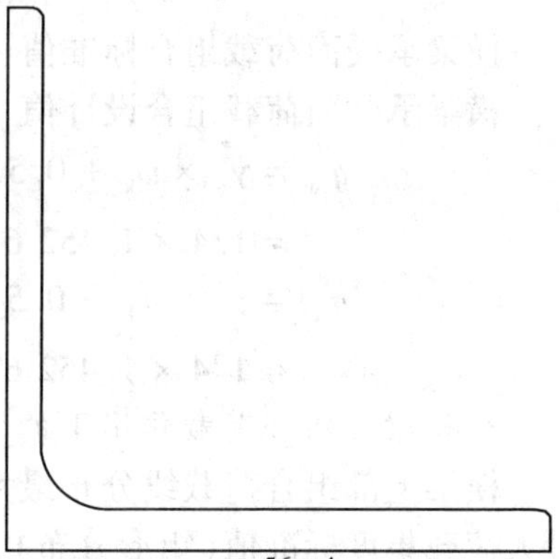

图 4-91　横梁型材名称

2. 横梁的强度计算

校核依据

$$\frac{M_x}{\gamma \times W_x} + \frac{M_y}{\gamma \times W_y} \leqslant f_a = 215\ \mathrm{N/mm^2}$$

1)横梁在自重作用下的弯矩

H_h:幕墙分格高,1.4 m;

B_h:幕墙分格宽,1 m;

G_{Akhu}:横梁上部面板自重,1.68 kN/m^2;

G_{Akhd}:横梁下部面板自重,1.68 kN/m^2;

G_{hk}:横梁自重荷载线分布均布荷载集度标准值,kN/m;

$G_{hk}=1.68\times H_h=1.68\times1.4=2.352(kN/m)$

G_h:横梁自重荷载线分布均布荷载集度设计值,kN/m;

$G_h=\gamma_G\times G_{hk}=1.2\times2.352=2.8224(kN/m)$

M_{hg}:横梁在自重荷载作用下的弯矩,kN·m

$$M_{hg}=\frac{1}{8}\times G_h\times B_h{}^2=\frac{1}{8}\times2.8224\times1^2=0.3528(kN\cdot m)$$

2)横梁承受的组合荷载作用计算

横梁承受风荷载作用:$w_k=1.45267\ kN/m^2$;

q_{EAk}:横梁平面外地震荷载;

β_E:动力放大系数,5;

α_{max}:地震影响系数最大值,0.16;

$$q_{EAku}=\beta_E\times\alpha_{max}\times1.68=5\times0.16\times1.68=1.344(kN/m^2)$$

$$q_{EAkd}=\beta_E\times\alpha_{max}\times1.68=5\times0.16\times1.68=1.344(kN/m^2)$$

横梁承受面荷载组合标准值:$q_{Ak}=w_k=1.45267\ kN/m^2$;

横梁承受面荷载组合设计值

$$q_{Au}=\gamma_w\times w_k+0.5\times\gamma_E\times q_{EAku}=1.4\times1.45267+0.5\times1.3\times1.344=2.90734(kN/m^2)$$

$$q_{Ad}=\gamma_w\times w_k+0.5\times\gamma_E\times q_{EAkd}=1.4\times1.45267+0.5\times1.3\times1.344=2.90734(kN/m^2)$$

3)横梁在组合荷载作用下的弯矩

横梁上部组合荷载线分布最大荷载集度标准值(矩形分布),横梁下部组合荷载线分布最大荷载集度标准值(矩形分布),分横梁上下部分别计算;

H_{hu}:横梁上部面板高度,1.4 m;

H_{hd}:横梁下部面板高度,1.4 m;

$$q_u=q_{Au}\times\frac{B_h}{2}=2.90734\times\frac{1}{2}=1.45367(kN/m)$$

$$q_d=q_{Ad}\times\frac{B_h}{2}=2.90734\times\frac{1}{2}=1.45367(kN/m)$$

组合荷载作用产生的线荷载标准值为

$$q_{uk}=q_{Ak}\times\frac{B_{EAM}B_h}{2}=1.45267\times\frac{1}{2}=0.726335(kN/m)$$

$$q_{dk} = q_{Ak} \times \frac{B_{EAM}B_h}{2} = 1.452\ 67 \times \frac{1}{2} = 0.726\ 335(kN/m)$$

4)横梁荷载计算

$$q_k = q_{uk} + q_{dk} = 1.452\ 67(kN/m)$$
$$q = q_u + q_d = 2.907\ 34(kN/m)$$

5)横梁强度计算信息

横梁荷载作用简图如图 4-92 所示。

横梁在荷载作用下的弯矩图如图 4-93 所示。

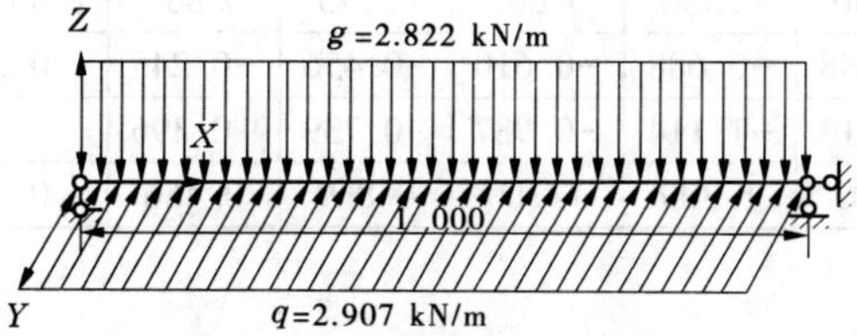

图 4-92　横梁荷载作用简图

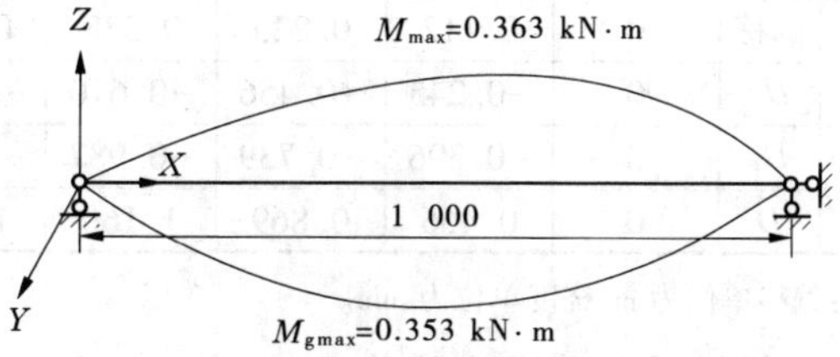

图 4-93　横梁在荷载作用下的弯矩图

横梁在荷载作用下的弯矩以及正应力数据见表 4-29。

表 4-29　横梁在荷载作用下的弯矩以及正应力数据

编号	条目	1	2	3	4	5	6	7	8	9	10
1	偏移	0	0.112	0.225	0.338	0.450	0.550	0.662	0.775	0.887	1.000
	M_y	-0	-0.145	-0.253	-0.325	-0.360	-0.360	-0.325	-0.253	-0.145	-0
	M_z	0	-0.141	-0.246	-0.316	-0.349	-0.349	-0.316	-0.246	-0.141	-0
	σ_y	-0	-42.695	-74.566	-95.613	-105.835	-105.835	-95.613	-74.566	-42.695	-0
	σ_z	0	-15.551	-27.159	-34.825	-38.548	-38.548	-34.825	-27.159	-15.551	-0
	σ	-0	-58.246	-101.725	-130.437	-144.383	-144.383	-130.437	-101.725	-58.246	-0

注:偏移单位为 m,弯矩单位为 kN·m,应力单位为 N/mm^2。

横梁在组合荷载作用下的支座反力信息见表 4-30。

表 4-30　横梁在组合荷载作用下的支座反力信息

支座编号	Y 向反力(kN)	Z 向反力(kN)	Y 向转角反力(kN·m)	Z 向转角反力(kN·m)
n_0	-1.454	-1.411	—	—
n_1	-1.454	-1.411	—	—

3. 横梁的刚度计算

横梁在荷载作用下的挠度图如图 4-94 所示。

横梁在荷载作用下的挠度数据见表 4-31。

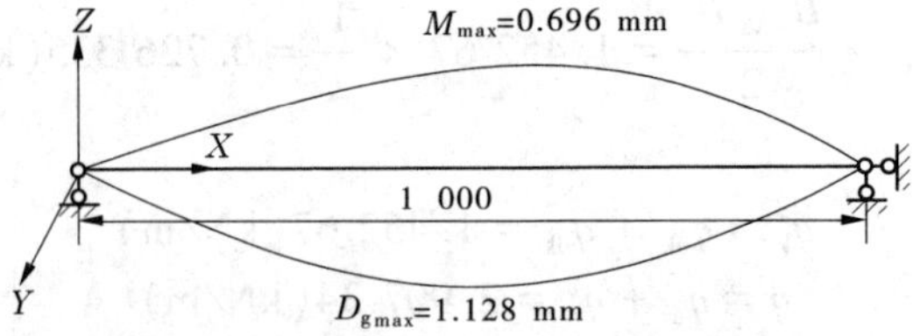

图 4-94 横梁在荷载作用下的挠度图

表 4-31 横梁在荷载作用下的挠度数据

编号	条目	1	2	3	4	5	6	7	8	9	10
1	偏移	0	0.112	0.225	0.338	0.450	0.550	0.662	0.775	0.887	1.000
	D_y	0	-0.245	-0.456	-0.610	-0.688	-0.688	-0.610	-0.456	-0.245	0
	D_z	0	-0.396	-0.739	-0.987	-1.114	-1.114	-0.987	-0.739	-0.396	0
	D	0	0.466	0.869	1.160	1.309	1.309	1.160	0.869	0.466	0

注:偏移单位为 m,挠度单位为 mm。

4. 横梁的抗剪强度计算

横梁在荷载作用下的剪力图如图 4-95 所示。

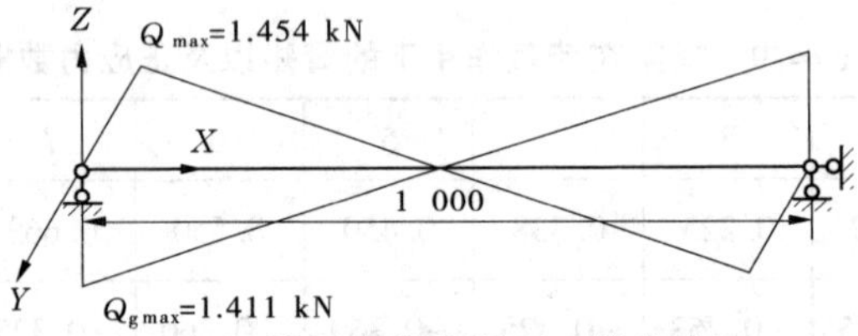

图 4-95 横梁在荷载作用下的剪力图

横梁在荷载作用下的剪力以及剪应力数据见表 4-32。

表 4-32 横梁在荷载作用下的剪力以及剪应力数据

编号	条目	1	2	3	4	5	6	7	8	9	10
1	偏移	0	0.112	0.225	0.338	0.450	0.550	0.662	0.775	0.887	1.000
	Q_y	1.454	1.127	0.800	0.472	0.145	-0.145	-0.472	-0.800	-1.127	-1.454
	Q_z	1.411	1.094	0.776	0.459	0.141	-0.141	-0.459	-0.776	-1.094	-1.411
	τ_y	9.099	7.052	5.005	2.957	0.910	-0.910	-2.957	-5.005	-7.052	-9.099
	τ_z	8.834	6.846	4.859	2.871	0.883	-0.883	-2.871	-4.859	-6.846	-8.834
	τ	12.682	9.829	6.975	4.122	1.268	1.268	4.122	6.975	9.829	12.682

注:偏移单位为 m,剪力单位为 kN,剪应力单位为 N/mm^2。

5. 横梁的各种强度校核及构造

横梁在各种荷载组合作用下的强度校核见表 4-33。

表 4-33 横梁在各种荷载组合作用下的强度校核

编号	长度(m)	σ(N/mm^2)		τ(N/mm^2)		D(mm)	
		最大值	位置(m)	最大值	位置(m)	最大值	位置(m)
1	1.000	145.842	0.500	12.682	0.000	1.325	0.500

横梁正应力强度满足要求。

横梁抗剪强度满足要求。

横梁挠度满足要求。

（八）横梁与立柱连接件计算

1. 横梁与角码连接计算

Q：连接部位受总剪力，采用 $S_W+0.5S_E$ 组合，$Q=1.453\ 67$ kN；

横梁与角码连接螺栓材料：C 级普通螺栓-4.8 级；

螺栓连接的抗剪强度计算值，140 N/mm²；

N_v：剪切面数，1；

D：螺栓公称直径，6 mm；

D_e：螺栓有效直径，5.06 mm；

N_{vbh}：螺栓受剪承载能力计算

$$N_{vbh}=N_v\times 3.14\times\left(\frac{D_e}{2}\right)^2\times 140$$

$$=1\times 3.14\times\left(\frac{5.06}{2}\right)^2\times 140=2\ 815.26(\mathrm{N})$$

螺栓个数

$$N_{num}=\frac{Q}{N_{vbh}}=\frac{1.453\ 67}{2\ 815.26\times 1\ 000}=0.516\ 353$$

横梁与角码连接螺栓取 2 个；

t：幕墙横梁抗剪壁厚，4 mm；

N_{cb}：连接部位幕墙横梁型材壁抗承压能力计算

$N_{cb}=D\times t\times 325\times N_{num}=6\times 4\times 325\times 2=15\ 600(\mathrm{N})\geqslant 1\ 453.67$ N，横梁与角码连接强度满足要求。

2. 角码与立柱连接计算

G_h：自重荷载，N，$G_h=1.411\ 2$ kN；

N：连接处组合荷载，采用 $S_G+S_W+\psi_E\times S_E$

$$N=\sqrt{{G_h}^2+Q^2}=\sqrt{1.411\ 2^2+1.453\ 67^2}=2.025\ 99(\mathrm{kN})=2\ 025.99\ \mathrm{N}$$

N_v：剪切面数，1；

D_p：螺栓公称直径，6 mm；

D_{ep}：螺栓有效直径，5.06 mm；

角码与立柱连接螺栓材料：C 级普通螺栓-4.8 级；

N_{vbhv}：螺栓受剪承载能力，其计算式为

$$N_{vbhv}=N_v\times 3.14\times\left(\frac{D_{ep}}{2}\right)^2\times 140$$

$$=1\times 3.14\times\left(\frac{5.06}{2}\right)^2\times 140=2\ 815.26(\mathrm{N})$$

N_{num2}：螺栓个数，$N_{num2}=N/N_{vbhv}=0.719\ 646$，立柱与角码连接螺栓取 2 个；

N_{cbj}：连接部位钢角码壁抗承压能力；

L_{ct1}：角码壁厚，5 mm；

$$N_{cbj} = D \times L_{ct1} \times 325N_{num2}$$

$$= 6 \times 5 \times 325 \times 2 = 19\ 500(\text{N}) \geqslant 2\ 025.99\ \text{N}$$，立柱与角码连接强度满足要求。

（九）连接焊缝强度计算

1. 连接焊缝基本信息

V_x：通过焊缝中心作用的水平方向剪力，1.453 67 kN；

V_y：通过焊缝中心作用的竖直方向剪力，1.411 2 kN；

L_x：承受水平方向剪力的焊缝长度，60 mm；

L_y：承受竖直方向剪力的焊缝长度，100 mm；

M_x：水平方向端部弯矩，0 kN · m；

M_y：竖直方向端部弯矩，0 kN · m；

h_f：角焊缝的焊脚尺寸，6 mm。

角焊缝的断面特性如下：

X 轴惯性矩：$I_x=133.372\ \text{cm}^4$；

Y 轴惯性矩：$I_y=42.915\ 6\ \text{cm}^4$；

X 轴上部抵抗矩：$W_{x1}=17.849\ 8\ \text{cm}^3$；

X 轴下部抵抗矩：$W_{x2}=37.802\ 8\ \text{cm}^3$；

Y 轴左部抵抗矩：$W_{y1}=27.361\ 9\ \text{cm}^3$；

Y 轴右部抵抗矩：$W_{y2}=7.901\ 16\ \text{cm}^3$；

断面截面面积：$A=10.637\ 4\ \text{cm}^2$。

2. 焊缝强度计算

1）计算参数说明

β_f：正面角焊缝（端焊缝）的强度设计增大系数，对承受静力荷载和间接承受动力荷载的结构取 1.22，对直接承受动力荷载的结构取 1.0；

f_t^w：角焊缝的强度设计值，取 160 N/mm^2。

2）焊缝剪应力计算

（1）水平剪应力计算。

A_{fx}：水平方向承受剪力的焊缝面积

$$A_{fx} = L_x \times h_f \times 0.7 = 60 \times 6 \times 0.7 = 252(\text{mm}^2)$$

$$\tau_x = \frac{V_x}{A_{fx}} = \frac{1.453\ 67 \times 1\ 000}{252} = 5.768\ 53(\text{N/mm}^2)$$

（2）竖直剪应力计算。

A_{fy}：竖直方向承受剪力的焊缝面积

$$A_{fy} = L_y \times h_f \times 0.7 = 100 \times 6 \times 0.7 = 420(\text{mm}^2)$$

$$\tau_y = \frac{V_y}{A_{fy}} = \frac{1.4112 \times 1000}{420} = 3.36(\mathrm{N/mm^2})$$

3)弯矩作用产生的正应力计算

$$\sigma_{wx} = \frac{M_x}{W_x} = \frac{0 \times 1000}{17.8498} = 0(\mathrm{N/mm^2})$$

$$\sigma_{wy} = \frac{M_y}{W_y} = \frac{0 \times 1000}{7.90116} = 0(\mathrm{N/mm^2})$$

4)组合应力计算

在弯矩、剪力共同作用下焊缝的复合应力验算如下

$$\sigma = \sqrt{\left(\frac{\sigma_{wx} + \sigma_{wy}}{\beta_f}\right)^2 + \tau_x^2 + \tau_y^2}$$

$$= \sqrt{\left(\frac{0+0}{1.22}\right)^2 + 5.76853^2 + 3.36^2}$$

$$= 6.67574(\mathrm{N/mm^2}) \leqslant f_t^w = 160\ \mathrm{N/mm^2}$$

所以,焊缝强度满足要求。

(十)预埋件计算

1. 预埋件受力计算

V:剪力设计值,V=9 408.96 N;

N:法向力设计值,N=5 664.27 N;

e_2:螺孔中心与锚板边缘的距离,60 mm;

M:弯矩设计值,N·mm

$$M = N \times e_1 + V \times e_2 = 5664.27 \times 0 + 9408.96 \times 60 = 564538(\mathrm{N \cdot mm})$$

2. 预埋件面积计算

N_{snum}:锚筋根数,4 根;

锚筋层数:2 层;

K_r:锚筋层数影响系数,取 1;

混凝土级别:C40;

混凝土强度设计值:f_c = 19.1 N/mm², 按现行国家标准《混凝土结构设计规范》(GB 50010—2002)采用;

锚筋级别:一级;

锚筋强度设计值:f_y=210 N/mm²;

d:钢筋直径,12 mm;

α_v:钢筋受剪承载力系数

$$\alpha_v = (4 - 0.08 \times d) \times \sqrt{\frac{f_c}{f_y}}$$

$$=(4-0.08\times 12)\times\sqrt{\frac{19.1}{210}}=0.916\ 813\text{，取 }0.7;$$

t:锚板厚度,8 mm;

α_b:锚板弯曲变形折减系数

$$\alpha_b=0.6+0.25\times\frac{t}{d}$$

$$=0.6+0.25\times\frac{8}{12}=0.766\ 667$$

Z:外层钢筋中心线距离,120 mm;

A_s:锚筋实际总截面面积

$$A_s=\frac{N_{snum}\times 3.14\times d^2}{4}=\frac{4\times 3.14\times 12^2}{4}=452.389(\text{mm}^2)$$

锚筋总截面面积计算值

$$A_{s1}=\frac{V}{\alpha_v\times\alpha_r\times f_y}+\frac{N}{0.8\times\alpha_b\times f_y}+\frac{M}{1.3\times\alpha_r\times\alpha_b\times f_y\times Z}$$

$$=\frac{9\ 408.96}{0.7\times 1\times 210}+\frac{5\ 664.27}{0.8\times 0.766\ 667\times 210}+\frac{564\ 538}{1.3\times 1\times 0.766\ 667\times 210\times 120}$$

130.461(mm²)

$$A_{s2}=\frac{N}{0.8\times\alpha_b\times f_y}+\frac{M}{0.4\times\alpha_r\times\alpha_b\times f_y\times Z}$$

$$=\frac{5\ 664.27}{0.8\times 0.766\ 667\times 210}+\frac{564\ 538}{0.4\times 1\times 0.766\ 667\times 210\times 120}=117.028(\text{mm}^2)$$

130.461 $\text{mm}^2\leqslant 452.389\ \text{mm}^2$,117.028 $\text{mm}^2\leqslant 452.389\ \text{mm}^2$,4 根Φ 12 锚筋满足要求。

A:锚板面积,60 000 mm^2;

$$0.5f_cA=0.5\times 19.1\times 60\ 000=573\ 000(\text{N});$$

$N=5\ 664.27\ \text{N}\leqslant 573\ 000\ \text{N}$,锚板尺寸满足要求。

3. 预埋件焊缝计算

H_f:焊缝厚度,8 mm;

L:焊缝长度,100 mm;

H_e:焊缝有效高度

$$H_e=H_f\times 0.7=5.6(\text{mm})$$

L_w:焊缝实际计算长度

$$L_w=L-2\times H_f=84(\text{mm})$$

σ_m:弯矩引起的应力

$$\sigma_m=\frac{6\times M}{2\times H_e\times L_w{}^2\times 1.22}$$

$$= \frac{6 \times 564\ 538}{2 \times 5.6 \times 84^2 \times 1.22}$$

$$= 35.132\ 4(\text{N/mm}^2)$$

σ_n:法向力引起的应力

$$\sigma_n = \frac{N}{2 \times H_e \times L_w \times 1.22} = \frac{5\ 664.27}{2 \times 5.6 \times 84 \times 1.22}$$

$$= 4.935(\text{N/mm}^2)$$

τ:剪应力

$$\tau = \frac{V}{2 \times H_e \times L_w}$$

$$= \frac{9\ 408.96}{2 \times 5.6 \times 84} = 10.001(\text{N/mm}^2)$$

σ:总应力

$$\sigma = \sqrt{(\sigma_m + \sigma_n)^2 + \tau^2}$$

$= 41.296\ 7(\text{N/mm}^2) \leqslant 160\ \text{N/mm}^2$,焊缝强度满足要求。

4. 锚筋锚固长度计算

混凝土级别:C40;

混凝土轴心抗拉强度设计值:$f_t = 1.71\ \text{N/mm}^2$,按现行国家标准《混凝土结构设计规范》(GB 50010—2002)采用;

l_a:受拉钢筋锚固长度,mm;

d:钢筋公称直径,mm;

α:锚筋的外形系数,光圆钢筋取 0.16,带肋钢筋取 0.14。

$$l_a = \alpha \times \frac{f_y}{f_t} \times d = 0.16 \times \frac{210}{1.71} \times 12 = 235.789(\text{mm})$$

当前抗震设防烈度为Ⅷ级,按照规范附录 C. 0. 5. 2,锚筋长度取上式计算的 1.1 倍,为 259.368 mm。

依据以上计算,实际锚筋长度取 180 mm。

(十一)后置埋件计算

1. 埋件受力计算

V:剪力设计值,$V=-9\ 408.96$ N;

N:法向力设计值:$N=-5\ 664.27$ N;

e_2:螺孔中心与锚板平面距离,60 mm;

M:弯矩设计值,N · mm

$$M = V \times e_2 = -\ 9\ 408.96 \times 60$$

$$= -\ 564\ 538(\text{N} \cdot \text{mm})$$

2. 埋件强度计算

螺栓布置示意图如图 4-96 所示。

d:锚栓直径 12 mm;

d_e：锚栓有效直径为 10.36 mm；

d_0：锚栓孔直径 13 mm。

一个锚栓的抗剪承载力设计值为

$$N_{vb}=n_v\times\frac{\pi\times d^2}{4}\times f_{vb}$$

$$=1\times\frac{\pi\times 12^2}{4}\times 140=15\ 833.6(\text{N})$$

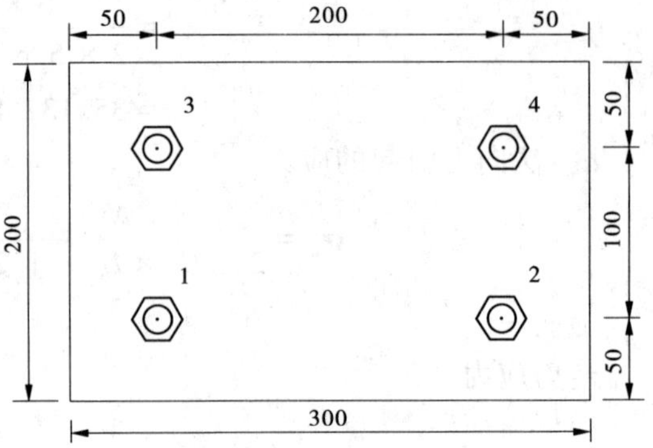

图 4-96　螺栓布置示意

t：锚板厚度，为 8 mm。

一个承压锚栓的承载力设计值为

$$N_{cb}=d\times t\times f_{cb}$$

$$=12\times 8\times 305$$

$$=29\ 280(\text{N})$$

一个承拉锚栓的承载力设计值为

$$N_{tb}=\frac{\pi\times {d_e}^2}{4}\times f_{tb}$$

$$=\frac{\pi\times 10.36^2}{4}\times 140$$

$$=11\ 801.5(\text{N})$$

在轴力和弯矩的共同作用下，锚栓群有两种可能的受力形式。

首先，假定锚栓群绕自身的中心进行转动，经过分析得到锚栓群形心坐标为(150,100)，各锚栓到锚栓形心点的 Y 向距离平方之和为

$$\sum y^2=10\ 000$$

y 坐标最高的锚栓为 4 号锚栓，该点的 y 坐标为 150，该点到形心点的 y 向距离为

$$y_1=150-100=50(\text{mm})$$

y 坐标最低的锚栓为 1 号锚栓，该点的 y 坐标为 50，该点到形心点的 y 向距离为

$$y_2=50-100=-50(\text{mm})$$

所以，锚栓群的最小受力和最大受力为

$$N_{min}=\frac{N}{n}+\frac{M\times y_2}{\sum y^2}=\frac{-5\ 664.27}{4}+\frac{-564\ 538\times(-50)}{10\ 000}=1\ 406.62(\text{N})$$

$$N_{max}=\frac{N}{n}+\frac{M\times y_1}{\sum y^2}=\frac{-5\ 664.27}{4}+\frac{-564\ 538\times 50}{10\ 000}=-4\ 238.76(\text{N})$$

单个锚栓承受的剪力为

$$N_v=\frac{V}{n}=\frac{-9\ 408.96}{4}=-2\ 352.24(\text{N})$$

强度验算

$$\sqrt{\left(\frac{N_v}{N_{vb}}\right)^2+\left(\frac{N_t}{N_{tb}}\right)^2}$$

$$=\sqrt{\left(\frac{-2\,352.24}{15\,833.6}\right)^2+\left(\frac{-4\,238.76}{11\,801.5}\right)^2}=0.388\,682\leqslant 1$$

$$N_v=-2\,352.24\ \text{N}<N_{cb}=29\,280\ \text{N}$$

锚栓最大拉拔力为 $N_{max}=-4\,238.76$ N<$[N_{max}]=50\,000$ N,满足要求。

所以,锚栓强度满足要求。

3. 埋板面积计算

A:锚板面积

$$A=B_w\times B_h=300\times 200=60\,000(\text{mm}^2)$$

混凝土级别:C40;

混凝土强度设计值:$f_c=19.1\ \text{N/mm}^2$,按现行国家标准《混凝土结构设计规范》(GB 50010—2002)采用;

混凝土在轴力作用下的强度为

$f_p=\dfrac{N}{A}=\dfrac{-5\,664.27}{60\,000}=-0.094\,404\,5(\text{N/mm}^2)\leqslant f_c=19.1\ \text{N/mm}^2$,所以锚板尺寸满足要求。

(十二)立柱伸缩缝计算

为了适应幕墙温度变形以及施工调整的需要,立柱上下段通过芯套连接。

α:立柱材料的线膨胀系数,取 1.2×10^{-5};

ΔT:年最大温差,取 68 ℃;

L:立柱跨度,3 300 mm;

λ:实际伸缩调整系数,取 1;

d_1:施工误差,取 3 mm;

d_2:主体结构的轴向压缩变形,取 3 mm;

ΔL:伸缩缝

$$\Delta L=\alpha\Delta TL\lambda+d_1+d_2=1.2\times10^{-5}\times 68\times 3\,300\times 1+3+3=8.692\,8(\text{mm})$$

实际伸缩空隙 d 取 20 mm>8.692 8 mm,满足设计要求。

十一、石材干挂工程中普遍存在的错误和隐患

(一)工程实例

如图 4-97 所示的工程图片,显然该工程的钢龙骨是现场制作的,存在很多安全隐患。

(1)预埋钢板上焊接连接槽钢,镀锌槽钢现场切割、钻孔,没有进行有效的防锈处理,尚未使用已经锈迹斑斑。

(2)横龙骨与竖龙骨连接也是现场焊接,焊口未打磨,焊接质量十分糟糕,隐患严重。

图 4-97　工程图片

(3)焊口和锯口未经有效除锈,未进行防锈底漆处理就草草用面漆覆盖,生锈和产生重大隐患只是时间关系,尚未安装石材时就糟糕到如此地步,一旦投入使用,后果不堪设想。

(4)膨胀螺栓没有上,极大的可能是钻孔时遇到了混凝土中的钢筋,二次深化设计时没有考虑到混凝土边沿 20~100 mm 范围内会遇到钢筋。

目前,在国内很多石材干挂工程都存在上述问题。图 4-97 取自一个国家重点工程,施工单位是一个著名的幕墙公司,难以想象我国的石材干挂工程中存在多少类似的严重隐患。

(二)分析原因

1. 设计院设计依据

几乎所有设计院在设计石材干挂工程时的理论依据都是土建设计图,往往设计出来的图纸与实际现场不符,造成不能指导现场施工,因此无法按照他们设计的图纸对钢龙骨进行工厂化生产,迫使施工单位现场配做,因此不可避免地出现上述问题。

2. 施工单位完成二次深化设计的依据

施工单位的二次深化设计的依据大都来自设计院的设计图纸,或者用以往的设计图纸拷贝而成,而有的施工单位甚至把这项工作交给包工队伍来完成。真正能够指导钢结构工厂化生产和现场施工的设计图纸微乎其微。

3. 设计师水平良莠不齐

一般的设计院没有从事专业石材工程设计的设计师,加之施工单位的设计师水平良莠不齐,所以迫使现场施工队伍按照经验现场配做,出现前面令人担忧的事情就不可避免了。

(三)从根源抓起,彻底解决隐患问题

(1)以现场测绘图为依据。

关于现场测绘的相关知识,在前面的章节里有详细论述,这里就不再赘述了。

(2)通过现场测绘图进行二次深化设计步骤。

以图 4-98 所示的现场测绘图为例进行讲述。

第一步:绘制现场测绘截面图,举例说明(仅以图 4-98 圆圈内的局部加以说明)。如图 4-99 所示的局部测绘截面图。

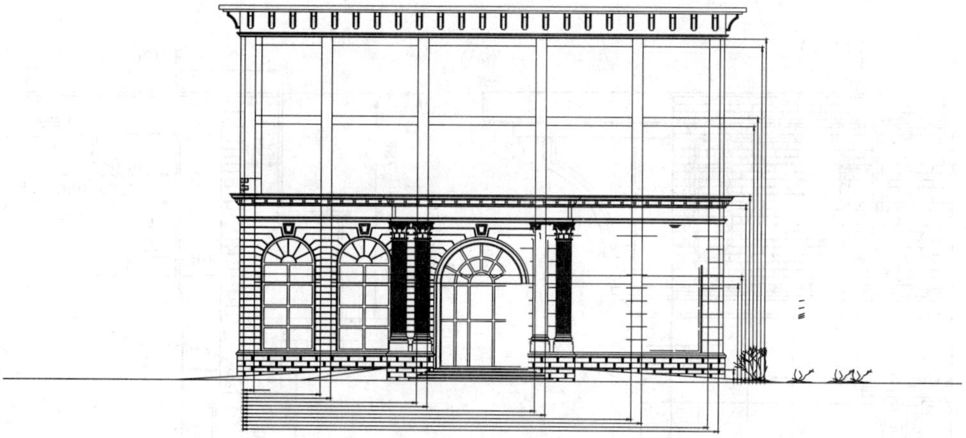

图 4-98　现场测绘图

第二步:本设计采用明龙骨干挂法,石材完成面与基层的空间距离是 250 mm,在截面图上添加石材完成图,如图 4-100 所示。

第三步:在石材完成图上添加钢龙骨图,如图 4-101 所示的局部钢龙骨干挂截面图。

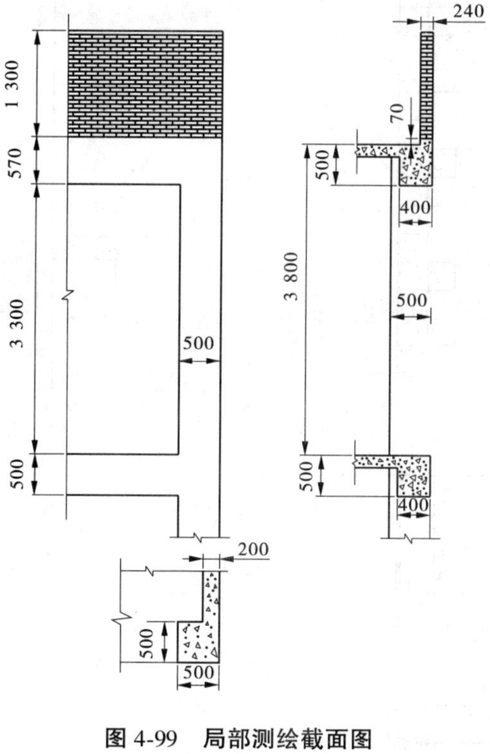

图 4-99　局部测绘截面图

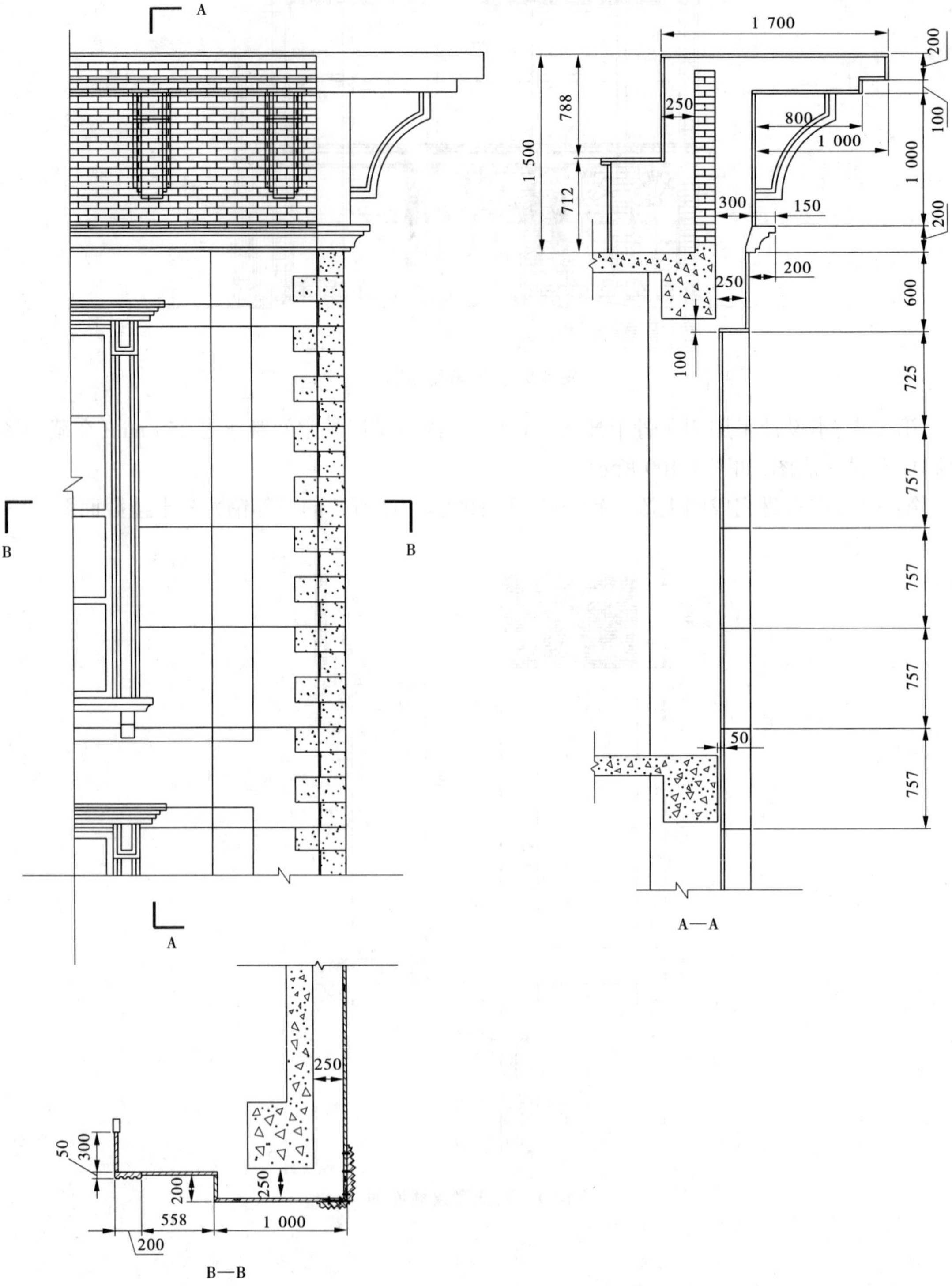
A
B
B
A
1 700
200
788
1 500
250
800
1 000
100
1 000
712
300
150
200
200
250
600
100
725
757
757
757
50
757
A—A
250
50
300
200
250
558
1 000
200
B—B

图 4-100　石材完成图

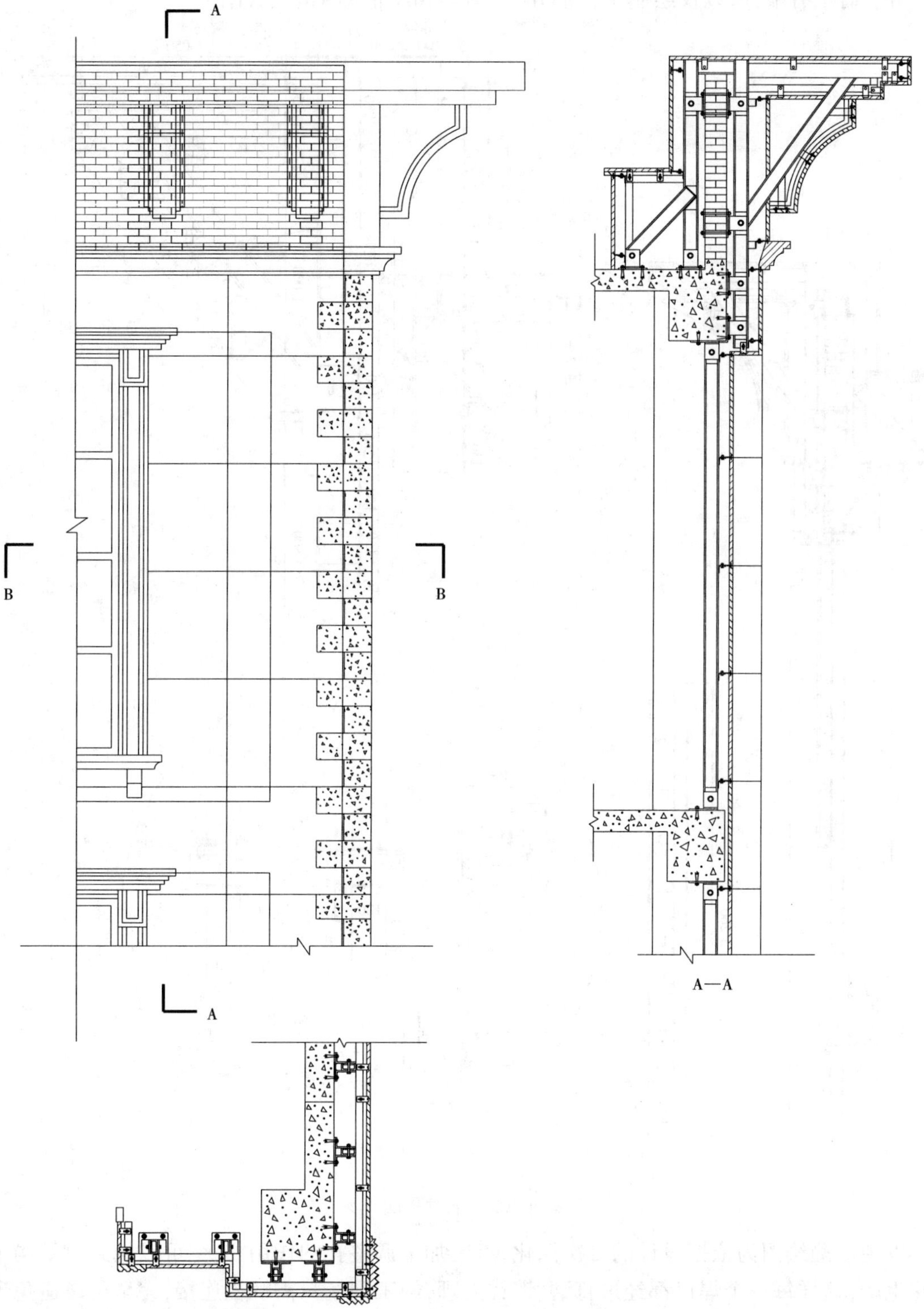

图 4-101　局部钢龙骨干挂截面图

第四步:在钢龙骨截面图的基础上绘制各个钢结构部件图。

由于篇幅有限,所以仅绘制了一部分,如图 4-102 所示的钢龙骨图。

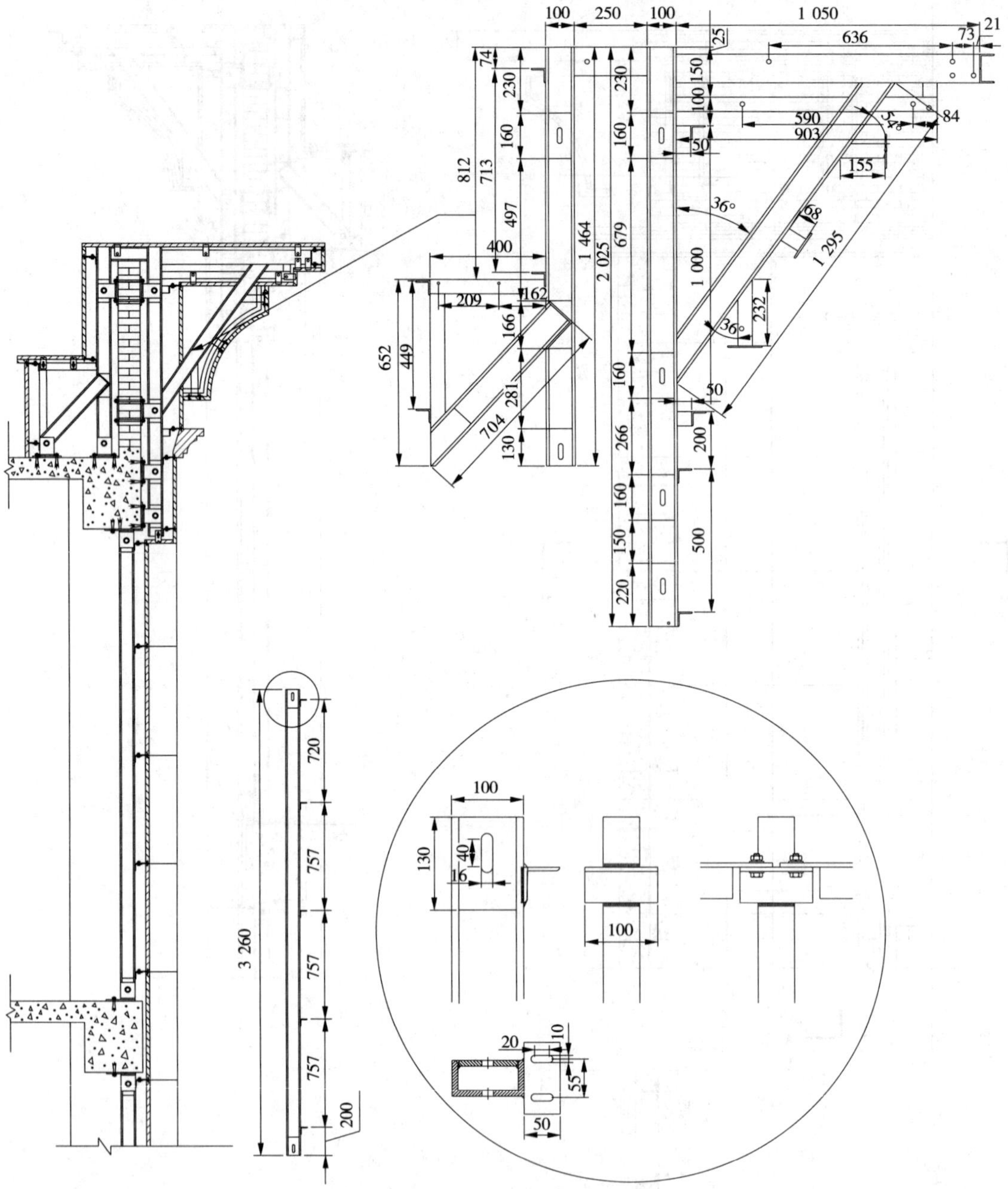

图 4-102　钢龙骨图

以现场测绘图为依据设计的二次深化设计,加上调整孔的作用,完全可以做到钢结构工厂化生产,这样每一个焊口都经过打磨、镀锌处理,施工现场只需螺栓连接,完全可以避免现场配做造成的隐患。

第五步:钢结构制作方法。

下面以主龙骨座和主龙骨的制作方法示意图为例加以说明，其他钢结构部件的制作方法完全一样。主龙骨示意、主龙骨座示意，分别如图 4-103、图 4-104 所示。

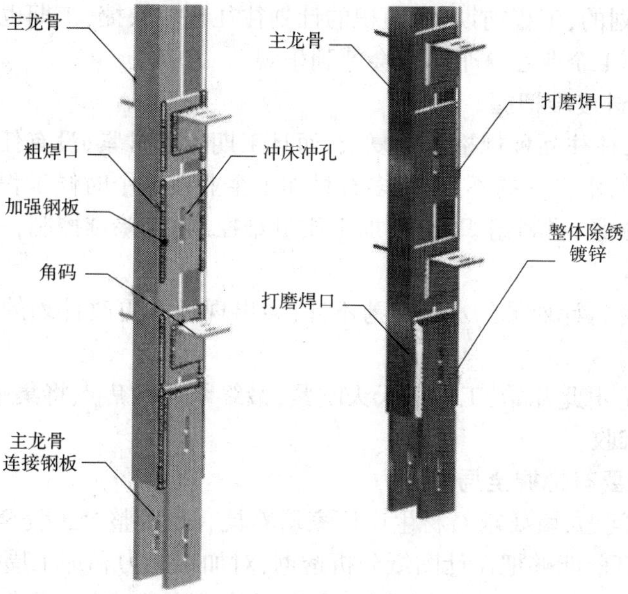

图 4-103　主龙骨示意

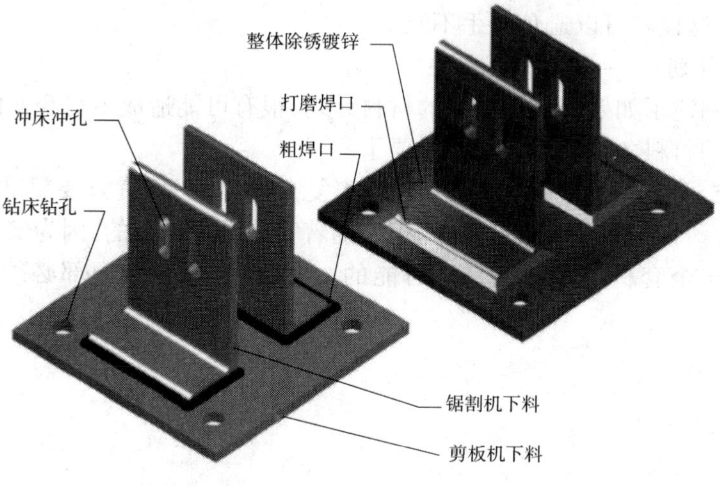

图 4-104　主龙骨座示意

要做到钢结构工厂化生产，彻底杜绝现场配做所隐藏的严重后患，关键在于设计出能够直接指导现场安装的设计方案，其依据就来自于现场测绘图。在现场测绘的过程中，必然遇到土建施工误差，采用强行规定基准线的方法，以基准线为参照进行设计、制作、安装，就可以有效地弥补土建施工的误差。

十二、石材工程进度预计

石材工程进度预计主要是针对订货方提出材料计划，大规模长周期施工的工程。

（一）工程前期进度比较乐观

大规模石材工程，要想把材料计划得很准确是很难做到的。往往订货方的材料计划是按照工程进度来计划的，工程前期，大面积的计划往往比较快捷，工期也比较宽松，资金回笼也比较及时，石材加工企业在这个时候会感到乐观。

（二）工程后期进度难把握

到了工程后期，往往品种规格非常复杂，而且工期也非常紧，没有任何商量余地，加之订货方的材料计划员的水平良莠不齐，很多石材加工企业在这个时候工程上出现的问题如下：

（1）加工周期很紧，材料组织仓促，加工质量难控制，色差难控制，一系列生产矛盾都将暴露出来。

（2）订货方的材料计划员的水平良莠不齐，会出现经常更改计划的情况，造成生产厂家措手不及。

（3）双方的争论由此开始，工期一天天吃紧，最终矛盾的焦点将集中在石材供应厂家身上，造成工程尾款难收。

（三）石材企业要有把握全局的能力

要解决好上述问题，就要求石材生产厂家培养具有运筹整个工程全过程能力的人才。

（1）在合同签订前能够把设计图纸分析透彻，对加工能力和加工周期能够估计准确。

（2）一定要考察工程现场，不断和订货方进行技术交流，对工程进度作出全面的分析。在材料计划上，不能依赖订货方的材料计划，在订货方的材料计划下来之前，就应该把材料准备工作做好，这样就可以避免措手不及。

（四）备料计划

前面已经阐述了如果依赖订货方的材料计划，很有可能造成石材企业的被动局面，因此企业自行规划的材料备料计划就非常重要了。

如图 4-105 所示是一个体量庞大而且加工复杂的工程，订货方要想准确地提出材料计划，难度非常大。订货方的材料计划，一定是随着安装进度进行的，因为安装基准没有出来，要想精确地提出全套材料计划也是不可能的。因此，要求企业内部必须提出自己的备料计划。

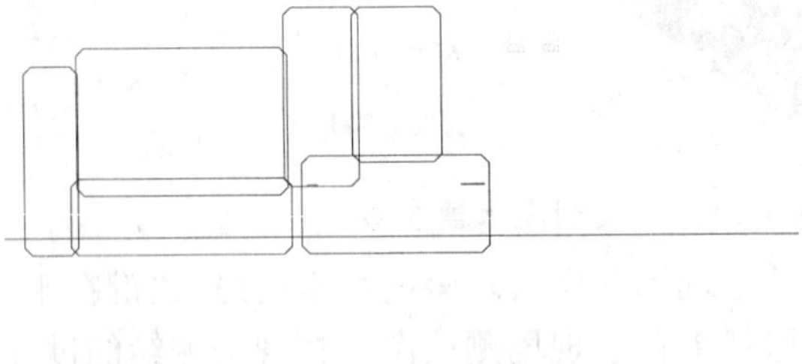

图 4-105　工程图

（1）必须要得到全套技术资料，同时要得到订货方的承诺，保证方案不会有大的调整

（允许局部调整）。

（2）提出备料计划，关于“材料预算”前面已经阐述得非常清楚了，这里就不再赘述了。用同样的方法对材料进行统计，得出准确的材料数量。

（3）对购进的材料进行归类、分色。全面规划好以后，就可以加工毛坯了。

（4）严格编号、归类以后，只需要等待订货方的材料计划了，一旦计划到达，早已准备好的材料毛坯就可以以很快的速度加工出产品，确保质量、工期两不误。

（五）备料要有提前量

必须精通工厂的加工能力，对工程进度和工厂的加工速度进行对比，对于订货方迟迟未提材料计划，而工厂的加工进度又无法保证的材料，必须提前和订货方磋商，若无解决办法，将造成严重后果。

（六）必须建立服务的理念

很多石材加工企业认为订货方提出材料计划，他们按图或按单安排生产是天经地义的事，如果订货方的计划出现错误，责任也在订货方自己，殊不知矛盾就出在这里。石材加工企业对工程进展情况一无所知，一旦材料计划下来，就拿工期和质量要求和订货方争论不休，往往收不到工程尾款的原因就在于此。

参考文献

[1] 巢无凯,张方,滕绍华 .实用建筑设计手册[M].北京:中国建筑工业出版社, 1999.
[2] 洪有伦,唐丽君.机械制图[M].南京:南京大学出版社,2008.
[3] 侯永涛.机械制图高级版[M].化学工业出版社,2009.
[4] 高丽荣.建筑制图[M].北京:北京大学出版社,2009.
[5] 向正阳.建筑幕墙工程设计与施工资质标准[M].北京:中国建筑科技出版社,2006.
[6] 王志骞.钢结构设计[M].北京:科学出版社,2009.
[7] 徐锡权.建筑结构[M].北京:北京大学出版社,2010.
[8] 于辉 ,崔岩.结构设计原理[M].北京:北京理工大学出版社,2009.
[9] 戚豹.钢结构工程施工[M].重庆:重庆大学出版社,2010.
[10] 孟小鸣.施工组织与管理[M].北京:中国电力出版社,2008.
[11] 孟小春.石材实用技术宝典[M].福州:海风出版社,2007.

后　记

石材行业从萌芽之日起,迄今已有百余年了,期间虽经一代代创新,但由于没有专门培养技术人才的渠道,仅靠师徒相授的模式,使得每次技术的进步,都显得举步维艰。现代社会已经进入信息化时代,信息传播的手段、技术更新的速度都在发生着巨大变化。从某种意义上说,石材专业教育、该行业技术人才的水平,在一定程度上反映了一个国家文化科技水平和现代化的进程。

环顾前人著述,浩如烟海,碑刻著録,益臻丰富,然对于祖国石材技术之探讨,培养石材专业人才之典籍,欲求得一提纲挈领之著作,进而进行系统的梳理,作为专业应用之工具,以当入门之径途;遇有疑难,藉此能迅速得以解决。此类书籍,迄今犹未见之。

石材专业技术自来研求考释的人多致力焉,然均无定而不移之结论,更无系统之丛书。在此情况下,我们和相关高等院校联合申办了石材技术专业,继之而来的重要工作就是编写系统教材。从商定之日起,在北京召开编委会人员会议,因为没有任何经验可供借鉴,间有困惑,邮笺南北,质之海内硕彦,反复辨难,至冰释而后爽。这期间,还组织多次教材编写内容研讨会。参加编写的人员,既有高等院校经验丰富的教授,又有科研单位专家和多年从事石材事业年富力强的骨干,大家齐心协力,精心写作,顺利地完成了初稿编写任务。接着,我对初稿作了修订,又反复征求专家们的意见,谬蒙青睐,让我负责完成全书的编审工作。历经一年多的时间,石材专业教育系列8本教材已经完成,终于出版问世了,随之,我一颗忐忑不安的心也踏实了许多。至此,我可以向关心石材行业的领导交出一份认真的答卷,也可以向参加编写和为此付出辛劳的同道们、先生们作出一个系统的汇报。他们研究探索之方法,可谓合乎科学之规律,为我国石材专业教育开辟蹊径,反映了现代石材工业的发展水平,厥功甚伟,是编亦足为典型示范,庶初学者手此编著,瞭如指掌,有所裨益,非浅鲜也。时间紧迫,虽有小疵而瑕不掩瑜矣。这里,我诚恳地对我的同道们、先生们说一声谢谢。承命校定之役,敢献一得之见,循览之余,谨赘数语报命,奢望继是有作,有更多的精美之作问世。

该书在出版的过程中,受到主管部门和石材界人士的关心与支持,福建溪石股份有限公司、福建省万隆石业股份有限公司、福建省晋江盛达机器有限公司、山东港华石材有限公司、河北星烁锯业股份有限公司、内外矿业股份有限公司、博宇投资(厦门)有限公司、云南砻红天然石材开发有限公司对教材的出版给予了具体帮助,在此致以衷心的谢意!

由于时间紧迫,笔者水平所限,参阅著録不足,讹误之处在所难免,热诚希望读者指正。

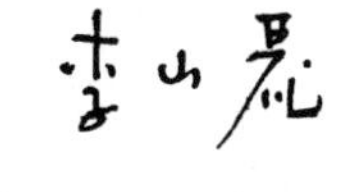

2009年8月27日

后 记

[illegible]

2009年[illegible]月27日